普通高等教育“十三五”规划教材

# 微分方程的数值解法与程序实现

华冬英　李祥贵　编著



電子工業出版社
Publishing House of Electronics Industry
北京 · BEIJING

## 内 容 简 介

本书从理论和实践出发，全面介绍求解微分方程的数值方法——有限差分法，并简单地介绍有限元法. 全书共 6 章，主要内容包括：预备知识、常微分方程的数值解法、抛物型偏微分方程的有限差分法、双曲型偏微分方程的有限差分法、椭圆型偏微分方程的有限差分法、有限元法简介等. 本书提供配套电子课件、例题程序代码、课后习题参考运行结果及程序代码.

本书可作为高等学校信息与计算科学、数学等专业的基础教材，也可供相关领域的工程技术人员学习和参考.



**图书在版编目 (CIP) 数据**

微分方程的数值解法与程序实现 / 华冬英，李祥贵编著. —北京：电子工业出版社，2016.7
ISBN 978-7-121-29254-5

I. ①微… II. ①华… ②李… III. ①微分方程－数值计算－高等学校－教材 IV. ①O241.8

中国版本图书馆 CIP 数据核字(2016)第 149354 号

策划编辑：王羽佳
责任编辑：周宏敏
印　　刷：北京天宇星印刷厂
装　　订：北京天宇星印刷厂
出版发行：电子工业出版社
　　　　　北京市海淀区万寿路 173 信箱　　邮编：100036
开　　本：787×1092　1/16　印张：14.25　字数：412 千字
版　　次：2016 年 7 月第 1 版
印　　次：2025 年 2 月第 11 次印刷
定　　价：45.00 元

凡所购买电子工业出版社图书有缺损问题，请向购买书店调换。若书店售缺，请与本社发行部联系，联系及邮购电话：（010）88254888，88258888。

质量投诉请发邮件至 zlts@phei.com.cn，盗版侵权举报请发邮件至 dbqq@phei.com.cn。

本书咨询联系方式：（010）88254535。

# 前　言

在自然科学、工程技术甚至经济管理领域中的很多数学模型，其表现形式通常为常微分方程或偏微分方程的定解问题，如何有效地进行求解是非常关键的. 这些微分方程定解问题的精确解通常是很难用解析的方法求得的，所以很大程度上要依靠数值求解. 现代计算技术软、硬件的发展为借助计算机的数值求解微分方程奠定了媒质基础，而真正高效地求解微分方程的定解问题则更需要坚实的数学理论和计算机编程实践基础，为此我们编写了这本教材.

该教材具有如下特色：

① 教材起点比较低，为了适应一般院校学生数学基础相对薄弱的特点，直到最后的两三章才使用变化较多的差分算子记号，使学生一开始就不被这些算子记号而束缚，而在经过前几章的学习、逐渐适应了常用的差商表示以后，再引入这些算子就显得很自然、也很有效了.

② 在内容和描述上，我们尽可能地把复杂、深奥的数学理论用简单、通俗的语言和例子进行描述，把一些问题最本质的特点反映出来，让学生看得见、摸得着，“知其然”还“知其所以然”. 通过一些思路的描述，让学生了解各种方法的实际演化，从而明白算法改进的实际意义其实本质上就是追求更好、更优，让学生切实体会到这些理论的实际意义.

③ 国内的很多基础教材在微分方程的求解方面都侧重于传授理论知识，而实际上，我们认为微分方程数值求解的理论固然重要，而相应的编程实践同样重要. 所以“两手都要抓，两手都要硬”，这就是我们既把理论知识又把编程算例写入教材的初衷. 让学生从一开始就实实在在地进行编程，从模仿到独立完成. 教材中的算例配上程序和结果是为了让学生能自己实践和对比，从而提高学生的实践操作能力.

④ 在配套的程序编写方面，我们采用 C 语言进行程序设计，主要是因为一般高等院校普遍开设过《C 语言程序设计》这门课程，C 语言也是程序设计的主流高级语言. 另外，C 语言数组从 0 开始编号的特点也正好与微分方程的数值计算理论中从 0 开始设置下标相匹配.

⑤ 此外，我们的程序设计也从简到难，从开始十几行的代码到后来百来行的代码，从开始简单的数组到后来文件数据的存储、读取，以及与 MATLAB 软件结合来画图，都遵循循序渐进的原则，让学生最后能系统地学会独立编程.

**⑥ 本书提供配套电子课件、例题程序代码、课后习题参考运行结果及程序代码，请登录华信教育资源网（http://www.hxedu.com.cn）免费注册下载，或扫描封底、章首和习题的二维码获取相关教学资源。**

全书共分 6 章，主要内容包括：第一章预备知识，介绍常用的差商近似及泰勒公式等；第二章常微分方程的数值解法，主要介绍常微分方程初值问题的有限差分方法，包括最经典的欧拉方法、龙格-库塔方法等，还介绍了差分法的相容性、稳定性及收敛性的概念，然后推广到求解二阶常微分方程的边值问题，为后面介绍偏微分方程定解问题的有限差分法打下基础；第三章抛物型偏微分方程的有限差分法，第四章双曲型偏微分方程的有限差分法，第五章椭圆型偏微分方程的有限差分法，本着从易到难的原则，以上 3 章分别介绍偏微分方程的 3 种标准方程在带不同初、边值条件下的差分解法；最后第六章有限元法简介，主要介绍了有限元法的实际意义及简单的编程操作.

本书可作为一般高等院校信息与计算科学专业的基础教材，也可供相关领域的工程技术人员学习和参考.

教学中，可根据教学对象和学时等具体情况对书中的内容进行删减和组合，也可以进行适当扩展，参考学时为 48～64 学时.

本书第一章至第五章由华冬英编写，第六章由李祥贵编写，所有程序由李祥贵编写. 全书由华冬英统稿. 在本书的编写过程中，电子工业出版社的王羽佳编辑为本书的出版做了大量工作. 在此一并表示感谢！

由于时间紧促，作者学识有限，书中难免有疏漏及错误之处，恳请广大读者批评指正.

编著者

2016 年 6 月

# 目　录

# 第一章 预备知识

## 第一节 微分方程的相关概念与分类

### 一、微分方程的相关概念

在自然科学、工程技术甚至经济管理领域中，某些现象的变化过程往往遵循一些基本规律. 这些规律抽象成为数学模型后就转变为寻找有关变量之间的函数关系. 有时这种关系不容易直接建立起来，却可能建立起含有待求函数的导数或偏导数的关系式，这种关系式称为微分方程. 具体地，含有未知函数及其导数或偏导数的方程称为微分方程. 其中，未知函数为一元函数从而出现一元函数的导数或高阶导数的微分方程称为常微分方程. 未知函数为多元函数从而出现多元函数偏导数的方程称为偏微分方程. 如，

$$u'(t)=f(t,u(t)), \tag{1-1}$$

$$y''(x)+ay'(x)=f(x,y(x)) \tag{1-2}$$

其中 $a$ 为常数.

$$y^{(4)}+4y''-21y=0, \tag{1-3}$$

$$\frac{\partial u}{\partial t}+u\frac{\partial u}{\partial x}=0, \tag{1-4}$$

$$\frac{\partial^2 u}{\partial x^2}+\frac{\partial^2 u}{\partial y^2}=f(x,y), \tag{1-5}$$

$$\left(\frac{\partial u}{\partial x}\right)^2+\left(\frac{\partial u}{\partial y}\right)^2=f(x,y), \tag{1-6}$$

$$u\frac{\partial^2 u}{\partial x^2}+\frac{\partial^2 u}{\partial y^2}+u^2=0, \tag{1-7}$$

$$a_{11}u_{xx}+2a_{12}u_{xy}+a_{22}u_{yy}+b_1u_x+b_2u_y+cu=f \tag{1-8}$$

其中，$a_{ij},b_k,c,u,f\ (i,j,k=1,2)$ 都是自变量 $x,y$ 的函数.

方程中所含未知函数的导数或偏导数的最高阶数称为方程的阶. 以上式（1-1）至式（1-3）都是常微分方程，分别是一阶、二阶和四阶方程；式（1-4）至式（1-8）都是偏微分方程，分别是一阶、二阶、一阶、二阶、二阶方程. 一阶常微分方程的一般形式为 $y'=f(x,y)$ 或者 $u'=f(t,u)$，此处导数记号$'$ 分别表示 $y$ 关于 $x$ 的导数和 $u$ 关于 $t$ 的导数. 高阶常微分方程的一般形式为 $y^{(n)}=f(x,y,y',\cdots,y^{(n-1)}),\ n\geqslant 2$.

若方程对未知函数及其各阶导数或偏导数都是线性的，则称为线性微分方程，否则称为非线性微分方程. 如上述方程中，式（1-1）、式（1-2）通常是非线性的，因为右端函数 $f$ 含有未知函数，且 $f$ 通常不是 $u$ 或 $y$ 的线性函数；式（1-4）、式（1-6）和式（1-7）是非线性的，式（1-5）和式（1-8）是线性的.

如果将一个函数代入微分方程以后，方程两端恒等，则称此函数为该方程的解. 确切地说，若函数在所考察的区域内具有方程中所出现的各阶导数或偏导数，且它们都是连续的，将其代入微分方程后方程恒成立，这样的函数称为该方程的解析解或古典解. 方程的解析解对方程是精确成立的，所以也称为方程的精确解. 微分方程的解一般有无穷多个.

常微分方程的解中一般含有任意常数，这些任意常数彼此相互独立，且任意常数的个数等于微分方程的阶数，则此解称为常微分方程的通解. 用于确定通解中的任意常数的条件称为初始条件. 确定了任意常数的通解称为特解.

偏微分方程的解与常微分方程相比，其自由度更大，解中可以包含任意函数，往往很难用通解的形式表示出来. 事实上，在实际应用中，重要的并不是求出方程的通解，而是求出在一定条件下的解，称为特解. 用于确定特解的条件称为定解条件，一般为初始条件（方程中的某个变量被赋予时间的意义后给出的定解条件）和边界条件（在区域边界上给出的定解条件）. 特别地，只有初始条件而无边界条件的定解问题称为初值问题，也称为柯西（Cauchy）问题；只有边界条件而无初始条件的定解问题称为边值问题；既有初始条件又有边界条件的定解问题则称为初边值问题，也称为混合问题. 如，

一阶常微分方程初值问题：

$$\begin{cases} u'(t) = u(t) - \dfrac{2t}{u(t)}, & 0 < t \leqslant 1, \\ u(0) = 1. \end{cases}$$

二阶常微分方程边值问题：

$$\begin{cases} y''(x) + \varphi(x)y(x) = \psi(x), & a < x < b, \\ y(a) = 0, \ y(b) = 0. \end{cases}$$

二阶偏微分方程初边值问题：

$$\begin{cases} \dfrac{\partial u}{\partial t} - a\dfrac{\partial^2 u}{\partial x^2} = f(x,t), \ 0 < x < \pi, \ 0 < t \leqslant T, \quad a > 0\text{为常数}, \\ u(x,0) = \varphi(x), \quad 0 \leqslant x \leqslant \pi, \\ u(0,t) = \alpha(t), \quad u(\pi,t) = \beta(t), \quad 0 < t \leqslant T. \end{cases}$$

微分方程建立以后，对它进行研究并找出未知函数的过程就是解微分方程. 不加特殊说明的情况下，本书默认所要研究的微分方程定解问题的解都是存在的，而且是唯一的. 微分方程的解在数学意义上的存在性及唯一性可以在非常一般的条件下得到证明，这已经有了许多重要的结论. 但即使这样，由于理论方法的局限性，有很多方程是无法求出解析解来的. 所以从实际应用上来讲，人们需要的往往并不是解在数学理论上的存在唯一性或者具体地求出其解析式（这属于基础数学的范畴），而是在我们关心的某个定义范围内求出对应于精确解的近似值——这样的数值称为这个微分方程在该范围内的数值解. 寻找数值解的过程称为数值求解微分方程（这属于计算数学或应用数学的范畴）. 本书所要研究的正是利用数值方法近似求解微分方程.

## 二、微分方程的分类

由于方程的种类繁多，性质各异，作为本科教材，我们的目标是引导学生掌握基本的具有代表性的典型方程的分析求解方法，以此作为敲门砖，为以后进一步学习更专业、更具体、更特殊的方程的具体求解方法做准备. 所以，本书重点求解的方程有以下几类：

① 一阶常微分方程初值问题：

$$\begin{cases} y'(x) = f(x, y(x)), & a < x \leqslant b, \\ y(a) = \alpha. \end{cases} \tag{1-9}$$

② 二阶常微分方程边值问题：

$$\begin{cases} y''(x) + \varphi(x)y(x) = \psi(x), \ a < x < b, \\ y(a) = \alpha, \ y(b) = \beta. \end{cases}$$

或

$$\begin{cases} y''(x) + \varphi(x)y(x) = \psi(x), \ a < x < b, \\ y'(a) + \lambda_1 y(a) = \alpha, \ y'(b) + \lambda_2 y(b) = \beta. \end{cases} \tag{1-10}$$

③ 二阶线性偏微分方程中的抛物型方程初边值问题：

$$\begin{cases} \dfrac{\partial u}{\partial t} - a\dfrac{\partial^2 u}{\partial x^2} = f(x,t), \ 0 < x < \pi, \ 0 < t \leqslant T, \quad a > 0 \text{ 为常数}, \\ u(x,0) = \varphi(x), \quad 0 \leqslant x \leqslant \pi, \\ u(0,t) = \alpha(t), \quad u(\pi,t) = \beta(t), \quad 0 < t \leqslant T. \end{cases} \tag{1-11}$$

④ 二阶线性偏微分方程中的双曲型方程初边值问题：

$$\begin{cases} \dfrac{\partial^2 u}{\partial t^2} - a^2\dfrac{\partial^2 u}{\partial x^2} = f(x,t), \ 0 < x < \pi, \ 0 < t \leqslant T, \quad a > 0 \text{ 为常数}, \\ u(x,0) = \varphi(x), \quad \dfrac{\partial u}{\partial t}(x,0) = \psi(x), \ 0 \leqslant x \leqslant \pi, \\ u(0,t) = \alpha(t), \quad u(\pi,t) = \beta(t), \quad 0 < t \leqslant T. \end{cases} \tag{1-12}$$

⑤ 二阶线性偏微分方程中的椭圆型方程边值问题：

$$\begin{cases} -\left(\dfrac{\partial^2 u}{\partial x^2} + \dfrac{\partial^2 u}{\partial y^2}\right) = f(x,y), \ (x,y) \in \mathring{\Omega}, \\ u(x,y) = \varphi(x,y), \quad (x,y) \in \partial\Omega = \Gamma. \end{cases} \tag{1-13}$$

以上方程中的有关符号、函数等将在后文具体阐述时进行描述. 式（1-11）至式（1-13）所描述的抛物型方程、双曲型方程及椭圆型方程这三大类方程都是二阶线性偏微分方程的标准形式，是其一般形式（1-8）通过函数变换的方法获得的，具体变换方法可以参考附录 A.

另外，关于求解微分方程的数值方法，本书重点介绍有限差分法，有限差分法是数值求解微分方程最有效的方法之一，理论基础起点比较低，入门比较容易. 有限元方法及谱方法也是目前工程上应用非常广泛的数值方法，我们将在最后两章进行简单的介绍，让大家对这两种方法也有所了解.

## 第二节 数值分析的工具

在进行微分方程的数值计算时，常常需要对导数或偏导数在一点处的值进行数值近似，所以以下泰勒（Taylor）公式及其变形需要重点掌握.

在这里，假设一元函数 $u(x)$ 关于自变量有直到 $n+1$ 阶的导数，从而有 $n$ 阶泰勒公式：

$$u(x_0+h) = u(x_0) + u'(x_0)h + \frac{u''(x_0)}{2!}h^2 + \cdots + \frac{u^{(n)}(x_0)}{n!}h^n + \frac{u^{(n+1)}(\xi)}{(n+1)!}h^{n+1}, \tag{1-14}$$

其中，$\xi$ 是在以 $x_0$ 和 $x_0+h$ 为端点的区间 $I$ 内的某一点. 在不需要具体、精确的余项的时候，为了方便

可以将上式写成

$$u(x_0+h)=u(x_0)+u'(x_0)h+\frac{u''(x_0)}{2!}h^2+\cdots+\frac{u^{(n)}(x_0)}{n!}h^n+O(h^{n+1}),\tag{1-15}$$

注意，这里假设对函数 $u(x)$ 存在某个常数 $M>0$，满足 $\left|u^{(n+1)}(x)\right|\leqslant M,\ \forall\, x\in I$．上式中的记号“$O$”（读作大 $O$）定义为：对函数 $f(x)$ 和 $g(x)$，如果存在某个常数 $C>0$，满足 $|f(x)|\leqslant C|g(x)|,\ \forall x\in I$，则记 $f(x)=O(g(x))$．

同样，还有

$$u(x_0-h)=u(x_0)-u'(x_0)h+\frac{u''(x_0)}{2!}h^2-\cdots+(-1)^n\frac{u^{(n)}(x_0)}{n!}h^n+O(h^{n+1}),\tag{1-16}$$

从而由式（1-15）和式（1-16）很容易得到

$$u(x_0)=\frac{u(x_0-h)+u(x_0+h)}{2}+O(h^2)\tag{1-17}$$

及以下导数的表达式

$$u'(x_0)=\frac{u(x_0+h)-u(x_0)}{h}+O(h)=\frac{u(x_0)-u(x_0-h)}{h}+O(h)\tag{1-18}$$

或

$$u'(x_0)=\frac{u(x_0+h)-u(x_0-h)}{2h}+O(h^2)\tag{1-19}$$

及

$$u''(x_0)=\frac{u(x_0+h)-2u(x_0)+u(x_0-h)}{h^2}+O(h^2)\tag{1-20}$$

基于以上导数的表达式，如果在 $x$ 轴上设置一些离散的等距节点 $x_i$（$i=0,1,\cdots,N$），节点间的间距为 $h$，就可以得到导数的有限差商形式，即用差商近似导数（也就是微商），得到等距情况下导数的各阶差商形式罗列如下．

关于一阶导数的差商为：

一阶向前差商：$u'(x_i)\approx\dfrac{u(x_{i+1})-u(x_i)}{h}$，误差为 $O(h)$，（1-21）

一阶向后差商：$u'(x_i)\approx\dfrac{u(x_i)-u(x_{i-1})}{h}$，误差为 $O(h)$，（1-22）

二阶中心差商：$u'(x_i)\approx\dfrac{u(x_{i+1})-u(x_{i-1})}{2h}$，误差为 $O(h^2)$．（1-23）

关于二阶导数的差商为：

二阶中心差商：$u''(x_i)\approx\dfrac{u(x_{i+1})-2u(x_i)+u(x_{i-1})}{h^2}$，误差为 $O(h^2)$．（1-24）

注意，这里的误差指的都是截断误差．若差商表示中的截断误差为 $O(h^p)$，则称此差商为 $p$ 阶差商．所以，向前、向后差商都是一阶的，而中心差商是二阶的．注意，阶数的高低很大程度上影响数值方法的精度（粗略地讲就是方法的好坏）．一般来讲当 $h$ 很小时（可以认为 $h<1$），阶数越高，算法越好．例如，对函数 $u(x)=\sin x$，取 $[0,\pi]$ 间的等距节点 $x_i=\dfrac{i\pi}{10},\ i=0,1,\cdots,10$，则函数在 $x=\dfrac{\pi}{5}$ 处的导数有以下差商结果：

$$u'\left(\frac{\pi}{5}\right)=u'(x_2)\approx\frac{u(x_3)-u(x_2)}{x_3-x_2}\approx 0.704203 \quad （向前差商近似）$$

$$u'\left(\frac{\pi}{5}\right)=u'(x_2)\approx\frac{u(x_2)-u(x_1)}{x_2-x_1}\approx 0.887347 \quad （向后差商近似）$$

$$u'\left(\frac{\pi}{5}\right)=u'(x_2)\approx\frac{u(x_3)-u(x_1)}{x_3-x_1}\approx 0.795775 \quad （中心差商近似）$$

与精确值$u'\left(\frac{\pi}{5}\right)=\cos\left(\frac{\pi}{5}\right)\approx 0.809017$相比较，可见中心差商的近似效果更好.

需要注意的是，差分的阶数并不完全决定近似算法的好坏，一个好的算法还得综合考虑算法的复杂度、计算时间及内存占用的情况等等，所以不能理所当然地认为有了二阶的差商形式就不需要一阶的了.

类似地，对于多元函数，也可以通过取定一个变量而固定其他变量，得到以下偏导数的表达式：

$$\begin{aligned}\frac{\partial u}{\partial x}(x_0,y_0)&=\frac{u(x_0+\Delta x,y_0)-u(x_0,y_0)}{\Delta x}+O(\Delta x)=\frac{u(x_0,y_0)-u(x_0-\Delta x,y_0)}{\Delta x}+O(\Delta x)\\&=\frac{u(x_0+\Delta x,y_0)-u(x_0-\Delta x,y_0)}{2\Delta x}+O(\Delta x^2)\end{aligned}$$

$$\begin{aligned}\frac{\partial u}{\partial y}(x_0,y_0)&=\frac{u(x_0,y_0+\Delta y)-u(x_0,y_0)}{\Delta y}+O(\Delta y)=\frac{u(x_0,y_0)-u(x_0,y_0-\Delta y)}{\Delta y}+O(\Delta y)\\&=\frac{u(x_0,y_0+\Delta y)-u(x_0,y_0-\Delta y)}{2\Delta y}+O(\Delta y^2)\end{aligned}$$

和

$$\frac{\partial^2 u}{\partial x^2}(x_0,y_0)=\frac{u(x_0+\Delta x,y_0)-2u(x_0,y_0)+u(x_0-\Delta x,y_0)}{\Delta x^2}+O(\Delta x^2)$$

及

$$\frac{\partial^2 u}{\partial y^2}(x_0,y_0)=\frac{u(x_0,y_0+\Delta y)-2u(x_0,y_0)+u(x_0,y_0-\Delta y)}{\Delta y^2}+O(\Delta y^2)$$

如果对平面内某区域设置等距（关于 $x$ 方向和 $y$ 方向分别设置间距为$h_x$和$h_y$）的矩形网格节点$(x_i,y_j)$，则有以下一阶偏导数的各阶差商形式：

一阶向前差商：$\frac{\partial u}{\partial x}(x_i,y_j)\approx\frac{u(x_{i+1},y_j)-u(x_i,y_j)}{h_x}$，误差为$O(h_x)$， (1-25)

$\frac{\partial u}{\partial y}(x_i,y_j)\approx\frac{u(x_i,y_{j+1})-u(x_i,y_j)}{h_y}$，误差为$O(h_y)$. (1-26)

一阶向后差商：$\frac{\partial u}{\partial x}(x_i,y_j)\approx\frac{u(x_i,y_j)-u(x_{i-1},y_j)}{h_x}$，误差为$O(h_x)$， (1-27)

$\frac{\partial u}{\partial y}(x_i,y_j)\approx\frac{u(x_i,y_j)-u(x_i,y_{j-1})}{h_y}$，误差为$O(h_y)$. (1-28)

二阶中心差商：$\frac{\partial u}{\partial x}(x_i,y_j)\approx\frac{u(x_{i+1},y_j)-u(x_{i-1},y_j)}{2h_x}$，误差为$O(h_x{}^2)$， (1-29)

$$\frac{\partial u}{\partial y}(x_i,y_j)\approx\frac{u(x_i,y_{j+1})-u(x_i,y_{j-1})}{2h_y}，误差为 O(h_y^2). \tag{1-30}$$

以及二阶偏导数的二阶中心差商：

$$\frac{\partial^2 u}{\partial x^2}(x_i,y_j)\approx\frac{u(x_{i+1},y_j)-2u(x_i,y_j)+u(x_{i-1},y_j)}{h_x^2}，误差为 O(h_x^2)， \tag{1-31}$$

$$\frac{\partial^2 u}{\partial y^2}(x_i,y_j)\approx\frac{u(x_i,y_{j+1})-2u(x_i,y_j)+u(x_i,y_{j-1})}{h_y^2}，误差为 O(h_y^2). \tag{1-32}$$

以上各种差商形式及其阶数请同学们务必记住！后续微分方程的差分格式设计中将经常使用.

# 本章要求及小结

1．掌握微分方程的相关概念：常微分方程、偏微分方程、线性方程、非线性方程、解、解析解、数值解、定解条件、初值问题、边值问题、初边值问题.

2．掌握一阶、二阶导数或偏导数的各种差商形式.

# 习 题 一

1．指出下列方程的类型（指明是常微分方程还是偏微分方程，是线性方程还是非线性方程，并指出方程的阶数）：

（1） $y'=x^2+100y^2$

（2） $\dfrac{\partial u}{\partial t}+u\dfrac{\partial u}{\partial x}=\dfrac{\partial^2 u}{\partial x^2}$

（3） $\dfrac{\partial^2\varphi}{\partial x^2}+\dfrac{\partial^2\varphi}{\partial y^2}+\dfrac{\partial^2\varphi}{\partial z^2}=0$

（4） $y'''-3yy''+\mathrm{e}^y=0$

（5） $y^{(4)}-y^{(2)}+y=\mathrm{e}^x$

2．设函数 $f(x)=\mathrm{e}^{2x}$，考察在[0,1]区间上的一个等距剖分 $x_i=\dfrac{i}{10}$（$i=0,1,2,\cdots,10$），分别利用一阶向前、一阶向后、二阶中心差商近似计算 $f(x)$ 在 $x=0.2$ 处的导数值，并与精确值 $f'(0.2)$ 相比较. 再用二阶中心差商近似计算 $f(x)$ 在 $x=0.4$ 处的二阶导数值并与精确值 $f''(0.4)$ 相比较. 要求写一段简单的程序实现以上功能.

3．对上题进一步分析，如果将等距剖分节点设为 $x_i=\dfrac{i}{20}$（$i=0,1,2,\cdots,20$），在这样的剖分情况下再进行上述近似计算，并将计算的结果与上题比较，有什么结论？

# 第二章　常微分方程的数值解法

在自然科学的许多领域特别是科学与工程计算中，经常遇到常微分方程的求解问题. 然而，只有非常少数且十分简单的微分方程可以用初等方法求得它们的解，多数情形只能利用近似方法求解，如幂级数解法、皮卡（Picard）逐步逼近法等. 这些方法可以给出解的近似表达式，通常称为近似解析方法，主要是通过手算和符号计算软件如Maple[1]、Mathematica[2]实现. 还有一类近似方法称为数值方法，这些方法可以给出解在一些离散点上的近似值，主要是利用计算机编写程序来处理. 我们所要研究的正是这类方法.

本章主要研究的对象为一阶常微分方程初值问题：

$$\begin{cases} \dfrac{\mathrm{d}y}{\mathrm{d}x} = f(x,y), \qquad a < x \leqslant b, \\ y(a) = \alpha \end{cases} \tag{2-1}$$

其中，$f(x,y)$为$x,y$的已知函数，$\alpha$为给定的初始值，将上述问题的精确解记为$y(x)$. 正如上面所提到的，即使形如式（2-1）这样形式简单的方程也未必能找到精确解. 事实上，C. Henry Edwards 和 David E. Penney 在其所著的《常微分方程基础》[3]一书中这样描述：具有以上一般形式的微分方程可以用初等的方法精确求解出来只是个例外而不是常规（It is the exception rather than a rule when a differential equation of the above general form can be solved exactly and explicitly by elementary methods）. 作为我们要研究的对象，原则上只有当初值问题式（2-1）的解存在且唯一时，使用数值解法去求解才有意义，这一前提条件由下面的存在唯一性定理保证. 当然，有时候我们也会遇到一些实际问题理论上难以证明其解的存在唯一性或者根本不知道原问题解的情况，这些问题属于微分方程基本理论研究的范畴，这时通常可以采用数值方法先进行试探性的数值模拟，然后根据数值方法的结果来提供一些理论上的证明方向与思路.

**定理**　设函数$f(x,y)$在区域$D: a \leqslant x \leqslant b,\ y \in \mathrm{R}$上连续，且在区域$D$内关于$y$满足李普希兹（Lipschitz）条件，即存在正数$L$，使得对于$D$内任意两点$(x,y_1)$与$(x,y_2)$，恒有$|f(x,y_1) - f(x,y_2)| \leqslant L\,|y_1 - y_2|$，则初值问题式（2-1）的解$y(x)$存在并且唯一.

**证**：此定理的证明可在普通的《常微分方程》教材上找到，此处从略.

用数值方法求解问题式（2-1）的基本思想是：在求解区域$I=[a,b]$上任取$m+1$个节点$a = x_0 < x_1 < x_2 < \cdots < x_m = b$，在这些节点上采用离散化方法（通常用数值积分、微分、泰勒展开式等）将上述初值问题化成关于离散变量的相应问题，并且将所得离散问题的解$y_i\ (i=0,1,\cdots,m)$作为精确解$y(x_i)$的近似值，这样求得的$y_i$就是上述初值问题在节点$x_i$上的数值解. 离散节点的下标从0开始，用C语言（数组从0开始计数）进行程序设计时很方便. 一般说来，不同的离散过程将得到不同的数值方法，从而得到不同的解. 数值方法的具体操作过程如下.

第一步，网格剖分（在求解区域上作剖分）.

在求解区域$I$上取$m+1$个节点$a = x_0 < x_1 < x_2 < \cdots < x_m = b$，这里$h_i = x_{i+1} - x_i$称为$x_i$到$x_{i+1}$的步长，$i = 0,\ 1,\ \cdots,\ m$. 这些$h_i$可以不相等，但有时为了计算方便，特别是编写程序方便，一般取成相等，此时就有等步长$h = \Delta x = \dfrac{b-a}{m}$，这样的区域剖分称为等距剖分或者一致网格剖分，$x_i$称为网格节点. 整个剖分过程相当于对一维的求解区域进行离散化.

第二步，对连续方程作节点离散，使连续方程仅在离散节点上成立，从而将原方程弱化，得到节点离散方程.

第三步，在节点上采用离散化方法（忽略高阶项）并用 $y_i$ 作为精确解 $y(x_i)$ 的近似值，可得差分格式或差分方程.

第四步，将差分方程改写为迭代格式或者线性方程组的形式并求解，得出精确解 $y(x_i)$ 的近似值 $y_i$.

第五步，从理论上研究数值格式的局部截断误差（即相容性）、稳定性以及数值解的收敛性与整体误差.

第六步，分析数值结果与理论分析是否一致，考察有无局限性及可改进的方法.

注意，有时可以将第四步和第五步交换次序，先在理论上分析第三步得到的数值格式的数值效果，如果效果不好的话就没必要进行第四步的实际操作了. 当然，以上操作过程比较抽象，我们需要通过具体的方法来实现这些过程，以加深大家对上述操作步骤的理解.

# 第一节 欧拉（Euler）方法

## 一、欧拉方法

首先对问题式(2-1)的求解区域即区间 $[a,b]$ 作等距剖分，得到等距节点 $x_i = a+ih$，$i=0,1,\cdots,m$，步长为 $h=(b-a)/m$. 其次，将原连续方程 $\dfrac{\mathrm{d}y}{\mathrm{d}x}=f(x,y(x))$ 即 $y'(x)=f(x,y(x))$ 弱化，使之仅在离散节点处成立，即 $y'(x_i)=f(x_i,y(x_i))$. 接着，用差商近似微商的离散化方法式（1-21），在离散节点 $x_i$ 处就应有节点离散方程：

$$\frac{y(x_i+h)-y(x_i)}{h}+O(h)=f(x_i,y(x_i))$$

忽略高阶项并用数值解 $y_i$ 作为精确解 $y(x_i)$ 的近似值可得差分方程 $\dfrac{y_{i+1}-y_i}{h}=f(x_i,y_i)$，这样原来的连续方程初值问题式（2-1）可用以下差分格式作数值逼近：

$$y_{i+1}=y_i+hf(x_i,y_i),\quad i=0,1,2\ \cdots,m-1,\quad y_0=y(x_0)=y(a)=\alpha, \tag{2-2}$$

这就是著名的欧拉方法或欧拉折线法.

求解初值问题式（2-1）就是在 $xOy$ 平面上求一条通过点 $(x_0,y_0)$ 的曲线（也称为积分曲线）$y=y(x)$，并使曲线上任意一点 $(x,y)$ 处的切线斜率为 $f(x,y)$. 事实上，欧拉方法有明显的几何意义，就是从点 $P_0(x_0,y_0)$ 出发作一条斜率为 $f(x_0,y_0)$ 的直线，此直线交直线 $x=x_1$ 于点 $P_1(x_1,y_1)$，$P_1$ 点的纵坐标 $y_1$ 就是 $y(x_1)$ 的近似值；再从点 $P_1$ 作一条斜率为 $f(x_1,y_1)$ 的直线，交直线 $x=x_2$ 于点 $P_2(x_2,y_2)$，$P_2$ 点的纵坐标 $y_2$ 就是 $y(x_2)$ 的近似值；按同样的过程继续下去，可得到一条折线 $P_0P_1P_2\cdots P_m$. 该折线就是数值解的图形，它是精确解 $y=y(x)$ 的近似折线，这也是欧拉折线法名称的由来.

**例 2.1.1** 用欧拉方法求解常微分方程初值问题：$\begin{cases}\dfrac{\mathrm{d}y}{\mathrm{d}x}=y-\dfrac{2x}{y}, & 0<x\leqslant 1\\ y(0)=1\end{cases}$，取步长为 0.1.

**解**：因步长 $h=0.1$，相当于对[0,1]等距剖分 10 份，得节点坐标 $x_i=\dfrac{i}{10}(i=0,1,2,\cdots,10)$.

利用欧拉方法得差分方程为 $y_{i+1}-y_i=hf(x_i,y_i)=h\left(y_i-\dfrac{2x_i}{y_i}\right)$，$i=0,1,\cdots,9$ 且 $y_0=1$. 为了便于

比较数值算法的效果，我们给出原方程的精确解 $y=\sqrt{1+2x}$（原方程为伯努利方程，普通的《常微分方程》教材中有精确的求解方法）. 程序见 Egch2_sec1_01.c，计算结果列表如下（表 2-1）.

**表 2-1　欧拉方法的计算结果**

| $x_i$ | 欧拉方法 $y_i$ | 精确解 $y(x_i)$ | 误差 $\lvert y_i-y(x_i)\rvert$ |
|---|---|---|---|
| 0.1 | 1.100000 | 1.095445 | 0.004555 |
| 0.2 | 1.191818 | 1.183216 | 0.008602 |
| 0.3 | 1.277438 | 1.264911 | 0.012527 |
| 0.4 | 1.358213 | 1.341641 | 0.016572 |
| 0.5 | 1.435133 | 1.414214 | 0.020919 |
| 0.6 | 1.508966 | 1.483240 | 0.025727 |
| 0.7 | 1.580338 | 1.549193 | 0.031145 |
| 0.8 | 1.649783 | 1.612452 | 0.037332 |
| 0.9 | 1.717779 | 1.673320 | 0.044459 |
| 1.0 | 1.784771 | 1.732051 | 0.052720 |
| 最大误差 | 0.052720 | | |

从表中可见用欧拉方法得到的数值结果最大误差为 0.052720，效果不是很好.

## 二、梯形方法

如果从另外的角度看欧拉方法，则可以引申出其他一些新的方法. 事实上，除了用泰勒公式将导数用差商来近似外，我们可以直接对式（2-1）中的方程两边从 $x_i$ 到 $x_{i+1}$ 积分，得

$$y(x_{i+1})-y(x_i)=\int_{x_i}^{x_{i+1}} f(x,y(x))\mathrm{d}x \tag{2-3}$$

上式右端的积分项中被积函数既含有 $x$，又含有未知函数 $y(x)$，无法求出积分值，只能采用数值的方法进行计算. 于是对上式右端的积分项用数值积分中的左矩形公式逼近，即

$$\int_{x_i}^{x_{i+1}} f(x,y(x))\mathrm{d}x \approx f(x_i,y(x_i))h$$

并用 $y_i$ 作为 $y(x_i)$ 的近似值，这样式（2-3）近似为差分格式 $y_{i+1}-y_i=h\,f(x_i,y_i)$，即式（2-2），故欧拉方法也称为矩形法. 从上面的分析也可以看出本质上欧拉方法效果不是很好的主要原因是它采用了精度较差的矩形法计算右端积分. 此外，如果用右矩形公式计算式（2-3）右端的积分，则类似可得差分格式

$$y_{i+1}-y_i=h\,f(x_{i+1},y_{i+1}) \tag{2-4}$$

称为隐式欧拉方法. 可以想象，如果改用梯形公式计算式（2-3）右端的积分，可期望得到较高的精度. 这时

$$\int_{x_i}^{x_{i+1}} f(x,y(x))\mathrm{d}x \approx \frac{1}{2}[f(x_i,y(x_i))+f(x_{i+1},y(x_{i+1}))]h$$

将这个结果代入式（2-3）并将其中的 $y(x_i)$ 用 $y_i$ 近似代替，则得新的差分格式：

$$y_{i+1}=y_i+\frac{1}{2}h\,[f(x_i,y_i)+f(x_{i+1},y_{i+1})] \tag{2-5}$$

这个方法称为梯形方法.

上述 3 个计算格式，即式（2-2）、式（2-4）及式（2-5）都是由 $y_i$ 计算 $y_{i+1}$，这种只用前一步 $y_i$ 即可算出 $y_{i+1}$ 的方法称为单步法，其中式（2-2）可由 $y_0$ 逐次求出 $y_1,y_2,y_3,\cdots,y_m$ 的值，称为显式方法，而式（2-4）及式（2-5）左右两端都含有 $y_{i+1}$，无法直接从 $y_i$ 求出 $y_{i+1}$，而需要解含有 $y_{i+1}$ 的方程，求解很不容易，常用迭代法求解，这类方法称为隐式方法.

注意到梯形方法是隐式方法，在实际求解时需要用迭代法. 而迭代的初值则由欧拉方法提供，即有以下梯形方法的迭代公式：

$$\begin{cases} y_{i+1}^{(0)} = y_i + hf(x_i, y_i), \\ y_{i+1}^{(k+1)} = y_i + \dfrac{h}{2}[f(x_i, y_i) + f(x_{i+1}, y_{i+1}^{(k)}), \end{cases} \quad i = 0,\ 1,\ 2, \cdots, m-1, \quad k = 0,\ 1,\ 2, \cdots \tag{2-6}$$

使用迭代法时需要设立迭代误差限$\varepsilon$以控制迭代步数，也就是说，先用欧拉方法由$(x_i, y_i)$得出$y(x_{i+1})$的初始近似值$y_{i+1}^{(0)}$，然后用式（2-6）中的第二个公式进行迭代，反复迭代直到$\left|y_{i+1}^{(k+1)} - y_{i+1}^{(k)}\right| < \varepsilon$为止，并把$y_{i+1}^{(k+1)}$取作$y(x_{i+1})$的近似值$y_{i+1}$. 显然，应用梯形方法，如果序列$y_{i+1}^{(0)}, y_{i+1}^{(1)}, \cdots$收敛，它的极限$y_s$便满足方程$y_s = y_i + \dfrac{h}{2}[f(x_i, y_i) + f(x_{i+1}, y_s)]$. 比较式（2-5）可知序列的极限可取作$y_{i+1}$. 下面证明，如果$\dfrac{\partial f}{\partial y}$有界，则只要$h$取得适当小，序列$y_{i+1}^{(0)}, y_{i+1}^{(1)}, \cdots$必定收敛到$y_{i+1}$. 事实上，将式（2-5）与式（2-6）中第二个公式相减可得

$$y_{i+1} - y_{i+1}^{(k+1)} = \frac{h}{2}[f(x_{i+1}, y_{i+1}) - f(x_{i+1}, y_{i+1}^{(k)})] \leqslant \frac{hL}{2}|y_{i+1} - y_{i+1}^{(k)}|\text{，其中}\left|\frac{\partial f}{\partial y}\right| \leqslant L.$$

可见，只要选取$h$使$\beta := \dfrac{hL}{2} < 1$，则

$$\left|y_{i+1} - y_{i+1}^{(k+1)}\right| \leqslant \beta \left|y_{i+1} - y_{i+1}^{(k)}\right| \leqslant \cdots \leqslant \beta^{k+1} \left|y_{i+1} - y_{i+1}^{(0)}\right|$$

从而当$k \to \infty$时就有$y_{i+1}^{(k+1)} \to y_{i+1}$，即迭代序列$y_{i+1}^{(0)}, y_{i+1}^{(1)}, \cdots$必定收敛到$y_{i+1}$. 这样当$h$取得充分小时，就可保证上述迭代过程收敛到一个解. 当步长$h$取得适当时，欧拉方法算出的值已是较好的近似，因此梯形方法收敛很快，通常只需两三次迭代即可. 如果迭代很多步仍不收敛，则表明步长$h$选得过大，应缩小步长后再计算.

**例 2.1.2** 用梯形方法求解常微分方程$\begin{cases} \dfrac{\mathrm{d}y}{\mathrm{d}x} = y - \dfrac{2x}{y}, & 0 < x \leqslant 1 \\ y(0) = 1 \end{cases}$，取步长为 0.1，迭代误差限为$\varepsilon = 10^{-4}$.

**解**：利用式（2-6）编程，程序见 Egch2_sec1_02.c，计算结果列表如下（表 2-2）.

**表 2-2 梯形方法的计算结果**

| $x_i$ | 迭代次数 | 梯形方法 $y_i$ | 精确解 $y(x_i)$ | 误差 $\lvert y_i - y(x_i)\rvert$ |
|---|---|---|---|---|
| 0.1 | 3 | 1.095657 | 1.095445 | 0.000212 |
| 0.2 | 3 | 1.183596 | 1.183216 | 0.000380 |
| 0.3 | 3 | 1.265444 | 1.264911 | 0.000532 |
| 0.4 | 3 | 1.342327 | 1.341641 | 0.000686 |
| 0.5 | 3 | 1.415064 | 1.414214 | 0.000850 |
| 0.6 | 3 | 1.484274 | 1.483240 | 0.001034 |
| 0.7 | 3 | 1.550437 | 1.549193 | 0.001244 |
| 0.8 | 2 | 1.613948 | 1.612452 | 0.001496 |
| 0.9 | 2 | 1.675112 | 1.673320 | 0.001792 |
| 1.0 | 2 | 1.734192 | 1.732051 | 0.002141 |
| 最大误差 0.002141 | | | | |

注意，在此算例程序中，我们设立了迭代计数器来观察迭代次数．与例 2.1.1 中的欧拉方法相比较，梯形方法的结果明显好于前者．

## 三、改进的欧拉方法

从理论上讲，梯形方法虽然提高了计算精度，但计算成本增加了，因为每迭代一次都要重新计算函数 $f(x,y)$ 的值，而且迭代又要反复进行若干次，计算量较大．为了降低计算成本，在实际计算时（从上例中也看出来有时迭代次数并不需要很多次），通常是采用迭代一次的梯形方法，也称为改进的欧拉方法，即先用欧拉公式求得一个初步的近似值 $\overline{y}_{i+1}$，称为预估值．预估值可能精度很差，于是就用梯形公式对它校正一次得 $y_{i+1}$，这个结果称为校正值，而这样建立的预估—校正系统称为改进的欧拉方法．具体地，改进的欧拉方法计算公式为：

$$\begin{cases} \overline{y}_{i+1} = y_i + hf(x_i, y_i) \\ y_{i+1} = y_i + \dfrac{h}{2}\left[f(x_i, y_i) + f(x_{i+1}, \overline{y}_{i+1})\right], \end{cases} \quad i = 0,1,2,\cdots,m-1, \tag{2-7}$$

上式称为改进的欧拉公式．式（2-7）叫作预估校正公式，其中第一式叫预估公式，第二式叫校正公式．这个公式还可写为

$$\begin{cases} y_{i+1} = y_i + \dfrac{1}{2}k_1 + \dfrac{1}{2}k_2, \\ k_1 = hf(x_i, y_i), \\ k_2 = hf(x_i + h, y_i + k_1), \end{cases} \text{或者} \begin{cases} y_{i+1} = y_i + \dfrac{h}{2}(k_1 + k_2), \\ k_1 = f(x_i, y_i), \\ k_2 = f(x_i + h, y_i + hk_1), \end{cases} \quad i = 0,1,2,\cdots,m-1. \tag{2-8}$$

**例 2.1.3** 用改进的欧拉方法求解常微分方程 $\begin{cases} \dfrac{dy}{dx} = y - \dfrac{2x}{y}, & 0 < x \leqslant 1 \\ y(0) = 1 \end{cases}$，取步长为 0.1.

**解：** 程序见 Egch2_sec1_03.c，计算结果列表如下（表 2-3）．

**表 2-3 改进的欧拉方法的计算结果**

| $x_i$ | 改进的欧拉方法 $y_i$ | 精确解 $y(x_i)$ | 误差 $\lvert y_i - y(x_i)\rvert$ |
|---|---|---|---|
| 0.1 | 1.095909 | 1.095445 | 0.000464 |
| 0.2 | 1.184097 | 1.183216 | 0.000881 |
| 0.3 | 1.266201 | 1.264911 | 0.001290 |
| 0.4 | 1.343360 | 1.341641 | 0.001719 |
| 0.5 | 1.416402 | 1.414214 | 0.002188 |
| 0.6 | 1.485956 | 1.483240 | 0.002716 |
| 0.7 | 1.552514 | 1.549193 | 0.003321 |
| 0.8 | 1.616475 | 1.612452 | 0.004023 |
| 0.9 | 1.678166 | 1.673320 | 0.004846 |
| 1.0 | 1.737867 | 1.732051 | 0.005817 |
| 最大误差 | 0.005817 | | |

从这个算例也可以看出改进的欧拉方法和上例中的梯形方法每个节点处的误差都是相同数量级的，计算效果相差不多．由于改进的欧拉方法不需要迭代，计算量就明显会少一些，所以在实际应用中改进的欧拉方法更加实用些．

对于改进的欧拉方法，如果将上例中的步长折半，即取步长为 0.05，相当于对原网格（$h = 0.1$）

进行网格加密（指节点的密度增加而不是加设密码），重新用上述程序计算，可以得到 20 个节点 $x_i=\dfrac{i}{20}$（$i=1,2,\cdots,20$）处的近似值，为了看出加密后的效果，我们对比两次网格计算结果并列表如下（表 2-4）：

**表 2-4 改进的欧拉方法在不同步长下的计算结果**

| $x_i$ | 改进的欧拉方法 $y_i$ | 误差 $\lvert y_i-y(x_i)\rvert$ | 半步长时 $y_i$ | 半步长时误差 $\lvert y_i-y(x_i)\rvert$ |
|---|---|---|---|---|
| 0.1 | 1.095909 | 0.000464 | 1.095561 | 0.000116 |
| 0.2 | 1.184097 | 0.000881 | 1.183437 | 0.000221 |
| 0.3 | 1.266201 | 0.001290 | 1.265236 | 0.000325 |
| 0.4 | 1.343360 | 0.001719 | 1.342075 | 0.000434 |
| 0.5 | 1.416402 | 0.002188 | 1.414767 | 0.000553 |
| 0.6 | 1.485956 | 0.002716 | 1.483927 | 0.000687 |
| 0.7 | 1.552514 | 0.003321 | 1.550035 | 0.000842 |
| 0.8 | 1.616475 | 0.004023 | 1.613472 | 0.001021 |
| 0.9 | 1.678166 | 0.004846 | 1.674551 | 0.001231 |
| 1.0 | 1.737867 | 0.005817 | 1.733530 | 0.001479 |

从表中可以看出，网格加密以后误差更小，这种现象可以通过理论分析得以解释.

## 第二节 误差分析的相关概念

事实上，当我们构造出差分格式以后，往往需要对差分格式进行理论上的分析. 一方面是对算法的性能有更深刻的理解，另一方面也为设计性能更优的算法提供线索. 以下将在理论上分别考察数值格式的相容性、稳定性及收敛性.

### 一、局部截断误差与相容性

现在来考察上一节中 3 种单步法公式的局部截断误差. 所谓的局部截断误差实质上考察的是差分格式的逼近误差或者说是以差商代替微商所产生的替代误差，或者也可以理解为差分格式对精确解的满足程度. 这里假定前一步所得的结果 $y_i=y(x_i)$ 是准确的，相当于只算从 $y_i$ 到 $y_{i+1}$ 这一步的误差，从而是局部的，这也是局部截断误差名称的由来. 以后讨论收敛性的时候还会介绍整体截断误差.

单步法（如欧拉方法、隐式欧拉方法、梯形方法及改进的欧拉方法）的一般形式可表示为

$$y_{i+1}=y_i+h\varphi(x_i,y_i,x_{i+1},y_{i+1}) \tag{2-9}$$

上式右端若不含 $y_{i+1}$，则为显式单步法，否则就是隐式单步法. 定义数值格式（2-9）的局部截断误差 LTE（local truncation error）为

$$\mathrm{LTE}=y(x_{i+1})-y(x_i)-h\varphi(x_i,y(x_i),x_{i+1},y(x_{i+1})) \tag{2-10}$$

相当于考察把精确解代入数值格式后产生的误差. 对于欧拉方法式（2-2），由式（2-1）及一阶泰勒公式（1-14）知欧拉方法的局部截断误差为

$$\mathrm{LTE}=y(x_{i+1})-y(x_i)-hf(x_i,y(x_i))=y(x_{i+1})-y(x_i)-hy'(x_i)=\frac{h^2}{2!}y''(\xi)=O(h^2) \tag{2-11}$$

其中，$\xi\in(x_i,x_{i+1})$. 对于隐式欧拉方法式（2-4），由式（2-1）及一阶泰勒公式（1-16）知它的局部截断误差为

$$\begin{aligned}\text{LTE} &= y(x_{i+1}) - y(x_i) - hf(x_{i+1}, y(x_{i+1})) = y(x_{i+1}) - y(x_{i+1}-h) - hy'(x_{i+1}) \\ &= -\frac{h^2}{2!}y''(\eta) = O(h^2), \quad \eta \in (x_i, x_{i+1}).\end{aligned} \tag{2-12}$$

再考察梯形方法式（2-5），它的局部截断误差为

$$\begin{aligned}\text{LTE} &= y(x_{i+1}) - y(x_i) - \frac{h}{2}\left(y'(x_i) + y'(x_{i+1})\right) \\ &= hy'(x_i) + \frac{h^2}{2}y''(x_i) + \frac{h^3}{6}y'''(\xi_1) - \frac{h}{2}\left(2y'(x_i) + hy''(x_i) + \frac{h^2}{2}y'''(\xi_2)\right) = O(h^3)\end{aligned} \tag{2-13}$$

其中，$\xi_1, \xi_2 \in (x_i, x_{i+1})$. 最后，对于改进的欧拉方法式（2-7），易知：

$$\begin{aligned}\varphi(x_i, y(x_i), x_{i+1}, y(x_{i+1})) &= \frac{1}{2}\left[f(x_i, y(x_i)) + f(x_{i+1}, y(x_i) + hf(x_i, y(x_i)))\right] \\ &= \frac{1}{2}\left[y'(x_i) + f(x_i + h, y(x_i) + hy'(x_i))\right] \\ &= \frac{1}{2}\left[y'(x_i) + f(x_i, y(x_i)) + h\left.\frac{\partial f}{\partial x}\right|_{(x_i, y(x_i))} + hy'(x_i)\left.\frac{\partial f}{\partial y}\right|_{(x_i, y(x_i))} + O(h^2)\right] \\ &= \frac{1}{2}\left[y'(x_i) + y'(x_i) + hf'(x_i, y(x_i)) + O(h^2)\right] = y'(x_i) + \frac{h}{2}y''(x_i) + O(h^2)\end{aligned} \tag{2-14}$$

注意，在上面的公式处理过程中用到了二元函数的泰勒公式：

$$f(x_0 + h, y_0 + k) = f(x_0, y_0) + h\left.\frac{\partial f}{\partial x}\right|_{(x_0, y_0)} + k\left.\frac{\partial f}{\partial y}\right|_{(x_0, y_0)} + \left.\frac{h^2}{2}\frac{\partial^2 f}{\partial x^2}\right|_{(\xi, \eta)} + hk\left.\frac{\partial^2 f}{\partial x \partial y}\right|_{(\xi, \eta)} + \left.\frac{k^2}{2}\frac{\partial^2 f}{\partial y^2}\right|_{(\xi, \eta)}$$

其中，$\xi \in (x_0, x_0 + h)$, $\eta \in (y_0, y_0 + k)$.

及二元函数的复合求导公式 $\dfrac{\mathrm{d}f(x, y(x))}{\mathrm{d}x} = f_x(x, y) + f_y(x, y) \cdot y'$. 于是，由式（2-14）知改进的欧拉方法的局部截断误差为

$$\begin{aligned}\text{LTE} &= y(x_{i+1}) - y(x_i) - h\varphi(x_i, y(x_i), x_{i+1}, y(x_{i+1})) \\ &= hy'(x_i) + \frac{h^2}{2}y''(x_i) + \frac{h^3}{6}y'''(\xi) - h\left[y'(x_i) + \frac{h}{2}y''(x_i) + O(h^2)\right] = O(h^3)\end{aligned} \tag{2-15}$$

如果一个数值方法式（2-9）的局部截断误差 $\text{LTE} = O(h^{p+1})$，$p \geqslant 1$，则称该数值方法与原问题式（2-1）是相容的，且称该数值方法是 $p$ 阶的. 这样，由式（2-11）至式（2-13）及式（2-15）知，欧拉方法、隐式欧拉方法都是一阶方法，梯形方法和改进的欧拉方法都是二阶方法，这些方法与原问题都是相容的. 在条件 $y_i = y(x_i)$ 下，可以证明当步长 $h \to 0$ 时，与原问题相容的数值方法在区间 $[x_i, x_{i+1}]$ 上有 $y_{i+1} \to y(x_{i+1})$，即该数值方法是局部收敛的.

## 二、稳定性

稳定性考察的是机器的舍入误差，这是由计算机的有限字长引起的. 称一个算法稳定是指初始误差（或者是小扰动）在后面的计算过程中不会传播. 换言之，稳定性考察的是数值解关于初始误差的连续依赖性，用数学语言来描述就是，如果原始的初值 $y_0$ 可以得到解 $y$，而作了小扰动后的初值 $\tilde{y}_0$ 按照同样的数值方法可得到解 $\tilde{y}$，则总存在常数 $M > 0$，使得 $|y - \tilde{y}| \leqslant M|y_0 - \tilde{y}_0|$，也就是说小扰动只会引起解的小变化，则数值方法稳定.

下面我们一起来考察一下欧拉方法的稳定性.

如果对初值 $y_0$ 用欧拉方法可以得到解 $y_{i+1}$，而作了小扰动后新的初值 $\tilde{y}_0$ 按照同样的数值方法可以得到解 $\tilde{y}_{i+1}$，即对 $i=0,1,\cdots,m-1$，有

$$y_{i+1}-y_i=hf(x_i,y_i),\quad \tilde{y}_{i+1}-\tilde{y}_i=hf(x_i,\tilde{y}_i)$$

两式相减并利用不等式

$$(1+x)^m \leqslant \mathrm{e}^{mx},\quad m\geqslant 0,\ x\geqslant -1 \tag{2-16}$$

可得

$$\begin{aligned}
|y_{i+1}-\tilde{y}_{i+1}| &= \left|y_i-\tilde{y}_i+h\big(f(x_i,y_i)-f(x_i,\tilde{y}_i)\big)\right| \\
&= \left|y_i-\tilde{y}_i+h(y_i-\tilde{y}_i)\frac{\partial f}{\partial y}\bigg|_{(x_i,\zeta)}\right| \leqslant (1+hL)\left|y_i-\tilde{y}_i\right| \leqslant \cdots \\
&\leqslant (1+hL)^{i+1}\left|y_0-\tilde{y}_0\right| \leqslant (1+hL)^m\left|y_0-\tilde{y}_0\right| \\
&= \left(1+\frac{b-a}{m}L\right)^m\left|y_0-\tilde{y}_0\right| \leqslant \mathrm{e}^{(b-a)L}\left|y_0-\tilde{y}_0\right|
\end{aligned}$$

其中，$L=\max\limits_i\left|\dfrac{\partial f}{\partial y}(x_i,y_i)\right|$. 可见，只要 $L$ 有限，欧拉算法就是稳定的.

## 三、收敛性

若当 $h\to 0$ 时有 $y_i\to y(x_i)$，$\forall\, x_i\in[a,b],\ i=0,1,\cdots,m$，则称原算法是收敛的，且 $e_i=\left|y_i-y(x_i)\right|$ 为整体截断误差. 若 $\max e_i=O(h^p)$，则称原算法是 $p$ 阶收敛的或称原算法具有 $p$ 阶精度.

那么在上面的分析中我们着重考虑的局部截断误差有什么用呢？一个算法到底是否可行、效果是否好主要看什么呢？实际上，衡量一个算法首要就是看其收敛性，只有收敛的算法才是有效的，否则数值解就是失真的. 在算法收敛的条件下，数值解的好坏关键看其精度，精度阶数越高，数值模拟效果越好. 而局部截断误差的考察往往可以间接说明算法的精度，下面的定理说明了这一点.

**定理 2.2.1（局部截断误差与整体截断误差的关系）** 设求解原问题式（2-1）所采用的单步法

$$y_{i+1}=y_i+h\varphi(x_i,y_i,h) \tag{2-17}$$

是 $p$ 阶方法 $(p\geqslant 1)$，且函数 $\varphi$ 关于 $y$ 满足李普希兹条件，即存在常数 $L>0$，使得对任意的 $y_\alpha,y_\beta\in[a,b]$，均有 $\left|\varphi(x,y_\alpha,h)-\varphi(x,y_\beta,h)\right|\leqslant L\left|y_\alpha-y_\beta\right|$. 又设其初值 $y_0$ 是准确的，即 $y_0=y(x_0)$，则单步法式（2-17）是 $p$ 阶收敛的.

**证明**：由于单步法式（2-16）是 $p$ 阶方法，故有局部截断误差：

$$\mathrm{LTE}=y(x_{i+1})-y(x_i)-h\varphi(x_i,y(x_i),h)=O(h^{p+1})$$

即

$$y(x_{i+1})=y(x_i)+h\varphi(x_i,y(x_i),h)+Ch^{p+1} \tag{2-18}$$

将式（2-17）、式（2-18）两式相减可得

$$\begin{aligned}
\left|y_{i+1}-y(x_{i+1})\right| &= \left|y_i+h\varphi(x_i,y_i,h)-y(x_i)-h\varphi(x_i,y(x_i),h)+Ch^{p+1}\right| \\
&= \left|y_i-y(x_i)+h[\varphi(x_i,y_i,h)-h\varphi(x_i,y(x_i),h)]+Ch^{p+1}\right| \\
&\leqslant \left|y_i-y(x_i)\right|+hL\left|y_i-y(x_i)\right|+Ch^{p+1}=(1+hL)\left|y_i-y(x_i)\right|+Ch^{p+1}
\end{aligned}$$

即得以下递推关系式：

$$e_{i+1} \leqslant (1+hL)e_i + Ch^{p+1}$$

上式对 $i=0,1,\ \cdots,m-1$ 逐步递推并利用（2-16）可得：

$$\begin{aligned} e_{i+1} &\leqslant (1+hL)^{i+1}e_0 + Ch^{p+1}(1+(1+hL)+(1+hL)^2+\cdots+(1+hL)^i) \\ &= (1+hL)^{i+1}e_0 + Ch^{p+1}\frac{(1+hL)^{i+1}-1}{hL} \leqslant (1+hL)^{i+1}e_0 + Ch^p\frac{(1+hL)^m-1}{L} \\ &= (1+hL)^{i+1}e_0 + \frac{Ch^p}{L}\left[(1+hL)^{\frac{b-a}{h}}-1\right] \leqslant (1+hL)^{i+1}e_0 + \frac{Ch^p}{L}\left[\mathrm{e}^{L(b-a)}-1\right] \end{aligned}$$

又因初值 $y_0$ 是准确的，故 $e_0=0$，从而 $e_{i+1} \leqslant \frac{Ch^p}{L}\left[\mathrm{e}^{L(b-a)}-1\right]$，$i=0,1,\cdots,m-1$，即有 $\max e_i = O(h^p)$，故单步法（2-17）是 $p$ 阶收敛的. 证毕.

这个定理说明当初值准确时，通过控制局部截断误差可以控制整体截断误差，如果数值方法的局部截断误差为 $p$ 阶的，则最后的算法收敛阶也是 $p$ 阶的. 因此在设计数值方法时，要得到好的算法使之具有高的收敛阶和精度，可以首先从局部截断误差的分析入手，然后再讨论 $\varphi$ 函数的李普希兹连续性. 此外，定理 2. 2. 1 中单步法式（2-17）包括了隐式方法，因为隐式单步法中的 $\varphi(x_i,y_i,x_{i+1},y_{i+1})$ 即使迭代多次也总可以写成 $\varphi(x_i,y_i,h)$ 的形式，所以上述定理对隐格式同样成立. 例如，对隐式欧拉方法（迭代初值用欧拉方法给出），如果迭代两次，即有

$$y_{i+1}^{(0)} = y_i + hf(x_i,y_i),\qquad y_{i+1}^{(1)} = y_i + hf(x_{i+1},y_{i+1}^{(0)}),\qquad y_{i+1}^{(2)} = y_i + hf(x_{i+1},y_{i+1}^{(1)}),$$

则相当于将 $y_{i+1}$ 取成 $y_{i+1}^{(2)} = y_i + hf(x_{i+1},y_i+hf(x_{i+1},y_i+hf(x_i,y_i)))$，这样它的 $\varphi$ 函数为 $\varphi(x_i,y_i,h) = f(x_i+h,y_i+hf(x_i+h,y_i+hf(x_i,y_i)))$.

### 四、收敛阶的数值意义

前面已经提到，一个好的数值方法收敛的阶数要尽可能高. 那么在数值上阶数的高低影响的到底是什么？表现在数值上又是什么呢？

再次考察改进的欧拉方法，它是二阶方法，若这种方法是收敛的，则它就是二阶收敛，也就是 $\max e_i = \max|y_i - y(x_i)| = O(h^2)$，或者 $\max|y_i-y(x_i)| \leqslant Ch^2$. 如果将步长减半，就有 $\max|y_i-y(x_i)| \leqslant \frac{1}{4}Ch^2$，换言之，步长减半后误差是原来误差的 1/4！理论上的这个结果已经在算例中具体地体现了，从表 2-4 中前后两个步长对应的误差列可以看出，步长减半后，节点处的误差约为原来误差的 1/4！可想而知，如果一个方法是三阶收敛的，那么对原来的网格作步长减半的加密，误差将减为原来误差的 1/8. 所以比起收敛的二阶方法来，三阶方法实质上就收敛得更快！

## 第三节　龙格-库塔（Runge-Kutta）方法

由上节知道，局部截断误差的阶是衡量一个方法精度高低的主要依据. 能否用提高截断误差的阶来提高数值方法的精度呢？回答是肯定的. 本节介绍的泰勒级数法和龙格-库塔方法就是基于这种思想构造出来的.

## 一、泰勒级数方法

如果初值问题式（2-1）的精确解 $y(x)$ 在 $I$ 上存在 $k+1$ 阶连续导数，那么在泰勒公式

$$y(x_{i+1}) = y(x_i) + hy'(x_i) + \frac{h^2}{2!}y''(x_i) + \cdots + \frac{h^k}{k!}y^{(k)}(x_i) + O(h^{k+1}) \tag{2-19}$$

中忽略余项并用近似值 $y_i^{(l)}$ 代替精确值 $y^{(l)}(x_i), l = 0,1,\cdots,k$，则得解初值问题式（2-1）的泰勒级数方法：

$$y_{i+1} = y_i + hy_i' + \frac{h^2}{2!}y_i'' + \cdots + \frac{h^k}{k!}y_i^{(k)} \tag{2-20}$$

这里，关于 $y_i^{(l)}$ 的具体表示将在下面详述. 易见，泰勒级数方法是单步法，且由式（2-9）知

$$\varphi(x_i, y_i, x_{i+1}, y_{i+1}) = y_i' + \frac{h}{2!}y_i'' + \cdots + \frac{h^{k-1}}{k!}y_i^{(k)}$$

由局部截断误差的定义式（2-10）可知，此泰勒级数方法的局部截断误差为

$$\mathrm{LTE} = y(x_{i+1}) - y(x_i) - h\left[y'(x_i) + \frac{h}{2!}y''(x_i) + \cdots + \frac{h^{k-1}}{k!}y^{(k)}(x_i)\right] = O(h^{k+1}) \tag{2-21}$$

这样从理论上讲，只要精确解 $y(x)$ 有任意阶导数，泰勒级数方法就可以达到任意阶. 尽管这一理论很完美，但在实际操作过程中，由于式（2-19）右端的各阶导数 $y^{(l)}(x_i)$ 需要由原方程的右端项函数 $f(x,y)$ 来表示，计算是非常复杂的. 事实上，

$$y'(x) = f(x,y) = f, \quad y''(x) = \frac{\mathrm{d}f}{\mathrm{d}x}(x, y(x)) = f_x + f_y \cdot y' = f_x + f\, f_y,$$

$$\begin{aligned} y'''(x) &= \frac{\mathrm{d}}{\mathrm{d}x}(f_x + f \cdot f_y) = f_{xx} + f_{xy}\cdot y' + (f_x + f_y \cdot f)\cdot f_y + f\cdot(f_{yx} + f_{yy}\cdot y') \\ &= f_{xx} + 2f f_{xy} + f_x f_y + f f_y^2 + f^2 f_{yy}, \\ &\ \ \vdots \end{aligned}$$

则式（2-19）用 $f(x,y)$ 来表示就成为

$$\begin{aligned} y(x_{i+1}) = {} & y(x_i) + hf(x_i, y(x_i)) + \frac{h^2}{2!}\Big(f_x(x_i, y(x_i)) + f(x_i, y(x_i))f_y(x_i, y(x_i))\Big) + \\ & \frac{h^3}{3!}\Big(f_{xx} + 2f f_{xy} + f_x f_y + f f_y^2 + f^2 f_{yy}\Big)\Big|_{(x_i, y(x_i))} + \cdots + O(h^{k+1}) \end{aligned}$$

从而精确值 $y^{(l)}(x_i)$（$l = 0,1,\cdots,k$）的近似值 $y_i^{(l)}$ 如下：

$$\begin{aligned} & y_i' = f(x_i, y_i), \quad y_i'' = f_x(x_i, y_i) + f(x_i, y_i)f_y(x_i, y_i), \\ & y_i''' = f_{xx}(x_i, y_i) + 2f(x_i, y_i)f_{xy}(x_i, y_i) + f_x(x_i, y_i)f_y(x_i, y_i) + \\ & \qquad f(x_i, y_i)f_y^2(x_i, y_i) + f^2(x_i, y_i)f_{yy}(x_i, y_i), \\ & \qquad \vdots \end{aligned} \tag{2-22}$$

这样，对应的式（2-20）中的二阶泰勒级数方法的数值计算公式实为

$$y_{i+1} = y_i + hf(x_i, y_i) + \frac{h^2}{2!}\Big(f_x(x_i, y_i) + f(x_i, y_i)f_y(x_i, y_i)\Big) \tag{2-23}$$

同样，三阶泰勒级数方法的数值计算公式实为

$$y_{i+1}=y_i+\left[hf+\frac{h^2}{2!}\left(f_x+f f_y\right)+\frac{h^3}{3!}\left(f_{xx}+2f f_{xy}+f_x f_y+f f_y^2+f^2 f_{yy}\right)\right]\Bigg|_{(x_i,y_i)} \tag{2-24}$$

更高阶的泰勒级数方法形式上非常复杂，不再一一写出，读者理解其中的具体操作方法即可. 为了清楚起见，这里举一个简单的例子.

**例 2.3.1** 导出用三阶泰勒级数方法解方程 $y'=x^2+y^2$ 的计算公式.

**解**：因 $y'=f(x,y)=x^2+y^2$，$y''=2x+2yy'=2x+2y(x^2+y^2)$，

$$y'''=2+2(y')^2+2yy''=2+4xy+2(x^2+y^2)\cdot(x^2+3y^2),$$

故在此例中三阶泰勒级数方法式（2-24）实为

$$y_{i+1}=y_i+h\,(x_i^2+y_i^2)+h^2[x_i+y_i(x_i^2+y_i^2)]+\frac{1}{3}h^3\left[1+2x_iy_i+(x_i^2+y_i^2)\cdot(x_i^2+3y_i^2)\right].$$

实际解题时要想使算法精度高，$k$ 就要尽可能大，这就要求 $f$ 的高阶导，相当复杂，而且当 $f$ 本身就比较复杂时，即使是用较低阶的泰勒级数方法计算也是很烦琐的，所以泰勒级数方法实际上是不能被用来数值求解原问题的. 于是设想能否构造一种格式，既保留泰勒级数法精度较高的优点，又避免过多地计算 $f$ 的各阶偏导数呢？下面介绍的龙格–库塔方法就能够化理想为现实.

## 二、龙格–库塔方法

从泰勒级数方法知道，我们希望构造 $k$ 阶格式：

$$y_{i+1}=y_i+hy_i'+\frac{h^2}{2!}y_i''+\cdots+\frac{h^k}{k!}y_i^{(k)} \tag{2-25}$$

而又要避免求 $y$ 的各阶导数（实质上是求 $f$ 的各阶偏导数）. 我们先举例分析欧拉方法与改进的欧拉方法来诱导出龙格–库塔方法.

首先假设 $y_i=y(x_i)$. 将欧拉方法 $y_{i+1}=y_i+hf(x_i,y_i)$ 与式（2-25）比较可知，本质上欧拉方法就是 $k=1$ 的泰勒级数方法，本来泰勒级数方法中需要的一阶导数现在用 $f$ 的函数值来代替了. 在刚才的假设下我们再对改进的欧拉方法进行分析，易知改进的欧拉方法式（2-7）可以写成

$$\begin{aligned}y_{i+1}&=y_i+\frac{h}{2}[f(x_i,y_i)+f(x_i+h,\,y_i+hf(x_i,y_i))]\\&=y_i+\frac{h}{2}\left[f(x_i,y_i)+f(x_i,y_i)+\frac{\partial f}{\partial x}(x_i,y_i)\cdot h+\frac{\partial f}{\partial y}(x_i,y_i)\cdot hf(x_i,y_i)+O(h^2)\right]\\&=y_i+\frac{h}{2}\left[2y'(x_i)+\frac{\partial f}{\partial x}(x_i,y(x_i))\cdot h+\frac{\partial f}{\partial y}(x_i,y(x_i))\cdot hy'(x_i)+O(h^2)\right]\\&=y_i+hy'(x_i)+\frac{h^2}{2}y'(x_i)+O(h^3)\end{aligned}$$

这样看来，改进的欧拉方法本质上与 $k=2$ 的泰勒级数方法只相差一个 $O(h^3)$，所以它们都是二阶方法. 这一分析提供了一个重要信息，那就是我们所遇到的泰勒级数方法中求导数的困难是可以克服的！改进的欧拉方法没有用到导数，而是借助于函数在某些点处的值. 换言之，$y$ 的各阶导数也许可用函数在一些点上值的线性组合近似地表示出来. 这个想法确实非常有效！于是把以前的欧拉方法改写成：$y_{i+1}=y_i+k_1$，其中 $k_1=hf(x_i,y_i)$. 每步计算 $f$ 的值一次，其局部截断误差为 $O(h^2)$. 改进的欧拉公式则可写成 $y_{i+1}=y_i+\frac{1}{2}(k_1+k_2)$，其中 $k_1=hf(x_i,y_i)$，$k_2=hf(x_i+h,\,y_i+k_1)$. 每步计算 $f$

的值两次，其局部截断误差为$O(h^3)$. 这样一来，我们可以猜想，能否通过增加每步计算$f$的值的次数来提高数值格式的阶数呢？ 为此我们将数值格式写成较为一般的形式：

$$\begin{cases} y_{i+1} = y_i + \alpha k_1 + \beta k_2 \\ k_1 = hf(x_i, y_i) \\ k_2 = hf(x_i + ah, y_i + bk_1) \end{cases} \tag{2-26}$$

其中，$\alpha, \beta, a, b$（此外$a, b$不同于原方程的求解区域中的端点）为待定常数. 选择这些常数的原则是在$y_i = y(x_i)$的前提下，将该数值方法用泰勒公式完全展开以后形式上要与高精度的泰勒级数方法相差很小. 为此，利用二元函数的泰勒公式把$k_2$展开得

$$\begin{aligned} k_2 &= hf(x_i + ah, y_i + bk_1) = hf(x_i + ah, y_i + bhf) \\ &= h\Big[ f(x_i,y_i) + ah \cdot f_x(x_i,y_i) + bhf \cdot f_y(x_i,y_i) + \\ &\quad (a^2h^2 \cdot f_{xx}(x_i,y_i) + 2ah \cdot bhf \cdot f_{xy}(x_i,y_i) + b^2h^2f^2 \cdot f_{yy}(x_i,y_i))/2! + O(h^3) \Big] \end{aligned}$$

或简写为

$$k_2 = h\left( f + ahf_x + bhff_y + \frac{1}{2}(a^2h^2f_{xx} + 2abh^2ff_{xy} + b^2h^2f^2f_{yy}) \right) + O(h^4) \tag{2-27}$$

其中，$f, f_x, f_y$等都是在$(x_i, y_i)$处取值. 这样数值格式（2-26）可写成

$$y_{i+1} = y_i + \alpha hf + \beta h\left( f + ahf_x + bhff_y + \frac{1}{2}(a^2h^2f_{xx} + 2abh^2ff_{xy} + b^2h^2f^2f_{yy}) \right) + O(h^4)$$

即

$$y_{i+1} = y_i + (\alpha + \beta)hf + h^2\beta(af_x + bff_y) + O(h^3), \tag{2-28}$$

或者更精确地写成

$$y_{i+1} = y_i + (\alpha + \beta)hf + h^2\beta(af_x + bff_y) + \frac{\beta h^3}{2}(a^2f_{xx} + 2abff_{xy} + b^2f^2f_{yy}) + O(h^4). \tag{2-29}$$

将式（2-28）与二阶泰勒级数方法式（2-23）相比较，只要4个参数满足：

$$\alpha + \beta = 1, \quad a\beta = b\beta = \frac{1}{2}, \tag{2-30}$$

该方法就是二阶的. 满足式（2-30）的4个参数可以多种不同的取法，但不管如何取，都要计算两次$f$的值（即计算$f$在两个不同点的函数值），所得局部截断误差都是$O(h^3)$. 满足条件式（2-30）的一族公式（2-26）统称为二阶龙格-库塔公式. 特别地，当取定$\alpha = \beta = \frac{1}{2}$，$a = b = 1$ 时就是改进的欧拉方法. 再将式（2-29）与三阶泰勒级数方法式（2-24）相比较，由于缺少两项$f_xf_y$和$ff_y^2$，因此无论怎样选取参数都无法使式（2-29）与三阶泰勒级数方法相差$O(h^4)$，换句话说，一般形式为（2-26）的数值方法无法成为三阶方法. 所以要想提高数值方法的阶，只能继续增加计算$f$的值的次数. 如果每步计算三次$f$的值，可将公式写成如下一般形式：

$$\begin{cases} y_{i+1} = y_i + \alpha k_1 + \beta k_2 + \gamma k_3 \\ k_1 = hf(x_i, y_i) \\ k_2 = hf(x_i + ah, y_i + bk_1) \\ k_3 = hf(x_i + ch, y_i + dk_1 + ek_2) \end{cases} \tag{2-31}$$

将$k_3$用泰勒公式展开可得

$$k_3 = h\left(f + chf_x + (dk_1 + ek_2)f_y + \frac{1}{2}\left(c^2h^2f_{xx} + 2ch(dk_1 + ek_2)f_{xy} + (dk_1 + ek_2)^2 f_{yy}\right)\right) + O(h^4) \quad (2\text{-}32)$$

再将式（2-31）中的$k_1$表达式和式（2-27）的$k_2$表达式代入上式，将关于$h$的高阶项吸收到$O(h^4)$中则有

$$k_3 = h(f + chf_x + (dhf + ehf + aeh^2f_x + beh^2ff_y)f_y) +$$
$$\frac{1}{2}\left[c^2h^2f_{xx} + 2ch(dhf + ehf)f_{xy} + (d^2h^2f^2 + 2defh^2f + e^2h^2f^2)f_{yy}\right] + O(h^4)$$

整理得

$$k_3 = h\Big(f + chf_x + (d+e)hff_y + aeh^2f_xf_y + beh^2ff_y^{\,2} + \frac{1}{2}c^2h^2f_{xx} +$$
$$\frac{1}{2}(d+e)^2h^2f^2f_{yy} + c(d+e)h^2ff_{xy}\Big) + O(h^4) \quad (2\text{-}33)$$

将式（2-27）、式（2-33）代入式（2-31）可得数值格式为

$$y_{i+1} = y_i + (\alpha+\beta+\gamma)hf + (a\beta + c\gamma)h^2f_x + (b\beta + (d+e)\gamma)h^2ff_y +$$
$$\frac{h^3}{2}(a^2\beta + c^2\gamma)f_{xx} + (ab\beta + c(d+e)\gamma)h^3ff_{xy} + ae\gamma h^3f_xf_y + be\gamma h^3ff_y^{\,2} +$$
$$\frac{h^3}{2}(b^2\beta + (d+e)^2\gamma)f^2f_{yy} + O(h^4) \quad (2\text{-}34)$$

将上式与三阶泰勒级数方法式（2-24）相比较，要使我们的格式（2-31）达到三阶：

$$\begin{cases} \alpha+\beta+\gamma = 1,\ a\beta + c\gamma = \dfrac{1}{2}, \\ b\beta + (d+e)\gamma = \dfrac{1}{2},\ \dfrac{1}{2}(a^2\beta + c^2\gamma) = \dfrac{1}{6}, \\ ab\beta + c(d+e)\gamma = \dfrac{1}{3}, \\ ae\gamma = be\gamma = \dfrac{1}{6},\ \dfrac{1}{2}(b^2\beta + (d+e)^2\gamma) = \dfrac{1}{6}. \end{cases} \quad \text{即} \quad \begin{cases} \alpha+\beta+\gamma = 1,\ a\beta + c\gamma = \dfrac{1}{2}, \\ c = d+e,\ a = b, \\ a^2\beta + c^2\gamma = \dfrac{1}{3},\ ae\gamma = \dfrac{1}{6}. \end{cases} \quad (2\text{-}35)$$

方程组（2-35）有6个方程，含8个未知量，因此有无穷多组解，我们将满足式（2-35）的一族公式（2-31）统称为三阶龙格-库塔公式，它们都是三阶的．取其中一组比较简单的解$\alpha = \frac{1}{6}, \beta = \frac{2}{3}, \gamma = \frac{1}{6}, a = b = \frac{1}{2}, c = 1, d = -1, e = 2$，从而得到一个比较简单的三阶龙格-龙塔公式：

$$\begin{cases} y_{i+1} = y_i + \dfrac{1}{6}(k_1 + 4k_2 + k_3) \\ k_1 = hf(x_i, y_i) \\ k_2 = hf\left(x_i + \dfrac{h}{2}, y_i + \dfrac{k_1}{2}\right) \\ k_3 = hf(x_i + h, y_i - k_1 + 2k_2) \end{cases} \quad (2\text{-}36)$$

从以上分析可以看出，龙格-库塔方法不是通过求导数的方法构造近似公式，而是通过计算不同点上的函数值，并对这些函数值作线性组合构造近似公式，再把近似公式与泰勒级数方法进行比较，使前面的若干项相同，从而使近似公式达到一定的阶数．

人们通常所说的龙格－库塔方法是指四阶而言的. 我们可以仿照三阶的情形推导出此公式，不过太繁杂（详细推导过程可见附录 B），此处从略. 常用的最经典的四阶龙格－库塔公式是

$$\begin{cases} y_{i+1}=y_i+\dfrac{1}{6}(k_1+2k_2+2k_3+k_4), \\ k_1=hf(x_i,y_i), \\ k_2=hf\left(x_i+\dfrac{1}{2}h, y_i+\dfrac{1}{2}k_1\right), \\ k_3=hf\left(x_i+\dfrac{1}{2}h, y_i+\dfrac{1}{2}k_2\right), \\ k_4=hf\left(x_i+h, y_i+k_3\right). \end{cases} \quad \text{或等价地，} \begin{cases} y_{i+1}=y_i+\dfrac{h}{6}(k_1+2k_2+2k_3+k_4), \\ k_1=f(x_i,y_i), \\ k_2=f\left(x_i+\dfrac{h}{2}, y_i+\dfrac{h}{2}k_1\right), \\ k_3=f\left(x_i+\dfrac{h}{2}, y_i+\dfrac{h}{2}k_2\right), \\ k_4=f\left(x_i+h, y_i+hk_3\right). \end{cases} \tag{2-37}$$

此格式的局部截断误差为 $O(h^5)$.

**例 2.3.2** 用经典的四阶龙格—库塔方法求解常微分方程 $\begin{cases} \dfrac{\mathrm{d}y}{\mathrm{d}x}=y-\dfrac{2x}{y}, & 0<x\leqslant 1 \\ y(0)=1 \end{cases}$，取步长为 0.2.

**解**：程序见 Egch2_sec3_02.c，计算结果列表如下（表 2-5）.

**表 2-5 龙格-库塔方法的计算结果**

| $x_i$ | 四阶龙格-库塔方法 $y_i$ | 精确解 $y(x_i)$ | 误差 $\lvert y_i-y(x_i)\rvert$ |
|---|---|---|---|
| 0.2 | 1.183229 | 1.183216 | 0.000013 |
| 0.4 | 1.341667 | 1.341641 | 0.000026 |
| 0.6 | 1.483281 | 1.483240 | 0.000042 |
| 0.8 | 1.612514 | 1.612452 | 0.000062 |
| 1.0 | 1.732142 | 1.732051 | 0.000091 |

从表中可见，虽然四阶龙格-库塔方法每步要计算 4 次 $f$ 的值，但以 0.2 为步长的计算结果就有 5 位有效数字，将此例与上节欧拉方法的结果作一比较后可以发现，欧拉方法与改进的欧拉方法以 0.1 为步长的计算结果分别只有 2 位与 3 位有效数字，如果它们也取步长为 0.2，则结果的精度会更低，可见，四阶龙格-库塔方法精度相当高.

龙格-库塔方法有精度高、收敛、稳定（在一定的条件下）且计算过程中可以改变步长等优点，但仍需计算 $f$ 在某些点的值，如四阶龙格-库塔法每计算一步需要计算 4 次 $f$ 的值，这就给实际计算带来了一定的复杂性.

## 第四节 线性多步法

前面介绍的方法都是单步法，就是在计算 $y_{i+1}$ 时只用到前一步 $y_i$ 的值，所以若要提高精度，需要增加中间函数值的计算，这就加大了计算量. 而事实上，在计算 $y_{i+1}$ 时，前面的 $y_0,y_1,\cdots y_i$ 都已经算出来了，而且前面的很多数值算例都显示越早算出的值逼近效果越好，所以如果只用离得最近的一项，而前面算出的相对效果较好的项却弃之不用，那是相当可惜的. 本节将介绍利用前面已经算出来的 $k$ 个值 $y_{i-k+1},y_{i-k+2},\cdots,y_{i-1},y_i$ 来求 $y_{i+1}$ 的高精度方法——线性多步法.

## 一、线性多步法

线性多步法的基本思想也是基于泰勒级数方法的，龙格-库塔方法采用函数在某些点处的函数值的线性组合来计算导数，而线性多步法则是用已经算出的函数值的线性组合来计算导数.

通常的线性$k$步法公式可表示为

$$\begin{aligned} y_{i+1} &= \sum_{j=0}^{k-1}\alpha_j y_{i-j} + h\sum_{j=-1}^{k-1}\beta_j f_{i-j} \\ &= \alpha_0 y_i + \alpha_1 y_{i-1} + \cdots + \alpha_{k-1}y_{i-k+1} + h(\beta_{-1}f_{i+1} + \beta_0 f_i + \beta_1 f_{i-1} + \cdots + \beta_{k-1}f_{i-k+1}) \end{aligned} \tag{2-38}$$

其中，$f_j = f(x_j, y_j)$ 且 $x_j = x_0 + jh,\quad i = k-1,\quad k,\ k+1,\ \cdots,\ n-1$，各$\alpha,\beta$为待定系数. 由于计算$y_{i+1}$时只用到前面的$k$个值$y_{i-k+1}, y_{i-k+2}, \cdots, y_{i-1}, y_i$，故此法称为线性$k$步法，这里的"线性"是指$y_{i+1}$是$y_{i-k+1}, y_{i-k+2}, \cdots, y_{i-1}, y_i$和$f_{i-k+1}, f_{i-k+2}, \cdots, f_{i-1}, f_i, f_{i+1}$的线性组合. 特别地，当$k=1$时就是单步法. 另外，当$\beta_{-1}=0$时式（2-38）就是显格式，当$\beta_{-1}\neq 0$时该公式则为隐格式. 至于待定系数的确定，要依靠数值方法的阶来确定. 为此定义线性多步法（2-38）的局部截断误差为

$$\mathrm{LTE} = y(x_{i+1}) - \left[\sum_{j=0}^{k-1}\alpha_j y(x_{i-j}) + h\sum_{j=-1}^{k-1}\beta_j f(x_{i-j}, y(x_{i-j}))\right] \tag{2-39}$$

与单步法相似，如果$\mathrm{LTE} = O(h^{p+1})$，则称该线性$k$步法是$p$阶的.

如果希望得到的多步法是$p$阶的，具体做法是将式（2-39）右端各项分别在$x_i$这一点利用泰勒公式展开，考察令$\mathrm{LTE} = O(h^{p+1})$成立的条件，得到确定待定系数$\alpha,\beta$的方程，解出此方程得到确定的$\alpha,\beta$，从而构造出$p$阶线性$k$步法的算法公式.

具体地，由泰勒公式有

$$\begin{aligned} y(x_{i-j}) = y(x_i - jh) &= y(x_i) + (-jh)y'(x_i) + \frac{(-jh)^2}{2!}y''(x_i) + \frac{(-jh)^3}{3!}y'''(x_i) + \cdots \\ &+ \frac{(-jh)^p}{p!}y^{(p)}(x_i) + \frac{(-jh)^{p+1}}{(p+1)!}y^{(p+1)}(x_i) + O(h^{p+2}),\quad j = -1,0,1,\cdots,k-1. \end{aligned}$$

$$\begin{aligned} f(x_{i-j}, y(x_{i-j})) = y'(x_{i-j}) = y'(x_i - jh) &= y'(x_i) + (-jh)y''(x_i) + \frac{(-jh)^2}{2!}y'''(x_i) + \cdots \\ &+ \frac{(-jh)^{p-1}}{(p-1)!}y^{(p)}(x_i) + \frac{(-jh)^p}{p!}y^{(p+1)}(x_i) + O(h^{p+1}),\quad j = -1,0,1,\ \cdots,k-1 \end{aligned}$$

将上面两式代入局部截断误差表达式（2-39）可得

$$\begin{aligned} \mathrm{LTE} &= y(x_i) + h\,y'(x_i) + \frac{h^2}{2!}y''(x_i) + \frac{h^3}{3!}y'''(x_i) + \cdots + \frac{h^p}{p!}y^{(p)}(x_i) + \frac{h^{p+1}}{(p+1)!}y^{(p+1)}(x_i) - \\ &\sum_{j=0}^{k-1}\alpha_j\left[y(x_i) + (-jh)y'(x_i) + \frac{(-jh)^2}{2!}y''(x_i) + \cdots + \frac{(-jh)^p}{p!}y^{(p)}(x_i) + \frac{(-jh)^{p+1}}{(p+1)!}y^{(p+1)}(x_i)\right] - \\ &h\sum_{j=-1}^{k-1}\beta_j\left[y'(x_i) - jhy''(x_i) + \frac{(-jh)^2}{2!}y'''(x_i) + \cdots + \frac{(-jh)^{p-1}}{(p-1)!}y^{(p)}(x_i) + \frac{(-jh)^p}{p!}y^{(p+1)}(x_i)\right] + O(h^{p+2}) \\ &= (1 - \sum_{j=0}^{k-1}\alpha_j)y(x_i) + (1 + \sum_{j=0}^{k-1}j\alpha_j - \sum_{j=-1}^{k-1}\beta_j)h\,y'(x_i) + (\frac{1}{2!} - \frac{1}{2!}\sum_{j=0}^{k-1}j^2\alpha_j + \sum_{j=-1}^{k-1}j\beta_j)h^2y''(x_i) + \cdots \end{aligned}$$

$$+\left[\frac{1}{p!}-\frac{1}{p!}\sum_{j=0}^{k-1}(-j)^p\alpha_j-\frac{1}{(p-1)!}\sum_{j=-1}^{k-1}(-j)^{p-1}\beta_j\right]h^p y^{(p)}(x_i)+$$

$$\left[\frac{1}{(p+1)!}-\frac{1}{(p+1)!}\sum_{j=0}^{k-1}(-j)^{p+1}\alpha_j-\frac{1}{p!}\sum_{j=-1}^{k-1}(-j)^p\beta_j\right]h^{p+1}y^{(p+1)}(x_i)+O(h^{p+2})$$

若记

$$\begin{cases} C_0=1-\sum_{j=0}^{k-1}\alpha_j, \\ C_1=1+\sum_{j=0}^{k-1}j\alpha_j-\sum_{j=-1}^{k-1}\beta_j, \\ C_m=\frac{1}{m!}-\frac{1}{m!}\sum_{j=0}^{k-1}(-j)^m\alpha_j-\frac{1}{(m-1)!}\sum_{j=-1}^{k-1}(-j)^{m-1}\beta_j,\ m=2,\ 3\ \cdots\ p,\ p+1, \end{cases} \tag{2-40}$$

则当

$$C_0=C_1=\cdots=C_p=0,\text{ 且 } C_{p+1}\neq 0 \tag{2-41}$$

满足时，就有 $\mathrm{LTE}=O(h^{p+1})$，从而原数值格式是 $p$ 阶的. 换言之，一个多步法数值格式的阶数就是使得 $C_j=0, j\leqslant p$ 都成立的最大整数 $p$. 当然，要想使数值格式达到 $p$ 阶，首先要保证待定系数 $\alpha,\beta$ 的个数总数不小于式（2-41）中条件的个数.

另外，由相容性的概念可知，数值格式与原初值问题相容的充分必要条件是阶数 $p\geqslant 1$，从而

$$\sum_{j=0}^{k-1}\alpha_j=1,\quad \sum_{j=0}^{k-1}j\alpha_j-\sum_{j=-1}^{k-1}\beta_j=-1 \tag{2-42}$$

是数值格式与原初值问题相容的充分必要条件，它也称为相容性条件. 在相容性条件满足的前提下，特别地取 $k=1$ 时，可得已经学过的单步法：

$$y_{i+1}=y_i+h(\beta_{-1}f_{i+1}+\beta_0 f_i)\text{，其中，}\beta_{-1}+\beta_0=1\text{.}$$

若 $\beta_{-1}=0,\ \beta_0=1$，得 $y_{i+1}=y_i+hf_i=y_i+hf(x_i,y_i)$，即为欧拉方法；

若 $\beta_{-1}=1,\ \beta_0=0$，得 $y_{i+1}=y_i+hf_{i+1}=y_i+hf(x_{i+1},y_{i+1})$，即为隐式欧拉方法；

若 $\beta_{-1}=\beta_0=\frac{1}{2}$，得 $y_{i+1}=y_i+\frac{h}{2}(f_{i+1}+f_i)=y_i+\frac{h}{2}\big(f(x_{i+1},y_{i+1})+f(x_i,y_i)\big)$，即为梯形方法.

**例 2.4.1** 推导形如

$$y_{i+1}=\alpha_0 y_i+\alpha_1 y_{i-1}+\alpha_2 y_{i-2}+h(\beta_{-1}f_{i+1}+\beta_0 f_i+\beta_1 f_{i-1}+\beta_2 f_{i-2}) \tag{2-43}$$

的隐式（$\beta_{-1}\neq 0$）线性三步法数值计算公式，确定系数使该格式为四阶方法.

**解法一**：利用分析的方法求解. 对于格式（2-43），其局部截断误差为

$$\begin{aligned}\mathrm{LTE}=y(x_{i+1})-\big[&\alpha_0 y(x_i)+\alpha_1 y(x_{i-1})+\alpha_2 y(x_{i-2})+h\big(\beta_{-1}f(x_{i+1},y(x_{i+1}))+\\ &\beta_0 f(x_i,y(x_i))+\beta_1 f(x_{i-1},y(x_{i-1}))+\beta_2 f(x_{i-2},y(x_{i-2}))\big)\big]\end{aligned} \tag{2-44}$$

仍假设 $y_i=y(x_i)$，这时有 $f_i=f(x_i,y_i)=f(x_i,y(x_i))=y'(x_i)$. 在 $x_i$ 处对 $y(x_{i+1})$，$y(x_{i-1})$ 分别用泰勒公式，得

$$y(x_{i+1})=y(x_i)+hy'(x_i)+\tfrac{h^2}{2}y''(x_i)+\tfrac{h^3}{6}y'''(x_i)+\tfrac{h^4}{24}y^{(4)}(x_i)+\tfrac{h^5}{120}y^{(5)}(x_i)+O(h^6)$$
$$y(x_{i-1})=y(x_i)-hy'(x_i)+\tfrac{h^2}{2}y''(x_i)-\tfrac{h^3}{6}y'''(x_i)+\tfrac{h^4}{24}y^{(4)}(x_i)-\tfrac{h^5}{120}y^{(5)}(x_i)+O(h^6)$$
$$y(x_{i-2})=y(x_i)-2hy'(x_i)+2h^2y''(x_i)-\tfrac{4h^3}{3}y'''(x_i)+\tfrac{2h^4}{3}y^{(4)}(x_i)-\tfrac{4h^5}{15}y^{(5)}(x_i)+O(h^6)$$
$$f(x_{i+1},y(x_{i+1}))=y'(x_{i+1})=y'(x_i)+hy''(x_i)+\tfrac{h^2}{2}y'''(x_i)+\tfrac{h^3}{6}y^{(4)}(x_i)+\tfrac{h^4}{24}y^{(5)}(x_i)+O(h^5)$$
$$f(x_{i-1},y(x_{i-1}))=y'(x_{i-1})=y'(x_i)-hy''(x_i)+\tfrac{h^2}{2}y'''(x_i)-\tfrac{h^3}{6}y^{(4)}(x_i)+\tfrac{h^4}{24}y^{(5)}(x_i)+O(h^5)$$
$$f(x_{i-2},y(x_{i-2}))=y'(x_{i-2})=y'(x_i)-2hy''(x_i)+2h^2y'''(x_i)-\tfrac{4h^3}{3}y^{(4)}(x_i)+\tfrac{2h^4}{3}y^{(5)}(x_i)+O(h^5)$$

将上面各式代入式（2-44）可得局部截断误差为

$$\begin{aligned}\mathrm{LTE}&=(1-\alpha_0-\alpha_1-\alpha_2)y(x_i)+(1+\alpha_1+2\alpha_2-\beta_{-1}-\beta_0-\beta_1-\beta_2)hy'(x_i)\\&+\left(\frac{1}{2}-\frac{1}{2}\alpha_1-2\alpha_2-\beta_{-1}+\beta_1+2\beta_2\right)h^2y''(x_i)+\left(\frac{1}{6}+\frac{1}{6}\alpha_1+\frac{4}{3}\alpha_2-\frac{1}{2}\beta_{-1}-\frac{1}{2}\beta_1-2\beta_2\right)h^3y'''(x_i)\\&+\left(\frac{1}{24}-\frac{1}{24}\alpha_1-\frac{2}{3}\alpha_2-\frac{1}{6}\beta_{-1}+\frac{1}{6}\beta_1+\tfrac{4}{3}\beta_2\right)h^4y^{(4)}(x_i)\\&+\left(\frac{1}{120}+\frac{1}{120}\alpha_1+\frac{4}{15}\alpha_2-\frac{1}{24}\beta_{-1}-\frac{1}{24}\beta_1-\frac{2}{3}\beta_2\right)h^5y^{(5)}(x_i)+O(h^6)\end{aligned}$$

从而要想获得四阶格式，下列条件应满足：

$$\begin{cases}\alpha_0+\alpha_1+\alpha_2=1,\\ \alpha_1+2\alpha_2-\beta_{-1}-\beta_0-\beta_1-\beta_2=-1,\\ \dfrac{1}{2}\alpha_1+2\alpha_2+\beta_{-1}-\beta_1-2\beta_2=\dfrac{1}{2},\\ \dfrac{1}{6}\alpha_1+\dfrac{4}{3}\alpha_2-\dfrac{1}{2}\beta_{-1}-\dfrac{1}{2}\beta_1-2\beta_2=-\dfrac{1}{6},\\ \dfrac{1}{24}\alpha_1+\dfrac{2}{3}\alpha_2+\dfrac{1}{6}\beta_{-1}-\dfrac{1}{6}\beta_1-\dfrac{4}{3}\beta_2=\dfrac{1}{24},\\ \dfrac{1}{120}\alpha_1+\dfrac{4}{15}\alpha_2-\dfrac{1}{24}\beta_{-1}-\dfrac{1}{24}\beta_1-\dfrac{2}{3}\beta_2\neq-\dfrac{1}{120}.\end{cases}\tag{2-45}$$

以上条件是含有 7 个未知数 5 个方程的方程组，附带 2 个不等式约束（一个是上式中的最后一个不等式，另一个是关于隐式的条件约束 $\beta_{-1}\neq 0$）. 式(2-45)有无穷多组解. 任意一组满足上面条件式(2-45)的系数 $\alpha,\beta$ 所构成的隐式线性多步格式都是四阶的.

**解法二**：直接套用式（2-40）和式（2-41）来确定待定系数. 注意到题意要求 $p=4$ 且 $k=3$. 套用公式后所得的结果与式（2-45）完全一致，故略.

上例中的四阶格式里包含一些著名的方法.

若取 $\alpha_0=0,\ \alpha_1=1,\ \alpha_2=0,\ \beta_{-1}=\dfrac{1}{3},\ \beta_0=\dfrac{4}{3},\ \beta_1=\dfrac{1}{3},\ \beta_2=0$，得到辛普森（Simpson）方法：

$$y_{i+1}=y_{i-1}+\frac{h}{3}(f_{i+1}+4f_i+f_{i-1}).\tag{2-46}$$

若取 $\alpha_0=\dfrac{9}{8},\ \alpha_1=0,\ \alpha_2=-\dfrac{1}{8},\ \beta_{-1}=\dfrac{3}{8},\ \beta_0=\dfrac{3}{4},\ \beta_1=-\dfrac{3}{8},\ \beta_2=0$，则得到著名的汉明(Hamming)方法：

$$y_{i+1}=\frac{1}{8}(9y_i-y_{i-2})+\frac{3h}{8}(f_{i+1}+2f_i-f_{i-1}).\tag{2-47}$$

若取$\alpha_0=1$，$\alpha_1=0$，$\alpha_2=0$，$\beta_{-1}=\frac{9}{24}$，$\beta_0=\frac{19}{24}$，$\beta_1=-\frac{5}{24}$，$\beta_2=\frac{1}{24}$，则得到隐式四阶阿当姆斯（Adams）方法：

$$y_{i+1}=y_i+\frac{h}{24}(9f_{i+1}+19f_i-5f_{i-1}+f_{i-2}) \tag{2-48}$$

## 二、阿当姆斯方法

在线性$k$步法中有一类形如

$$y_{i+1}=y_i+h\sum_{j=-1}^{k-1}\beta_j f_{i-j}=y_i+h(\beta_{-1}f_{i+1}+\beta_0 f_i+\beta_1 f_{i-1}+\cdots+\beta_{k-1}f_{i-k+1}) \tag{2-49}$$

的$k$步法称为阿当姆斯方法. 事实上，阿当姆斯方法即为取$\alpha_0=1,\ \alpha_j=0, 1\leqslant j\leqslant k-1$的一类线性$k$步法. 当$\beta_{-1}=0$时上式就称为阿当姆斯显格式，也称为 Adams-Bashforth 公式；当$\beta_{-1}\neq 0$时称为阿当姆斯隐格式或者 Adams-Monlton 公式.

**例 2.4.2** 求有最大阶数的阿当姆斯三步显格式.

**解：** 设$y_{i+1}=y_i+h(\beta_0 f_i+\beta_1 f_{i-1}+\beta_2 f_{i-2})$，此时$k=3$. 注意，对阿当姆斯方法而言$C_0=0$是显然满足的. 再对$k=3$的情况利用式（2-40）和式（2-41）可得系数$\beta$，满足

$$\begin{cases}C_1=1-(\beta_0+\beta_1+\beta_2)=0,\\ C_2=\dfrac{1}{2}-(-\beta_1-2\beta_2)=0,\\ C_3=\dfrac{1}{6}-\dfrac{1}{2}(\beta_1+4\beta_2)=0.\end{cases} \tag{2-50}$$

由于未知数个数为 3，故这里只能取到唯一的一组解：

$$\beta_0=\frac{23}{12},\quad \beta_1=-\frac{4}{3},\quad \beta_2=\frac{5}{12}. \tag{2-51}$$

可以验证此时$C_4=\frac{3}{8}\neq 0$，从而为三阶格式. 这样所求的具有最大阶数的阿当姆斯三步显格式为$y_{i+1}=y_i+\frac{h}{12}(23f_i-16f_{i-1}+5f_{i-2})$，它是三阶格式.

事实上，阿当姆斯方法也可以从数值积分的角度导出.

显然，初值问题$y'=f(x,y), y(x_0)=y_0$可导出积分方程

$$y(x_{i+1})=y(x_i)+\int_{x_i}^{x_{i+1}}f(x,y(x))\,\mathrm{d}x,\quad i=0,1,2,\cdots,m-1. \tag{2-52}$$

上式右端的积分式中由于被积函数含有未知函数$y(x)$，故无法精确积分得出解析表达式. 可以看出由式（2-52）诱导出的数值格式的好坏取决于上式右端的积分项计算的优劣. 我们曾经用过数值积分中的矩形公式、梯形公式（从而分别得到欧拉方法及梯形方法）来计算此积分项，精度不是很高. 为此，我们想到，基于插值原理（参考普通的《数值分析》教材）可以建立一系列较高精度的数值积分方法，运用这些方法可以导出求初值问题的一系列计算公式，其基本思想就是用一个插值多项式$P(x)$来近似代替式（2-52）中的被积函数$f\left(x,y(x)\right)$，其中$f\left(x,y(x)\right)$可以整体看作关于$x$的一元函数$g(x)$，即$P(x)\approx g(x)=f\left(x,y(x)\right)$. 然后用$\int_{x_i}^{x_{i+1}}P(x)\,\mathrm{d}x$作为$\int_{x_i}^{x_{i+1}}f(x,y(x))\,\mathrm{d}x$的近似值，进而得到数值计算公式

$$y_{i+1}=y_i+\int_{x_i}^{x_{i+1}}P(x)\,\mathrm{d}x, \tag{2-53}$$

式（2-53）中的积分项可以精确积出，具有式（2-49）的形式，从而说明阿当姆斯方法也可以从数值积分的角度得到解释. 我们不妨先用 $g(x)$ 的一个简单的低次插值多项式 $P(x)$ 来说明之.

设选取等距节点 $x_{i-2},x_{i-1},x_i$ 作 $g(x)$ 的牛顿插值多项式 $P_2(x)$ 如下：

$$P_2(x)=g(x_i)+g[x_i,x_{i-1}](x-x_i)+g[x_i,x_{i-1},x_{i-2}](x-x_i)(x-x_{i-1}) \tag{2-54}$$

这里，一阶差商 $g[u,v]$ 和二阶差商 $g[u,v,w]$ 分别定义为：

$$g[u,v]=\frac{g(u)-g(v)}{u-v}=g[v,u]\,,\quad g[u,v,w]=\frac{g[u,v]-g[u,w]}{v-w}$$

式（2-54）也可以不用差商形式而简单地写成

$$P_2(x)=g(x_i)+\frac{g(x_i)-g(x_{i-1})}{h}(x-x_i)+\frac{g(x_i)-2g(x_{i-1})+g(x_{i-2})}{2h^2}(x-x_i)(x-x_{i-1}) \tag{2-55}$$

显然，$P_2(x)$ 是 $g(x)$ 关于节点 $x_{i-2},x_{i-1},x_i$ 的二次插值多项式且余项为

$$\begin{aligned}R_2(x)&=g(x)-P_2(x)\\&=g[x,x_i,x_{i-1},x_{i-2}](x-x_{i-2})(x-x_{i-1})(x-x_i)\end{aligned} \tag{2-56}$$

其中，三阶差商的定义为 $g[u,v,w,s]=\dfrac{g[u,v,w]-g[u,v,s]}{w-s}$. 利用变量代换 $x=x_i+th$，式（2-55）还可改写成

$$P_2(x_i+th)=g(x_i)+t\big(g(x_i)-g(x_{i-1})\big)+\frac{t(t+1)}{2}\big(g(x_i)-2g(x_{i-1})+g(x_{i-2})\big)\,, \tag{2-57}$$

这样数值格式（2-53）即为

$$\begin{aligned}y_{i+1}&=y_i+\int_{x_i}^{x_{i+1}}P_2(x)\mathrm{d}x=y_i+h\int_0^1P_2(x_i+th)\mathrm{d}t\\&=y_i+h\int_0^1\left(g(x_i)+t(g(x_i)-g(x_{i-1}))+\frac{t(t+1)}{2}(g(x_i)-2g(x_{i-1})+g(x_{i-2}))\right)\mathrm{d}t\\&=y_i+h\left[g(x_i)+\frac{1}{2}(g(x_i)-g(x_{i-1}))+\frac{1}{2}\left(\frac{1}{3}+\frac{1}{2}\right)(g(x_i)-2g(x_{i-1})+g(x_{i-2}))\right]\\&=y_i+\frac{h}{12}[23g(x_i)-16g(x_{i-1})+5g(x_{i-2})]=y_i+\frac{h}{12}(23f_i-16f_{i-1}+5f_{i-2})\end{aligned} \tag{2-58}$$

这个结果与例 2.4.2 是一致的. 至于此格式的阶的确定，一方面可以直接从数值格式出发利用泰勒公式得到此格式为三阶格式，此为常规方法，故略；另一方面也可以从考察插值多项式的余项入手，接下来就从这个角度来看一下. 注意，本质上此时我们的数值格式就是

$$y_{i+1}=y_i+\int_{x_i}^{x_{i+1}}P_2(x)\,\mathrm{d}x$$

其局部截断误差相应地就是

$$\begin{aligned}\mathrm{LTE}&=y(x_{i+1})-y(x_i)-\int_{x_i}^{x_{i+1}}P_2(x)\,\mathrm{d}x=y(x_{i+1})-y(x_i)-\int_{x_i}^{x_{i+1}}\big(g(x)-R_2(x)\big)\mathrm{d}x\\&=\int_{x_i}^{x_{i+1}}R_2(x)\,\mathrm{d}x=h\int_0^1R_2(x_i+th)\,\mathrm{d}t=h^4\int_0^1t(t+1)(t+2)g[x_i+th,x_i,x_{i-1},x_{i-2}]\mathrm{d}t\\&=O(h^4)\end{aligned}$$

上述推导用到了式（2-52）、式（2-56）及积分中值定理，从而该显式数值格式是三阶的.

注1：如果用 $x_{i-1},x_i,x_{i+1}$ 三个等距节点作牛顿三次插值多项式，分析结果同上，最后得到的将是二步隐格式 $y_{i+1}=y_i+\dfrac{h}{12}(5f_{i+1}+8f_i-f_{i-1})$，它也是三阶的，有兴趣的读者可以自己去推导.

注 2：在实际操作隐格式计算时，与梯形方法、隐式欧拉方法一样通常还是要用迭代法进行处理的.

注 3：对于线性 $k$ 步法而言，除了 $y_0$ 作为初值由原题直接给出以外，前面的初始条件即 $y_1$，$y_2,\cdots,y_{k-1}$ 的值可以用龙格-库塔方法算出.

## 三、预估—校正方法

比较式（2-48）及式（2-58）可知，在同样利用 3 个已知值（即同样为三步法需要计算三次函数值）时，隐式阿当姆斯方法的阶比显式阿当姆斯方法的阶高一阶，因而隐式方法逼近格式更好. 这种情况对一般的线性 $k$ 步阿当姆斯方法也同样存在，即 $k$ 步隐式阿当姆斯方法的阶比 $k$ 步显式阿当姆斯方法的阶要高一阶，而且隐格式的系数更小些，从而稳定性强些，机器的舍入误差也会小些，这样看来隐式方法比显式方法更好. 尽管这样，由于隐式方法在求解过程中通常需要解方程，而且要用迭代法求解，计算量大，在实践中反而不太受欢迎. 我们需要构建一个方法，既能避免迭代，又能利用隐式方法阶数较高的优势. 通常的做法是先用显式方法给出 $y_{i+1}$ 的一个初始近似，称为预估，然后再用隐式方法进行迭代，称为校正，这个过程的思想与改进的欧拉方法是一样的. 注意到为了达到较好的效果，在一般情况下，预估公式与校正公式应该取同阶的显式方法和隐式方法配合使用. 这里简单举例说明一下. 例如，可以验证（课后习题）四阶的阿当姆斯显式方法为：

$$y_{i+1}=y_i+\frac{h}{24}(55f_i-59f_{i-1}+37f_{i-2}-9f_{i-3}) \tag{2-59}$$

而四阶的阿当姆斯隐式方法为式（2-48）：

$$y_{i+1}=y_i+\frac{h}{24}(9f_{i+1}+19f_i-5f_{i-1}+f_{i-2}) \tag{2-60}$$

于是，预估—校正方法实际上就是：

第一步，预估：

$$\overline{y}_{i+1}=y_i+\frac{h}{24}(55f_i-59f_{i-1}+37f_{i-2}-9f_{i-3}) \tag{2-61}$$

第二步，校正：

$$y_{i+1}=y_i+\frac{h}{24}(9f(x_{i+1},\overline{y}_{i+1})+19f_i-5f_{i-1}+f_{i-2}) \tag{2-62}$$

式（2-61）和式（2-62）合起来就称为四阶阿当姆斯预估—校正格式.

**例 2.4.3** 分别用四阶阿当姆斯显格式的式（2-59）与四阶阿当姆斯预估—校正格式的式（2-61）、式（2-62）求解初值问题 $\begin{cases}\dfrac{\mathrm{d}y}{\mathrm{d}x}=y-\dfrac{2x}{y}, & 0<x\leqslant 1\\ y(0)=1\end{cases}$，取步长为 0.1.

**解**：对于多步法，除了初始值 $y_0=1$ 已知外，还需要把前几步的数值结果补全，为此利用四阶龙格-库塔方法求出 $y_1,y_2,y_3$. 用四阶的龙格-库塔方法是为了与四阶的阿当姆斯格式阶数匹配. 程序见 Egch2_sec4_03.c，此程序包括了题目要求的两种格式，计算结果列表如下（表 2-6）.

表 2-6　四阶阿当姆斯显格式和预估—校正格式的计算结果

| $x_i$ | 显格式 | 预估—校正格式 | 精确解 $y(x_i)$ |
|---|---|---|---|
| 0.0 | 1.000000 | 1.000000 | 1.183216 |
| 0.1 | 1.095446 | 1.095446 | 1.341641 |
| 0.2 | 1.183217 | 1.183217 | 1.483240 |
| 0.3 | 1.264912 | 1.264912 | 1.264911 |
| 0.4 | 1.341552 | 1.341641 | 1.341641 |
| 0.5 | 1.414046 | 1.414214 | 1.414214 |
| 0.6 | 1.483019 | 1.483240 | 1.483240 |
| 0.7 | 1.548919 | 1.549193 | 1.549193 |
| 0.8 | 1.612116 | 1.612452 | 1.612352 |
| 0.9 | 1.672917 | 1.673320 | 1.673320 |
| 1.0 | 1.731570 | 1.732051 | 1.732051 |

将数值解与精确解进行比较，预估—校正方法的有效数字更多，结果显然优于显式方法.

# 第五节　一阶方程组及高阶方程初值问题的解法

前面介绍了一阶常微分方程初值问题的若干解法，若作进一步推广，如求解一阶方程组初值问题或者高阶方程的初值问题又该如何分析呢？本节主要解决一阶方程组初值问题的求解，对于高阶方程，本质上可以利用降阶的思想将高阶问题转化为一阶方程组的问题.

## 一、一阶方程组初值问题的解法

为简单起见，设有两个一阶方程组成的方程组初值问题：

$$\begin{cases} y_1' = f(x, y_1, y_2), & a < x \leqslant b, \\ y_2' = g(x, y_1, y_2), & a < x \leqslant b, \\ y_1(a) = \alpha, \ y_2(a) = \beta. \end{cases} \tag{2-63}$$

可将上述方程看作一阶向量方程的初值问题：

$$\begin{cases} \boldsymbol{Y}' = \boldsymbol{F}(x, \boldsymbol{Y}), & a < x \leqslant b, \\ \boldsymbol{Y}(a) = \boldsymbol{Y}_0. \end{cases} \tag{2-64}$$

其中，$\boldsymbol{Y} = \begin{pmatrix} y_1 \\ y_2 \end{pmatrix}$，$\boldsymbol{F}(x, \boldsymbol{Y}) = \begin{pmatrix} f(x, y_1, y_2) \\ g(x, y_1, y_2) \end{pmatrix}$ 且 $\boldsymbol{Y}_0 = \begin{pmatrix} \alpha \\ \beta \end{pmatrix}$. 于是将原标量型一阶方程初值问题的式（2-1）的数值解法（如改进的欧拉方法、龙格-库塔方法等）用于上述向量形式的式（2-64），就得到一阶方程组初值问题式（2-63）的数值解法了.

在这里，如果对式（2-64）采用欧拉方法，即 $\boldsymbol{Y}_{i+1} = \boldsymbol{Y}_i + h\boldsymbol{F}(x_i, \boldsymbol{Y}_i)$，写成分量形式即

$$\begin{cases} y_{1,i+1} = y_{1,i} + h f(x_i, y_{1,i}, y_{2,i}), \\ y_{2,i+1} = y_{2,i} + h g(x_i, y_{1,i}, y_{2,i}), \\ y_{1,0} = \alpha, \ y_{2,0} = \beta. \end{cases}$$

若对式（2-64）用经典的四阶龙格—库塔方法，即 $\boldsymbol{Y}_{i+1} = \boldsymbol{Y}_i + \dfrac{h}{6}(\boldsymbol{K}_1 + 2\boldsymbol{K}_2 + 2\boldsymbol{K}_3 + \boldsymbol{K}_4)$，其中，

$$\boldsymbol{K}_1=\boldsymbol{F}(x_i,\boldsymbol{Y}_i),\quad \boldsymbol{K}_2=\boldsymbol{F}(x_i+\frac{h}{2},\boldsymbol{Y}_i+\frac{h}{2}\boldsymbol{K}_1),\quad \boldsymbol{K}_3=\boldsymbol{F}\left(x_i+\frac{h}{2},\boldsymbol{Y}_i+\frac{h}{2}\boldsymbol{K}_2\right),\quad \boldsymbol{K}_4=\boldsymbol{F}(x_i+h,\boldsymbol{Y}_i+h\boldsymbol{K}_3)$$

写成分量形式即

$$\begin{cases} y_{1,i+1}=y_{1,i}+\frac{h}{6}(k_1+2k_2+2k_3+k_4), \quad y_{2,i+1}=y_{2,i}+\frac{h}{6}(l_1+2l_2+2l_3+l_4), \\ k_1=f(x_i,y_{1,i},y_{2,i}), \quad l_1=g(x_i,y_{1,i},y_{2,i}), \\ k_2=f\left(x_i+\frac{h}{2},y_{1,i}+\frac{h}{2}k_1,y_{2,i}+\frac{h}{2}l_1\right), \quad l_2=g\left(x_i+\frac{h}{2},y_{1,i}+\frac{h}{2}k_1,y_{2,i}+\frac{h}{2}l_1\right), \\ k_3=\left(fx_i+\frac{h}{2},y_{1,i}+\frac{h}{2}k_2,y_{2,i}+\frac{h}{2}l_2\right), \quad l_3=g\left(x_i+\frac{h}{2},y_{1,i}+\frac{h}{2}k_2,y_{2,i}+\frac{h}{2}l_2\right), \\ k_4=f(x_i+h,y_{1,i}+hk_3,y_{2,i}+hl_3), \quad l_4=g(x_i+h,y_{1,i}+hk_3,y_{2,i}+hl_3), \\ y_{1,0}=\alpha, \quad y_{2,0}=\beta. \end{cases} \tag{2-65}$$

对由 $k$ 个方程构成的方程组的情形有类似的讨论，只是向量的分量个数为 $k$ 而已.

**例 2.5.1** 用改进的欧拉方法计算一阶方程组初值问题：$\begin{cases} y_1'=y_2, & 0<x\leqslant 1, \\ y_2'=-y_1, & 0<x\leqslant 1, \\ y_1(0)=1, & y_2(0)=0. \end{cases}$ 取步长为 0.1. 已知其精确解为 $y_1=\cos x$，$y_2=-\sin x$.

**解**：改进的欧拉方法式（2-7）在此例中实为：

$$\begin{cases} \overline{y}_{1,i+1}=y_{1,i}+h\cdot y_{2,i}, \\ \overline{y}_{2,i+1}=y_{2,i}+h(-y_{1,i}), \\ y_{1,i+1}=y_{1,i}+\frac{h}{2}(y_{2,i}+\overline{y}_{2,i+1}), \\ y_{2,i+1}=y_{2,i}+\frac{h}{2}(-y_{1,i}-\overline{y}_{1,i+1}), \ i=0,1,\cdots,m-1, \\ y_{1,0}(0)=1, \quad y_{2,0}(0)=0. \end{cases}$$

程序见 Egch2_sec5_01.c，计算结果列表如下（表 2-7）：

**表 2-7 改进的欧拉方法的计算结果**

| $x_i$ | 数值解 $y_{1,i}$ | 精确解 $y_1(x_i)$ | 数值解 $y_{2,i}$ | 精确解 $y_2(x_i)$ | 最大误差 |
|---|---|---|---|---|---|
| 0.0 | 1.000000 | 1.000000 | 0.000000 | 0.000000 | 0.000000 |
| 0.1 | 0.995000 | 0.995004 | –0.100000 | –0.099833 | 0.000167 |
| 0.2 | 0.980025 | 0.980067 | –0.199000 | –0.198669 | 0.000331 |
| 0.3 | 0.955225 | 0.955336 | –0.296008 | –0.295520 | 0.000487 |
| 0.4 | 0.920848 | 0.921061 | –0.390050 | –0.389418 | 0.000632 |
| 0.5 | 0.877239 | 0.877583 | –0.480185 | –0.479426 | 0.000759 |
| 0.6 | 0.824834 | 0.825336 | –0.565507 | –0.564642 | 0.000865 |
| 0.7 | 0.764159 | 0.764842 | –0.645163 | –0.644218 | 0.000946 |
| 0.8 | 0.695822 | 0.696707 | –0.718353 | –0.717356 | 0.000997 |
| 0.9 | 0.620508 | 0.621610 | –0.784344 | –0.783327 | 0.001102 |
| 1.0 | 0.538971 | 0.540302 | –0.842473 | –0.841471 | 0.001332 |

**例 2.5.2**　用经典的四阶龙格-库塔方法计算上例中的问题.

**解**：根据式（2-65）写出程序，见 Egch2_sec5_02.c，计算结果列表如下（表 2-8）.

表 2-8　龙格-库塔方法的计算结果

| $x_i$ | 数值解 $y_{1,i}$ | 精确解 $y_1(x_i)$ | 数值解 $y_{2,i}$ | 精确解 $y_2(x_i)$ | 最大误差 |
|---|---|---|---|---|---|
| 0.0 | 1.000000 | 1.000000 | 0.000000 | 0.000000 | 0.000000 |
| 0.1 | 0.995004 | 0.995004 | –0.099833 | –0.099833 | 8.331349e–8 |
| 0.2 | 0.980067 | 0.980067 | –0.198669 | –0.198669 | 1.655173e–7 |
| 0.3 | 0.955337 | 0.955336 | –0.295520 | –0.295520 | 2.441307e–7 |
| 0.4 | 0.921061 | 0.921061 | –0.389418 | –0.389418 | 3.167282e–7 |
| 0.5 | 0.877583 | 0.877583 | –0.479425 | –0.479426 | 3.809803e–7 |
| 0.6 | 0.825336 | 0.825336 | –0.564642 | –0.564642 | 4.346924e–7 |
| 0.7 | 0.764843 | 0.764842 | –0.644217 | –0.644218 | 4.758426e–7 |
| 0.8 | 0.696707 | 0.696707 | –0.717356 | –0.717356 | 5.026168e–7 |
| 0.9 | 0.621611 | 0.621610 | –0.783326 | –0.783327 | 5.465961e–7 |
| 1.0 | 0.540303 | 0.540302 | –0.841470 | –0.841471 | 6.612487e–7 |

## 二、高阶方程初值问题的解法

先考察如下的二阶方程初值问题：

$$\begin{cases} y''=f(x,y,y'), & a<x\leqslant b, \\ y(a)=\alpha, & y'(a)=\beta. \end{cases} \tag{2-66}$$

通过引入新的变量 $z=y'$，则有 $z'=y''=f(x,y,z)$，就可将上述方程转化为形如式（2-63）的一阶方程组初值问题：

$$\begin{cases} y'=z, \quad a<x\leqslant b, \\ z'=f(x,y,z), \quad a<x\leqslant b, \\ y(a)=\alpha, \quad z(a)=\beta. \end{cases}$$

具体的数值解法就不再赘述了.

对更高阶方程的初值问题，如

$$\begin{cases} y^{(n)}=f(x,y,y',\cdots,y^{(n-1)}), \quad a<x\leqslant b, \\ y(a)=\alpha_1, \quad y'(a)=\alpha_2, \cdots, \quad y^{(n-1)}(a)=\alpha_n. \end{cases} \tag{2-67}$$

按照同样的思路，令 $y_1=y$，$y_2=y'$，$y_3=y''$，…，$y_{n-1}=y^{(n-2)}$，$y_n=y^{(n-1)}$，可以将式（2-67）转化为以下一阶方程组初值问题：

$$\begin{cases} y_1'=y_2, \quad a<x\leqslant b, \\ y_2'=y_3, \quad a<x\leqslant b, \\ \cdots \\ y_{n-1}'=y_n, \quad a<x\leqslant b, \\ y_n'=f(x,y_1,y_2,\cdots,y_n), \quad a<x\leqslant b, \\ y_1(a)=\alpha_1, \quad y_2(a)=\alpha_2, \cdots, \quad y_n(a)=\alpha_n. \end{cases} \tag{2-68}$$

此即 $\boldsymbol{Y}=(y_1,y_2,\cdots,y_n)^{\mathrm{T}}$ 情况下的式（2-64）.

**例 2.5.3**　将三阶方程初值问题 $\begin{cases} xy'''+2x^2y'^2+x^3y=x^4+1, \quad 1<x\leqslant 3, \\ y(1)=1, \quad y'(1)=-2, \quad y''(1)=3. \end{cases}$ 化为一阶方程组的情形.

**解**：令 $y_1 = y,\ y_2 = y',\ y_3 = y''$，则可将原三阶方程问题转化为如下一阶方程组的初值问题：

$$\begin{cases} y_1' = y_2, & 1 < x \leqslant 3, \\ y_2' = y_3, & 1 < x \leqslant 3, \\ y_3' = \dfrac{x^4 + 1 - x^3 y_1 - 2x^2 y_2{}^2}{x}, & 1 < x \leqslant 3, \\ y_1(1) = 1, \quad y_2(1) = -2, \quad y_3(1) = 3. \end{cases}$$

# 第六节　两点边值问题的解法

在科学工程领域，除了会遇到微分方程的各种初值问题，还经常会出现边界条件确定的边值问题，本节重点要解决的是二阶线性常微分方程边值问题：

$$\begin{cases} y''(x) + p(x)y'(x) + q(x)y(x) = f(x), & a < x < b, \\ y(a) = \alpha, \quad y(b) = \beta. \end{cases} \tag{2-69}$$

和

$$\begin{cases} y''(x) + p(x)y'(x) + q(x)y(x) = f(x), & a < x < b, \\ y'(a) + \lambda y(a) = \alpha, \quad y'(b) + \mu y(b) = \beta. \end{cases} \tag{2-70}$$

这里，$p(x), q(x), f(x)$ 为已知函数，$y(x)$ 为待求函数，$\alpha, \beta, \lambda, \mu$ 为常数. 式（2-69）中的边值条件称为狄利克雷（Dirichlet）边界条件，而式（2-70）中的边值条件则称为混合边界条件，特别地，$\lambda = \mu = 0$ 时称为诺伊曼（Neumann）边界条件. 上述方程可以用来描述固定边界的自由振动现象等. 以前的初值问题，定解条件都是在初始点给出，而现在的边值问题，定解条件在边界点给出. 定解条件的改变，能决定从本质上影响解决问题的方法还是只是形式上的一种改变.

正如人们认识客观世界必须遵循循序渐进的规律一样，在遇到新问题的时候，往往会借助以前成功解决类似问题的思路，借助这些成熟的想法去进一步推动新问题的解决. 所以在求解两点边值问题的最初，人们设计了打靶法，它的思想其实非常朴素，就是将新问题转化为老问题，具体地就是将边值问题转化为与之等价的初值问题，再用各种成功的方法去求解初值问题，这和前面所讲的将高阶微分方程初值问题通过引入新变量降阶变成一阶方程组初值问题再去求解其实是一个道理.

## 一、打靶法求解两点狄利克雷边值问题

打靶法的基本思想是将原问题式（2-69）化为一个与之等价的初值问题，可以先做一个假设通过待定系数来明确这种转化关系. 为此我们假设原问题式（2-69）与以下初值问题等价同解：

$$\begin{cases} y'' + p(x)y' + q(x)y = f(x), & a < x < b, \\ y(a) = \alpha, \quad y'(a) = \gamma. \end{cases} \tag{2-71}$$

其中，常数 $\gamma$ 待定，它需要通过问题式（2-69）与式（2-71）之间的等价同解关系来确定. 于是原问题便转化为研究初值问题式（2-71）. 式（2-71）通常也无法获得精确解，所以仍需借助前几节学过的数值解法. 在正式研究待定常数 $\gamma$ 如何确定之前，还要做一个准备工作，即对式（2-71）作进一步分解.

事实上，初值问题式（2-71）的解可以通过 3 个更一般的初值问题的解来确定. 这三个初值问题分别是两个齐次方程（方程右端项函数为 0 的方程）与一个非齐次方程（方程右端项函数不为 0 的方程）对应的初值问题，具体如下：

$$\begin{cases} y''+p(x)y'+q(x)y=0, \ a<x<b, \\ y(a)=1, \quad y'(a)=0. \end{cases} \tag{2-72}$$

$$\begin{cases} y''+p(x)y'+q(x)y=0, \ a<x<b, \\ y(a)=0, \quad y'(a)=1. \end{cases} \tag{2-73}$$

$$\begin{cases} y''+p(x)y'+q(x)y=f(x), \ a<x<b, \\ y(a)=0, \quad y'(a)=0. \end{cases} \tag{2-74}$$

并且设以上 3 个问题的精确解分别是 $y_1(x), y_2(x)$ 和 $y_3(x)$. 根据线性微分方程解的结构可知，$y=\alpha y_1+\gamma y_2+y_3$ 就是式（2-71）的精确解.

接下来，需要建立式（2-69）与式（2-71）等价同解关系成立所必须满足的条件，从而获得待定常数 $\gamma$ 的具体数值. 由于式（2-69）与式（2-71）等价，从而式（2-71）的解 $y=\alpha y_1+\gamma y_2+y_3$ 应该满足式（2-69）中的边界条件. 边界条件 $y(a)=\alpha$ 自然满足，还需要满足 $\beta=y(b)=\alpha y_1(b)+\gamma y_2(b)+y_3(b)$，于是得到

$$\gamma=\frac{\beta-\alpha y_1(b)-y_3(b)}{y_2(b)}, \tag{2-75}$$

当 $y_2(b)=0$ 时，可以让式（2-69）等价于 $\begin{cases} y''+p(x)y'+q(x)y=f(x), \ a<x<b, \\ y(b)=\beta, \quad y'(b)=\gamma. \end{cases}$ 把右端点 $b$ 当作初始点，然后用同样的思路进行分析.

综上，可得求解原问题式（2-69）的解的基本思路，即先解与原问题等价的式（2-71）分解出的三个子问题（初值问题）式（2-72）、式（2-73）、式（2-74），设其精确解分别为 $y_1, y_2$ 和 $y_3$. 这样就可以确定式（2-71）中的初始条件，即式（2-75），再利用 $y=\alpha y_1+\gamma y_2+y_3$ 就能得到原问题的解. 注意，由于以上三个初值子问题通常是无法手工算出的，所以上述理论问题在实际操作中需要用数值方法求解.

由以上分析得到求解边值问题式（2-69）的基本步骤如下：

第一步，分别数值求解常微分方程的初值问题式（2-72）、式（2-73）、式（2-74），得到 3 个数值解，初值问题的解法可以任选，但为了获得较高精度的解，可以选用四阶龙格–库塔方法（要经过降阶化为一阶方程组求解）并且假设这 3 个数值解分别为 $y^1, y^2, y^3$，它们是对应精确解 $y_1, y_2, y_3$ 的近似值，精度是四阶的. 这里，利用龙格–库塔方法获得的数值解 $y^1, y^2, y^3$ 其实都是离散的，因为在数值求解过程中，先要对求解区域 $[a,b]$ 进行等距剖分，得到节点 $x_i=a+ih, i=0,1,\cdots,m$，其中 $m$ 是自选的剖分整数，步长 $h=\dfrac{b-a}{m}$.

第二步，用龙格–库塔方法求解后得到的是 $y^j\,(j=1,2,3)$ 在各节点 $x_i\,(i=0,1,\cdots,m)$ 处的值，记为 $y_i^j$，所以待定的 $\gamma$ 此时应选用 $\gamma=\dfrac{\beta-\alpha y_m^1-y_m^3}{y_m^2}$.

第三步，上述 $\gamma$ 确定好以后，再利用 $y_i=\alpha y_i^1+\gamma y_i^2+y_i^3, i=0,1,\cdots,m$ 得到的就是式（2-71），从而也是原问题式（2-69）的精确解 $y(x)$ 在节点 $x_i, i=0,1,\cdots,m$ 处的数值解.

**例 2.6.1** 用打靶法求解两点边值问题 $\begin{cases} y''+y=-1, \ 0<x<1, \\ y(0)=y(1)=0. \end{cases}$ 取步长 $h=0.1$. 已知此问题的精确解为 $y=\cos x+\dfrac{1-\cos 1}{\sin 1}\cdot\sin x-1$.

**解：** 程序见 Egch2_sec6_01.c，计算结果列表如下（表 2-9）

表 2-9 打靶法的计算结果

| $x_i$ | 数值解 $y_i$ | 精确解 $y(x_i)$ | 误差 $\lvert y_i - y(x_i)\rvert$ |
|---|---|---|---|
| 0.0 | 0.000000 | 0.000000 | 0 |
| 0.1 | 0.049543 | 0.049543 | 8.9716e–8 |
| 0.2 | 0.088600 | 0.088600 | 1.6175e–7 |
| 0.3 | 0.116780 | 0.116780 | 2.1458e–7 |
| 0.4 | 0.133801 | 0.133801 | 2.4707e–7 |
| 0.5 | 0.139494 | 0.139494 | 2.5845e–7 |
| 0.6 | 0. 133801 | 0. 133801 | 2.4836e–7 |
| 0.7 | 0. 116780 | 0. 116780 | 2.1683e–7 |
| 0.8 | 0. 088600 | 0. 088600 | 1.6430e–7 |
| 0.9 | 0.049543 | 0.049543 | 9.1615e–8 |
| 1.0 | –0.000000 | 0.000000 | 5.5511e–17 |

## 二、打靶法求解两点混合边值问题

同样，对于混合边界问题式（2-70），仍可以用同样的思想将其化为一个与之等价的初值问题，这可以通过多个待定系数来明确这种转化关系. 为此假设式（2-70）与以下初值问题等价同解：

$$\begin{cases} y'' + p(x)y' + q(x)y = f(x), \ a < x < b, \\ y(a) = s, \quad y'(a) = t. \end{cases} \tag{2-76}$$

其中，$s,t$ 为待定常数. 显然有 $y = s\,y_1 + t\,y_2 + y_3$ 是式（2-76）的解，其中 $y_1, y_2, y_3$ 仍然分别是式（2-72）、式（2-73）、式（2-74）的精确解. 按照等价条件可以确定（课后习题）：

$$s = \frac{\alpha\left(y_2'(b) + \mu y_2(b)\right) - \beta + y_3'(b) + \mu y_3(b)}{\lambda\left(y_2'(b) + \mu y_2(b)\right) - \left(y_1'(b) + \mu y_1(b)\right)} \tag{2-77}$$

$$t = \frac{\lambda\beta - \alpha\left(y_1'(b) + \mu y_1(b)\right) - \lambda\left(y_3'(b) + \mu y_3(b)\right)}{\lambda\left(y_2'(b) + \mu y_2(b)\right) - \left(y_1'(b) + \mu y_1(b)\right)} \tag{2-78}$$

这样确定出 $s,t$ 以后，$y = s\,y_1 + t\,y_2 + y_3$ 就是式（2-76）从而也是式（2-70）的解. 与前面相仿，这里所涉及的初值问题一般都需要借助数值方法来解决.

这样就可以整理出求解混合问题式（2-70）的基本步骤：

第一步，降阶化为一阶方程组分别数值求解常微分方程的初值问题式(2-72)、式(2-73)、式(2-74)，得到 3 组数值解，假设这 3 组数值解分别为 $y^1, z^1$，$y^2, z^2$ 和 $y^3, z^3$，这是由于二阶初值问题通过引入 $z = y'$ 降阶后就可以将 $y'$ 也数值求解出来，从而可以得到对应的各导数值的数值近似 $z^1, z^2, z^3$.

第二步，由于数值解 $y^1, z^1$，$y^2, z^2$ 和 $y^3, z^3$ 都是离散的，第一步得到的是 $y^j, z^j\,(j = 1,2,3)$ 在各节点 $x_i\,(i = 0,1,\cdots,m)$ 处的值，分别记为 $y_i^j, z_i^j$，所以待定的 $s,t$ 此时应选用：

$$s = \frac{\alpha(z_m^2 + \mu y_m^2) - \beta + z_m^3 + \mu y_m^3}{\lambda(z_m^2 + \mu y_m^2) - (z_m^1 + \mu y_m^1)},\ \ t = \frac{\lambda\beta - \alpha(z_m^1 + \mu y_m^1) - \lambda(z_m^3 + \mu y_m^3)}{\lambda(z_m^2 + \mu y_m^2) - (z_m^1 + \mu y_m^1)}$$

第三步，上述 $s,t$ 确定好以后，再利用 $y_i = sy_i^1 + ty_i^2 + y_i^3, i = 0,1,\cdots,m$ 得到的就是式（2-76），从而也是原问题式（2-71）的精确解 $y(x)$ 在节点 $x_i, i = 0,1,\cdots,m$ 处的数值解.

**例 2.6.2** 用打靶法求解两点边值问题 $\begin{cases} y''+xy'-xy=(x+2)e^x\cos x, & 0<x<\pi, \\ y'(0)-2y(0)=1, & y'(\pi)+y(\pi)=-e^{\pi}. \end{cases}$ 取步长 $h=\dfrac{\pi}{10}$.

已知此问题的精确解为 $y=e^x\sin x$.

**解**：程序见 Egch2_sec6_02.c，计算结果列表如下（表 2-10）.

表 2-10 打靶法的计算结果

| $x_i$ | 数值解 $y_i$ | 精确解 $y(x_i)$ | 误差 $\lvert y_i-y(x_i)\rvert$ |
|---|---|---|---|
| 0.0 | 0.001062 | 0.000000 | 1.0622e–3 |
| $\pi/10$ | 0.424819 | 0.423078 | 7.7411e–3 |
| $\pi/5$ | 1.104218 | 1.101778 | 2.4400e–3 |
| $3\pi/10$ | 2.079446 | 2.076207 | 3.2394e–3 |
| $2\pi/5$ | 3.345909 | 3.341619 | 4.2907e–3 |
| $\pi/2$ | 4.816274 | 4.810477 | 5.7967e–3 |
| $3\pi/5$ | 6.271685 | 6.263717 | 7.9679e–3 |
| $7\pi/10$ | 7.305872 | 7.294929 | 1.0943e–2 |
| $4\pi/5$ | 7.271028 | 7.256376 | 1.4653e–2 |
| $9\pi/10$ | 5.241622 | 5.223013 | 1.8609e–2 |
| $\pi$ | 0.021620 | –0.000000 | 2.1620e–2 |

## 三、差分法求解两点狄利克雷边值问题

打靶法对两点边值问题的求解还是很有效的，只是在求解过程中涉及方程的降阶、数值求解三个一阶方程组，计算量还是很大的，而且整个分析过程也比较复杂，特别是处理混合边界的情况. 有无更高效的数值方法呢？事实上，两点边值问题同样可以用整套差分分析方法来处理.

为了（后文对误差进行理论分析）讨论更方便，先只考虑如下的两点狄利克雷边值问题：

$$\begin{cases} y''(x)+q(x)y(x)=f(x), & a<x<b, \\ y(a)=\alpha, \quad y(b)=\beta. \end{cases} \tag{2-79}$$

这里，$q(x), f(x)$ 为已知函数且在 $[a,b]$ 内 $q(x)\leqslant 0$，$y(x)$ 为待求函数，$\alpha,\beta$ 为常数. 仿照一阶问题，首先对求解区域 $[a,b]$ 进行等距剖分，得到 $m+1$ 个节点 $x_i=a+ih$，$i=0,1,\cdots,m$，步长 $h=\dfrac{b-a}{m}$. 然后将原方程弱化，使之仅在内部节点成立，即有

$$y''(x_i)+q(x_i)y(x_i)=f(x_i), \quad i=1,2,\cdots,m-1$$

再利用式（1-15）、式（1-16）对二阶导数值 $y''(x_i)$ 进行精细处理，可得在节点 $x_i$ 处的离散方程：

$$\frac{y(x_{i+1})-2y(x_i)+y(x_{i-1})}{h^2}-\frac{h^2}{12}y^{(4)}(\xi_i)+q(x_i)y(x_i)=f(x_i), \quad i=1,2,\cdots,m-1, \tag{2-80}$$

其中，$\xi_i\in(x_{i-1},x_{i+1})$. 忽略上式中的高阶小项并用数值解 $y_i$ 作为精确解 $y(x_i)$ 的近似值，并结合边界条件，可得以下差分格式：

$$\begin{cases} \dfrac{y_{i+1}-2y_i+y_{i-1}}{h^2}+q(x_i)y_i=f(x_i), & i=1,2,\cdots,m-1, \\ y_0=\alpha, \quad y_m=\beta. \end{cases} \tag{2-81}$$

这是一个由 $m-1$ 个未知量 $y_i$（$i=1,2,\cdots,m-1$）、$m-1$ 个方程构成的线性方程组，写成矩阵形式即为

$$\begin{pmatrix} -2+h^2q(x_1) & 1 & 0 & & \\ 1 & -2+h^2q(x_2) & 1 & & \\ & \ddots & \ddots & \ddots & \\ & & 1 & -2+h^2q(x_{m-2}) & 1 \\ & 0 & & 1 & -2+h^2q(x_{m-1}) \end{pmatrix} \begin{pmatrix} y_1 \\ y_2 \\ \vdots \\ y_{m-2} \\ y_{m-1} \end{pmatrix} = \begin{pmatrix} h^2f(x_1)-\alpha \\ h^2f(x_2) \\ \vdots \\ h^2f(x_{m-2}) \\ h^2f(x_{m-1})-\beta \end{pmatrix}. \tag{2-82}$$

注意到由于$q(x)\leqslant 0$，所以上述线性方程组的系数矩阵是一个对角占优的三对角矩阵，可以用追赶法直接求解. 上述分析过程思路很清晰，求解也不难.

**例 2.6.3** 用差分法求解狄利克雷边值问题：

$$\begin{cases} y''(x)-\left(x-\dfrac{1}{2}\right)^2 y(x)=-\left(x^2-x+\dfrac{5}{4}\right)\sin x, & 0<x<\dfrac{\pi}{2}, \\ y(0)=0, \quad y\left(\dfrac{\pi}{2}\right)=1. \end{cases}$$

取步长$h_1=\dfrac{\pi}{16}$，计算出节点$x=0,\dfrac{\pi}{8},\dfrac{\pi}{4},\dfrac{3\pi}{8},\dfrac{\pi}{2}$处的数值解，并给出与精确解$y(x)=\sin x$的误差. 此外，再计算步长取为$h_2=\dfrac{\pi}{32}$时上述节点处的数值解并给出误差.

**解**：程序见 Egch2_sec6_03.c，计算结果列表如下（表 2-11）.

**表 2-11 差分法的计算结果**

| $x_i$ | 步长$h_1$ 数值解$y_{1,i}$ | 误差$\lvert y_{1,i}-y(x_i)\rvert$ | 步长$h_2$ 数值解$y_{2,i}$ | 误差$\lvert y_{2,i}-y(x_i)\rvert$ |
|---|---|---|---|---|
| 0 | 0.000000 | 0 | 0.000000 | 0 |
| π/8 | 0.383096 | 4.1273e-4 | 0.382786 | 1.0303e-4 |
| π/4 | 0.707746 | 6.3923e-4 | 0.707266 | 1.5959e-4 |
| 3π/5 | 0.924409 | 5.2906e-4 | 0.924012 | 1.3220e-4 |
| π/2 | 1.000000 | 0 | 1.000000 | 0 |

从上表可见，当步长减半时，数值解的误差缩小为原来的 1/4，这个现象告诉我们一个信息——差分格式的式（2-80）是一个二阶格式. 这一点可以通过下面的理论得到严格证明.

与数值格式的建立比起来，对数值结果进行严格的理论证明是相当困难的，但也是极其重要的，因为这涉及到对所建立的数值格式是否可行、是否有效进行严格的理论分析，它是数值格式能直接应用和作进一步推广的基础.

连续情形下微分方程的理论分析（关于方程解的存在性、唯一性、正则性、爆破等）用的基本工具是索伯列夫（Sobolev）空间[4]，本书不作专门讨论，但对连续情形下原方程的性质有更多的了解会有助于设计离散格式，也有助于进行后续数值格式的理论分析. 为了证明差分格式的式（2-81）的收敛性，需要引入一些记号，这些记号的原始面貌是索伯列夫空间$W^{k,p}$，这里用的只是它的离散形式.

设有一个对应于$[a,b]$上网格剖分为$x_i=a+ih, i=0,1,\cdots,m,\ h=\dfrac{b-a}{m}$的函数空间，其中的函数（不妨称这些函数是网格函数）只在离散的节点$x_i, i=0,1,\cdots,m$上有定义. 记其中的一个子空间$V_h=\{v\,|\,v_i, i=0,1,\cdots,m 且 v_0=v_m=0\}$. 对$v\in V_h$引入以下记号（分别相当于离散形式的$L^\infty, L^2, H^1$范数）：

$$\|v\|_\infty = \max_{0\leqslant i\leqslant m}|v_i|,\quad \|v\| = \sqrt{h\sum_{i=1}^{m-1}v_i^2},\quad |v|_1 = \sqrt{h\sum_{i=1}^{m}\left(\frac{v_i - v_{i-1}}{h}\right)^2} \tag{2-83}$$

则有以下引理成立.

**引理 2.6.1**　对 $v\in V_h$，存在不依赖于 $h$ 的常数 $C>0$，使得

(1)
$$\|v\|_\infty \leqslant C|v|_1 \tag{2-84}$$

(2)
$$\|v\| \leqslant C|v|_1 \tag{2-85}$$

(3)
$$h\sum_{i=1}^{m-1}\frac{v_{i+1}-2v_i+v_{i-1}}{h^2}v_i = -|v|_1^2 \tag{2-86}$$

**证明**：一方面，易知 $v_i = (v_i - v_{i-1}) + (v_{i-1}-v_{i-2}) + \cdots + (v_1 - v_0) = \sum_{j=1}^{i}(v_j - v_{j-1})$，故由 Cauchy-Schwartz 不等式得

$$v_i^2 = \left(\sum_{j=1}^{i}1\cdot(v_j - v_{j-1})\right)^2 \leqslant \left(\sum_{j=1}^{i}1^2\right)\left(\sum_{j=1}^{i}(v_j - v_{j-1})^2\right) \leqslant m\left(\sum_{j=1}^{i}(v_j - v_{j-1})^2\right) \tag{2-87}$$

另一方面，$-v_i = (v_m - v_{m-1}) + (v_{m-1}-v_{m-2}) + \cdots + (v_{i+1} - v_i) = \sum_{j=i+1}^{m}(v_j - v_{j-1})$，从而

$$v_i^2 = \left(\sum_{j=i+1}^{m}1\cdot(v_j - v_{j-1})\right)^2 \leqslant \left(\sum_{j=i+1}^{m}1^2\right)\left(\sum_{j=i+1}^{m}(v_j - v_{j-1})^2\right) \leqslant m\left(\sum_{j=i+1}^{m}(v_j - v_{j-1})^2\right) \tag{2-88}$$

将式（2-87）和式（2-88）两式相加，得 $2v_i^2 \leqslant m\sum_{j=1}^{m}(v_j - v_{j-1})^2$，从而

$$v_i^2 \leqslant \frac{mh^2}{2}\sum_{j=1}^{m}\left(\frac{v_j - v_{j-1}}{h}\right)^2 = \frac{b-a}{2}|v|_1^2,\qquad i = 0,1,\cdots,m \tag{2-89}$$

即 $|v_i| \leqslant C|v|_1, i = 0,1,\cdots,m,$ 故式（2-84）成立. 另外，由式（2-89）可得 $\sum_{i=1}^{m-1}v_i^2 \leqslant m\cdot\frac{b-a}{2}|v|_1^2$，就有 $h\sum_{i=1}^{m-1}v_i^2 \leqslant \frac{(b-a)^2}{2}|v|_1^2$，故式（2-85）成立. 最后，考察

$$\begin{aligned}\sum_{i=1}^{m-1}(v_{i+1}-2v_i+v_{i-1})v_i &= \sum_{i=1}^{m-1}(v_{i+1}-v_i)v_i - \sum_{i=1}^{m-1}(v_i - v_{i-1})v_i\\ &= \sum_{i=2}^{m}(v_i - v_{i-1})v_{i-1} - \sum_{i=1}^{m-1}(v_i - v_{i-1})v_i\\ &= \sum_{i=1}^{m}(v_i - v_{i-1})v_{i-1} - \sum_{i=1}^{m}(v_i - v_{i-1})v_i\\ &= -\sum_{i=1}^{m}(v_i - v_{i-1})^2\end{aligned}$$

显然就有式（2-86）成立，证毕.

**引理 2.6.2** 设网格函数 $v\in V_h$ 满足差分格式：

$$\begin{cases}\dfrac{v_{i+1}-2v_i+v_{i-1}}{h^2}+q(x_i)v_i=g(x_i),\ i=1,2,\cdots,m-1,\\ v_0=0,\quad v_m=0.\end{cases}\tag{2-90}$$

其中，函数 $g$ 在 $x_i$（$i=1,2,\cdots,m-1$）有意义，则存在不依赖于 $h$ 的常数 $C>0$，使得

$$\|v\|_\infty\leqslant C\max_{1\leqslant i\leqslant m-1}|g(x_i)|.\tag{2-91}$$

**证明**：由式（2-90）知，$\dfrac{v_{i+1}-2v_i+v_{i-1}}{h^2}v_i+q(x_i){v_i}^2=g(x_i)v_i$，$i=1,2,\cdots,m-1$，上式关于 $i$ 求和后可得 $h\sum_{i=1}^{m-1}\dfrac{v_{i+1}-2v_i+v_{i-1}}{h^2}v_i+h\sum_{i=1}^{m-1}q(x_i){v_i}^2=h\sum_{i=1}^{m-1}g(x_i)v_i$，再由式（2-86）即得 $|v|_1^2-h\sum_{i=1}^{m-1}q(x_i){v_i}^2=-h\sum_{i=1}^{m-1}g(x_i)v_i$. 又 $q(x)\leqslant 0$，从而 $|v|_1^2\leqslant -h\sum_{i=1}^{m-1}g(x_i)v_i$，再利用 Cauchy-Schwartz 不等式得

$$|v|_1^2\leqslant h\left(\sum_{i=1}^{m-1}g^2(x_i)\right)^{\frac{1}{2}}\left(\sum_{i=1}^{m-1}{v_i}^2\right)^{\frac{1}{2}}=\left(h\sum_{i=1}^{m-1}g^2(x_i)\right)^{\frac{1}{2}}\left(h\sum_{i=1}^{m-1}{v_i}^2\right)^{\frac{1}{2}}=\|g\|\cdot\|v\|$$

其中，$\|g\|=\sqrt{h\sum_{i=1}^{m-1}g^2(x_i)}$. 再由引理 2.6.1 中的式（2-85）就有 $|v|_1^2\leqslant C\|g\|\cdot|v|_1$，从而 $|v|_1\leqslant C\|g\|\leqslant C\sqrt{h\cdot m\cdot\max_{1\leqslant i\leqslant m-1}g^2(x_i)}\leqslant C\max_{1\leqslant i\leqslant m-1}|g(x_i)|$，再由式（2-84）知式（2-91）成立，证毕.

接下来证明差分格式（2-81）是二阶收敛的.

**定理 2.6.1** 若两点狄利克雷问题式（2-79）的精确解 $y(x)\in C^4[a,b]$，则其对应的差分格式（2-81）是二阶收敛的，即

$$\max_{0\leqslant i\leqslant m}|y_i-y(x_i)|=O(h^2).\tag{2-92}$$

**证明**：将式（2-81）减去式（2-80），并记 $e_i=y_i-y(x_i)$，$i=0,1,\cdots,m$，则有

$$\frac{e_{i+1}-2e_i+e_{i-1}}{h^2}+q(x_i)e_i=-\frac{h^2}{12}y^{(4)}(\xi_i),\ i=1,2,\cdots,m-1$$

且 $e_0=e_m=0$. 这样，网格函数 $e\in V_h$，再由引理 2.6.2 得

$$\|e\|_\infty\leqslant C\max_{1\leqslant i\leqslant m-1}\left|\frac{h^2}{12}y^{(4)}(\xi_i)\right|\leqslant Ch^2$$

定理证毕.

## 四、差分法求解两点混合边值问题

接下来，更进一步，考虑两点混合边值问题：

$$\begin{cases}y''(x)+q(x)y(x)=f(x),\quad a<x<b,\\ y'(a)+\lambda y(a)=\alpha,\quad y'(b)+\mu y(b)=\beta.\end{cases}\tag{2-93}$$

这里，$q(x),f(x)$ 为已知函数且在 $[a,b]$ 内 $q(x)\leqslant 0$，$y(x)$ 为待求函数，$\alpha,\beta,\lambda,\mu$ 均为常数. 以下讨论其差分格式.

首先，原问题式（2-93）在离散节点处的方程为

$$\begin{cases}y''(x_i)+q(x_i)y(x_i)=f(x_i),\ 1\leqslant i\leqslant m-1,\\ y'(x_0)+\lambda y(x_0)=\alpha,\ \ y'(x_m)+\mu y(x_m)=\beta.\end{cases}$$

对其中内节点的二阶导数采用二阶差商式（1-24），起终点处的一阶导数分别采用向前、向后差商式（1-21）和式（1-22），忽略用差商近似导数而带来的高阶小误差，并用数值解 $y_i$ 代替精确解 $y(x_i)$，可得差分格式为

$$\begin{cases}\dfrac{y_{i+1}-2y_i+y_{i-1}}{h^2}+q(x_i)y_i=f(x_i),\quad i=1,2,\cdots m-1,\\ \dfrac{y_1-y_0}{h}+\lambda y_0=\alpha,\ \ \dfrac{y_m-y_{m-1}}{h}+\mu y_m=\beta.\end{cases}\tag{2-94}$$

易见，式（2-94）第一式的局部截断误差为 $O(h^2)$，第二式的局部截断误差为 $O(h)$. 整理上述格式为

$$\begin{cases}y_{i-1}+(-2+h^2q(x_i))y_i+y_{i+1}=h^2f(x_i),\quad i=1,2,\cdots m-1,\\ (h\lambda-1)y_0+y_1=h\alpha,\ -y_{m-1}+(h\mu+1)y_m=h\beta.\end{cases}\tag{2-95}$$

写成矩阵形式为

$$\begin{pmatrix}h\lambda-1 & 1 & & 0 & \\ 1 & -2+h^2q(x_1) & 1 & & \\ & \ddots & \ddots & \ddots & \\ & & 1 & -2+h^2q(x_{m-1}) & 1\\ & 0 & & 1 & -(h\mu+1)\end{pmatrix}\begin{pmatrix}y_0\\ y_1\\ \vdots\\ y_{m-1}\\ y_m\end{pmatrix}=\begin{pmatrix}h\alpha\\ h^2f(x_1)\\ \vdots\\ h^2f(x_{m-1})\\ -h\beta\end{pmatrix}$$

这是一个 $m+1$ 阶的三对角线性方程组，可用追赶法求解.

**例 2.6.4**　用差分法求解两点混合边值问题：

$$\begin{cases}y''(x)-(1+\sin x)y(x)=-e^x\sin x,\quad 0<x<1,\\ y'(0)-y(0)=0,\quad y'(1)+2y(1)=3e.\end{cases}$$

分别取步长 $h_1=\dfrac{1}{4}$，$h_2=\dfrac{1}{8}$，计算出节点 $x=0,\dfrac{1}{4},\dfrac{1}{2},\dfrac{3}{4},1$ 处的数值解，并给出与精确解 $u(x)=e^x$ 的误差.

**解**：程序见 Egch2_sec6_04.c，计算结果列表如下（表 2-12）.

**表 2-12　差分法求解的计算结果**

| $x_i$ | 步长 $h_1$ 数值解 $y_{1,i}$ | 误差 $\lvert y_{1,i}-y(x_i)\rvert$ | 步长 $h_2$ 数值解 $y_{2,i}$ | 误差 $\lvert y_{2,i}-y(x_i)\rvert$ |
|---|---|---|---|---|
| 0 | 1.104528 | 0.104528 | 1.048932 | 0.048932 |
| 0.25 | 1.380660 | 0.096635 | 1.329694 | 0.045669 |
| 0.5 | 1.744578 | 0.095856 | 1.694594 | 0.045873 |
| 0.75 | 2.220404 | 0.103404 | 2.167205 | 0.050205 |
| 1.0 | 2.839410 | 0.121128 | 2.777958 | 0.059676 |

上表中的数值结果说明差分格式（2-95）只有一阶精度. 精度低的主要原因在于处理边界条件中的一阶导数时用的是低精度的向前、向后差商. 如何提高精度呢？相当于如何提高一阶导数的近似效果呢？下面介绍一种改进的思路.

注意到除了用向前、向后差商来近似一阶导数以外，还可以用二阶精度的中心差商来近似，即 $y'(x_i)\approx\dfrac{y(x_{i+1})-y(x_{i-1})}{2h}$，误差是 $O(h^2)$，此处如果直接用到 $y_0, y_m$ 上会出现越界的问题，即在 $y'(x_0)\approx\dfrac{y(x_1)-y(x_{-1})}{2h}$ 中出现虚拟项 $y(x_{-1})$，在 $y'(x_m)\approx\dfrac{y(x_{m+1})-y(x_{m-1})}{2h}$ 出现虚拟项 $y(x_{m+1})$．事实上可以在原数值格式（2-95）中加入 $i=0$ 和 $i=m$ 的情形，则可得

$$y_{-1}+(-2+h^2q(x_0))y_0+y_1=h^2f(x_0) \tag{2-96}$$

和

$$y_{m-1}+(-2+h^2q(x_m))y_m+y_{m+1}=h^2f(x_m) \tag{2-97}$$

而边界条件离散为

$$\frac{y_1-y_{-1}}{2h}+\lambda y_0=\alpha, \tag{2-98}$$

及

$$\frac{y_{m+1}-y_{m-1}}{2h}+\mu y_m=\beta. \tag{2-99}$$

由式（2-96）和式（2-98）消去虚拟项 $y_{-1}$，可得

$$(-2+h^2q(x_0)+2h\lambda)y_0+2y_1=h^2f(x_0)+2h\alpha \tag{2-100}$$

再由式（2-97）和式（2-99）消去虚拟项 $y(x_{m+1})$，得到

$$2y_{m-1}+(-2+h^2q(x_m)-2h\mu)y_m=h^2f(x_m)-2h\beta \tag{2-101}$$

这样由式（2-95）、式（2-100）和式（2-101）就得到完整的差分格式：

$$\begin{cases}(-2+h^2q(x_0)+2h\lambda)y_0+2y_1=h^2f(x_0)+2h\alpha,\\ y_{i-1}+(-2+h^2q(x_i))y_i+y_{i+1}=h^2f(x_i),\quad i=1,2,\cdots m-1,\\ 2y_{m-1}+(-2+h^2q(x_m)-2h\mu)y_m=h^2f(x_m)-2h\beta.\end{cases} \tag{2-102}$$

写成矩阵形式为

$$\begin{pmatrix}-2+h^2q(x_0)+2h\lambda & 2 & & 0 & \\ 1 & -2+h^2q(x_1) & 1 & & \\ & \ddots & \ddots & \ddots & \\ & & 1 & -2+h^2q(x_{m-1}) & 1\\ & 0 & & 2 & -2+h^2q(x_m)-2h\mu\end{pmatrix}\begin{pmatrix}y_0\\ y_1\\ \vdots\\ y_{m-1}\\ y_m\end{pmatrix}=\begin{pmatrix}h^2f(x_0)+2h\alpha\\ h^2f(x_1)\\ \vdots\\ h^2f(x_{m-1})\\ h^2f(x_m)-2h\beta\end{pmatrix} \tag{2-103}$$

**例 2.6.5** 用改进的差分格式的式（2-102）按照同样的要求计算上例中的混合边值问题．

**解：**根据式（2-103）设计程序，程序见 Egch2_sec6_05.c，计算结果列表如下（表 2-13）．

表 2-13　改进的差分格式的计算结果

| $x_i$ | 步长 $h_1$ 数值解 $y_{1,i}$ | 误差 $\lvert y_{1,i}-y(x_i)\rvert$ | 步长 $h_2$ 数值解 $y_{2,i}$ | 误差 $\lvert y_{2,i}-y(x_i)\rvert$ |
|---|---|---|---|---|
| 0 | 1.003797 | 3.7971e-3 | 1.000953 | 9.5319e-4 |
| 0.25 | 1.286115 | 2.0897e-3 | 1.284550 | 5.2447e-4 |
| 0.5 | 1.648848 | 1.2627e-4 | 1.648752 | 3.0496e-5 |
| 0.75 | 2.114637 | 2.3633e-3 | 2.116403 | 5.9713e-4 |
| 1.0 | 1.000953 | 5.7918e-3 | 2.716819 | 1.4631e-3 |

从上表可见，数值格式的式（2-103）是二阶收敛的，计算效果明显优于上例一阶格式的结果.

# 第七节　高精度算法

在前面介绍的一系列数值解法中，对于一个 $k$ 阶收敛的算法，即数值解 $y_i$ 与精确解 $y(x_i)$ 的误差 $\max\limits_{0\leqslant i\leqslant m}|y_i-y(x_i)|\leqslant Ch^k$，而且可以通过压缩步长实现数值解的更好逼近效果. 但实际上，如果原来连续型方程的精确解有较高的正则性、方程在形式上也较为简单时，还有一些可以不通过压缩步长而提高精度的方法. 本节主要介绍两点狄利克雷边值问题

$$\begin{cases}y''(x)+q(x)y(x)=f(x),\ a<x<b,\\ y(a)=\alpha,\qquad y(b)=\beta.\end{cases}\tag{2-104}$$

的高精度方法，其中 $q(x),f(x)$ 为已知函数且在 $[a,b]$ 内 $q(x)\leqslant 0$，$y(x)$ 为待求函数，$\alpha,\beta$ 为常数.

## 一、理查德森（Richardson）外推法

首先，来了解一下理查德森外推法的基本原理. 简单地说，理查德森外推法是一种对低阶收敛方法进行适当组合产生较高收敛精度的一种方法. 假设对某一方程的定解问题有精确解 $y$，又设在步长为 $h$ 的等距剖分下利用某数值格式得到的数值解为 $y_h$，注意 $y_h$ 只是个网格函数，只在离散节点 $x_i,i=0,1,\cdots,m$ 处有意义. 如果 $k$ 阶的数值解与精确解在每个离散节点 $x_i$ 满足以下关系：

$$y=y_h+Ch^k+O(h^{k+1})\tag{2-105}$$

其中常数 $C$ 与步长 $h$ 无关. 现在若以 $\lambda h$ 为步长，通常取 $\lambda$ 为 $(0,1)$ 间的常数，就可以得到相应于步长为 $\lambda h$ 的等距剖分下的数值解为 $y_{\lambda h}$，同样就有

$$y=y_{\lambda h}+C(\lambda h)^k+O((\lambda h)^{k+1})=y_{\lambda h}+C\lambda^k h^k+O(h^{k+1})\tag{2-106}$$

将式（2-105）乘以 $\lambda^k$ 后减去式（2-106）可得

$$y=\frac{y_{\lambda h}-\lambda^k y_h}{1-\lambda^k}+O(h^{k+1})\tag{2-107}$$

从上式可以看出，对不同步长下的数值解 $y_h$ 与 $y_{\lambda h}$ 进行线性组合后处理（post-processing）就可以得到更高精度的数值解，即用 $\dfrac{y_{\lambda h}-\lambda^k y_h}{1-\lambda^k}$ 作为数值解则可以将精度从 $k$ 阶提高到 $k+1$ 阶，从而实现数值解的优化.

更特别地，如果在每个离散节点 $x_i$ 处有

$$y=y_h+Ch^k+O(h^{k+2})\tag{2-108}$$

则经过同样的分析，用$\dfrac{y_{\lambda h}-\lambda^k y_h}{1-\lambda^k}$作为数值解则可以将精度从$k$阶一下子提高到$k+2$阶，效果将很好.

我们也可以从另一个角度看这个方法. 注意到式（2-107）也可以整理为下式：

$$y-y_{\lambda h}=\frac{\lambda^k(y_{\lambda h}-y_h)}{1-\lambda^k}+O(h^{k+1}) \tag{2-109}$$

可以通过上式来判断$y_{\lambda h}$的精确程度从而来调整计算过程中的步长. 首先可以设定一个误差限，若$y-y_{\lambda h}$超过此误差限，则缩小步长重新计算；如果它比误差限小很多，则可以适当放大步长. 这种在保证精度及基本不增加计算成本的情况下，尽可能地加大步长以提高效率的算法被称为变步长算法.

接下来，以式（2-104）这个问题为例，讨论如何实现理查德森外推. 从最初的原理分析可以看出，首先需要明确数值解与精确解之间是否有式（2-105）这样的关系式. 这里选用式（2-104）的二阶差分格式（见本章第六节定理 2.6.1）：

$$\begin{cases}\dfrac{y_{i+1}-2y_i+y_{i-1}}{h^2}+q(x_i)y_i=f(x_i),\ i=1,2,\cdots,m-1,\\ y_0=\alpha,\quad y_m=\beta.\end{cases} \tag{2-110}$$

得到的数值解记为$y_h$. 事实上，我们有以下定理.

**定理 2.7.1** 设定解问题式（2-104）的精确解为$y$，且$y\in C^6[a,b]$. 又设在取定步长为$h$的等距剖分下利用差分格式的式（2-110）得到的数值解为$y_h$，则

$$y=y_h+Ch^2+O(h^4) \tag{2-111}$$

其中，常数$C$与步长$h$无关.

**证明**：此定理用的是构造性证明，难度较大，学生一般了解即可. 利用高阶泰勒公式，易知定解问题式（2-104）在等距节点上满足：

$$\frac{y(x_{i+1})-2y(x_i)+y(x_{i-1})}{h^2}-\frac{h^2}{12}y^{(4)}(x_i)-\frac{h^4}{360}y^{(6)}(\xi_i)+q(x_i)y(x_i)=f(x_i),$$
$$\xi_i\in(x_{i-1},x_{i+1}),\quad i=1,2,\cdots,m-1. \tag{2-112}$$

记$e_i=y_i-y(x_i)$，将式（2-110）减去式（2-112），可知 $e_i$满足以下方程：

$$\frac{e_{i+1}-2e_i+e_{i-1}}{h^2}+q(x_i)e_i=-\frac{h^2}{12}y^{(4)}(x_i)-\frac{h^4}{360}y^{(6)}(\xi_i),\ i=1,2,\cdots,m-1 \tag{2-113}$$

且$e_0=e_m=0$. 此外，设二阶常微分方程零边值问题

$$\begin{cases}z''(x)+q(x)z(x)=-\dfrac{y^{(4)}(x)}{12},\\ z(a)=0,\ z(b)=0.\end{cases} \tag{2-114}$$

有光滑的精确解$z(x)$，与这个问题相应的差分格式为

$$\frac{z_{i+1}-2z_i+z_{i-1}}{h^2}+q(x_i)z_i=-\frac{y^{(4)}(x_i)}{12} \tag{2-115}$$

且$z_0=z_m=0$. 由于此格式为二阶格式，从而有$\max\limits_{0\leqslant i\leqslant m}|z_i-z(x_i)|\leqslant Ch^2$，即

$$z_i=z(x_i)+O(h^2) \tag{2-116}$$

将式（2-115）乘以$h^2$得

$$\frac{h^2 z_{i+1}-2h^2 z_i+h^2 z_{i-1}}{h^2}+q(x_i)h^2 z_i=-\frac{h^2 y^{(4)}(x_i)}{12} \tag{2-117}$$

再将式（2-113）减去式（2-117）可得$\frac{r_{i+1}-2r_i+r_{i-1}}{h^2}+q(x_i)r_i=O(h^4)$，其中$r_i=e_i-h^2 z_i$，且$r_0=r_m=0$. 利用本章第六节引理2.6.2，可得$\max|r_i|\leqslant Ch^4$，即$e_i-h^2 z_i=O(h^4)$，也就是$y(x_i)=y_i-h^2 z_i+O(h^4)$. 再由式（2-116），就有$y(x_i)=y_i-h^2 z(x_i)+O(h^4)$.

换言之，在每个离散节点$x_i$有 $y=y_h+Ch^2+O(h^4)$，其中，$C=-z(x_i)$有界（因为$z(x)$光滑），定理证毕.

由定理2.7.1，如果将差分格式（2-110）的步长缩小一半，就有

$$y=y_{h/2}+\frac{1}{4}Ch^2+O(h^4) \tag{2-118}$$

再由式（2-111）和式（2-118）可得$y=\frac{4}{3}y_{h/2}-\frac{1}{3}y_h+O(h^4)$. 可见通过$h$步长和$h/2$步长所得的两组数值解进行线性组合后处理，就可得到4阶精度的数值解：

$$\tilde{y}=\frac{4}{3}y_{h/2}-\frac{1}{3}y_h. \tag{2-119}$$

**例2.7.1** 对本章第六节例2.6.3中的二阶精度算例结果运用理查德森外推法.

**解**：为了更清楚地看到阶数变化，根据程序 Egch2_sec6_03.c，分别计算$h_1=\pi/16$、$h_2=h_1/2=\pi/32$、$h_3=h_2/2=\pi/64$的数值解，并显示到小数点后十位，列表如下（表2-14）.

**表2-14 例2.6.3中的二阶精度计算结果**

| $x_i$ | 步长$h_1$数值解$y_{1,i}$ | 步长$h_2$数值解$y_{2,i}$ | 步长$h_3$数值解$y_{3,i}$ |
|---|---|---|---|
| 0 | 0.0000000000 | 0.0000000000 | 0.0000000000 |
| π/8 | 0.3830961607 | 0.3827864580 | 0.3827091794 |
| π/4 | 0.7077460135 | 0.7072663720 | 0.7071067812 |
| 3π/8 | 0.9244085928 | 0.9240117352 | 0.9238795325 |
| π/2 | 1.0000000000 | 1.0000000000 | 1.0000000000 |

然后对$h_1$步长下的结果$y_{1,i}$及$h_2$步长下的结果$y_{2,i}$进行线性组合，得到新的数值解$v_{1i}=\frac{4}{3}y_{2,i}-\frac{1}{3}y_{1,i}$，再用$h_2$步长下的结果$y_{2,i}$及$h_3$步长下的结果$y_{3,i}$进行线性组合，得到新的数值解$v_{2i}=\frac{4}{3}y_{3,i}-\frac{1}{3}y_{2,i}$，最后把这些结果与精确解$y=\sin x$比较. 程序见Egch2_sec7_01.c. 计算结果列表如下（表2-15）：

**表2-15 理查德森外推法的计算结果**

| $x_i$ | 数值解$v_{1i}$ | 误差$\lvert v_{1i}-y(x_i)\rvert$ | 数值解$v_{2i}$ | 误差$\lvert v_{2i}-y(x_i)\rvert$ |
|---|---|---|---|---|
| 0 | 0.0000000000 | 0 | 0.0000000000 | 0 |
| π/8 | 0.3826832238 | 2.0860e–7 | 0.3826834199 | 1.2498e–8 |
| π/4 | 0.7071064915 | 2.8969e–7 | 0.7071067639 | 1.7320e–8 |
| 3π/8 | 0.9238794493 | 8.3178e–8 | 0.9238795279 | 4.6446e–9 |
| π/2 | 1.000000 | 0 | 1.000000 | 0 |

显然，经过后处理以后的新的数值解与精确值之间的误差更小，而且两组新的数值解之间也呈现了四阶的精度（即后一列误差约为前一列误差的 1/16 甚至优于这一结果）.

## 二、紧差分方法

仍以式（2-104）为例. 易见有

$$\frac{y(x_{i+1})-2y(x_i)+y(x_{i-1})}{h^2}-\frac{h^2y^{(4)}(x_i)}{12}+q(x_i)y(x_i)=f(x_i)+O(h^4)$$

引入新变量 $y''(x)=z(x)$ ，则 $y^{(4)}(x)=z''(x)$ 且

$$z(x)=f(x)-q(x)y(x) \tag{2-120}$$

于是，$\dfrac{y(x_{i+1})-2y(x_i)+y(x_{i-1})}{h^2}-\dfrac{h^2z''(x_i)}{12}+q(x_i)y(x_i)=f(x_i)+O(h^4)$.

类似可得

$$\frac{y(x_{i+1})-2y(x_i)+y(x_{i-1})}{h^2}-\frac{z(x_{i+1})-2z(x_i)+z(x_{i-1})}{12}+q(x_i)y(x_i)=f(x_i)+O(h^4),$$

再利用式（2-120）就有

$$\frac{y(x_{i+1})-2y(x_i)+y(x_{i-1})}{h^2}+\frac{q(x_{i+1})y(x_{i+1})-2q(x_i)y(x_i)+q(x_{i-1})y(x_{i-1})}{12}-$$
$$\frac{f(x_{i+1})-2f(x_i)+f(x_{i-1})}{12}+q(x_i)y(x_i)=f(x_i)+O(h^4)$$

忽略高阶小项、用数值解 $y_i$ 代替精确解 $y(x_i)$ 且简记 $q(x_i)=q_i, f(x_i)=f_i$ ，可得以下差分格式：

$$\begin{cases}\dfrac{y_{i+1}-2y_i+y_{i-1}}{h^2}+\dfrac{q_{i+1}y_{i+1}-2q_iy_i+q_{i-1}y_{i-1}}{12}-\dfrac{f_{i+1}-2f_i+f_{i-1}}{12}+q_iy_i=f_i\\ y_0=\alpha,\ y_m=\beta\end{cases}$$

易见此格式的局部截断误差为 $O(h^4)$. 上式可整理为

$$\begin{cases}\left(1+\dfrac{h^2}{12}q_{i-1}\right)y_{i-1}+\left(-2+\dfrac{5h^2}{6}q_i\right)y_i+\left(1+\dfrac{h^2}{12}q_{i+1}\right)y_{i+1}=\dfrac{h^2}{12}(f_{i-1}+10f_i+f_{i+1})\\ y_0=\alpha,\ y_m=\beta\end{cases}$$

写成矩阵形式为

$$A\begin{pmatrix}y_1\\y_2\\\vdots\\y_{m-2}\\y_{m-1}\end{pmatrix}=\begin{pmatrix}\dfrac{h^2}{12}(f_0+10f_1+f_2)-\left(1+\dfrac{h^2}{12}q(x_0)\right)\alpha\\ \dfrac{h^2}{12}(f_1+10f_2+f_3)\\ \vdots\\ \dfrac{h^2}{12}(f_{m-3}+10f_{m-2}+f_{m-1})\\ \dfrac{h^2}{12}(f_{m-2}+10f_{m-1}+f_m)-\left(1+\dfrac{h^2}{12}q(x_m)\right)\beta\end{pmatrix} \tag{2-121}$$

其中，

$$A=\begin{pmatrix} -2+\dfrac{5h^2}{6}q_1 & 1+\dfrac{h^2}{12}q_2 & & & \\ 1+\dfrac{h^2}{12}q_1 & -2+\dfrac{5h^2}{6}q_2 & 1+\dfrac{h^2}{12}q_3 & & \\ & \ddots & \ddots & \ddots & \\ & & 1+\dfrac{h^2}{12}q_{m-3} & -2+\dfrac{5h^2}{6}q_{m-2} & 1+\dfrac{h^2}{12}q_{m-1} \\ & & & 1+\dfrac{h^2}{12}q_{m-2} & -2+\dfrac{5h^2}{6}q_{m-1} \end{pmatrix} \tag{2-122}$$

本格式可用追赶法求解.

**例 2.7.2**　用紧差分方法式（2-121）及式（2-122）求解狄利克雷边值问题：

$$\begin{cases} y''(x)-(x-\dfrac{1}{2})^2 y(x)=-\left(x^2-x+\dfrac{5}{4}\right)\sin x, & 0<x<\dfrac{\pi}{2}, \\ y(0)=0, \quad y\left(\dfrac{\pi}{2}\right)=1. \end{cases}$$

分别取步长 $h_1=\dfrac{\pi}{16}$，$h_2=\dfrac{\pi}{32}$，计算出节点 $x=0,\dfrac{\pi}{8},\dfrac{\pi}{4},\dfrac{3\pi}{8},\dfrac{\pi}{2}$ 处的数值解，并给出与精确解 $y(x)=\sin x$ 的误差.

**解：** 程序见 Egch2_sec7_02.c，计算结果列表如下（表 2-16）.

**表 2-16　计算结果**

| $x_i$ | 步长 $h_1$ 数值解 $y_{1,i}$ | 误差 $\lvert y_{1,i}-y(x_i)\rvert$ | 步长 $h_2$ 数值解 $y_{2,i}$ | 误差 $\lvert y_{2,i}-y(x_i)\rvert$ |
|---|---|---|---|---|
| 0 | 0.000000 | 0 | 0.000000 | 0 |
| π/8 | 0.382684 | 7.9528e−7 | 0.382683 | 4.9645e−8 |
| π/4 | 0.707108 | 1.2320e−6 | 0.707107 | 7.6906e−8 |
| 3π/8 | 0.923881 | 1.0209e−6 | 0.923880 | 6.3726e−8 |
| π/2 | 1.000000 | 0 | 1.000000 | 0 |

从上表可见，步长减半后误差降为原来的 1/16，这说明此紧差分格式是四阶格式.

# 本章参考文献

[1] 何青，王丽芬. Maple 教程. 北京：科学出版社，2006.
[2] 张韵华，王新茂.　Mathematica 7 实用教程. 合肥：中国科技大学出版社，2011.
[3] C Henry Edwards，David E Penney. 常微分方程基础. 影印，英文版原书第 5 版. 北京：机械工业出版社，2006.
[4] R A Adams, Sobolev Spaces. New York: Academic Press, 1975.

# 本章要求及小结

1．掌握一阶常微分方程初值问题的几种常用方法，如欧拉法、改进的欧拉法、龙格-库塔方法，了解各种方法的优缺点，会进行数值格式局部截断误差的分析，知道局部截断误差对整体误差的影响，会判断数值格式的收敛阶. 理解线性多步法的构造思想，会分析多步法数值格式的局部截断误差.

2．掌握将高阶方程降阶为一阶方程组，会将解单个一阶方程的数值方法推广到解方程组的情形.

3．了解两点边值问题打靶法的基本思想，掌握用差分方法求解两点边值问题并分析收敛阶.

4．对两类高精度算法有一定的了解，知道其算法原理.

5．养成良好的编程习惯，用 $h$ 步长取得正确的数值结果后，再对网格加密一倍，即用 $h/2$ 步长再计算一次，观察数值结果的变化，从而初步判断数值方法的阶数.

# 习 题 二

1．用欧拉方法求解初值问题 $\begin{cases} y'=-\dfrac{0.9}{1+2x}y, & 0<x\leqslant 0.1, \\ y(0)=1, \end{cases}$ 取步长 $h=0.02$．请将计算结果列表与精确解 $y(x)=(1+2x)^{-0.45}$ 比较.（考虑一下，你自己能算出真解来吗？）

2．用梯形方法求解初值问题 $\begin{cases} y'=-\dfrac{0.9}{1+2x}y, & 0<x\leqslant 0.1, \\ y(0)=1, \end{cases}$ 取步长 $h=0.02$，要求迭代误差限为 $\varepsilon=10^{-6}$．请将计算结果列表与精确解 $y(x)=(1+2x)^{-0.45}$ 比较.

3．用改进的欧拉方法求解初值问题 $\begin{cases} y'=-\dfrac{0.9}{1+2x}y, & 0<x\leqslant 0.1, \\ y(0)=1, \end{cases}$ 取步长 $h=0.02$．请将计算结果列表与精确解 $y(x)=(1+2x)^{-0.45}$ 比较.

4．对方程 $y'=f(x,y)$ 建立单步数值格式 $y_{i+1}=y_i+\dfrac{h}{4}\left[f(x_i,y_i)+3f\left(x_i+\dfrac{2}{3}h, y_i+\dfrac{2}{3}hf(x_i,y_i)\right)\right]$，求此格式的局部截断误差，并判断这是一个几阶方法. 提示：用二元函数的泰勒公式.

5．用经典的四阶龙格-库塔方法解初值问题 $\begin{cases} y'=x^2-y, & 0<x\leqslant 1, \\ y(0)=1, \end{cases}$，步长为 0.25. 把计算结果（保留 8 位小数）列表与精确解 $y=x^2-2x+2-\mathrm{e}^{-x}$ 比较.

6．对方程 $y'=f(x,y)$ 建立两步数值格式 $y_{i+1}=y_{i-1}+2hf(x_i,y_i)$，求此格式的局部截断误差，并判断此方法的阶数.

7．对方程 $y'=f(x,y)$ 建立三步数值格式 $y_{i+1}=y_{i-1}+\dfrac{h}{3}(f_{i+1}+4f_i+f_{i-1})$，其中，$f_i=f(x_i,y_i)$．求此格式的局部截断误差，并判断此方法的阶数.

8．导出四阶阿当姆斯显式方法的数值格式（2-59），即设计数值格式 $y_{i+1}=y_i+h(af_i+bf_{i-1}+cf_{i-2}+df_{i-3})$，确定其中的常数 $a,b,c,d$ 使此格式为四阶格式，使 $\mathrm{LTE}=O(h^5)$.

9．用四阶阿当姆斯隐式方法式（2-60）求解初值问题 $\begin{cases} y'=-y+x+1, & 0<x\leqslant 1, \\ y(0)=1, \end{cases}$ 取步长为 0.2，初值由四阶龙格-库塔方法提供. 已知其精确解为 $y=x+\mathrm{e}^{-x}$. 提示：本题由于 $f(x,y)$ 的表达式简单，用隐式方法式（2-60）时可以通过变形使之成为显格式.

10. 用四阶阿当姆斯预估—校正格式（2-61）和式（2-62）求解初值问题 $\begin{cases} y'=\dfrac{1}{t^2}-\dfrac{y}{t}-y^2, & 1<t<2, \\ y(1)=-1 \end{cases}$，

取步长为 0.05，初值由四阶龙格—库塔方法提供. 已知其精确解为 $y=-\frac{1}{t}$，试将数值解与精确解列表比较.

11．将二阶方程初值问题 $\begin{cases} y''=2y'-2y+e^{2x}\sin x, & 0<x\leqslant 1, \\ y(0)=-0.4, \quad y'(0)=-0.6, \end{cases}$ 化为一阶方程组的情形.

12．用四阶龙格-库塔方法求解一阶方程组初值问题：

$$\begin{cases} y_1'=y_2, \quad 0<x\leqslant 1, \\ y_2'=2y_2-2y_1+e^{2x}\sin x, \quad 0<x\leqslant 1, \\ y_1(0)=-0.4, \ y_2(0)=-0.6. \end{cases}$$

取步长为 0.2. 已知其精确解为 $y_1=0.2e^{2x}(\sin x-2\cos x)$，$y_2=0.2e^{2x}(4\sin x-3\cos x)$，将数值解与精确解列表比较.

13．证明式（2-77）和式（2-78）.

14．用打靶法求解两点狄利克雷边值问题 $\begin{cases} y''(x)-4x\,y'(x)+(4x^2-2)y(x)=0, & 0<x<1 \\ y(0)=1, \quad y(1)=e, \end{cases}$，取步长为 0.1. 已知其精确解为 $y(x)=e^{x^2}$，将数值结果与精确结果列表比较.

15．用打靶法求解两点混合边值问题 $\begin{cases} y''(x)-4x\,y'(x)+(4x^2-2)y(x)=0, & 0<x<1 \\ y'(0)+y(0)=1, \quad y'(1)-2y(1)=0, \end{cases}$，取步长为 0.1. 已知其精确解为 $y(x)=e^{x^2}$，将数值结果与精确结果列表比较.

16．用差分法式（2-81）计算两点狄利克雷边值问题 $\begin{cases} y''(x)-y(x)=x, & 0<x<1, \\ y(0)=0, \quad y(1)=1. \end{cases}$ 已知其精确解为 $y(x)=\frac{2e}{e^2-1}(e^x-e^{-x})-x$. 分别取步长为 0.2 和 0.1，输出在节点 $x$=0.2, 0.4, 0.6, 0.8 处的数值结果并与精确结果列表比较.

17．用二阶差分法式（2-103）计算两点混合边值问题：

$$\begin{cases} y''(x)-y(x)=x, \quad 0<x<1, \\ y'(0)+y(0)=\frac{e^2-4e-1}{1-e^2}, \quad y'(1)-y(1)=\frac{4}{e^2-1}. \end{cases}$$

取步长为 0.1. 已知其精确解为 $y(x)=\frac{2e}{e^2-1}(e^x-e^{-x})-x$，将数值结果与精确结果列表比较.

18．将第 16 题中的数值结果进行理查德森外推（2-119），再将外推结果与精确结果列表比较.

19．用紧差分方法式（2-121）和式（2-122）计算两点狄利克雷边值问题：$\begin{cases} y''(x)-y(x)=x, \ 0<x<1, \\ y(0)=0, \ y(1)=1. \end{cases}$

取步长为 0.2.

已知其精确解为 $y(x)=\frac{2e}{e^2-1}(e^x-e^{-x})-x$，将数值结果与精确结果列表比较.

# 第三章　抛物型偏微分方程的有限差分法

热传导方程（或称热方程）是一类重要的抛物型偏微分方程，是抛物型方程中最简单的例子，它描述了一个区域内有热源且与周围介质有热交换的物体内部温度的分布及温度如何随时间变化. 我们首先用一维（指的是空间维数）非齐次热传导方程的定解问题研究抛物型方程的差分方法，之后将其推广到高维情形.

本章主要考察以下抛物型方程的初边值问题：

$$\begin{cases} \dfrac{\partial u(x,t)}{\partial t}-a\dfrac{\partial^2 u(x,t)}{\partial x^2}=f(x,t), \quad 0<x<1, \quad 0<t\leqslant T, \\ u(x,0)=\varphi(x), \quad 0\leqslant x\leqslant 1, \\ u(0,t)=\alpha(t), \quad u(1,t)=\beta(t), \quad 0<t\leqslant T. \end{cases} \tag{3-1}$$

其中，$a>0$ 为常数.

## 第一节　向前欧拉方法

### 一、向前欧拉格式

和以前用差分法解一维常微分方程问题一样，对于上述一维抛物型方程初边值问题的差分方法也需要由以下几步来实现.

第一步，对二维求解区域 $\Omega=\{(x,t)\,|\,0\leqslant x\leqslant 1, 0\leqslant t\leqslant T\}$ 作矩形网格剖分. 为简单起见，对空间域和时间域分别作等距离剖分. 具体地，将空间 $[0,1]$ 等分 $m$ 份，节点为 $x_i=0+ih$，且 $h=\dfrac{1}{m}$. 若空间域为 $[a,b]$，相应就有 $x_i=a+ih,\ 0\leqslant i\leqslant m$ 且 $h=(b-a)/m$. 再对时间 $[0,T]$ 等分 $n$ 份，节点为 $t_k=0+k\tau$，$0\leqslant k\leqslant n$ 且 $\tau=T/n$. 这样得到 $(m+1)(n+1)$ 个网格节点 $(x_i,t_k),\ 0\leqslant i\leqslant m,\ 0\leqslant k\leqslant n$. 网格剖分如图 3-1 所示.

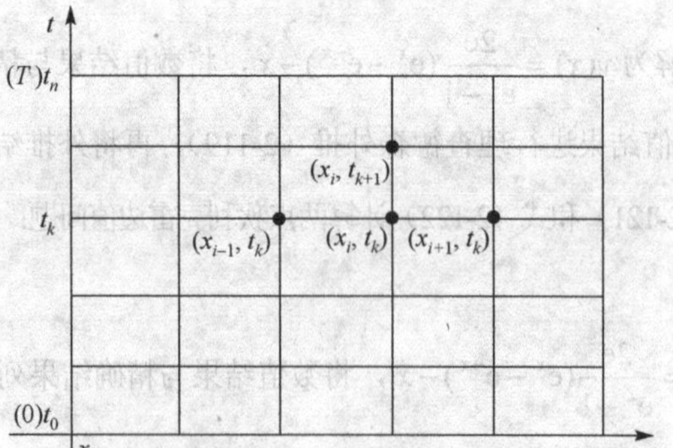


图 3-1　二维网格剖分图

第二步，在网格节点建立节点离散方程，本质上是将在 $\Omega$ 内处处成立的微分方程弱化为在节点上处处成立的离散方程，即

$$\begin{cases}\left.\dfrac{\partial u}{\partial t}\right|_{(x_i,t_k)}-a\left.\dfrac{\partial^2 u}{\partial x^2}\right|_{(x_i,t_k)}=f(x_i,t_k), \quad 1\leqslant i\leqslant m-1, \quad 0<k\leqslant n,\\ u(x_i,t_0)=\varphi(x_i), \quad 0\leqslant i\leqslant m,\\ u(x_0,t_k)=\alpha(t_k), \quad u(x_m,t_k)=\beta(t_k), \quad 0<k\leqslant n.\end{cases} \tag{3-2}$$

第三步，建立差分格式. 由式（1-26）得关于时间的一阶偏导数的向前差商形式：

$$\left.\frac{\partial u}{\partial t}\right|_{(x_i,t_k)}\approx\frac{u(x_i,t_{k+1})-u(x_i,t_k)}{\Delta t}=\frac{u(x_i,t_{k+1})-u(x_i,t_k)}{\tau} \tag{3-3}$$

上式误差为 $O(\tau)$. 类似地，还有关于空间的二阶偏导数的中心差商形式的式（1-31）：

$$\left.\frac{\partial^2 u}{\partial x^2}\right|_{(x_i,t_k)}\approx\frac{u(x_{i+1},t_k)-2u(x_i,t_k)+u(x_{i-1},t_k)}{\Delta x^2}=\frac{u(x_{i+1},t_k)-2u(x_i,t_k)+u(x_{i-1},t_k)}{h^2} \tag{3-4}$$

上式误差为 $O(h^2)$. 将式（3-3）和式（3-4）代入式（3-2）第一式，就有

$$\frac{u(x_i,t_{k+1})-u(x_i,t_k)}{\tau}-a\frac{u(x_{i+1},t_k)-2u(x_i,t_k)+u(x_{i-1},t_k)}{h^2}=f(x_i,t_k)+C(\tau+h^2) \tag{3-5}$$

其中，常数 $C=\max\limits_{(x,t)\in\Omega}\left\{\dfrac{\partial^2 u(x,t)}{\partial t^2},\dfrac{\partial^4 u(x,t)}{\partial x^4}\right\}$ 由泰勒公式的截断误差得到. 再用数值解 $u_i^k$ 近似代替精确解 $u(x_i,t_k)$ 并忽略高阶小项，即可得向前欧拉格式：

$$\begin{cases}\dfrac{u_i^{k+1}-u_i^k}{\tau}-a\cdot\dfrac{u_{i+1}^k-2u_i^k+u_{i-1}^k}{h^2}=f(x_i,t_k), \quad 1\leqslant i\leqslant m-1, \quad 0\leqslant k\leqslant n-1,\\ u_i^0=\varphi(x_i), \quad 0\leqslant i\leqslant m,\\ u_0^k=\alpha(t_k), \quad u_m^k=\beta(t_k), \quad 1\leqslant k\leqslant n.\end{cases} \tag{3-6}$$

易见此格式的局部截断误差为 $O(\tau+h^2)$. 经过整理可得向前欧拉格式为：

$$\begin{cases}u_i^{k+1}=ru_{i-1}^k+(1-2r)u_i^k+ru_{i+1}^k+\tau f(x_i,t_k), \quad 1\leqslant i\leqslant m-1,\ 0\leqslant k\leqslant n-1,\\ u_i^0=\varphi(x_i), \quad 0\leqslant i\leqslant m,\\ u_0^k=\alpha(t_k), \quad u_m^k=\beta(t_k), \quad 0<k\leqslant n.\end{cases} \tag{3-7}$$

其中，$r=\dfrac{a\tau}{h^2}$ 称为网比，表示的是与时间、空间步长相关的一个值.

第四步，差分格式的求解. 由式（3-7）知，第 $k+1$ 个时间层 $t=t_{k+1}$ 上的数值解 $u_i^{k+1}$（$1\leqslant i\leqslant m-1$）可由第 $k$ 层上的已知信息 $u_{i-1}^k$, $u_i^k$, $u_{i+1}^k$ 显式表示出来（见图 3-2），这是一个时间层进（time marching）格式. 也就是说，已知第 0 层上的初始信息 $u_i^0$，$0\leqslant i\leqslant m$，可以利用式（3-7）中第一式计算出第 1 层上的信息 $u_i^1$, $1\leqslant i\leqslant m-1$，再加上边界条件式（3-7）第三式中 $u_0^1$ 和 $u_m^1$ 已知，则第 1 层上所有 $u_i^1$ $(0\leqslant i\leqslant m)$ 的信息也就获得了. 同样，通过式（3-7）中第一式和第三式再计算出第 2 层上的信息，如此一层一层计算，可得到所有网格点信息，即所有网格点的数值解.

若将式（3-7）改写，则可以写成如下矩阵形式：

$$\begin{pmatrix} u_1^{k+1} \\ u_2^{k+1} \\ \vdots \\ u_{m-2}^{k+1} \\ u_{m-1}^{k+1} \end{pmatrix} = \begin{pmatrix} 1-2r & r & & & & \\ r & 1-2r & r & & 0 & \\ & & \ddots & & & \\ & & & \ddots & & \\ & 0 & & r & 1-2r & r \\ & & & & r & 1-2r \end{pmatrix} \begin{pmatrix} u_1^{k} \\ u_2^{k} \\ \vdots \\ u_{m-2}^{k} \\ u_{m-1}^{k} \end{pmatrix} + \begin{pmatrix} \tau f(x_1,t_k)+r\alpha(t_k) \\ \tau f(x_2,t_k) \\ \vdots \\ \vdots \\ \tau f(x_{m-2},t_k) \\ \tau f(x_{m-1},t_k)+r\beta(t_k) \end{pmatrix} \quad (3\text{-}8)$$

此矩阵形式只是形式上看着简洁，对实际计算没有什么作用. 也就是说，在实际计算中不涉及矩阵运算或者线性方程组的求解运算，因为这是一个显格式，可以直接计算. 但写成矩阵形式是为了后文进行稳定性分析.

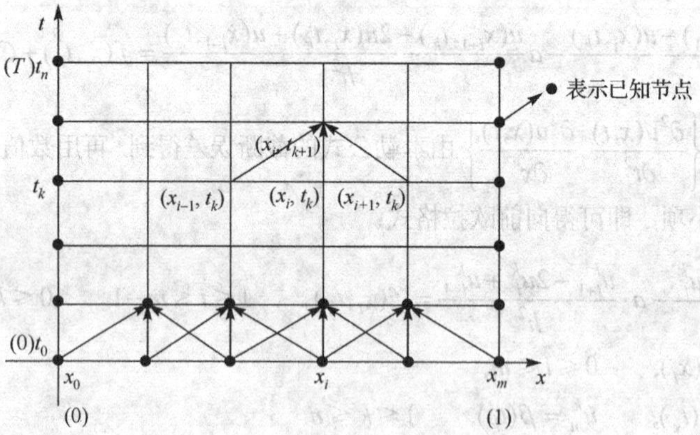


图 3-2　向前欧拉格式的时间层进图

## 二、向前欧拉格式解的存在唯一性、稳定性和收敛性分析

由于差分格式（3-7）是显格式，则对于任意网比 $r$，均是唯一可解的.

接下来考察差分格式（3-7）的稳定性. 一个数值格式的稳定性指的是当初始条件有微小误差时，如果用这个数值格式计算出的数值解与用准确的初始条件算出的数值解误差不大，则称此格式稳定. 如果初始小误差会引起解的较大误差，则此格式不稳定. 所以，数值格式的稳定性是考察一个算法是否有效的重要评价标准之一. 这里，我们先只考察齐次方程、零边界条件的情形，即相当于式（3-1）中 $f(x,t)\equiv 0$，$\alpha(t)=\beta(t)\equiv 0$ 的情形，则其向前欧拉格式为

$$\begin{pmatrix} u_1^{k+1} \\ u_2^{k+1} \\ \vdots \\ u_{m-2}^{k+1} \\ u_{m-1}^{k+1} \end{pmatrix} = \begin{pmatrix} 1-2r & r & & & & \\ r & 1-2r & r & & 0 & \\ & & \ddots & & & \\ & & & \ddots & & \\ & 0 & & r & 1-2r & r \\ & & & & r & 1-2r \end{pmatrix} \begin{pmatrix} u_1^{k} \\ u_2^{k} \\ \vdots \\ u_{m-2}^{k} \\ u_{m-1}^{k} \end{pmatrix} = A \begin{pmatrix} u_1^{k} \\ u_2^{k} \\ \vdots \\ u_{m-2}^{k} \\ u_{m-1}^{k} \end{pmatrix} \quad (3\text{-}9)$$

其中，

$$A=\begin{pmatrix}1-2r & r & & & & \\ r & 1-2r & r & & 0 & \\ & & \ddots & & & \\ & & & \ddots & & \\ & 0 & & r & 1-2r & r \\ & & & & r & 1-2r\end{pmatrix} \tag{3-10}$$

式（3-9）可以简写成$\boldsymbol{u}^{k+1}=A\boldsymbol{u}^k$，其中$\boldsymbol{u}^k=(u_1^k,\cdots,u_{m-1}^k)^{\mathrm{T}}$，由递推可知$\boldsymbol{u}^k=A^k\boldsymbol{u}^0$，如果在初始时刻$\boldsymbol{u}^0$有误差$\boldsymbol{e}^0=\boldsymbol{u}^0-\boldsymbol{u}^{*0}$，即如果用初值$\boldsymbol{u}^{*0}=(u_1^{*0},\cdots,u_{m-1}^{*0})^{\mathrm{T}}$进行数值计算，那么在第$k$层上就有数值解$\boldsymbol{u}^{*k}=A^k\boldsymbol{u}^{*0}$，这样误差传播的规律为$\boldsymbol{e}^k=\boldsymbol{u}^k-\boldsymbol{u}^{*k}=A^k(\boldsymbol{u}^0-\boldsymbol{u}^{*0})=A^k\boldsymbol{e}^0$，即到第$k$个时间层，误差传播为原来的$A^k$倍. 为了对误差进行度量，需要引入向量和矩阵的欧氏范数，$N$维空间中向量$\boldsymbol{x}=(x_1,x_2,\cdots,x_N)^{\mathrm{T}}$的范数定义为$\|\boldsymbol{x}\|:=\sqrt{\sum_{i=1}^{N}x_i^2}$，$N$阶方阵$A$的范数定义为：$\|A\|:=\max_{\boldsymbol{x}\neq\boldsymbol{0}}\frac{\|A\boldsymbol{x}\|}{\|\boldsymbol{x}\|}$. 于是，差分格式稳定用范数来刻画就是指存在不依赖于空间步长$h$的正数$M,\tau_0$，使得当时间步长$0<\tau\leqslant\tau_0$且$k\tau\leqslant T$时，有$\|\boldsymbol{e}^k\|\leqslant M\|\boldsymbol{e}^0\|$，其中$k$为非负整数，表示时间层. 由于$\boldsymbol{e}^k=A^k\boldsymbol{e}^0$，从而稳定性又可以通过矩阵$A$的范数来刻画，就有下面的定理.

**定理 3.1.1** 差分格式$\boldsymbol{u}^{k+1}=A\boldsymbol{u}^k$稳定的充要条件是存在不依赖于空间步长$h$的正数$M,\tau_0$，使得当时间步长$0<\tau\leqslant\tau_0$且$k\tau\leqslant T$时，有$\|A^k\|\leqslant M$，其中，$k$为非负整数.

**证明**：一方面，由定义，若差分格式$\boldsymbol{u}^{k+1}=A\boldsymbol{u}^k$稳定，则存在不依赖于空间步长$h$的正数$M,\tau_0$，使得当时间步长$0<\tau\leqslant\tau_0$且$k\tau\leqslant T$时，有$\|\boldsymbol{e}^k\|\leqslant M\|\boldsymbol{e}^0\|$，从而$\|A^k\boldsymbol{e}^0\|\leqslant M\|\boldsymbol{e}^0\|$，故$\|A^k\|=\max_{\boldsymbol{e}^0\neq\boldsymbol{0}}\frac{\|A^k\boldsymbol{e}^0\|}{\|\boldsymbol{e}^0\|}\leqslant M$；另一方面，若有$\|A^k\|\leqslant M$，则$\|\boldsymbol{e}^k\|=\|A^k\boldsymbol{e}^0\|\leqslant M\|\boldsymbol{e}^0\|$，从而原格式稳定. 证毕.

定理 3.1.1 虽然提供了一个判断差分格式是否稳定的充要条件，但在实际应用中，由于范数$\|A^k\|$不易计算，所以这个定理不太实用. 为此，希望能给出直观、可直接计算的量来刻画稳定性，下面的稳定性必要条件就是用矩阵的谱半径来具体描述的.

**定理 3.1.2** 差分格式$\boldsymbol{u}^{k+1}=A\boldsymbol{u}^k$稳定的必要条件是存在常数$C>0$，使得

$$\rho(A)\leqslant 1+C\tau. \tag{3-11}$$

其中，$\rho(A)$表示矩阵$A$的特征值的最大模（特征值为实数时表示的是绝对值），也称为矩阵$A$的谱半径.

**证明**：若差分格式稳定，由定理 3.1.1 知存在正数$M>0$，使得$\|A^k\|\leqslant M$，就有$(\rho(A))^k=\rho(A^k)\leqslant\|A^k\|\leqslant M$，从而$\rho(A)\leqslant M^{\frac{1}{k}}$，其中$k\tau\leqslant T$. 这里我们用到了矩阵的谱半径不超过任何一种范数[1]的性质. 若$M\leqslant 1$，则$\rho(A)\leqslant 1$，从而式（3-11）成立；若$M>1$，则特别地对于最后一个时间层$n$（$n\tau=T$），就有$\rho(A)\leqslant M^{\frac{1}{n}}$，故$\rho(A)\leqslant M^{\frac{\tau}{T}}\leqslant M$，且因为有$x\leqslant 1+x\ln x(x\geqslant 1)$恒成立，从而$\rho(A)\leqslant M^{\frac{\tau}{T}}\leqslant 1+M^{\frac{\tau}{T}}\cdot\frac{\tau}{T}\ln M\leqslant 1+\frac{M\ln M}{T}\tau$，即式（3-11）成立. 证毕.

遗憾的是，定理 3.1.2 只提供了一个判定稳定性的必要条件. 但当差分格式$\boldsymbol{u}^{k+1}=A\boldsymbol{u}^k$中的矩阵$A$

为正规矩阵，即

$$A^*A = AA^*, \tag{3-12}$$

时，其中，$A^*$ 为 $A$ 的共轭转置矩阵，由于具有良好的性质 $\|A^k\| = \rho(A^k)$ [1]，就可以通过矩阵的特征值来考察差分格式的稳定性了. 事实上，有以下定理：

**定理 3.1.3** 当矩阵 $A$ 为正规矩阵时，差分格式 $\boldsymbol{u}^{k+1} = A\boldsymbol{u}^k$ 稳定的充要条件是存在常数 $C>0$，使得 $\rho(A) \leqslant 1 + C\tau$.

**证明**：由定理 3.1.2，只要证充分性即可. 由于 $A$ 为正规矩阵，从而有 $\|A^k\| = \rho(A^k)$. 现设 $\rho(A) \leqslant 1 + C\tau$ 成立，则

$$\|A^k\| = \rho(A^k) = \left(\rho(A)\right)^k \leqslant (1+C\tau)^k \leqslant (1+C\tau)^{\frac{T}{\tau}} = (1+C\tau)^{\frac{CT}{C\tau}} \leqslant \mathrm{e}^{CT} := M$$

再由定理 3.1.1 可知差分格式 $\boldsymbol{u}^{k+1} = A\boldsymbol{u}^k$ 稳定，证毕.

**推论 3.1.1** 若 $A$ 为对称矩阵，差分格式 $\boldsymbol{u}^{k+1} = A\boldsymbol{u}^k$ 稳定的充要条件是存在常数 $C>0$，使得 $\rho(A) \leqslant 1 + C\tau$.

**推论 3.1.2** 若矩阵 $A$ 相似于一个对称矩阵 $\tilde{A}$ 时，即存在矩阵 $S$，使 $S^{-1}AS = \tilde{A}$，且 $\|S\|$, $\|S^{-1}\|$ 一致有界，则差分格式 $\boldsymbol{u}^{k+1} = A\boldsymbol{u}^k$ 稳定的充要条件是存在常数 $C>0$，使得 $\rho(A) \leqslant 1 + C\tau$.

**证明**：也只需证充分性.

$$\begin{aligned}\|A^k\| &= \|(S\tilde{A}S^{-1})^k\| = \|S\tilde{A}^kS^{-1}\| \leqslant \|S\|\|\tilde{A}^k\|\|S^{-1}\| \leqslant C_1C_2\|\tilde{A}^k\| = C_1C_2\rho(\tilde{A}^k) \\ &= C_1C_2\left(\rho(\tilde{A})\right)^k = C_1C_2\left(\rho(A)\right)^k \leqslant C_1C_2(1+C\tau)^k \leqslant C_1C_2(1+C\tau)^{\frac{T}{\tau}} \leqslant C_1C_2\mathrm{e}^{CT} := M\end{aligned}$$

上式用到了相似矩阵的特征值相同这个结论. 再由定理 3.1.1 知差分格式 $\boldsymbol{u}^{k+1} = A\boldsymbol{u}^k$ 稳定，证毕.

为了具体计算矩阵的特征值，经常要用到以下定理.

**定理 3.1.4**[2] 对于 $N$ 阶的三对角矩阵 $\begin{pmatrix} b & c & & & & \\ a & b & c & & & \\ & a & b & c & & \\ & & & \ddots & & \\ & & & a & b & c \\ & & & & a & b \end{pmatrix}_{N\times N}$，它的 $N$ 个特征值为

$$\lambda_i = b + 2c\sqrt{\frac{a}{c}}\cos\frac{i\pi}{N+1}, \qquad 1 \leqslant i \leqslant N \tag{3-13}$$

由定理 3.1.4 知，向前欧拉格式中的 $m-1$ 阶矩阵 $A$ 式（3-10）的特征值为

$$\lambda_{A,i} = 1 - 2r + 2r\sqrt{1}\cos\frac{i\pi}{m} = 1 - 2r\cdot 2\sin^2\frac{i\pi}{2m} = 1 - 4r\sin^2\frac{i\pi}{2m} (1 \leqslant i \leqslant m-1), \tag{3-14}$$

显然，式（3-11）$\Leftrightarrow \leqslant \left|1 - 4r\sin^2\frac{i\pi}{2m}\right| \leqslant 1 + C\tau \Leftrightarrow 4r\sin^2\frac{i\pi}{2m} \leqslant 2 + C\tau$, $1 \leqslant i \leqslant m-1$，由 $\tau$ 的任意性（$\tau$ 可以取得很小）及推论 3.1.1 知，稳定性 $\Leftrightarrow r \leqslant \frac{1}{2}$. 也就是当

$$r = \frac{a\tau}{h^2} \leqslant \frac{1}{2} \tag{3-15}$$

时算法是稳定的. 称式（3-15）为向前欧拉格式式（3-7）的稳定性条件.

对于非齐次方程、非零边界条件的情形，从计算的角度来说，向前欧拉差分格式式（3-7）现在变成

$$\boldsymbol{u}^{k+1}=A\boldsymbol{u}^k+\boldsymbol{b}^k \tag{3-16}$$

其中，向量$\boldsymbol{b}^k$依赖于方程的右端项和边界条件. 对式（3-16）递推可以得到

$$\boldsymbol{u}^k=A^k\boldsymbol{u}^0+(A^{k-1}\boldsymbol{b}^0+A^{k-2}\boldsymbol{b}^1+\cdots+A\boldsymbol{b}^{k-2}+\boldsymbol{b}^{k-1}) \tag{3-17}$$

如果在初始时刻$\boldsymbol{u}^0$有误差$\boldsymbol{e}^0=\boldsymbol{u}^0-\boldsymbol{u}^{*0}$，即用$\boldsymbol{u}^{*0}$作为初值进行数值计算，那么在第$k$层上就有数值解

$$\boldsymbol{u}^{*k}=A^k\boldsymbol{u}^{*0}+(A^{k-1}\boldsymbol{b}^0+A^{k-2}\boldsymbol{b}^1+\cdots+A\boldsymbol{b}^{k-2}+\boldsymbol{b}^{k-1}) \tag{3-18}$$

将上面的两式相减知，误差传播的规律仍然为$\boldsymbol{e}^k=\boldsymbol{u}^k-\boldsymbol{u}^{*k}=A^k(\boldsymbol{u}^0-\boldsymbol{u}^{*0})=A^k\boldsymbol{e}^0$，与齐次方程、零边界条件时的情形一样. 所以今后我们都只对齐次方程、零边界的情况进行稳定性分析即可.

最后讨论收敛性. 先介绍一个引理.

**引理 3.1.1** 设$v_i^k, 0\leqslant i\leqslant m, 0\leqslant k\leqslant n$是相应于二维区域$\Omega$的等距网格剖分上的网格函数，且满足以下差分方程：

$$\begin{cases}\dfrac{v_i^{k+1}-v_i^k}{\tau}-a\dfrac{v_{i+1}^k-2v_i^k+v_{i-1}^k}{h^2}=g(x_i,t_k),\ 1\leqslant i\leqslant m-1,\ \ 0\leqslant k\leqslant n-1,\\ v_i^0=0,\ \ 0\leqslant i\leqslant m;\ \ \ v_0^k=v_m^k=0,\ \ 1\leqslant k\leqslant n.\end{cases} \tag{3-19}$$

其中，函数$g$在网格节点$(x_i,t_k),\ 1\leqslant i\leqslant m-1,\ \ 0\leqslant k\leqslant n-1$有意义，则当稳定性条件式（3-15）成立时，就有

$$\|v^k\|_\infty:=\max_{0\leqslant i\leqslant m}|v_i^k|\leqslant\tau\sum_{j=0}^{k-1}\max_{1\leqslant i\leqslant m-1}|g(x_i,t_j)|,\quad 1\leqslant k\leqslant n. \tag{3-20}$$

**证明**：由式（3-19）第一式知：

$$v_i^{k+1}=rv_{i-1}^k+(1-2r)v_i^k+rv_{i+1}^k+\tau g(x_i,t_k),\quad 1\leqslant i\leqslant m,\ 0\leqslant k\leqslant n-1$$

利用式（3-15）就有

$$\begin{aligned}|v_i^{k+1}|&\leqslant r|v_{i-1}^k|+(1-2r)|v_i^k|+r|v_{i+1}^k|+\tau|g(x_i,t_k)|\\&\leqslant r\|v^k\|_\infty+(1-2r)\|v^k\|_\infty+r\|v^k\|_\infty+\tau\max_{1\leqslant i\leqslant m-1}|g(x_i,t_k)|\\&\leqslant\|v^k\|_\infty+\tau\max_{1\leqslant i\leqslant m-1}|g(x_i,t_k)|,\quad 1\leqslant i\leqslant m-1,\ \ 0\leqslant k\leqslant n-1\end{aligned}$$

再由式（3-19）第二式，显然上式对$i=0$和$i=m$也都成立. 于是，

$$\|v^{k+1}\|_\infty\leqslant\|v^k\|_\infty+\tau\max_{1\leqslant i\leqslant m-1}|g(x_i,t_k)|,\quad 0\leqslant k\leqslant n-1$$

对上式递推可得
$$\|v^{k+1}\|_\infty\leqslant\|v^0\|_\infty+\tau\sum_{j=0}^{k}\max_{1\leqslant i\leqslant m-1}|g(x_i,t_j)|,\quad 0\leqslant k\leqslant n-1$$

也就是
$$\|v^k\|_\infty\leqslant\|v^0\|_\infty+\tau\sum_{j=0}^{k-1}\max_{1\leqslant i\leqslant m-1}|g(x_i,t_j)|,\quad 1\leqslant k\leqslant n$$

由于$\|v^0\|_\infty=0$，引理得证.

**定理 3.1.5** 对于抛物型方程初边值问题式（3-1），若$u(x,t)$在$\Omega$上满足$\max\limits_{(x,t)\in\Omega}\left\{\dfrac{\partial^2u(x,t)}{\partial t^2},\dfrac{\partial^4u(x,t)}{\partial x^4}\right\}$

有界，则向前欧拉格式的式（3-7）在稳定性条件式（3-15）成立的前提下是收敛的，且

$$\max_{0\leqslant i\leqslant m}|e_i^k|=O(\tau+h^2),\quad 1\leqslant k\leqslant n \tag{3-21}$$

其中 $e_i^k=u_i^k-u(x_i,t_k)$.

**证明**：将式（3-6）第一式减去式（3-5）可得

$$\frac{e_i^{k+1}-e_i^k}{\tau}-a\frac{e_{i+1}^k-2e_i^k+e_{i-1}^k}{h^2}=C(\tau+h^2),\quad 1\leqslant i\leqslant m-1,\quad 0\leqslant k\leqslant n-1 \tag{3-22}$$

再由式（3-6）及式（3-2）对应的第二式、第三式得

$$e_i^0=0,\quad 0\leqslant i\leqslant m;\quad e_0^k=e_m^k=0,\quad 1\leqslant k\leqslant n.$$

以上说明网格函数 $e_i^k$ 满足差分方程（3-19），再加上稳定性条件，由引理 3.1.1 就有

$$\|e^k\|_\infty\leqslant\tau\sum_{j=0}^{k-1}\max_{1\leqslant i\leqslant m-1}|C(\tau+h^2)|\leqslant\tau k\cdot C(\tau+h^2)$$

$$=CT(\tau+h^2)=C_1(\tau+h^2)$$

从而当 $\tau,h\to0$ 时，$e^k\to0$，即向前欧拉格式的式（3-7）收敛，定理证毕.

从定理 3.1.5 的证明可以看出，在稳定性条件和相容性要求（相容性本质上考察的是差分方程能否代表原微分方程，即当时间、空间步长趋于零时，局部截断误差趋于零）下就有收敛的结论. 事实上，关于差分格式的相容性、稳定性和收敛性，有下面著名的 Lax 等价定理.

**定理 3.1.6**[3] 给定一个适定的（解存在唯一且连续地依赖于初边值条件）线性定解问题，若给出的差分格式是相容的，则差分格式的稳定性等价于收敛性.

Lax 等价定理说明要保持数值格式收敛，只需保证稳定性和相容性，相容性就是通过局部截断误差来考察的. 而在前面建立差分格式的时候已经知道局部截断误差为 $O(\tau+h^2)$，显然当 $\tau,h\to0$ 时相容，所以要使得向前欧拉格式收敛，只要其满足稳定性条件 $r=\dfrac{a\tau}{h^2}\leqslant\dfrac{1}{2}$ 即可. 综上，在满足 $r\leqslant\dfrac{1}{2}$ 的前提下，可以保证当 $h,\ \tau\to0$ 时，数值解收敛到精确解.

## 三、数值算例

**例 3.1.1** 用向前欧拉格式计算抛物型方程初边值问题：

$$\begin{cases}\dfrac{\partial u}{\partial t}-\dfrac{\partial^2u}{\partial x^2}=x\mathrm{e}^t-6x,\quad 0<x<1,\quad 0<t\leqslant1,\\ u(x,0)=x^3+x,\quad 0\leqslant x\leqslant1,\\ u(0,t)=0,\quad u(1,t)=1+\mathrm{e}^t,\quad 0<t\leqslant1.\end{cases}$$

已知其精确解为 $u(x,t)=x(x^2+\mathrm{e}^t)$. 分别取 $h_1=\dfrac{1}{5},\quad\tau_1=\dfrac{1}{100}$，$h_2=\dfrac{1}{5},\quad\tau_2=\dfrac{1}{200}$，$h_3=\dfrac{1}{10},\quad\tau_3=\dfrac{1}{200}$ 和 $h_4=\dfrac{1}{10},\quad\tau_4=\dfrac{1}{100}$. 分别列表输出节点 $(0.4,0.2i),i=1,2,\cdots,5$ 处的数值结果、精确结果并给出误差.

**解**：在 4 种不同步长选择条件下分别有网比 $r_1=\dfrac{1}{4},\ r_2=\dfrac{1}{8},\ r_3=\dfrac{1}{2},\ r_4=1$. 程序见 Egch3_sec1_01.c，计算结果列表如下（表 3-1～表 3-4）.

表 3-1 $h_1=\dfrac{1}{5},\quad \tau_1=\dfrac{1}{100},\quad r_1=\dfrac{1}{4}$

| 节点 $(0.4,0.2i)$ | 向前欧拉方法 $u_i^k$ | 精确解 $u(x_i,t_k)$ | 误差 $\left\|u_i^k-u(x_i,t_k)\right\|$ |
|---|---|---|---|
| (0.4, 0.2) | 0.552290 | 0.552561 | 2.7087e–4 |
| (0.4, 0.4) | 0.660358 | 0.660730 | 3.7148e–4 |
| (0.4, 0.6) | 0.792388 | 0.792848 | 4.5918e–4 |
| (0.4, 0.8) | 0.953655 | 0.954216 | 5.6158e–4 |
| (0.4, 1.0) | 1.150627 | 1.151313 | 6.8601e–4 |

表 3-2 $h_2=\dfrac{1}{5},\quad \tau_2=\dfrac{1}{200},\quad r_2=\dfrac{1}{8}$

| 节点 $(0.4,0.2i)$ | 向前欧拉方法 $u_i^k$ | 精确解 $u(x_i,t_k)$ | 误差 $\left\|u_i^k-u(x_i,t_k)\right\|$ |
|---|---|---|---|
| (0.4, 0.2) | 0.552427 | 0.552561 | 1.3428e–4 |
| (0.4, 0.4) | 0.660545 | 0.660730 | 1.8521e–4 |
| (0.4, 0.6) | 0.792618 | 0.792848 | 2.2921e–4 |
| (0.4, 0.8) | 0.953936 | 0.954216 | 2.8038e–4 |
| (0.4, 1.0) | 1.150970 | 1.151313 | 3.4252e–4 |

表 3-3 $h_3=\dfrac{1}{10},\quad \tau_3=\dfrac{1}{200},\quad r_3=\dfrac{1}{2}$

| 节点 $(0.4,0.2i)$ | 向前欧拉方法 $u_i^k$ | 精确解 $u(x_i,t_k)$ | 误差 $\left\|u_i^k-u(x_i,t_k)\right\|$ |
|---|---|---|---|
| (0.4, 0.2) | 0.552426 | 0.552561 | 1.3555e–4 |
| (0.4, 0.4) | 0.660544 | 0.660730 | 1.8589e–4 |
| (0.4, 0.6) | 0.792618 | 0.792848 | 2.2978e–4 |
| (0.4, 0.8) | 0.953935 | 0.954216 | 2.8102e–4 |
| (0.4, 1.0) | 1.150969 | 1.151313 | 3.4329e–4 |

表 3-4 $h_4=\dfrac{1}{10},\quad \tau_4=\dfrac{1}{100},\quad r_4=1$

| 节点 $(0.4,0.2i)$ | 向前欧拉方法 $u_i^k$ | 精确解 $u(x_i,t_k)$ | 误差 $\left\|u_i^k-u(x_i,t_k)\right\|$ |
|---|---|---|---|
| (0.4, 0.2) | –283.280312 | 0.552561 | 2.8383e+2 |
| (0.4, 0.4) | × | 0.660730 | × |
| (0.4, 0.6) | × | 0.792848 | × |
| (0.4, 0.8) | × | 0.954216 | × |
| (0.4, 1.0) | × | 1.151313 | × |

“×”表示数值异常，无效.

从上面的表中可以看到，前三种步长的数值解都收敛到精确解，最后一种步长由于其网比不满足稳定性条件，从而误差会以指数增长，导致最后结果失效. 此外，再进一步比较表 3-1 和表 3-2，在空间步长不变的情况下，时间步长如果缩小一半，最后的误差结果减半. 再看表 3-2 和表 3-3，在时间步长不变的情况下，空间步长如果缩小一半，最后的误差结果似乎没有太大的变化. 最后看表 3-1 和表 3-3，时间步长和空间步长都缩小一半，最后的误差结果也只减了一半. 这些结果如何从理论上来说明呢？

事实上，由定理 3.1.5 的证明过程可知，严格地讲应该有 $\|e^k\|_\infty \leqslant C_1\tau + C_2h^2$，其中 $C_1=\max\limits_{(x,t)\in\Omega}\left|\dfrac{\partial^2 u(x,t)}{\partial t^2}\right|$，$C_2=\max\limits_{(x,t)\in\Omega}\left|\dfrac{\partial^4 u(x,t)}{\partial x^4}\right|$，也就是数值解与精确解的误差限为 $C_1\tau + C_2h^2$. 引起表 3-1

至表 3-3 这种数值结果的只有一个可能，就是由 $C_1\tau$ 和 $C_2h^2$ 构成的误差限中，起主要作用的（也就是主项）是 $C_1\tau$！换言之，$C_1\tau$ 和 $C_2h^2$ 相比较，前者的数量级更高，从而后者可以忽略！这样才完美地解释了：$h$ 不变，$\tau$ 减半，则误差结果减半；$\tau$ 不变，$h$ 减半，则误差结果无明显变化；$h$ 和 $\tau$ 同时减半，则误差结果也仅减半而已！具体到本例，可以直接计算出 $C_1=\mathrm{e}$，$C_2=0$！也就是说，本例中设计数值格式的时候，关于二阶偏导的差分其实是精确的，引起误差的主要是一阶偏导的近似.

为了让大家进一步学会对数值结果的解读，我们再看一例.

**例 3.1.2** 用向前欧拉格式计算抛物型方程初边值问题：

$$\begin{cases}\dfrac{\partial u}{\partial t}-\dfrac{\partial^2 u}{\partial x^2}=x^2(x^2-12)\mathrm{e}^t, & 0<x<1, \quad 0<t\leqslant 1,\\ u(x,0)=x^4, & 0\leqslant x\leqslant 1,\\ u(0,t)=0, \quad u(1,t)=\mathrm{e}^t, & 0<t\leqslant 1.\end{cases}$$

已知其精确解为 $u(x,t)=x^4\mathrm{e}^t$．分别取 $h_1=\dfrac{1}{5}$，$\tau_1=\dfrac{1}{100}$，$h_2=\dfrac{1}{5}$，$\tau_2=\dfrac{1}{200}$，$h_3=\dfrac{1}{10}$，$\tau_3=\dfrac{1}{200}$ 和 $h_4=\dfrac{1}{10}$，$\tau_4=\dfrac{1}{100}$. 分别列表输出节点 $(0.4,0.2i)$ $(i=1,2,\cdots,5)$ 处的数值结果、精确结果并给出误差.

**解**：在 4 种不同步长选择条件下分别有网比 $r_1=\dfrac{1}{4}$，$r_2=\dfrac{1}{8}$，$r_3=\dfrac{1}{2}$，$r_4=1$. 在实际进行程序设计输出结果之前，根据上例的经验，大家可以先从理论上倒过来分析一下，$h$ 不变，$\tau$ 减半时误差结果会怎样；$\tau$ 不变，$h$ 减半，误差结果会怎样；$h$ 和 $\tau$ 同时减半，误差结果又会怎样？此外，网比是 1 的情况下结果会如何？请先把预测的结果写下来，然后再与程序输出的结果进行比较，看看自己的理论分析到底对不对.

事实上，在本例中可以直接计算出

$$C_1=\max_{(x,t)\in\Omega}\left|\frac{\partial^2 u(x,t)}{\partial t^2}\right|=\mathrm{e},\quad C_2=\max_{(x,t)\in\Omega}\left|\frac{\partial^4 u(x,t)}{\partial x^4}\right|=24\,.$$

为了方便，误差限可以取成 $3\tau+24h^2$. 在前三种网格步长下，由于都满足稳定性条件，即 $\tau\leqslant\dfrac{1}{2}h^2$，从而主项是 $24h^2$. 这样一来，可以预测：$h$ 不变，$\tau$ 减半时误差结果无明显变化；$\tau$ 不变，$h$ 减半，误差结果减为原来的 1/4；$h$ 和 $\tau$ 同时减半，误差结果也减为原来的 1/4. 至于第 4 种网格步长，由于不满足稳定性条件，误差会以指数增长，结果不收敛，数值结果无效. 在上述分析的基础上，编写程序输出结果. 程序见 Egch3_sec1_02.c，计算结果列表如下（表 3-5～表 3-8）.

表 3-5 $h_1=\dfrac{1}{5}$，$\tau_1=\dfrac{1}{100}$，$r_1=\dfrac{1}{4}$

| 节点 $(0.4,0.2i)$ | 向前欧拉方法 $u_i^k$ | 精确解 $u(x_i,t_k)$ | 误差 $\left\lvert u_i^k-u(x_i,t_k)\right\rvert$ |
|---|---|---|---|
| (0.4, 0.2) | 0.040609 | 0.031268 | 9.3407e–3 |
| (0.4, 0.4) | 0.050885 | 0.038191 | 1.2695e–2 |
| (0.4, 0.6) | 0.062324 | 0.046646 | 1.5678e–2 |
| (0.4, 0.8) | 0.076146 | 0.056974 | 1.9172e–2 |
| (0.4, 1.0) | 0.093008 | 0.069588 | 2.3420e–2 |

表 3-6　$h_2=\frac{1}{5}$,　$\tau_2=\frac{1}{200}$,　$r_2=\frac{1}{8}$

| 节点 $(0.4,0.2i)$ | 向前欧拉方法 $u_i^k$ | 精确解 $u(x_i,t_k)$ | 误差 $\left\|u_i^k-u(x_i,t_k)\right\|$ |
|---|---|---|---|
| (0.4, 0.2) | 0.040577 | 0.031268 | 9.3094e−3 |
| (0.4, 0.4) | 0.050911 | 0.038191 | 1.2720e−2 |
| (0.4, 0.6) | 0.062373 | 0.046646 | 1.5727e−2 |
| (0.4, 0.8) | 0.076209 | 0.056974 | 1.9236e−2 |
| (0.4, 1.0) | 0.093086 | 0.069588 | 2.3498e−2 |

表 3-7　$h_3=\frac{1}{10}$,　$\tau_3=\frac{1}{200}$,　$r_3=\frac{1}{2}$

| 节点 $(0.4,0.2i)$ | 向前欧拉方法 $u_i^k$ | 精确解 $u(x_i,t_k)$ | 误差 $\left\|u_i^k-u(x_i,t_k)\right\|$ |
|---|---|---|---|
| (0.4, 0.2) | 0.033593 | 0.031268 | 2.3250e−3 |
| (0.4, 0.4) | 0.041350 | 0.038191 | 3.1591e−3 |
| (0.4, 0.6) | 0.050548 | 0.046646 | 3.9015e−3 |
| (0.4, 0.8) | 0.061745 | 0.056974 | 4.7710e−3 |
| (0.4, 1.0) | 0.075416 | 0.069588 | 5.8281e−3 |

表 3-8　$h_4=\frac{1}{10}$,　$\tau_4=\frac{1}{100}$,　$r_4=1$

| 节点 $(0.4,0.2i)$ | 向前欧拉方法 $u_i^k$ | 精确解 $u(x_i,t_k)$ | 误差 $\left\|u_i^k-u(x_i,t_k)\right\|$ |
|---|---|---|---|
| (0.4, 0.2) | 2469.449459 | 0.031268 | 2.4694e+3 |
| (0.4, 0.4) | × | 0.038191 | × |
| (0.4, 0.6) | × | 0.046646 | × |
| (0.4, 0.8) | × | 0.056974 | × |
| (0.4, 1.0) | × | 0.069588 | × |

“×”表示数值异常，无效.

从表中可见，理论分析预测与数值结果完全吻合. 至此，我们对算法及其结果的分析就会有更深刻的认识.

## 第二节　向后欧拉方法

由于向前欧拉格式有稳定性条件要求网比 $r=a\frac{\tau}{h^2}\leqslant\frac{1}{2}$，从而使得在通常情况下时间步长必须比空间步长小很多而不在同一个数量级，因此在用程序实现差分格式时必须要考虑步长的合理选取，从这个角度来讲它不是一个很优的数值格式. 本节将要介绍的向后欧拉方法则是一种对时、空步长无限制从而无条件稳定的隐差分格式.

### 一、向后欧拉格式

第一步，仿照向前欧拉格式，对问题式（3-1）的求解区域 $\Omega$ 作矩形网格剖分，得到网格节点 $(x_i,t_k)$，$0\leqslant i\leqslant m$，$0\leqslant k\leqslant n$，如图 3-1 所示.

第二步，在网格节点建立节点处的离散方程，即

$$\begin{cases} \left.\dfrac{\partial u}{\partial t}\right|_{(x_i,t_k)} - a\left.\dfrac{\partial^2 u}{\partial x^2}\right|_{(x_i,t_k)} = f(x_i,t_k), \quad 1 \leqslant i \leqslant m-1, \quad 0 < k \leqslant n, \\ u(x_i,t_0) = \varphi(x_i), \qquad 0 \leqslant i \leqslant m, \\ u(x_0,t_k) = \alpha(t_k), \qquad u(x_m,t_k) = \beta(t_k), \qquad 0 < k \leqslant n. \end{cases} \tag{3-23}$$

第三步，建立差分格式. 由式（1-28）对时间的一阶偏导数改用向后差商形式:

$$\left.\frac{\partial u}{\partial t}\right|_{(x_i,t_k)} \approx \frac{u(x_i,t_k) - u(x_i,t_{k-1})}{\Delta t} = \frac{u(x_i,t_k) - u(x_i,t_{k-1})}{\tau} \tag{3-24}$$

上式误差为$O(\tau)$. 类似地，仍取二阶偏导数为中心差商形式的式（1-31）:

$$\left.\frac{\partial^2 u}{\partial x^2}\right|_{(x_i,t_k)} \approx \frac{u(x_{i+1},t_k) - 2u(x_i,t_k) + u(x_{i-1},t_k)}{\Delta x^2} = \frac{u(x_{i+1},t_k) - 2u(x_i,t_k) + u(x_{i-1},t_k)}{h^2} \tag{3-25}$$

上式误差为$O(h^2)$. 把式（3-24）、式（3-25）代入式（3-23）第一式，就有

$$\frac{u(x_i,t_k) - u(x_i,t_{k-1})}{\tau} - a\frac{u(x_{i+1},t_k) - 2u(x_i,t_k) + u(x_{i-1},t_k)}{h^2} = f(x_i,t_k) + C(\tau + h^2) \tag{3-26}$$

其中，$C = \max\limits_{(x,t)\in\Omega}\left\{\dfrac{\partial^2 u(x,t)}{\partial t^2}, \dfrac{\partial^4 u(x,t)}{\partial x^4}\right\}$. 再用数值解$u_i^k$近似代替精确解$u(x_i,t_k)$并忽略高阶小项，即可得向后欧拉格式:

$$\begin{cases} \dfrac{u_i^k - u_i^{k-1}}{\tau} - a\cdot\dfrac{u_{i+1}^k - 2u_i^k + u_{i-1}^k}{h^2} = f(x_i,t_k), \qquad 1 \leqslant i \leqslant m-1, \qquad 1 \leqslant k \leqslant n, \\ u_i^0 = \varphi(x_i), \qquad 0 \leqslant i \leqslant m, \\ u_0^k = \alpha(t_k), \qquad u_m^k = \beta(t_k), \qquad 1 \leqslant k \leqslant n. \end{cases} \tag{3-27}$$

易见此格式的局部截断误差也为$O(\tau + h^2)$，若仍记$r = \dfrac{a\tau}{h^2}$，向后欧拉格式的式（3-27）可整理为

$$\begin{cases} -ru_{i-1}^k + (1+2r)u_i^k - ru_{i+1}^k = u_i^{k-1} + \tau f(x_i,t_k), \qquad 1 \leqslant i \leqslant m-1, \qquad 1 \leqslant k \leqslant n, \\ u_i^0 = \varphi(x_i), \quad 0 \leqslant i \leqslant m, \\ u_0^k = \alpha(t_k), \quad u_m^k = \beta(t_k), \quad 1 \leqslant k \leqslant n \end{cases} \tag{3-28}$$

第四步，差分格式的求解. 将式（3-28）写成矩阵形式:

$$\begin{pmatrix} 1+2r & -r & & & \\ -r & 1+2r & -r & & 0 \\ & \ddots & \ddots & \ddots & \\ & 0 & -r & 1+2r & -r \\ & & & -r & 1+2r \end{pmatrix} \begin{pmatrix} u_1^k \\ u_2^k \\ \vdots \\ u_{m-2}^k \\ u_{m-1}^k \end{pmatrix} = \begin{pmatrix} u_1^{k-1} + \tau f(x_1,t_k) + r\alpha(t_k) \\ u_2^{k-1} + \tau f(x_2,t_k) \\ \vdots \\ u_{m-2}^{k-1} + \tau f(x_{m-2},t_k) \\ u_{m-1}^{k-1} + \tau f(x_{m-1},t_k) + r\beta(t_k) \end{pmatrix} \tag{3-29}$$

在每一个时间层上解线性方程组（3-29）就能得到该层上各节点的数值解. 所以实际计算时，在每一个时间层都需要求解一个线性方程组，计算成本比较高. 而向前欧拉格式则可以单层单点直接求解.

## 二、向后欧拉格式解的存在唯一性、稳定性和收敛性分析

由于线性方程组（3-29）的系数矩阵是对角占优的，所以差分格式（3-29）唯一可解.

再讨论稳定性. 此处只考虑齐次方程、零边界的情况，即 $f(x,t)\equiv 0,\ \alpha(t)=\beta(t)\equiv 0$. 记

$$A=\begin{pmatrix} 1+2r & -r & & & \\ -r & 1+2r & -r & & \\ & & \ddots & & \\ & & -r & 1+2r & -r \\ & & & -r & 1+2r \end{pmatrix}_{(m-1)\times(m-1)} \tag{3-30}$$

则有 $A\boldsymbol{u}^k=\boldsymbol{u}^{k-1}$，即 $\boldsymbol{u}^{k+1}=A^{-1}\boldsymbol{u}^k$，因此考察向后欧拉格式的稳定性，只需要考察矩阵 $A^{-1}$ 的特征值的大小即可. 注意我们有以下结论：若 $\lambda$ 是矩阵 $A$ 的特征值，则 $1/\lambda$ 就是矩阵 $A^{-1}$ 的特征值. 显然，由定理 3.1.4 知矩阵 $A$ 的特征值为 $\lambda_{A,i}=1+2r-2r\cos\dfrac{i\pi}{m},\ 1\leqslant i\leqslant m-1$，即 $\lambda_{A,i}=1+4r\sin^2\dfrac{i\pi}{2m}$，显然 $1\leqslant\lambda_{A,i}\leqslant 1+4r$，从而 $0<\dfrac{1}{1+4r}\leqslant\dfrac{1}{\lambda_i}\leqslant 1$，于是 $A^{-1}$ 的特征值 $\dfrac{1}{\lambda_i}$ 就满足 $\rho(A^{-1})\leqslant 1$. 换言之，无论 $r$ 如何选取，恒有 $\rho(A^{-1})\leqslant 1+C\tau$ 成立. 注意到 $A$ 是对称矩阵，从而 $A^{-1}$ 也是对称矩阵，由推论 3.1.1 知，无论 $r$ 的取值如何，也就是无论时间、空间步长如何选取，向后欧拉格式恒稳定，即该格式是无条件稳定的，后面的数值解算例也证明了这一点.

最后，由于向后欧拉格式的局部截断误差为 $O(\tau+h^2)$，从而与原问题是相容的，且它又是无条件稳定的，故由 Lax 等价定理 3.1.6 知数值解收敛到精确解，且

$$\max_{0\leqslant i\leqslant m}|e_i^k|=\max_{0\leqslant i\leqslant m}|u_i^k-u(x_i,t_k)|=O(\tau+h^2),\quad 1\leqslant k\leqslant n \tag{3-31}$$

## 三、数值算例

**例 3.2.1** 用向后欧拉格式计算抛物型方程初边值问题：

$$\begin{cases}\dfrac{\partial u}{\partial t}-\dfrac{\partial^2 u}{\partial x^2}=x\mathrm{e}^t-6x, & 0<x<1,\quad 0<t\leqslant 1,\\ u(x,0)=x^3+x, & 0\leqslant x\leqslant 1,\\ u(0,t)=0,\quad u(1,t)=1+\mathrm{e}^t, & 0<t\leqslant 1.\end{cases}$$

已知其精确解为 $u(x,t)=x(x^2+\mathrm{e}^t)$. 分别取 $h_1=\dfrac{1}{5},\ \tau_1=\dfrac{1}{100}$，$h_2=\dfrac{1}{10},\ \tau_2=\dfrac{1}{100}$，$h_3=\dfrac{1}{10},\ \tau_3=\dfrac{1}{200}$ 和 $h_4=\dfrac{1}{10},\ \tau_4=\dfrac{1}{10}$. 分别列表输出节点 $(0.4,0.2i),\ i=1,2,\cdots,5$ 处的数值结果、精确结果并给出误差.

**解：** 在 4 种不同步长选择条件下分别有网比 $r_1=\dfrac{1}{4},\ r_2=1,\ r_3=\dfrac{1}{2},\ r_4=10$. 程序见 Egch3_sec2_01.c，计算结果列表如下（表 3-9～表 3-12）.

表 3-9 $h_1=\dfrac{1}{5},\ \tau_1=\dfrac{1}{100},\ r_1=\dfrac{1}{4}$

| 节点 $(0.4,0.2i)$ | 向后欧拉方法 $u_i^k$ | 精确解 $u(x_i,t_k)$ | 误差 $\lvert u_i^k-u(x_i,t_k)\rvert$ |
|---|---|---|---|
| (0.4, 0.2) | 0.552823 | 0.552561 | 2.6193e−4 |

续表

| 节点 $(0.4,0.2i)$ | 向后欧拉方法 $u_i^k$ | 精确解 $u(x_i,t_k)$ | 误差 $\left\|u_i^k-u(x_i,t_k)\right\|$ |
|---|---|---|---|
| (0.4, 0.4) | 0.661097 | 0.660730 | 3.6717e–4 |
| (0.4, 0.6) | 0.793304 | 0.792848 | 4.5610e–4 |
| (0.4, 0.8) | 0.954775 | 0.954216 | 5.5832e–4 |
| (0.4, 1.0) | 1.151995 | 1.151313 | 6.8213e–4 |

表 3-10　$h_2=\dfrac{1}{10},\ \tau_2=\dfrac{1}{100},\ r_2=1$

| 节点 $(0.4,0.2i)$ | 向后欧拉方法 $u_i^k$ | 精确解 $u(x_i,t_k)$ | 误差 $\left\|u_i^k-u(x_i,t_k)\right\|$ |
|---|---|---|---|
| (0.4, 0.2) | 0.552825 | 0.552561 | 2.6437e–4 |
| (0.4, 0.4) | 0.661098 | 0.660730 | 3.6859e–4 |
| (0.4, 0.6) | 0.793305 | 0.792848 | 4.5727e–4 |
| (0.4, 0.8) | 0.954776 | 0.954216 | 5.5960e–4 |
| (0.4, 1.0) | 1.151996 | 1.151313 | 6.8366e–4 |

表 3-11　$h_3=\dfrac{1}{10},\ \tau_3=\dfrac{1}{200},\ r_3=\dfrac{1}{2}$

| 节点 $(0.4,0.2i)$ | 向后欧拉方法 $u_i^k$ | 精确解 $u(x_i,t_k)$ | 误差 $\left\|u_i^k-u(x_i,t_k)\right\|$ |
|---|---|---|---|
| (0.4, 0.2) | 0.552694 | 0.552561 | 1.3328e–4 |
| (0.4, 0.4) | 0.660915 | 0.660730 | 1.8483e–4 |
| (0.4, 0.6) | 0.793077 | 0.792848 | 2.2902e–4 |
| (0.4, 0.8) | 0.954497 | 0.954216 | 2.8021e–4 |
| (0.4, 1.0) | 1.151655 | 1.151313 | 3.4232e–4 |

表 3-12　$h_4=\dfrac{1}{10},\ \tau_4=\dfrac{1}{10},\ r_4=10$

| 节点 $(0.4,0.2i)$ | 向后欧拉方法 $u_i^k$ | 精确解 $u(x_i,t_k)$ | 误差 $\left\|u_i^k-u(x_i,t_k)\right\|$ |
|---|---|---|---|
| (0.4, 0.2) | 0.554876 | 0.552561 | 2.3146e–3 |
| (0.4, 0.4) | 0.664212 | 0.660730 | 3.4821e–3 |
| (0.4, 0.6) | 0.797270 | 0.792848 | 4.4230e–3 |
| (0.4, 0.8) | 0.959662 | 0.954216 | 5.4457e–3 |
| (0.4, 1.0) | 1.157975 | 1.151313 | 6.6625e–3 |

从上面的表中可以看到，无论时间、空间步长如何选取，数值解都收敛到精确解，即使网比很大的时候也是如此. 下面再进一步讨论其中的数据. 我们知道向后欧拉方法有误差估计式（3-31），更确切地是

$$\max_{0\leqslant i\leqslant m}|e_i^k|\leqslant C_1\tau+C_2h^2,\quad 1\leqslant k\leqslant n\quad 且\ C_1=\max_{(x,t)\in\Omega}\left|\frac{\partial^2u(x,t)}{\partial t^2}\right|,\quad C_2=\max_{(x,t)\in\Omega}\left|\frac{\partial^4u(x,t)}{\partial x^4}\right|.$$

而在本例中由于 $C_1=\mathrm{e}$，$C_2=0$. 故进一步比较表 3-9 和表 3-10，在时间步长不变的情况下，空间步长如果缩小一半，最后的误差结果似乎没有太大的变化. 再看表 3-10 和表 3-11，在空间步长不变的情况下，时间步长如果缩小一半，最后的误差结果减半. 最后的表 3-12 说明网比很大情况下数值解仍然收敛. 以上数据与理论相吻合.

在上例中，由于 $C_2=0$，因此误差主要来自于对时间的一阶偏导数近似，所以从上述表中的数据可以看出其中的规律. 接下来提一个问题，如果不存在这种 $C_2=0$ 或者 $C_1=0$ 的“退化”现象，那么数据还应该有什么规律呢？ 我们再看一例非“退化”的问题.

**例 3.2.2**　用向后欧拉格式计算抛物型方程初边值问题：

$$\begin{cases}\dfrac{\partial u}{\partial t}-\dfrac{\partial^2 u}{\partial x^2}=x^2(x^2-12)\mathrm{e}^t, & 0<x<1,\quad 0<t\leqslant 1,\\ u(x,0)=x^4, & 0\leqslant x\leqslant 1,\\ u(0,t)=0,\quad u(1,t)=\mathrm{e}^t, & 0<t\leqslant 1\end{cases}$$

已知其精确解为 $u(x,t)=x^4\mathrm{e}^t$．分别取 $h_1=\dfrac{1}{5}$，$\tau_1=\dfrac{1}{100}$，$h_2=\dfrac{1}{10}$，$\tau_2=\dfrac{1}{100}$，$h_3=\dfrac{1}{10}$，$\tau_3=\dfrac{1}{200}$，$h_4=\dfrac{1}{10}$，$\tau_4=\dfrac{1}{100}$ 以及 $h_5=\dfrac{1}{20}$，$\tau_5=\dfrac{1}{10}$ 和 $h_6=\dfrac{1}{20}$，$\tau_6=\dfrac{1}{20}$．分别列表输出节点 $(0.4,0.2i)$，$i=1,2,\cdots,5$ 处的数值结果、精确结果并给出误差.

**解**：在以上 6 种不同步长条件下分别有网比：

$$r_1=\frac{1}{4},\quad r_2=1,\quad r_3=\frac{1}{2},\quad r_4=10,\quad r_5=40,\quad r_6=20\,.$$

为了初步分析数据结果，在本例中可以先直接计算出

$$C_1=\max_{(x,t)\in\Omega}\left|\frac{\partial^2 u(x,t)}{\partial t^2}\right|=\mathrm{e},\quad C_2=\max_{(x,t)\in\Omega}\left|\frac{\partial^4 u(x,t)}{\partial x^4}\right|=24\,.$$

为了方便，误差限可以取成 $3\tau+24h^2$．在前 3 种步长下（见表 3-13 至表 3-15），由于 $h$ 和 $\tau$ 相差比较大，不在同一数量级，所以可以看出误差估计 $\max\limits_{0\leqslant i\leqslant m}|e_i^k|\leqslant 3\tau+24h^2$ 中起主要作用的是 $24h^2$，从而可以预测：$\tau$ 不变，$h$ 减半，误差结果减为原来的 1/4；$h$ 不变，$\tau$ 减半时误差结果无明显变化. 但对于后 3 种步长（见表 3-16 至表 3-18），由于数值格式是无条件稳定的，所以数值解仍会收敛于精确解，但上述数据结果预测将发生改变，不再呈现减半或 1/4 的规律，因为此时 $h$ 和 $\tau$ 相差不大，在同一数量级，误差估计 $\max\limits_{0\leqslant i\leqslant m}|e_i^k|\leqslant 3\tau+24h^2$ 中 $3\tau$ 、$24h^2$ 都将起到一定的作用，这时就不太好确定数据的规律了. 在更一般的情形下，误差本质上是 $c_1\tau$ 占 $c_2h^2$ 的整体"博弈"，需要综合考虑 $C_1,C_2$，$\tau$，$h$ 的具体数值大小. 本例程序见 Egch3_sec2_02.c，计算结果列表如下（表 3-13～表 3-18）.

表 3-13 $h_1=\dfrac{1}{5}$，$\tau_1=\dfrac{1}{100}$，$r_1=\dfrac{1}{4}$

| 节点 $(0.4,0.2i)$ | 向后欧拉方法 $u_i^k$ | 精确解 $u(x_i,t_k)$ | 误差 $\lvert u_i^k-u(x_i,t_k)\rvert$ |
|---|---|---|---|
| (0.4, 0.2) | 0.040486 | 0.031268 | 9.2185e−3 |
| (0.4, 0.4) | 0.050982 | 0.038191 | 1.2791e−2 |
| (0.4, 0.6) | 0.062516 | 0.046646 | 1.5870e−2 |
| (0.4, 0.8) | 0.076397 | 0.056974 | 1.9424e−2 |
| (0.4, 1.0) | 0.093319 | 0.069588 | 2.3731e−2 |

表 3-14 $h_2=\dfrac{1}{10}$，$\tau_2=\dfrac{1}{100}$，$r_2=1$

| 节点 $(0.4,0.2i)$ | 向后欧拉方法 $u_i^k$ | 精确解 $u(x_i,t_k)$ | 误差 $\lvert u_i^k-u(x_i,t_k)\rvert$ |
|---|---|---|---|
| (0.4, 0.2) | 0.033638 | 0.031268 | 2.3696e−3 |
| (0.4, 0.4) | 0.041464 | 0.038191 | 3.2737e−3 |
| (0.4, 0.6) | 0.050703 | 0.046646 | 4.0572e−3 |
| (0.4, 0.8) | 0.061938 | 0.056974 | 4.9645e−3 |
| (0.4, 1.0) | 0.075653 | 0.069588 | 6.0650e−3 |

表 3-15 $h_3 = \frac{1}{10}$, $\tau_3 = \frac{1}{200}$, $r_3 = \frac{1}{2}$

| 节点 $(0.4, 0.2i)$ | 向后欧拉方法 $u_i^k$ | 精确解 $u(x_i, t_k)$ | 误差 $\left\|u_i^k - u(x_i, t_k)\right\|$ |
|---|---|---|---|
| (0.4, 0.2) | 0.033623 | 0.031268 | 2.3550e−3 |
| (0.4, 0.4) | 0.041427 | 0.038191 | 3.2359e−3 |
| (0.4, 0.6) | 0.050652 | 0.046646 | 4.0055e−3 |
| (0.4, 0.8) | 0.061874 | 0.056974 | 4.9002e−3 |
| (0.4, 1.0) | 0.075574 | 0.069588 | 5.9863e−3 |

表 3-16 $h_4 = \frac{1}{10}$, $\tau_4 = \frac{1}{10}$, $r_4 = 10$

| 节点 $(0.4, 0.2i)$ | 向后欧拉方法 $u_i^k$ | 精确解 $u(x_i, t_k)$ | 误差 $\left\|u_i^k - u(x_i, t_k)\right\|$ |
|---|---|---|---|
| (0.4, 0.2) | 0.033864 | 0.031268 | 2.5956e−3 |
| (0.4, 0.4) | 0.042084 | 0.038191 | 3.8936e−3 |
| (0.4, 0.6) | 0.051589 | 0.046646 | 4.9424e−3 |
| (0.4, 0.8) | 0.063058 | 0.056974 | 6.0844e−3 |
| (0.4, 1.0) | 0.077032 | 0.069588 | 7.4437e−3 |

表 3-17 $h_5 = \frac{1}{20}$, $\tau_5 = \frac{1}{10}$, $r_5 = 40$

| 节点 $(0.4, 0.2i)$ | 向后欧拉方法 $u_i^k$ | 精确解 $u(x_i, t_k)$ | 误差 $\left\|u_i^k - u(x_i, t_k)\right\|$ |
|---|---|---|---|
| (0.4, 0.2) | 0.032303 | 0.031268 | 1.0351e−3 |
| (0.4, 0.4) | 0.039767 | 0.038191 | 1.5764e−3 |
| (0.4, 0.6) | 0.048653 | 0.046646 | 2.0065e−3 |
| (0.4, 0.8) | 0.059445 | 0.056974 | 2.4713e−3 |
| (0.4, 1.0) | 0.072612 | 0.069588 | 3.0237e−3 |

表 3-18 $h_5 = \frac{1}{20}$, $\tau_5 = \frac{1}{20}$, $r_5 = 20$

| 节点 $(0.4, 0.2i)$ | 向后欧拉方法 $u_i^k$ | 精确解 $u(x_i, t_k)$ | 误差 $\left\|u_i^k - u(x_i, t_k)\right\|$ |
|---|---|---|---|
| (0.4, 0.2) | 0.032097 | 0.031268 | 8.2882e−4 |
| (0.4, 0.4) | 0.039394 | 0.038191 | 1.2035e−3 |
| (0.4, 0.6) | 0.048155 | 0.046646 | 1.5087e−3 |
| (0.4, 0.8) | 0.058824 | 0.056974 | 1.8505e−3 |
| (0.4, 1.0) | 0.071850 | 0.069588 | 2.2618e−3 |

## 第三节 Crank-Nicolson 方法

在抛物型偏微分方程初边值问题式（3-1）的数值求解方法中，相比较而言，向前欧拉方法计算简单、直接，但一个明显的缺点就是稳定性差，只有在时间、空间步长的合理选取之下才能保证数值解的收敛性. 而向后欧拉方法则弥补了这个缺点，不需要考虑时间、空间步长的选取，但付出的代价是在每个时间层上都要求解一个线性方程组，计算量会加大. 而且不管是向前欧拉方法还是向后欧拉方法，在收敛的情况下误差估计为

$$\max_{0\leqslant i\leqslant m}|u_i^k-u(x_i,t_k)|\leqslant C_1\tau+C_2h^2,\quad 1\leqslant k\leqslant n,\quad C_1=\max_{(x,t)\in\Omega}\frac{\partial^2u(x,t)}{\partial t^2},C_2=\max_{(x,t)\in\Omega}\frac{\partial^4u(x,t)}{\partial x^4}.$$

前两小节的数值算例也显示，通过同时将时间、空间步长减半，对误差的影响有可能是有效地减半甚至减为原来误差的 1/4，这主要是因为关于时间和空间的误差不同阶（关于时间是一阶的，关于空间是二阶的）. 在不计算甚至不知道$C_1$和$C_2$的情况下，我们无法准确地预测出误差的变化效果，因此我们期待一个更优的数值效果，希望达到将时间、空间步长同时减半之后，误差能有效地减为原来误差的 1/4 而不是减半. 换言之，我们需要将关于时间的误差阶提高到二阶，以实现

$$\max_{0\leqslant i\leqslant m}|u_i^k-u(x_i,t_k)|\leqslant C(\tau^2+h^2),\quad 1\leqslant k\leqslant n,\ C=\max_{(x,t)\in\Omega}\left\{\frac{\partial^2u(x,t)}{\partial t^2},\frac{\partial^4u(x,t)}{\partial x^4}\right\}.$$

则当$\tau$和$h$都减半时误差将减为原来误差的 1/4，这样收敛速度就快些. 事实上这样的目标是不难实现的，也就自然引导我们在设计数值格式的时候，对时间的一阶偏导数采用二阶中心差商即可. 经过上述分析以后，就可以着手对问题式（3-1）建立差分格式了.

## 一、理查德森差分格式

第一步，对$\Omega=\{(x,t)\,|\,0\leqslant x\leqslant 1,0\leqslant t\leqslant T\}$作矩形网格剖分，得到$(m+1)(n+1)$个网格节点$(x_i,t_k),0\leqslant i\leqslant m,0\leqslant k\leqslant n$，其中时间、空间步长分别为$h=1/m,\tau=T/n$.

第二步，在网格节点建立节点离散方程，本质上是将在$\Omega$内处处成立的微分方程弱化为在节点上处处成立的离散方程，即

$$\begin{cases}\left.\dfrac{\partial u}{\partial t}\right|_{(x_i,t_k)}-a\left.\dfrac{\partial^2u}{\partial x^2}\right|_{(x_i,t_k)}=f(x_i,t_k),\quad 1\leqslant i\leqslant m-1,\quad 0<k\leqslant n,\\ u(x_i,t_0)=\varphi(x_i),\qquad 0\leqslant i\leqslant m,\\ u(x_0,t_k)=\alpha(t_k),\qquad u(x_m,t_k)=\beta(t_k),\qquad 0<k\leqslant n.\end{cases}\tag{3-32}$$

第三步，建立差分格式. 由式（1-30）得到关于时间的一阶偏导数的中心差商形式：

$$\left.\frac{\partial u}{\partial t}\right|_{(x_i,t_k)}\approx\frac{u(x_i,t_{k+1})-u(x_i,t_{k-1})}{2\Delta t}=\frac{u(x_i,t_{k+1})-u(x_i,t_{k-1})}{2\tau}\tag{3-33}$$

上式误差为$O(\tau^2)$. 类似地，还有

$$\left.\frac{\partial^2u}{\partial x^2}\right|_{(x_i,t_k)}\approx\frac{u(x_{i+1},t_k)-2u(x_i,t_k)+u(x_{i-1},t_k)}{\Delta x^2}=\frac{u(x_{i+1},t_k)-2u(x_i,t_k)+u(x_{i-1},t_k)}{h^2}\tag{3-34}$$

上式误差为$O(h^2)$. 将式（3-33）和式（3-34）代入式（3-32）第一式，则有

$$\frac{u(x_i,t_{k+1})-u(x_i,t_{k-1})}{2\tau}-a\frac{u(x_{i+1},t_k)-2u(x_i,t_k)+u(x_{i-1},t_k)}{h^2}=f(x_i,t_k)+C(\tau^2+h^2)\tag{3-35}$$

其中，$C=\max\limits_{(x,t)\in\Omega}\left\{\dfrac{\partial^3u(x,t)}{\partial t^3},\dfrac{\partial^4u(x,t)}{\partial x^4}\right\}$. 再用数值解$u_i^k$近似代替精确解$u(x_i,t_k)$并忽略高阶小项，即可得理查德森格式：

$$\begin{cases}\dfrac{u_i^{k+1}-u_i^{k-1}}{2\tau}-a\cdot\dfrac{u_{i+1}^k-2u_i^k+u_{i-1}^k}{h^2}=f(x_i,t_k),\qquad 1\leqslant i\leqslant m-1,\qquad 0\leqslant k\leqslant n-1,\\ u_i^0=\varphi(x_i),\qquad 0\leqslant i\leqslant m,\\ u_0^k=\alpha(t_k),\qquad u_m^k=\beta(t_k),\qquad 1\leqslant k\leqslant n.\end{cases}\tag{3-36}$$

易见此格式的局部截断误差为$O(\tau^2+h^2)$. 经过整理，理查德森格式为

$$\begin{cases} u_i^{k+1}=2r(u_{i-1}^k-2u_i^k+u_{i+1}^k)+u_i^{k-1}+2\tau f(x_i,t_k), & 1\leqslant i\leqslant m-1,\ 1\leqslant k\leqslant n-1, \\ u_i^0=\varphi(x_i), & 0\leqslant i\leqslant m, \\ u_0^k=\alpha(t_k), \quad u_m^k=\beta(t_k), & 1\leqslant k\leqslant n. \end{cases} \tag{3-37}$$

其中网比$r=\dfrac{a\tau}{h^2}$.

第四步，差分格式的求解. 由式（3-37）知，在计算第$k+1$层上的值时要用到前两层的信息，所以信息不够. 因为计算第 2 层上的值要用第 1 层和第 0 层的信息，第 0 层信息已知，但如何获取第 1 层上的信息呢？ 注意到由泰勒公式知，存在$\eta_i\in(t_0,\ t_1)$使得

$$\begin{aligned} u(x_i,t_1)&=u(x_i,t_0)+\tau\frac{\partial u}{\partial t}(x_i,t_0)+\frac{\tau^2}{2}\frac{\partial^2 u}{\partial t^2}(x_i,\eta_i) \\ &=u(x_i,t_0)+\tau\left(a\frac{\partial^2 u}{\partial x^2}(x_i,t_0)+f(x_i,t_0)\right)+\frac{\tau^2}{2}\frac{\partial^2 u}{\partial t^2}(x_i,\eta_i) \\ &=u(x_i,t_0)+\tau\left(a\varphi''(x_i)+f(x_i,t_0)\right)+\frac{\tau^2}{2}\frac{\partial^2 u}{\partial t^2}(x_i,\eta_i) \end{aligned}$$

这里用到了式（3-1）. 于是第 1 层上内部节点的信息可取成

$$u_i^1=u_i^0+\tau\left(a\varphi''(x_i)+f(x_i,t_0)\right),\quad 1\leqslant i\leqslant m-1 \tag{3-38}$$

来进行计算. 也就是说，由式（3-37）第二式知第 0 层上的初始信息$u_i^0$，$0\leqslant i\leqslant m$，再利用式（3-38）计算出第 1 层上的内节点信息$u_i^1$, $1\leqslant i\leqslant m-1$，加上边界条件式（3-37）第三式中$u_0^1$和$u_m^1$已知，则第 1 层上所有$u_i^1$（$0\leqslant i\leqslant m$）的信息也就获得了. 然后通过式（3-37）中第一式计算出第 2 层上内节点的信息，再结合边界条件，得到第 2 层上所有节点的信息，如此继续算下去（见图 3-3），可得到所有网格点信息，即所有网格点的数值解.

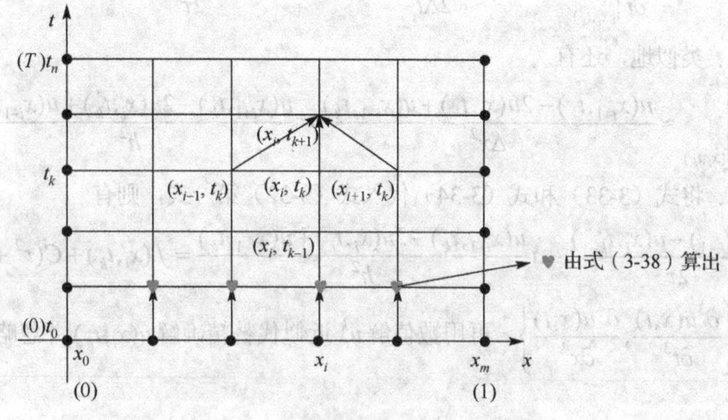


图 3-3 理查德森格式的时间层进图

至此，我们已经完整地建立起了计算式（3-1）的理查德森格式了，这是一个显格式，计算简单. 那么实际效果如何呢？达到二阶的收敛精度了吗？下面不妨一起来看一个数值算例.

**例 3.3.1** 用理查德森格式计算抛物型方程初边值问题：

$$
\begin{cases}
\dfrac{\partial u}{\partial t}-\dfrac{\partial^2 u}{\partial x^2}=x\mathrm{e}^t-6x, \quad 0<x<1, \quad 0<t\leqslant 1,\\
u(x,0)=x^3+x, \quad 0\leqslant x\leqslant 1,\\
u(0,t)=0, \quad u(1,t)=1+\mathrm{e}^t, \quad 0<t\leqslant 1
\end{cases}
$$

已知其精确解为 $u(x,t)=x(x^2+\mathrm{e}^t)$．取 $h=\dfrac{1}{5}$，$\tau=\dfrac{1}{100}$，列表输出节点 $(0.4,0.02i)$，$i=1,2,\cdots,12$ 处的数值结果、精确结果并给出误差.

**解**：程序见 Egch3_sec3_01.c，计算结果列表如下（见表 3-19）.

**表 3-19　理查德森格式的计算结果**

| 节点 $(0.4,0.02i)$ | Richardson 方法 $u_i^k$ | 精确解 $u(x_i,t_k)$ | 误差 $\lvert u_i^k-u(x_i,t_k)\rvert$ |
|---|---|---|---|
| (0.4, 0.02) | 0.472080 | 0.472081 | 1.3467e-7 |
| (0.4, 0.04) | 0.480330 | 0.480324 | 5.9988e-6 |
| (0.4, 0.06) | 0.488802 | 0.488735 | 6.6916e-5 |
| (0.4, 0.08) | 0.497798 | 0.497315 | 4.8303e-4 |
| (0.4, 0.10) | 0.509013 | 0.506068 | 2.9446e-3 |
| (0.4, 0.12) | 0.531562 | 0.514999 | 1.6564e-2 |
| (0.4, 0.14) | 0.613462 | 0.524110 | 8.9353e-2 |
| (0.4, 0.16) | 1.004319 | 0.533404 | 4.7091e-1 |
| (0.4, 0.18) | 2.991002 | 0.542887 | 2.4481e+0 |
| (0.4, 0.20) | 13.173000 | 0.552561 | 1.2620e+1 |
| (0.4, 0.22) | 65.277751 | 0.562431 | 6.4715e+1 |
| (0.4, 0.24) | 331.280123 | 0.572500 | 3.3071e+2 |

从表 3-19 可以看出，随着时间层数的增加，数值解与精确解的误差越来越大，尽管表格只显示到时间 $t=0.24$，误差已经非常大了，数值解已经完全不可信了．注意到理查德森格式的局部截断误差为 $O(\tau^2+h^2)$，与原方程是相容的，即使如此，导致当前数值解不收敛的正是稳定性，事实上，理查德森格式是一个完全不稳定的格式．以下给出具体分析.

将式（3-37）写成矩阵形式即为

$$
\begin{pmatrix} u_1^{k+1}\\ u_2^{k+1}\\ \vdots\\ u_{m-2}^{k+1}\\ u_{m-1}^{k+1}\end{pmatrix}
=2r\cdot\begin{pmatrix} -2 & 1 & & & \\ 1 & -2 & 1 & & 0\\ & & \ddots & & \\ & & & \ddots & \\ 0 & & 1 & -2 & 1\\ & & & 1 & -2\end{pmatrix}
\begin{pmatrix} u_1^{k}\\ u_2^{k}\\ \vdots\\ u_{m-2}^{k}\\ u_{m-1}^{k}\end{pmatrix}
+2\tau\begin{pmatrix} f(x_1,t_k)+2r\alpha(t_k)\\ f(x_2,t_k)\\ \vdots\\ f(x_{m-2},t_k)\\ f(x_{m-2},t_k)+2r\beta(t_k)\end{pmatrix}
+\begin{pmatrix} u_1^{k-1}\\ u_2^{k-1}\\ \vdots\\ u_{m-2}^{k-1}\\ u_{m-1}^{k-1}\end{pmatrix}
$$

只需要对齐次方程、零边界条件进行稳定性讨论．这时有

$$
\begin{pmatrix} u_1^{k+1}\\ u_2^{k+1}\\ \vdots\\ u_{m-2}^{k+1}\\ u_{m-1}^{k+1}\end{pmatrix}
=2r\cdot\begin{pmatrix} -2 & 1 & & & \\ 1 & -2 & 1 & & 0\\ & & \ddots & & \\ & & & \ddots & \\ 0 & & 1 & -2 & 1\\ & & & 1 & -2\end{pmatrix}
\begin{pmatrix} u_1^{k}\\ u_2^{k}\\ \vdots\\ u_{m-2}^{k}\\ u_{m-1}^{k}\end{pmatrix}
+\begin{pmatrix} u_1^{k-1}\\ u_2^{k-1}\\ \vdots\\ u_{m-2}^{k-1}\\ u_{m-1}^{k-1}\end{pmatrix}
\tag{3-39}
$$

即
$$u^{k+1}=Au^k+u^{k-1},\tag{3-40}$$

其中，
$$A=2r\cdot\begin{pmatrix}-2 & 1 & & & \\ 1 & -2 & 1 & & 0\\ & & \ddots & & \\ & & & \ddots & \\ & 0 & 1 & -2 & 1\\ & & & 1 & -2\end{pmatrix}.\tag{3-41}$$

注意到，式（3-40）不是一个 $u^{k+1}=Au^k$ 形式的二层格式，从而相应于二层格式的稳定性判别的充要条件（定理 3.1.1、定理 3.1.3 等）此处不再适用. 于是一个基本的想法就是把上面的三层格式式（3-40）写成二层格式. 事实上，引入中间变量 $v^k=u^{k-1}$，则式（3-40）可以写成 $\begin{cases}u^{k+1}=Au^k+v^k\\ v^{k+1}=u^k\end{cases}$，若记 $w=\begin{pmatrix}u\\ v\end{pmatrix}$，则有
$$w^{k+1}=\begin{pmatrix}A & I\\ I & 0\end{pmatrix}w^k:=Bw^k\tag{3-42}$$

其中，$I$ 是一个 $m-1$ 阶单位矩阵，0 是一个 $m-1$ 阶零矩阵. 显然，差分格式式（3-42）的稳定性等价于式（3-40）的稳定性，故只需要讨论二层格式 $w^{k+1}=Bw^k$ 式（3-42）的稳定性即可. 设矩阵 $A$ 的其中一个特征值为 $\lambda_A$，对应的特征向量为 $x$，则显然有
$$\begin{pmatrix}A & I\\ I & 0\end{pmatrix}\begin{pmatrix}x\\ y\end{pmatrix}=\begin{pmatrix}\lambda_A & 1\\ 1 & 0\end{pmatrix}\begin{pmatrix}x\\ y\end{pmatrix}\tag{3-43}$$

其中，$y$ 为任意一个 $m-1$ 维向量. 现在假设常数 $\mu$ 满足
$$\begin{pmatrix}\lambda_A & 1\\ 1 & 0\end{pmatrix}\begin{pmatrix}x\\ y\end{pmatrix}=\mu\begin{pmatrix}x\\ y\end{pmatrix}\tag{3-44}$$

即
$$\left(\begin{pmatrix}\lambda_A & 1\\ 1 & 0\end{pmatrix}-\mu\begin{pmatrix}1 & 0\\ 0 & 1\end{pmatrix}\right)\begin{pmatrix}x\\ y\end{pmatrix}=\begin{pmatrix}0\\ 0\end{pmatrix}\tag{3-45}$$

由于 $x$ 为特征向量，从而不是零向量，于是线性方程组（3-45）有非零解，从而系数矩阵的行列式只能为零，也就是
$$\begin{vmatrix}\lambda_A-\mu & 1\\ 1 & -\mu\end{vmatrix}=0$$

解出
$$\mu=\frac{\lambda_A\pm\sqrt{4+\lambda_A{}^2}}{2}\tag{3-46}$$

联合式（3-43）和式（3-44）知，$\mu$ 是矩阵 $B$ 的特征值，因此，式（3-42）的稳定性取决于 $\mu$ 值的大小. 又由定理 3.1.4 知，$A$ 的特征值为
$$\lambda_{A,i}=-4r+2\cdot 2r\cos\frac{i\pi}{m}=-8r\sin^2\frac{i\pi}{2m},\quad 1\leqslant i\leqslant m-1\tag{3-47}$$

于是，$2(m-1)$ 阶矩阵 $B$ 的特征值为
$$\lambda_{B,i}=\frac{\lambda_{A,i}\pm\sqrt{4+\lambda_{A,i}{}^2}}{2}=-4r\sin^2\frac{i\pi}{2m}\pm\sqrt{1+16r^2\sin^4\frac{i\pi}{2m}},\quad 1\leqslant i\leqslant m-1$$

由推论 3.1.1 知差分格式 $\boldsymbol{w}^{k+1}=B\boldsymbol{w}^k$ 稳定性的充要条件是存在常数 $C>0$，使得 $\rho(B)\leqslant 1+C\tau$，即 $4r\sin^2\dfrac{i\pi}{m}+\sqrt{1+16r^2\sin^4\dfrac{i\pi}{m}}\leqslant 1+C\tau$，而这样的常数 $C>0$ 并不存在，所以数值格式式（3-42）不稳定，从而导致式（3-40）也不稳定，最终数值格式不收敛.

综上，无论网比 $r$ 如何取值，上述理查德森格式都不稳定，也就是理查德森格式是一个完全不稳定的数值方法，从而数值解不收敛.

从上面的分析及数值算例的直接结果可以发现，有时设计数值格式不像想象中的那么难，甚至是“水到渠成”的，但最后的数值结果未必如我们想象中的完美，有时结果是完全有悖于初衷的，所以在对微分方程进行数值计算时，两手都要硬，也就是既要能熟练编写程序，也要能对程序运行后的结果进行严密的理论分析，这样才有助于我们今后在微分方程数值计算领域系统地研究更复杂的问题.

通过对理查德森格式的分析，似乎完美的路径已经被残酷的现实所阻隔，其间的障碍在哪里？有什么办法可以突破？其实理查德森格式的完全不稳定性或多或少可以归结于这是一个三层格式，而不是像向前欧拉格式或者向后欧拉格式一样为二层格式. 接下来要学习的是一个非常重要的数值格式——Crank-Nicolson 格式，这是一个二阶无条件稳定的数值格式，其成功的一个至关重要的想法就是将原方程弱化，使之在相邻时间层网格节点的中点处成立，而不是在网格节点处成立.

## 二、Crank-Nicolson 差分格式

第一步，仍然对 $\Omega=\{(x,t)\,|\,0\leqslant x\leqslant 1, 0\leqslant t\leqslant T\}$ 作矩形网格剖分，得网格节点 $(x_i,t_k)$，$0\leqslant i\leqslant m$，$0\leqslant k\leqslant n$，其中时间、空间步长分别为 $h=1/m, \tau=T/n$.

第二步，记 $t_{k+\frac{1}{2}}=\dfrac{1}{2}(t_k+t_{k+1})$，考虑弱化的离散虚拟点 $(x_i,t_{k+\frac{1}{2}})$ 处的微分方程，则有

$$\begin{cases}\left.\dfrac{\partial u}{\partial t}\right|_{(x_i,t_{k+\frac{1}{2}})}-a\left.\dfrac{\partial^2 u}{\partial x^2}\right|_{(x_i,t_{k+\frac{1}{2}})}=f(x_i,t_{k+\frac{1}{2}}),\ 1\leqslant i\leqslant m-1,\ 0\leqslant k\leqslant n-1,\\ (x_i,t_0)=\varphi(x_i),\qquad 0\leqslant i\leqslant m,\\ u(x_0,t_k)=\alpha(t_k),\qquad u(x_m,t_k)=\beta(t_k),\qquad 0<k\leqslant n.\end{cases}\tag{3-48}$$

第三步，建立差分格式. 仍然采用时间的一阶偏导数的中心差商形式（1-30），则有

$$\left.\frac{\partial u}{\partial t}\right|_{(x_i,t_{k+\frac{1}{2}})}\approx\frac{u(x_i,t_{k+1})-u(x_i,t_k)}{\Delta t}=\frac{u(x_i,t_{k+1})-u(x_i,t_k)}{\tau}\tag{3-49}$$

误差为 $O(\tau^2)$. 显然，通过在虚拟点 $(x_i,t_{k+\frac{1}{2}})$ 处用中心差商来近似一阶导数，在时间层上可修改 Richardson 三层格式为二层格式. 接下来要处理虚拟点处关于空间的二阶偏导数. 由式（1-17）易得

$$\left.\frac{\partial^2 u}{\partial x^2}\right|_{(x_i,t_{k+\frac{1}{2}})}\approx\frac{1}{2}\left(\left.\frac{\partial^2 u}{\partial x^2}\right|_{(x_i,t_k)}+\left.\frac{\partial^2 u}{\partial x^2}\right|_{(x_i,t_{k+1})}\right)\tag{3-50}$$

误差为 $O(\tau^2)$. 再对 $\left.\dfrac{\partial^2 u}{\partial x^2}\right|_{(x_i,t_k)}$，$\left.\dfrac{\partial^2 u}{\partial x^2}\right|_{(x_i,t_{k+1})}$ 分别用二阶中心差商式（1-31）就有

$$\left.\frac{\partial^2 u}{\partial x^2}\right|_{(x_i,t_k)}\approx\frac{u(x_{i-1},t_k)-2u(x_i,t_k)+u(x_{i+1},t_k)}{h^2},$$

和

$$\left.\frac{\partial^2 u}{\partial x^2}\right|_{(x_i,t_{k+1})}\approx\frac{u(x_{i-1},t_{k+1})-2u(x_i,t_{k+1})+u(x_{i+1},t_{k+1})}{h^2}$$

误差均为$O(h^2)$．将上面两式代入式（3-50）得

$$\left.\frac{\partial^2 u}{\partial x^2}\right|_{(x_i,t_{k+\frac{1}{2}})} \approx \frac{1}{2h^2}\left(u(x_{i-1},t_k)-2u(x_i,t_k)+u(x_{i+1},t_k)+u(x_{i-1},t_{k+1})-2u(x_i,t_{k+1})+u(x_{i+1},t_{k+1})\right) \tag{3-51}$$

误差为$O(\tau^2+h^2)$．最后将式（3-49）和式（3-51）一起代入式（3-48）第一式，则有

$$\begin{aligned}&\frac{u(x_i,t_{k+1})-u(x_i,t_k)}{\tau}-\frac{a}{2h^2}[u(x_{i-1},t_k)-2u(x_i,t_k)+u(x_{i+1},t_k)+\\&u(x_{i-1},t_{k+1})-2u(x_i,t_{k+1})+u(x_{i+1},t_{k+1})]=f(x_i,t_{k+\frac{1}{2}})+O(\tau^2+h^2)\end{aligned}$$

于是用数值解$u_i^k$代替精确解$u(x_i,t_k)$，并忽略高阶小项可得 Crank-Nicolson 差分格式：

$$\begin{cases}\dfrac{u_i^{k+1}-u_i^k}{\tau}-\dfrac{a}{2h^2}(u_{i-1}^k-2u_i^k+u_{i+1}^k+u_{i-1}^{k+1}-2u_i^{k+1}+u_{i+1}^{k+1})=f(x_i,t_{k+\frac{1}{2}}),\\ \qquad 0\leqslant k\leqslant n-1,\quad 1\leqslant i\leqslant m-1,\\ u_i^0=\varphi(x_i),\qquad 0\leqslant i\leqslant m,\\ u_0^k=\alpha(t_k),\ u_m^k=\beta(t_k),\quad 1\leqslant k\leqslant n.\end{cases} \tag{3-52}$$

易见，此格式的局部截断误差为$O(\tau^2+h^2)$，从而与原方程相容．整理上述格式，可得

$$u_i^{k+1}-u_i^k-\frac{r}{2}(u_{i-1}^k-2u_i^k+u_{i+1}^k+u_{i-1}^{k+1}-2u_i^{k+1}+u_{i+1}^{k+1})=\tau f(x_i,t_{k+\frac{1}{2}})$$

即

$$-\frac{r}{2}u_{i-1}^{k+1}+(1+r)u_i^{k+1}-\frac{r}{2}u_{i+1}^{k+1}=\frac{r}{2}u_{i-1}^k+(1-r)u_i^k+\frac{r}{2}u_{i+1}^k+\tau f(x_i,t_{k+\frac{1}{2}}) \tag{3-53}$$

其中，$r=a\tau/h^2$，$1\leqslant i\leqslant m-1,\ 0\leqslant k\leqslant n-1$．

第四步，差分格式的求解．式（3-53）写成矩阵形式即为

$$\begin{pmatrix}1+r & -\frac{r}{2} & & & \\ -\frac{r}{2} & 1+r & -\frac{r}{2} & & \\ & \ddots & \ddots & \ddots & \\ & & -\frac{r}{2} & 1+r & -\frac{r}{2}\\ & & & -\frac{r}{2} & 1+r\end{pmatrix}\begin{pmatrix}u_1^{k+1}\\ u_2^{k+1}\\ \vdots\\ u_{m-2}^{k+1}\\ u_{m-1}^{k+1}\end{pmatrix}=$$

$$\begin{pmatrix}1-r & \frac{r}{2} & & & \\ \frac{r}{2} & 1-r & \frac{r}{2} & & \\ & \ddots & \ddots & \ddots & \\ & & \frac{r}{2} & 1-r & \frac{r}{2}\\ & & & \frac{r}{2} & 1-r\end{pmatrix}\begin{pmatrix}u_1^{k}\\ u_2^{k}\\ \vdots\\ u_{m-2}^{k}\\ u_{m-1}^{k}\end{pmatrix}+\begin{pmatrix}\tau f(x_1,t_{k+\frac{1}{2}})+\frac{r}{2}(u_0^{k+1}+u_0^k)\\ \tau f(x_2,t_{k+\frac{1}{2}})\\ \vdots\\ \tau f(x_{m-2},t_{k+\frac{1}{2}})\\ \tau f(x_{m-1},t_{k+\frac{1}{2}})+\frac{r}{2}(u_m^{k+1}+u_m^k)\end{pmatrix}$$

$$0\leqslant k\leqslant n-1. \tag{3-54}$$

且$u_i^0=\varphi(x_i),\ 0\leqslant i\leqslant m$及$u_0^k=\alpha(t_k),\ u_m^k=\beta(t_k),\ 1\leqslant k\leqslant n.$ (3-55)

可以利用追赶法求解（3-54）.

## 三、Crank-Nicolson 格式解的存在唯一性、稳定性和收敛性分析

由于线性方程组（3-54）的系数矩阵是对角占优的，所以 Crank-Nicolson 格式唯一可解.

接下来考察差分格式式（3-54）的稳定性.

设

$$A=\begin{pmatrix} 1+r & -\frac{r}{2} & & & 0 \\ -\frac{r}{2} & 1+r & -\frac{r}{2} & & \\ & & \ddots & & \\ 0 & & -\frac{r}{2} & 1+r & -\frac{r}{2} \\ & & & -\frac{r}{2} & 1+r \end{pmatrix}_{(m-1)\times(m-1)},$$

$$B=\begin{pmatrix} 1-r & \frac{r}{2} & & 0 & \\ \frac{r}{2} & 1-r & \frac{r}{2} & & \\ & & \ddots & & \\ 0 & & \frac{r}{2} & 1-r & \frac{r}{2} \\ & & & \frac{r}{2} & 1-r \end{pmatrix}_{(m-1)\times(m-1)}$$

在齐次方程、零边界的条件下，式（3-54）就成为$A\boldsymbol{u}^{k+1}=B\boldsymbol{u}^k$. 即$\boldsymbol{u}^{k+1}=A^{-1}B\boldsymbol{u}^k$，数值格式的稳定性只需要考察矩阵$A^{-1}B$的特征值的大小. 由式（3-13）首先得$A$的特征值$\lambda_{A,i}=1+r-r\cos\frac{i\pi}{m}=1+r\left(1-\cos\frac{i\pi}{m}\right)=1+2r\sin^2\frac{i\pi}{2m}$，$1\leqslant i\leqslant m-1$. $B$的特征值$\lambda_{B,i}=1-r+r\cos\frac{i\pi}{m}=1-r\left(1-\cos\frac{i\pi}{m}\right)=1-2r\sin^2\frac{i\pi}{2m}$, $1\leqslant i\leqslant m-1$，故$A^{-1}B$的特征值为$\lambda_i=\frac{\lambda_{B,i}}{\lambda_{A,i}}=\frac{1-2r\sin^2\frac{i\pi}{2m}}{1+2r\sin^2\frac{i\pi}{2m}}$. 注意到对任意网比$r$，都有

$$-1-2r\sin^2\frac{i\pi}{2m}\leqslant 1-2r\sin^2\frac{i\pi}{2m}\leqslant 1+2r\sin^2\frac{i\pi}{2m}$$

即$\left|1-2r\sin^2\frac{i\pi}{2m}\right|\leqslant 1+2r\sin^2\frac{i\pi}{2m}$，从而$|\lambda_i|=\frac{\left|1-2r\sin^2\frac{i\pi}{2m}\right|}{1+2r\sin^2\frac{i\pi}{2m}}\leqslant 1$ 恒成立，从而$\rho(A^{-1}B)\leqslant 1+C\tau$恒成立，而显然矩阵$A^{-1}B$对称，故由推论 3.1.1 知 Crank-Nicolson 格式是个无条件稳定的数值格式.

这样，Crank-Nicolson 格式与原方程相容，且无条件稳定，所以这个数值格式是收敛的，且关于

时间和空间都是二阶精度的，即有

$$\max_{0\leqslant i\leqslant m}|u_i^k-u(x_i,t_k)|\leqslant C(\tau^2+h^2),\quad 1\leqslant k\leqslant n,\quad C=\max_{(x,t)\in\Omega}\left\{\frac{\partial^3 u(x,t)}{\partial t^3},\frac{\partial^4 u(x,t)}{\partial x^4}\right\} \tag{3-56}$$

从而当时间、空间步长同时减半时，数值解的误差将有效地减为原来误差的 1/4.

## 四、数值算例

**例 3.3.2** 用 Crank-Nicolson 格式计算抛物型方程初边值问题：

$$\begin{cases}\dfrac{\partial u}{\partial t}-\dfrac{\partial^2 u}{\partial x^2}=x\mathrm{e}^t-6x, & 0<x<1,\quad 0<t\leqslant 1,\\ u(x,0)=x^3+x, & 0\leqslant x\leqslant 1,\\ u(0,t)=0,\quad u(1,t)=1+\mathrm{e}^t, & 0<t\leqslant 1\end{cases}$$

已知其精确解为 $u(x,t)=x(x^2+\mathrm{e}^t)$. 分别取 $h_1=\dfrac{1}{5}$, $\tau_1=\dfrac{1}{10}$, $h_2=\dfrac{1}{10}$, $\tau_2=\dfrac{1}{20}$ 和 $h_3=\dfrac{1}{20}$, $\tau_3=\dfrac{1}{40}$, 列表输出节点 $(0.4,0.2i)$, $i=1,2,\cdots,5$ 处的数值结果、精确结果并给出误差.

**解**：程序见 Egch3_sec3_02.c，计算结果列表如下（表 3-20～表 3-22）.

表 3-20 $h_1=\dfrac{1}{5}$, $\tau_1=\dfrac{1}{10}$, $r_1=\dfrac{5}{2}$

| 节点 $(0.4,0.2i)$ | Crank-Nicolson 方法 $u_i^k$ | 精确解 $u(x_i,t_k)$ | 误差 $\lvert u_i^k-u(x_i,t_k)\rvert$ |
|---|---|---|---|
| (0.4, 0.2) | 0.552538 | 0.552561 | 2.2871e−5 |
| (0.4, 0.4) | 0.660699 | 0.660730 | 3.0898e−5 |
| (0.4, 0.6) | 0.792809 | 0.792848 | 3.8122e−5 |
| (0.4, 0.8) | 0.954170 | 0.954216 | 4.6615e−5 |
| (0.4, 1.0) | 1.151256 | 1.151313 | 5.6945e−5 |

表 3-21 $h_2=\dfrac{1}{10}$, $\tau_2=\dfrac{1}{20}$, $r_2=5$

| 节点 $(0.4,0.2i)$ | Crank-Nicolson 方法 $u_i^k$ | 精确解 $u(x_i,t_k)$ | 误差 $\lvert u_i^k-u(x_i,t_k)\rvert$ |
|---|---|---|---|
| (0.4, 0.2) | 0.552555 | 0.552561 | 5.6277e−6 |
| (0.4, 0.4) | 0.660722 | 0.660730 | 7.7307e−6 |
| (0.4, 0.6) | 0.792838 | 0.792848 | 9.5579e−6 |
| (0.4, 0.8) | 0.954205 | 0.954216 | 1.1690e−5 |
| (0.4, 1.0) | 1.151298 | 1.151313 | 1.4280e−5 |

表 3-22 $h_3=\dfrac{1}{20}$, $\tau_3=\dfrac{1}{40}$, $r_3=10$

| 节点 $(0.4,0.2i)$ | Crank-Nicolson 方法 $u_i^k$ | 精确解 $u(x_i,t_k)$ | 误差 $\lvert u_i^k-u(x_i,t_k)\rvert$ |
|---|---|---|---|
| (0.4, 0.2) | 0.552560 | 0.552561 | 1.4051e−6 |
| (0.4, 0.4) | 0.660728 | 0.660730 | 1.9331e−6 |
| (0.4, 0.6) | 0.792845 | 0.792848 | 2.3911e−6 |
| (0.4, 0.8) | 0.954213 | 0.954216 | 2.9246e−6 |
| (0.4, 1.0) | 1.151309 | 1.151313 | 3.5727e−6 |

从上面的数值结果看出，当时间、空间步长同时减半时，数值解的误差减为原来误差的 1/4.

**例 3.3.3** 用 Crank-Nicolson 格式计算抛物型方程初边值问题：

$$\begin{cases}\dfrac{\partial u}{\partial t}-\dfrac{\partial^2 u}{\partial x^2}=x^2(x^2-12)\mathrm{e}^t, \quad 0<x<1, \quad 0<t\leqslant 1,\\ u(x,0)=x^4, \quad 0\leqslant x\leqslant 1,\\ u(0,t)=0, \quad u(1,t)=\mathrm{e}^t, \quad 0<t\leqslant 1.\end{cases}$$

已知其精确解为 $u(x,t)=x^4\mathrm{e}^t$ . 分别取 $h_1=\dfrac{1}{5}$, $\tau_1=\dfrac{1}{10}$, $h_2=\dfrac{1}{10}$, $\tau_2=\dfrac{1}{20}$ 和 $h_3=\dfrac{1}{20}$, $\tau_3=\dfrac{1}{40}$，列表输出节点 $(0.4,0.2i)$, $i=1,2,\cdots,5$ 处的数值结果、精确结果并给出误差.

**解**：程序见 Egch3_sec3_03.c，计算结果列表如下（表 3-23～表 3-25）.

表 3-23 $h_1=\dfrac{1}{5}$, $\tau_1=\dfrac{1}{10}$, $r_1=\dfrac{5}{2}$

| 节点 $(0.4,0.2i)$ | Crank-Nicolson 方法 $u_i^k$ | 精确解 $u(x_i,t_k)$ | 误差 $\lvert u_i^k-u(x_i,t_k)\rvert$ |
|---|---|---|---|
| (0.4, 0.2) | 0.041248 | 0.031268 | 9.9798e–3 |
| (0.4, 0.4) | 0.051602 | 0.038191 | 1.3411e–2 |
| (0.4, 0.6) | 0.063171 | 0.046646 | 1.6525e–2 |
| (0.4, 0.8) | 0.077173 | 0.056974 | 2.0199e–2 |
| (0.4, 1.0) | 0.094261 | 0.069588 | 2.4673e–2 |

表 3-24 $h_2=\dfrac{1}{10}$, $\tau_2=\dfrac{1}{20}$, $r_2=5$

| 节点 $(0.4,0.2i)$ | Crank-Nicolson 方法 $u_i^k$ | 精确解 $u(x_i,t_k)$ | 误差 $\lvert u_i^k-u(x_i,t_k)\rvert$ |
|---|---|---|---|
| (0.4, 0.2) | 0.033730 | 0.031268 | 2.4618e–3 |
| (0.4, 0.4) | 0.041543 | 0.038191 | 3.3523e–3 |
| (0.4, 0.6) | 0.050788 | 0.046646 | 4.1416e–3 |
| (0.4, 0.8) | 0.062039 | 0.056974 | 5.0649e–3 |
| (0.4, 1.0) | 0.075775 | 0.069588 | 6.1872e–3 |

表 3-25 $h_3=\dfrac{1}{20}$, $\tau_3=\dfrac{1}{40}$, $r_3=10$

| 节点 $(0.4,0.2i)$ | Crank-Nicolson 方法 $u_i^k$ | 精确解 $u(x_i,t_k)$ | 误差 $\lvert u_i^k-u(x_i,t_k)\rvert$ |
|---|---|---|---|
| (0.4, 0.2) | 0.031882 | 0.031268 | 6.1445e–4 |
| (0.4, 0.4) | 0.039029 | 0.038191 | 8.3837e–4 |
| (0.4, 0.6) | 0.047682 | 0.046646 | 1.0361e–3 |
| (0.4, 0.8) | 0.058241 | 0.056974 | 1.2672e–3 |
| (0.4, 1.0) | 0.071136 | 0.069588 | 1.5480e–3 |

## 第四节 高精度算法

前一章处理二阶常微分方程两点 Dirichlet 边值问题的时候，我们在几乎不增加计算成本的情况下，利用理查德森外推的方法将原来二阶精度的数值解通过线性组合构造了四阶精度的数值解. 在抛物型偏微分方程初边值问题式（3-1）的数值求解中，同样可以应用理查德森外推法，只是分析过程更为复杂些. 此外，另一种高精度算法——紧差分方法也可以推广到求解式（3-1）.

## 一、理查德森外推法

先简单叙述一下理查德森外推法在偏微分方程数值求解中的基本思路. 假设对某一偏微分方程有精确解$u$，它是时间$t$、空间$x$的函数，在取定时间步长为$\tau$、空间步长为$h$的等距剖分下利用某种数值格式得到的数值解为$u_{\tau,h}$，其中$u_{\tau,h}$是二维矩形区域$\Omega$上的网格函数，即$u_{\tau,h}$只在网格节点$(x_i,t_k),\ 0\leqslant i\leqslant m,\ 0\leqslant k\leqslant n$处有意义. 如果$k$阶的数值解（关于时间的精度必须与空间的精度一致）与精确解在每个离散节点满足以下关系：

$$u=u_{\tau,h}+C_1\tau^k+C_2h^k+O(\tau^{k+1}+h^{k+1}) \tag{3-57}$$

其中，常数$C_1$和$C_2$与时间步长$\tau$、空间步长$h$都无关，则可重新选取步长$\lambda\tau$和$\lambda h$（关于时间的伸缩比例必须与空间的伸缩比例一致）得到新的数值解为$u_{\lambda\tau,\lambda h}$，则有

$$u=u_{\lambda\tau,\lambda h}+\lambda^k(C_1\tau^k+C_2h^k)+O(\tau^{k+1}+h^{k+1}) \tag{3-58}$$

由式（3-57）、式（3-58）可得$u=\dfrac{u_{\lambda\tau,\lambda h}-\lambda^k u_{\tau,h}}{1-\lambda^k}+O(\tau^{k+1}+h^{k+1})$，于是构造

$$\tilde{u}=\frac{u_{\lambda\tau,\lambda h}-\lambda^k u_{\tau,h}}{1-\lambda^k} \tag{3-59}$$

就可以获得精度为$k+1$阶的数值解$\tilde{u}$. 更进一步，如果对式（3-57）有

$$u=u_{\tau,h}+C_1\tau^k+C_2h^k+O(\tau^{k+2}+h^{k+2}) \tag{3-60}$$

则经过同样的分析，由式（3-59）构造的数值解$\tilde{u}$的精度可以提高至$k+2$阶.

下面以问题式（3-1）为例，讨论如何将二阶 Crank-Nicolson 格式所获得的数值解通过式（3-59）构造出四阶精度的数值解. 首先介绍一个引理.

**引理 3.4.1** 设$v_i^k,\ 0\leqslant i\leqslant m, 0\leqslant k\leqslant n$为对应于二维区域$\Omega$上的网格函数，且满足以下差分方程：

$$\begin{cases}\dfrac{v_i^{k+1}-v_i^k}{\tau}-\dfrac{a}{2h^2}\left(v_{i-1}^k-2v_i^k+v_{i+1}^k+v_{i-1}^{k+1}-2v_i^{k+1}+v_{i+1}^{k+1}\right)=g(x_i,t_{k+\frac{1}{2}}),\\ \qquad\qquad 1\leqslant i\leqslant m-1,\ \ 0\leqslant k\leqslant n-1,\\ v_i^0=0, \qquad\qquad 0\leqslant i\leqslant m,\\ v_0^k=v_m^k=0, \qquad 1\leqslant k\leqslant n.\end{cases} \tag{3-61}$$

其中，函数$g$在网格虚拟节点$(x_i,t_{k+\frac{1}{2}}),\ 1\leqslant i\leqslant m-1,\ \ 0\leqslant k\leqslant n-1$处有意义，则存在不依赖于步长$\tau$和$h$的常数$C$，使得

$$\|v^k\|_\infty\leqslant C\sqrt{\tau\sum_{l=0}^{k-1}\max_{1\leqslant i\leqslant m-1}g^2(x_i,t_{l+\frac{1}{2}})},\quad 1\leqslant k\leqslant n. \tag{3-62}$$

**证明**：对式（3-61）中第一式两边同乘以$\tau(v_i^{k+1}-v_i^k)$并关于下标$i$从 1 到$m-1$求和，则有

$$\sum_{i=1}^{m-1}(v_i^{k+1}-v_i^k)^2-\frac{a\tau}{2h^2}\sum_{i=1}^{m-1}\left(v_{i-1}^k-2v_i^k+v_{i+1}^k\right)(v_i^{k+1}-v_i^k)-$$

$$\frac{a\tau}{2h^2}\sum_{i=1}^{m-1}\left(v_{i-1}^{k+1}-2v_i^{k+1}+v_{i+1}^{k+1}\right)(v_i^{k+1}-v_i^k)=\tau\sum_{i=1}^{m-1}g(x_i,t_{k+\frac{1}{2}})(v_i^{k+1}-v_i^k)$$

即

$$\sum_{i=1}^{m-1}(v_i^{k+1}-v_i^k)^2-\frac{a\tau}{2h}h\cdot\sum_{i=1}^{m-1}\left(\frac{v_{i-1}^k-2v_i^k+v_{i+1}^k}{h^2}\right)(v_i^{k+1}-v_i^k)-$$

$$\frac{a\tau}{2h}h\cdot\sum_{i=1}^{m-1}\left(\frac{v_{i-1}^{k+1}-2v_i^{k+1}+v_{i+1}^{k+1}}{h^2}\right)(v_i^{k+1}-v_i^k)=\tau\sum_{i=1}^{m-1}g(x_i,t_{k+\frac12})(v_i^{k+1}-v_i^k)$$

再固定时间层 $k$, 将网格函数 $v_i^k$，$0\leqslant i\leqslant m,0\leqslant k\leqslant n$ 看成一维的 $v^k$，利用式（2-86）则有

$$\sum_{i=1}^{m-1}(v_i^{k+1}-v_i^k)^2-\frac{a\tau}{2h}|v^k|_1^2-\frac{a\tau}{2}\sum_{i=1}^{m-1}\left(\frac{v_{i-1}^k-2v_i^k+v_{i+1}^k}{h^2}\right)v_i^{k+1}+$$

$$\frac{a\tau}{2h}|v^{k+1}|_1^2+\frac{a\tau}{2}\sum_{i=1}^{m-1}\left(\frac{v_{i-1}^{k+1}-2v_i^{k+1}+v_{i+1}^{k+1}}{h^2}\right)v_i^k=\tau\sum_{i=1}^{m-1}g(x_i,t_{k+\frac12})(v_i^{k+1}-v_i^k) \tag{3-63}$$

注意到

$$\begin{aligned}&\sum_{i=1}^{m-1}\left(\frac{v_{i-1}^k-2v_i^k+v_{i+1}^k}{h^2}\right)v_i^{k+1}-\sum_{i=1}^{m-1}\left(\frac{v_{i-1}^{k+1}-2v_i^{k+1}+v_{i+1}^{k+1}}{h^2}\right)v_i^k\\&=\frac{1}{h^2}\sum_{i=1}^{m-1}\left((v_{i-1}^k-2v_i^k+v_{i+1}^k)v_i^{k+1}-(v_{i-1}^{k+1}-2v_i^{k+1}+v_{i+1}^{k+1})v_i^k\right)\\&=\frac{1}{h^2}\sum_{i=1}^{m-1}\left((v_{i-1}^k+v_{i+1}^k)v_i^{k+1}-(v_{i-1}^{k+1}+v_{i+1}^{k+1})v_i^k\right)\\&=\frac{1}{h^2}\sum_{i=1}^{m-1}\left(v_{i-1}^kv_i^{k+1}-v_i^kv_{i+1}^{k+1}\right)+\frac{1}{h^2}\sum_{i=1}^{m-1}\left(v_i^{k+1}v_{i+1}^k-v_{i-1}^{k+1}v_i^k\right)=0\end{aligned} \tag{3-64}$$

其中最后一个等式用到了式（3-61）的第三式. 于是将式（3-64）代入式（3-63）得

$$\sum_{i=1}^{m-1}(v_i^{k+1}-v_i^k)^2+\frac{a\tau}{2h}\left(|v^{k+1}|_1^2-|v^k|_1^2\right)=\tau\sum_{i=1}^{m-1}g(x_i,t_{k+\frac12})(v_i^{k+1}-v_i^k) \tag{3-65}$$

再利用 Cauchy-Schwartz 不等式得

$$\sum_{i=1}^{m-1}(v_i^{k+1}-v_i^k)^2+\frac{a\tau}{2h}\left(|v^{k+1}|_1^2-|v^k|_1^2\right)\leqslant\tau\sqrt{\sum_{i=1}^{m-1}g^2(x_i,t_{k+\frac12})}\cdot\sqrt{\sum_{i=1}^{m-1}(v_i^{k+1}-v_i^k)^2}\leqslant$$

$$\frac{\tau^2\sum_{i=1}^{m-1}g^2(x_i,t_{k+\frac12})}{4}+\sum_{i=1}^{m-1}(v_i^{k+1}-v_i^k)^2$$

故

$$|v^{k+1}|_1^2-|v^k|_1^2\leqslant\frac{\tau h}{2a}\sum_{i=1}^{m-1}g^2(x_i,t_{k+\frac12}),\quad 0\leqslant k\leqslant n-1. \tag{3-66}$$

上式对下标 $k$ 从 0 到 $l-1$, $1\leqslant l\leqslant n$ 求和，就有 $|v^l|_1^2-|v^0|_1^2\leqslant\frac{\tau h}{2a}\sum_{k=0}^{l-1}\sum_{i=1}^{m-1}g^2(x_i,t_{k+\frac12})$，即得

$$|v^l|_1^2\leqslant|v^0|_1^2+\frac{\tau h}{2a}\cdot m\sum_{k=0}^{l-1}\max_{1\leqslant i\leqslant m-1}g^2(x_i,t_{k+\frac12}),\quad 1\leqslant l\leqslant n.$$

换言之，$$|v^k|_1^2 \leqslant |v^0|_1^2 + \frac{\tau}{2a}\sum_{l=0}^{k-1}\max_{1\leqslant i\leqslant m-1} g(x_i, t_{l+\frac{1}{2}})^2, \quad 1\leqslant k\leqslant n.$$

再用式（3-61）第二式，就有$|v^k|_1^2 \leqslant \frac{\tau}{2a}\sum_{l=0}^{k-1}\max_{1\leqslant i\leqslant m-1} g^2(x_i, t_{k+\frac{1}{2}}), \quad 1\leqslant k\leqslant n.$

此外，由式（2-84）及式（3-61）的第三式知，$\|v^k\|_\infty \leqslant C|v^k|_1$，从而式（3-62）成立. 证毕.

**定理 3.4.1** 设抛物型方程初边值问题式（3-1）有精确解$u(x,t)$，利用 Crank-Nicolson 格式得到的数值解为$u_i^k$，$0\leqslant i\leqslant m, 0\leqslant k\leqslant n$，且对于下面辅助的两个抛物型方程初边值问题：

$$\begin{cases} \left.\dfrac{\partial v}{\partial t} - a\dfrac{\partial^2 v}{\partial x^2}\right| = p(x,t), \quad 0<x<1, \ 0<t\leqslant T, \\ v(x,0)=0, \qquad 0\leqslant x\leqslant 1, \\ v(0,t)=v(1,t)=0, \ 0<t\leqslant T, \end{cases} \tag{3-67}$$

及
$$\begin{cases} \left.\dfrac{\partial w}{\partial t} - a\dfrac{\partial^2 w}{\partial x^2}\right| = q(x,t), \quad 0<x<1, \ 0<t\leqslant T, \\ w(x,0)=0, \qquad 0\leqslant x\leqslant 1, \\ w(0,t)=w(1,t)=0, \ 0<t\leqslant T \end{cases} \tag{3-68}$$

都有光滑解，其中$p(x,t)=\frac{1}{24}\frac{\partial^3 u(x,t)}{\partial t^3}-\frac{a}{8}\frac{\partial^4 u(x,t)}{\partial x^2\partial t^2}$，$q(x,t)=-\frac{a}{12}\frac{\partial^4 u(x,t)}{\partial x^4}$，则

$$u(x_i,t_k)=u_i^k+\tau^2 v(x_i,t_k)+h^2 w(x_i,t_k)+O(\tau^4+h^4). \tag{3-69}$$

**证明**：固定$x$不动，将$u(x_i,t_{k+1}), u(x_i,t_k)$在$(x_i,t_{k+\frac{1}{2}})$处用泰勒公式展开整理可得：

$$\left.\frac{\partial u}{\partial t}\right|_{(x_i,t_{k+\frac{1}{2}})} = \frac{u(x_i,t_{k+1})-u(x_i,t_k)}{\tau} - \frac{\tau^2}{24}\left.\frac{\partial^3 u}{\partial t^3}\right|_{(x_i,t_{k+\frac{1}{2}})} + O(\tau^4) \tag{3-70}$$

和

$$u\Big|_{(x_i,t_{k+\frac{1}{2}})} = \frac{u(x_i,t_{k+1})+u(x_i,t_k)}{2} - \frac{\tau^2}{8}\left.\frac{\partial^2 u}{\partial t^2}\right|_{(x_i,t_{k+\frac{1}{2}})} + O(\tau^4)$$

类似地，将上式中的$u$用$\frac{\partial^2 u}{\partial x^2}$替换，则有

$$\left.\frac{\partial^2 u}{\partial x^2}\right|_{(x_i,t_{k+\frac{1}{2}})} = \frac{1}{2}\left(\left.\frac{\partial^2 u}{\partial x^2}\right|_{(x_i,t_k)} + \left.\frac{\partial^2 u}{\partial x^2}\right|_{(x_i,t_{k+1})}\right) - \frac{\tau^2}{8}\left.\frac{\partial^4 u}{\partial x^2\partial t^2}\right|_{(x_i,t_{k+\frac{1}{2}})} + O(\tau^4) \tag{3-71}$$

另外，

$$\left.\frac{\partial^2 u}{\partial x^2}\right|_{(x_i,t_k)} = \frac{u(x_{i-1},t_k)-2u(x_i,t_k)+u(x_{i+1},t_k)}{h^2} - \frac{h^2}{12}\left.\frac{\partial^4 u}{\partial x^4}\right|_{(x_i,t_k)} + O(h^4)$$

及
$$\left.\frac{\partial^2 u}{\partial x^2}\right|_{(x_i,t_{k+1})} = \frac{u(x_{i-1},t_{k+1})-2u(x_i,t_{k+1})+u(x_{i+1},t_{k+1})}{h^2} - \frac{h^2}{12}\left.\frac{\partial^4 u}{\partial x^4}\right|_{(x_i,t_{k+1})} + O(h^4)$$

联合上面的三个式子，可得

$$\left.\frac{\partial^2 u}{\partial x^2}\right|_{(x_i,t_{k+\frac{1}{2}})}=\frac{1}{2h^2}\big(u(x_{i-1},t_k)-2u(x_i,t_k)+u(x_{i+1},t_k)+u(x_{i-1},t_{k+1})-2u(x_i,t_{k+1})+u(x_{i+1},t_{k+1})\big)-$$

$$\frac{h^2}{24}\left(\left.\frac{\partial^4 u}{\partial x^4}\right|_{(x_i,t_k)}+\left.\frac{\partial^4 u}{\partial x^4}\right|_{(x_i,t_{k+1})}\right)-\frac{\tau^2}{8}\left.\frac{\partial^4 u}{\partial x^2\partial t^2}\right|_{(x_i,t_{k+\frac{1}{2}})}+O(\tau^4+h^4) \tag{3-72}$$

再将式（3-70）、式（3-72）代入虚拟节点处的离散方程（3-48）的第一式，可得

$$\frac{u(x_i,t_{k+1})-u(x_i,t_k)}{\tau}-\frac{\tau^2}{24}\left.\frac{\partial^3 u}{\partial t^3}\right|_{(x_i,t_{k+\frac{1}{2}})}-a\Bigg[\frac{1}{2h^2}\big(u(x_{i-1},t_k)-2u(x_i,t_k)+u(x_{i+1},t_k)+$$

$$u(x_{i-1},t_{k+1})-2u(x_i,t_{k+1})+u(x_{i+1},t_{k+1})\big)-\frac{h^2}{24}\left(\left.\frac{\partial^4 u}{\partial x^4}\right|_{(x_i,t_k)}+\left.\frac{\partial^4 u}{\partial x^4}\right|_{(x_i,t_{k+1})}\right)-\frac{\tau^2}{8}\left.\frac{\partial^4 u}{\partial x^2\partial t^2}\right|_{(x_i,t_{k+\frac{1}{2}})}\Bigg]+$$

$$O(\tau^4+h^4)=f(x_i,t_{k+\frac{1}{2}})$$

整理得

$$\frac{u(x_i,t_{k+1})-u(x_i,t_k)}{\tau}-\frac{a}{2h^2}\big(u(x_{i-1},t_k)-2u(x_i,t_k)+u(x_{i+1},t_k)+u(x_{i-1},t_{k+1})-2u(x_i,t_{k+1})+u(x_{i+1},t_{k+1})\big)$$

$$=f(x_i,t_{k+\frac{1}{2}})+\tau^2 p(x_i,t_{k+\frac{1}{2}})-\frac{ah^2}{24}\left(\left.\frac{\partial^4 u}{\partial x^4}\right|_{(x_i,t_k)}+\left.\frac{\partial^4 u}{\partial x^4}\right|_{(x_i,t_{k+1})}\right)+O(\tau^4+h^4) \tag{3-73}$$

注意到由式（3-71）并将其中的 $u$ 再用 $\frac{\partial^2 u}{\partial x^2}$ 替换可得

$$\left.\frac{\partial^4 u}{\partial x^4}\right|_{(x_i,t_k)}+\left.\frac{\partial^4 u}{\partial x^4}\right|_{(x_i,t_{k+1})}=2\left.\frac{\partial^4 u}{\partial x^4}\right|_{(x_i,t_{k+\frac{1}{2}})}+O(\tau^2)$$

从而式（3-73）可以改写为

$$\frac{u(x_i,t_{k+1})-u(x_i,t_k)}{\tau}-\frac{a}{2h^2}\big(u(x_{i-1},t_k)-2u(x_i,t_k)+u(x_{i+1},t_k)+u(x_{i-1},t_{k+1})-2u(x_i,t_{k+1})+u(x_{i+1},t_{k+1})\big)$$

$$=f(x_i,t_{k+\frac{1}{2}})+\tau^2 p(x_i,t_{k+\frac{1}{2}})-\frac{ah^2}{12}\left.\frac{\partial^4 u}{\partial x^4}\right|_{(x_i,t_{k+\frac{1}{2}})}+O(\tau^4+h^4)$$

$$=f(x_i,t_{k+\frac{1}{2}})+\tau^2 p(x_i,t_{k+\frac{1}{2}})+h^2 q(x_i,t_{k+\frac{1}{2}})+O(\tau^4+h^4) \tag{3-74}$$

由于式(3-1)的 Crank-Nicolson 格式为式(3-52)，将式(3-52)减去式(3-74)并记误差 $e_i^k=u_i^k-u(x_i,t_k)$，$0\leqslant i\leqslant m,\ 0\leqslant k\leqslant n$，则易见误差 $e_i^k$ 满足差分方程：

$$\begin{cases}\dfrac{e_i^{k+1}-e_i^k}{\tau}-\dfrac{a}{2h^2}(e_{i-1}^k-2e_i^k+e_{i+1}^k+e_{i-1}^{k+1}-2e_i^{k+1}+e_{i+1}^{k+1})=-\tau^2 p(x_i,t_{k+\frac{1}{2}})-h^2 q(x_i,t_{k+\frac{1}{2}})+\\ \qquad O(\tau^4+h^4),\quad 0\leqslant k\leqslant n-1,\quad 1\leqslant i\leqslant m-1,\\ e_i^0=0,\quad 0\leqslant i\leqslant m,\\ e_0^k=e_m^k=0,\quad 1\leqslant k\leqslant n.\end{cases} \tag{3-75}$$

另外，再对辅助问题式（3-67）应用 Crank-Nicolson 格式（3-52）可得二阶精度的数值解 $v_i^k$，即

$$\begin{cases} \dfrac{v_i^{k+1}-v_i^k}{\tau}-\dfrac{a}{2h^2}(v_{i-1}^k-2v_i^k+v_{i+1}^k+v_{i-1}^{k+1}-2v_i^{k+1}+v_{i+1}^{k+1})=p(x_i,t_{k+\frac{1}{2}}), \\ 0\leqslant k\leqslant n-1, \quad 1\leqslant i\leqslant m-1, \\ v_i^0=0, \quad 0\leqslant i\leqslant m, \\ v_0^k=v_m^k=0, \quad 1\leqslant k\leqslant n. \end{cases} \tag{3-76}$$

且有
$$v_i^k-v(x_i,t_k)=O(\tau^2+h^2). \tag{3-77}$$

同理对问题式（3-68）有

$$\begin{cases} \dfrac{w_i^{k+1}-w_i^k}{\tau}-\dfrac{a}{2h^2}(w_{i-1}^k-2w_i^k+w_{i+1}^k+w_{i-1}^{k+1}-2w_i^{k+1}+w_{i+1}^{k+1})=q(x_i,t_{k+\frac{1}{2}}), \\ 0\leqslant k\leqslant n-1, \quad 1\leqslant i\leqslant m-1, \\ w_i^0=0, \quad 0\leqslant i\leqslant m, \\ w_0^k=w_m^k=0, \quad 1\leqslant k\leqslant n. \end{cases} \tag{3-78}$$

且有
$$w_i^k-w(x_i,t_k)=O(\tau^2+h^2). \tag{3-79}$$

记 $r_i^k=e_i^k+\tau^2v_i^k+h^2w_i^k$，则由式（3-75）、式（3-76）和式（3-78）知 $r_i^k$ 满足差分方程（3-61），且此时式（3-61）中的右端项函数 $g\equiv O(\tau^4+h^4)$，于是由引理 3.4.1 知：

$$\|r^k\|_\infty=\max_{1\leqslant i\leqslant m-1}|r_i^k|\leqslant C\sqrt{\tau\cdot n(\tau^4+h^4)^2}=C_1(\tau^4+h^4), \quad 1\leqslant k\leqslant n.$$

即 $|r_i^k|=O(\tau^4+h^4), \quad 1\leqslant i\leqslant m-1,\ 1\leqslant k\leqslant n.$ 再联合式（3-77）和式（3-79）可得

$$u_i^k-u(x_i,t_k)+\tau^2v(x_i,t_k)+h^2w(x_i,t_k)=O(\tau^4+h^4).$$

可见，式（3-69）成立，定理证毕.

在定理 3.4.1 的基础上，记对应于时间、空间步长分别为 $\tau,h$ 的数值解为 $u_i^k=u_{\tau,h}$，若将时间、空间步长同时减半，得到的数值解为 $u_{\tau/2,h/2}$. 由式（3-69）可知：

$$u(x_i,t_k)=u_{\tau,h}+\tau^2v(x_i,t_k)+h^2w(x_i,t_k)+O(\tau^4+h^4),$$

$$u(x_i,t_k)=u_{\tau/2,h/2}+\left(\frac{\tau}{2}\right)^2v(x_i,t_k)+\left(\frac{h}{2}\right)^2w(x_i,t_k)+O(\tau^4+h^4)$$

于是构造
$$\tilde{u}=\frac{4u_{\tau/2,h/2}-u_{\tau,h}}{3} \tag{3-80}$$

则有 $u(x_i,t_k)-\tilde{u}=O(\tau^4+h^4)$，从而新的数值解 $\tilde{u}$ 具有四阶精度.

**例 3.4.1** 在例 3.3.2 中用 Crank-Nicolson 格式分别选取三种步长 $h_1=\dfrac{1}{5},\ \tau_1=\dfrac{1}{10},\quad h_2=\dfrac{1}{10},\ \tau_2=\dfrac{1}{20}$ 和 $h_3=\dfrac{1}{20},\ \tau_3=\dfrac{1}{40}$ 计算了抛物型方程初边值问题：

$$\begin{cases}\dfrac{\partial u}{\partial t}-\dfrac{\partial^2 u}{\partial x^2}=x\mathrm{e}^t-6x, & 0<x<1, \quad 0<t\leqslant 1,\\ u(x,0)=x^3+x, & 0\leqslant x\leqslant 1,\\ u(0,t)=0, \quad u(1,t)=1+\mathrm{e}^t, & 0<t\leqslant 1\end{cases}$$

已知其精确解为 $u(x,t)=x(x^2+\mathrm{e}^t)$. 利用表 3-20～表 3-22 所得到的数值解结果进行理查德森外推，列表输出节点 $(0.4,0.2i)$, $i=1,2,\cdots,5$ 处的数值结果并给出误差.

**解**：为了更清楚地看到新构造的数值解是四阶精度，我们根据程序 Egch3_sec3_02.c，分别计算了上述三种步长下的数值解，并显示到小数点后十位，列表如下（表 3-26）.

**表 3-26 Crank-Nicolson 格式的计算结果**

| 节点 $(0.4,0.2i)$ | 第一种步长下的数值解 $u_i^k$ | 第二种步长下的数值解 $u_i^k$ | 第三种步长下的数值解 $u_i^k$ |
|---|---|---|---|
| (0.4, 0.2) | 0.5525382324 | 0.5525554756 | 0.5525596981 |
| (0.4, 0.4) | 0.6606989808 | 0.6607221484 | 0.6607279459 |
| (0.4, 0.6) | 0.7928093979 | 0.7928379622 | 0.7928451291 |
| (0.4, 0.8) | 0.9541697560 | 0.9542046817 | 0.9542134468 |
| (0.4, 1.0) | 1.1512557860 | 1.1512984515 | 1.1513091587 |

然后对第一种步长下的结果及第二种步长下的结果进行式（3-80）线性组合，得到新的数值解 $\tilde{u}$；再对第二种步长下的结果及第三种步长下的结果也进行同样的线性组合，得到新的数值解 $\tilde{\tilde{u}}$，最后把这些结果与精确解比较. 程序见 Egch3_sec4_01.c，计算结果列表如下（表 3-27）.

**表 3-27 理查德森外推法的计算结果**

| 节点 $(0.4,0.2i)$ | 第一种步长与第二种步长组合后的 $\tilde{u}$ | 与精确解的误差 | 第二种步长与第三种步长组合后的 $\tilde{\tilde{u}}$ | 与精确解的误差 |
|---|---|---|---|---|
| (0.4, 0.2) | 0.5525612233 | 1.2007e−7 | 0.5525611056 | 2.3359e−9 |
| (0.4, 0.4) | 0.6607298709 | 8.1232e−9 | 0.6607298784 | 6.5651e−10 |
| (0.4, 0.6) | 0.7928474836 | 3.6523e−8 | 0.7928475181 | 2,0895e−9 |
| (0.4, 0.8) | 0.9542163236 | 4.7797e−8 | 0.9542163685 | 2.8970e−9 |
| (0.4, 1.0) | 1.1513126733 | 5.8050e−8 | 1.1513127278 | 3.6170e−9 |

从上表中可见，新的数值解 $\tilde{u}$ 与精确解的误差数量级大致为 $10^{-8}$，而未组合前的数值解与精确解的误差数量级（见表 3-20 和表 3-21）约为 $10^{-5}$ 或 $10^{-6}$，可见在几乎不增加计算成本的前提下，$\tilde{u}$ 大大提高了计算精度. 同样的情况在 $\tilde{\tilde{u}}$ 上也有体现，未组合前的数值解误差数量级（见表 3-21 和表 3-22）约为 $10^{-6}$，组合后的数值解 $\tilde{\tilde{u}}$ 与精确解的误差数量级提高到了 $10^{-9}$. 而且表中两列误差数据基本呈现为后列是前列的 1/16，从而利用理查德森外推法验证了数值解从二阶精度提高到四阶精度的事实.

**例 3.4.2** 在例 3.3.3 中用 Crank-Nicolson 格式分别选取三种步长 $h_1=\dfrac{1}{5}$, $\tau_1=\dfrac{1}{10}$, $h_2=\dfrac{1}{10}$, $\tau_2=\dfrac{1}{20}$ 和 $h_3=\dfrac{1}{20}$, $\tau_3=\dfrac{1}{40}$ 计算了抛物型方程初边值问题：

$$\begin{cases}\dfrac{\partial u}{\partial t}-\dfrac{\partial^2 u}{\partial x^2}=x^2(x^2-12)\mathrm{e}^t, & 0<x<1, \quad 0<t\leqslant 1,\\ u(x,0)=x^4, & 0\leqslant x\leqslant 1,\\ u(0,t)=0, \quad u(1,t)=\mathrm{e}^t, & 0<t\leqslant 1.\end{cases}$$

已知其精确解为$u(x,t)=x^4\mathrm{e}^t$. 利用表 3-23～表 3-25 得数值解结果进行理查德森外推，列表输出节点$(0.4,0.2i)$，$i=1,2,\cdots,5$处的数值结果并给出误差.

**解**：同样，根据程序 Egch3_sec3_03.c，分别计算了上述三种步长下的数值解，并显示到小数点后十位，列表如下（表 3-28）.

表 3-28 Crank-Nicolson 格式的计算结果

| 节点$(0.4,0.2i)$ | 第一种步长下的数值解$u_i^k$ | 第二种步长下的数值解$u_i^k$ | 第三种步长下的数值解$u_i^k$ |
|---|---|---|---|
| (0.4, 0.2) | 0.0412476914 | 0.0337297132 | 0.0318823557 |
| (0.4, 0.4) | 0.0516017382 | 0.0415430399 | 0.0390290850 |
| (0.4, 0.6) | 0.0631711853 | 0.0507878226 | 0.0476823660 |
| (0.4, 0.8) | 0.0771733069 | 0.0620387880 | 0.0582410491 |
| (0.4, 1.0) | 0.0942610774 | 0.0757752186 | 0.0711360095 |

利用式（3-80），仿上例对三种步长下的结果分别进行线性组合，得到新的数值解$\tilde{u}$和$\tilde{\tilde{u}}$，最后把这些结果与精确解比较. 程序见 Egch3_sec4_02.c，计算结果列表如下（表 3-29）.

表 3-29 理查德森外推法的计算结果

| 节点$(0.4,0.2i)$ | 第一种步长与第二种步长组合后的$\tilde{u}$ | 误 差 | 第二种步长与第三种步长组合后的$\tilde{\tilde{u}}$ | 误 差 |
|---|---|---|---|---|
| (0.4, 0.2) | 0.0312237205 | 4.4190e–5 | 0.0312665699 | 1,3407e–6 |
| (0.4, 0.4) | 0.0381901405 | 5.7179e–7 | 0.0381911000 | 3.8777e–7 |
| (0.4, 0.6) | 0.0466600350 | 1.3794e–5 | 0.0466472138 | 9.7251e–7 |
| (0.4, 0.8) | 0.0569939484 | 2.0101e–5 | 0.0569751361 | 1.2884e–6 |
| (0.4, 1.0) | 0.0696132659 | 2.5251e–5 | 0.0695896065 | 1.5917e–6 |

数值结果效果与上例一致.

## 二、紧差分方法

仍然考察问题式（3-1）. 注意到由泰勒公式：

$$u(x_{i-1},t)=u(x_i,t)-h\left.\frac{\partial u}{\partial x}\right|_{(x_i,\,t)}+\frac{h^2}{2}\left.\frac{\partial^2 u}{\partial x^2}\right|_{(x_i,\,t)}-\frac{h^3}{6}\left.\frac{\partial^3 u}{\partial x^3}\right|_{(x_i,\,t)}+\frac{h^4}{24}\left.\frac{\partial^4 u}{\partial x^4}\right|_{(x_i,\,t)}-\cdots \tag{3-81}$$

$$u(x_{i+1},t)=u(x_i,t)+h\left.\frac{\partial u}{\partial x}\right|_{(x_i,\,t)}+\frac{h^2}{2}\left.\frac{\partial^2 u}{\partial x^2}\right|_{(x_i,\,t)}+\frac{h^3}{6}\left.\frac{\partial^3 u}{\partial x^3}\right|_{(x_i,\,t)}+\frac{h^4}{24}\left.\frac{\partial^4 u}{\partial x^4}\right|_{(x_i,\,t)}+\cdots \tag{3-82}$$

两式相加后整理得

$$\frac{u(x_{i-1},t)-2u(x_i,t)+u(x_{i+1},t)}{h^2}=\left.\frac{\partial^2 u}{\partial x^2}\right|_{(x_i,\,t)}+\frac{h^2}{12}\left.\frac{\partial^4 u}{\partial x^4}\right|_{(x_i,\,t)}+O(h^4) \tag{3-83}$$

令

$$v(x,t)=\frac{\partial^2 u}{\partial x^2} \tag{3-84}$$

这样式（3-83）可以改写为

$$\frac{u(x_{i-1},t)-2u(x_i,t)+u(x_{i+1},t)}{h^2}=v(x_i,t)+\frac{h^2}{12}\frac{\partial^2 v}{\partial x^2}\bigg|_{(x_i,t)}+O(h^4)$$

$$=v(x_i,t)+\frac{h^2}{12}\frac{v(x_{i-1},t)-2v(x_i,t)+v(x_{i+1},t)}{h^2}+O(h^4) \quad (3\text{-}85)$$

$$=\frac{1}{12}v(x_{i-1},t)+\frac{10}{12}v(x_i,t)+\frac{1}{12}v(x_{i+1},t)+O(h^4)$$

在式（3-85）中取$t=t_{k+\frac{1}{2}}$，可得

$$\frac{u(x_{i-1},t_{k+\frac{1}{2}})-2u(x_i,t_{k+\frac{1}{2}})+u(x_{i+1},t_{k+\frac{1}{2}})}{h^2}$$

$$=\frac{1}{12}\left(v(x_{i-1},t_{k+\frac{1}{2}})+10v(x_i,t_{k+\frac{1}{2}})+v(x_{i+1},t_{k+\frac{1}{2}})\right)+O(h^4) \quad (3\text{-}86)$$

注意到由式（3-1）和式（3-84）可得$\frac{\partial u}{\partial t}-av(x,t)=f(x,t)$，即 $v(x,t)=\frac{1}{a}\left(\frac{\partial u}{\partial t}-f\right)$.

于是，由式（3-49）知

$$v(x_i,t_{k+\frac{1}{2}})=\frac{1}{a}\left(\frac{\partial u}{\partial t}\bigg|_{(x_i,t_{k+\frac{1}{2}})}-f(x_i,t_{k+\frac{1}{2}})\right)=\frac{1}{a}\left(\frac{u(x_i,t_{k+1})-u(x_i,t_k)}{\tau}-f(x_i,t_{k+\frac{1}{2}})\right)+O(\tau^2)$$

再利用式（3-50）有 $$u(x_i,t_{k+\frac{1}{2}})=\frac{u(x_i,t_k)+u(x_i,t_{k+1})}{2}+O(\tau^2)$$

将上面两式及其关于下标的类似变形一起代入式（3-86）可得

$$\frac{u(x_{i-1},t_k)+u(x_{i-1},t_{k+1})-2u(x_i,t_k)-2u(x_i,t_{k+1})+u(x_{i+1},t_k)+u(x_{i+1},t_{k+1})}{2h^2}$$

$$=\frac{1}{12a}\left(\frac{u(x_{i-1},t_{k+1})-u(x_{i-1},t_k)}{\tau}-f(x_{i-1},t_{k+\frac{1}{2}})+10\frac{u(x_i,t_{k+1})-u(x_i,t_k)}{\tau}-10f(x_i,t_{k+\frac{1}{2}})+\right.$$
$$\left.\frac{u(x_{i+1},t_{k+1})-u(x_{i+1},t_k)}{\tau}-f(x_{i+1},t_{k+\frac{1}{2}})\right)+O(\tau^2+h^4)$$

即

$$\frac{a\tau}{2h^2}\left(u(x_{i-1},t_k)+u(x_{i-1},t_{k+1})-2u(x_i,t_k)-2u(x_i,t_{k+1})+u(x_{i+1},t_k)+u(x_{i+1},t_{k+1})\right)$$

$$=\frac{1}{12}\left(u(x_{i-1},t_{k+1})-u(x_{i-1},t_k)+10u(x_i,t_{k+1})-10u(x_i,t_k)+u(x_{i+1},t_{k+1})-u(x_{i+1},t_k)-\right.$$
$$\left.\tau f(x_{i-1},t_{k+\frac{1}{2}})-10\tau f(x_i,t_{k+\frac{1}{2}})-\tau f(x_{i+1},t_{k+\frac{1}{2}})\right)+O(\tau^2+h^4)$$

仍然记$r=\frac{a\tau}{h^2}$，且用数值解$u_i^k$代替精确解$u(x_i,\ t_k)$并忽略高阶小项，可得

$$\frac{r}{2}(u_{i-1}^k+u_{i-1}^{k+1}-2u_i^k-2u_i^{k+1}+u_{i+1}^k+u_{i+1}^{k+1})$$

$$=\frac{1}{12}(u_{i-1}^{k+1}-u_{i-1}^k+10u_i^{k+1}-10u_i^k+u_{i+1}^{k+1}-u_{i+1}^k-\tau f(x_{i-1},t_{k+\frac{1}{2}})-10\tau f(x_i,t_{k+\frac{1}{2}})-\tau f(x_{i+1},t_{k+\frac{1}{2}}))$$

联合式（3-1）中的初边值条件整理可得以下紧差分格式：

$$\begin{cases}\left(\dfrac{1}{12}-\dfrac{r}{2}\right)u_{i-1}^{k+1}+\left(\dfrac{5}{6}+r\right)u_i^{k+1}+\left(\dfrac{1}{12}-\dfrac{r}{2}\right)u_{i+1}^{k+1}=\left(\dfrac{1}{12}+\dfrac{r}{2}\right)u_{i-1}^{k}+\left(\dfrac{5}{6}-r\right)u_i^{k}+\left(\dfrac{1}{12}+\dfrac{r}{2}\right)u_{i+1}^{k}+\\ \qquad\dfrac{\tau}{12}\left(f(x_{i-1},t_{k+\frac{1}{2}})+10\,f(x_i,t_{k+\frac{1}{2}})+f(x_{i+1},t_{k+\frac{1}{2}})\right),\quad 1\leqslant i\leqslant m-1,\ \ 0\leqslant k\leqslant n-1,\\ u_i^0=\varphi(x_i),\quad 0\leqslant i\leqslant m,\\ u_0^k=\alpha(t_k),\quad u_m^k=\beta(t_k),\quad 1\leqslant k\leqslant n.\end{cases}\tag{3-87}$$

易见此数值格式的局部截断误差为$O(\tau^2+h^4)$. 上述格式写成矩阵形式即为

$$\begin{pmatrix}\frac{5}{6}+r & \frac{1}{12}-\frac{r}{2} & & & 0\\ \frac{1}{12}-\frac{r}{2} & \frac{5}{6}+r & \frac{1}{12}-\frac{r}{2} & & \\ & \ddots & \ddots & \ddots & \\ & & \frac{1}{12}-\frac{r}{2} & \frac{5}{6}+r & \frac{1}{12}-\frac{r}{2}\\ 0 & & & \frac{1}{12}-\frac{r}{2} & \frac{5}{6}+r\end{pmatrix}\begin{pmatrix}u_1^{k+1}\\ u_2^{k+1}\\ \vdots\\ u_{m-2}^{k+1}\\ u_{m-1}^{k+1}\end{pmatrix}=$$

$$\begin{pmatrix}\frac{5}{6}-r & \frac{1}{12}+\frac{r}{2} & & & 0\\ \frac{1}{12}+\frac{r}{2} & \frac{5}{6}-r & \frac{1}{12}+\frac{r}{2} & & \\ & \ddots & \ddots & \ddots & \\ & & \frac{1}{12}+\frac{r}{2} & \frac{5}{6}-r & \frac{1}{12}+\frac{r}{2}\\ 0 & & & \frac{1}{12}+\frac{r}{2} & \frac{5}{6}-r\end{pmatrix}\begin{pmatrix}u_1^{k}\\ u_2^{k}\\ \vdots\\ u_{m-2}^{k}\\ u_{m-1}^{k}\end{pmatrix}+$$

$$\begin{pmatrix}\frac{\tau}{12}\left(f_0^{k+\frac{1}{2}}+10\,f_1^{k+\frac{1}{2}}+f_2^{k+\frac{1}{2}}\right)+\left(\frac{1}{12}+\frac{r}{2}\right)u_0^k-\left(\frac{1}{12}-\frac{r}{2}\right)u_0^{k+1}\\ \frac{\tau}{12}\left(f_1^{k+\frac{1}{2}}+10\,f_2^{k+\frac{1}{2}}+f_3^{k+\frac{1}{2}}\right)\\ \vdots\\ \frac{\tau}{12}\left(f_{m-3}^{k+\frac{1}{2}}+10\,f_{m-2}^{k+\frac{1}{2}}+f_{m-1}^{k+\frac{1}{2}}\right)\\ \frac{\tau}{12}\left(f_{m-2}^{k+\frac{1}{2}}+10\,f_{m-1}^{k+\frac{1}{2}}+f_m^{k+\frac{1}{2}}\right)+\left(\frac{1}{12}+\frac{r}{2}\right)u_m^k-\left(\frac{1}{12}-\frac{r}{2}\right)u_m^{k+1}\end{pmatrix}\tag{3-88}$$

矩阵方程（3-88）的系数矩阵是对角占优的，所以可以利用追赶法求得唯一解. 接下来考虑紧差分格式的式（3-88）的稳定性. 仅在齐次方程、零边界条件下考虑. 此时，式（3-88）可以记作$\boldsymbol{A}\boldsymbol{u}^{k+1}=\boldsymbol{B}\boldsymbol{u}^k$，其中，

$$A=\begin{pmatrix}\frac{5}{6}+r & \frac{1}{12}-\frac{r}{2} & & & 0\\ \frac{1}{12}-\frac{r}{2} & \frac{5}{6}+r & \frac{1}{12}-\frac{r}{2} & & \\ & \ddots & \ddots & \ddots & \\ & & \frac{1}{12}-\frac{r}{2} & \frac{5}{6}+r & \frac{1}{12}-\frac{r}{2}\\ 0 & & & \frac{1}{12}-\frac{r}{2} & \frac{5}{6}+r\end{pmatrix},$$

$$B=\begin{pmatrix} \frac{5}{6}-r & \frac{1}{12}+\frac{r}{2} & & & 0 \\ \frac{1}{12}+\frac{r}{2} & \frac{5}{6}-r & \frac{1}{12}+\frac{r}{2} & & \\ & \ddots & \ddots & \ddots & \\ & & \frac{1}{12}+\frac{r}{2} & \frac{5}{6}-r & \frac{1}{12}+\frac{r}{2} \\ 0 & & & \frac{1}{12}+\frac{r}{2} & \frac{5}{6}-r \end{pmatrix}.$$

因此只需要考察矩阵 $A^{-1}B$ 的特征值. 注意到 $A$ 矩阵的特征值为$\lambda_{A,i}=\frac{5}{6}+r+2\left(\frac{1}{12}-\frac{r}{2}\right)\cos\frac{i\pi}{m}$，$B$ 矩阵的特征值为$\lambda_{B,i}=\frac{5}{6}-r+2\left(\frac{1}{12}+\frac{r}{2}\right)\cos\frac{i\pi}{m}$，$1\leqslant i\leqslant m-1$，故$A^{-1}B$的特征值为$\lambda_i=\frac{\lambda_{B,i}}{\lambda_{A,i}}=\frac{\frac{5}{6}-r+2\left(\frac{1}{12}+\frac{r}{2}\right)\cos\frac{i\pi}{m}}{\frac{5}{6}+r+2\left(\frac{1}{12}-\frac{r}{2}\right)\cos\frac{i\pi}{m}}$，

$1\leqslant i\leqslant m-1$. 由于

$$|\lambda_i|\leqslant 1\Leftrightarrow\left|\frac{5}{6}-r+\left(\frac{1}{6}+r\right)\cos\frac{i\pi}{m}\right|\leqslant\left|\frac{5}{6}+r+\left(\frac{1}{6}-r\right)\cos\frac{i\pi}{m}\right|$$

$$\Leftrightarrow\left|\frac{5}{6}+\frac{1}{6}\cos\frac{i\pi}{m}-r\left(1-\cos\frac{i\pi}{m}\right)\right|^2\leqslant\left|\frac{5}{6}+\frac{1}{6}\cos\frac{i\pi}{m}+r\left(1-\cos\frac{i\pi}{m}\right)\right|^2\Leftrightarrow r>0$$

可见，对任意网比$r$，都有矩阵 $A^{-1}B$ 对称，且 $\rho(A^{-1}B)\leqslant 1\leqslant 1+C\tau$，从而由推论 3.1.1 知此紧差分格式是无条件稳定的.

综上，紧差分格式与原方程相容，且无条件稳定，所以这个数值格式是收敛的，且有

$$\max_{0\leqslant i\leqslant m}|u_i^k-u(x_i,t_k)|\leqslant C(\tau^2+h^4),\ 1\leqslant k\leqslant n，\text{其中，}C=\max_{(x,t)\in\Omega}\left\{\frac{\partial^6 u(x,t)}{\partial x^6},\frac{\partial^3 u(x,t)}{\partial t^3}\right\}.$$

从而当时间、空间步长分别减为原来的 1/4、1/2 时，数值解的误差将有效地减为原来误差的 1/16！

**例 3.4.3** 用紧差分格式计算抛物型方程初边值问题：

$$\begin{cases}\frac{\partial u}{\partial t}-\frac{\partial^2 u}{\partial x^2}=x\mathrm{e}^t-6x, & 0<x<1,\quad 0<t\leqslant 1,\\ u(x,0)=x^3+x, & 0\leqslant x\leqslant 1,\\ u(0,t)=0,\quad u(1,t)=1+\mathrm{e}^t, & 0<t\leqslant 1.\end{cases}$$

已知其精确解为 $u(x,t)=x(x^2+\mathrm{e}^t)$. 分别取 $h_1=\frac{1}{5},\ \tau_1=\frac{1}{10}$ 和 $h_2=\frac{1}{10},\ \tau_2=\frac{1}{40}$，列表输出节点 $(0.4,0.2i),\ i=1,2,\cdots,5$ 处的数值结果并给出误差.

**解：** 程序见 Egch3_sec4_03.c，计算结果列表如下（表 3-30）.

**表 3-30 例 3.4.3 的紧差分格式的计算结果**

| 节点 $(0.4,0.2i)$ | 第一种步长下的数值解 $u_i^k$ | 第一种步长下的误差 $\|u_i^k-u(x_i,t_k)\|$ | 第二种步长下的数值解 $u_i^k$ | 第二种步长下的误差 $\|u_i^k-u(x_i,t_k)\|$ |
|---|---|---|---|---|
| (0.4, 0.2) | 0.552538 | 2.3245e-5 | 0.552560 | 1.4062e-6 |

续表

| 节点 $(0.4,0.2i)$ | 第一种步长下的数值解 $u_i^k$ | 第一种步长下的误差 $\|u_i^k-u(x_i,t_k)\|$ | 第二种步长下的数值解 $u_i^k$ | 第二种步长下的误差 $\|u_i^k-u(x_i,t_k)\|$ |
|---|---|---|---|---|
| (0.4, 0.4) | 0.660699 | 3.1056e-5 | 0.660728 | 1.9337e-6 |
| (0.4, 0.6) | 0.792809 | 3.8240e-5 | 0.792845 | 2.3916e-6 |
| (0.4, 0.8) | 0.954170 | 4.6749e-5 | 0.954213 | 2.9251e-6 |
| (0.4, 1.0) | 1.151256 | 5.7110e-5 | 1.151309 | 3.5733e-6 |

从上表可见，当取第二种步长取为 $h_2=\dfrac{1}{10},\ \tau_2=\dfrac{1}{40}$ 时，相当于将第一种步长中的时间步长减为原来的1/4，空间步长减为原来的1/2，这时数值解的误差约减至原来误差的1/16.

**例 3.4.4** 应用紧差分格式计算抛物型方程初边值问题：

$$\begin{cases}\dfrac{\partial u}{\partial t}-\dfrac{\partial^2 u}{\partial x^2}=x^2(x^2-12)\mathrm{e}^t, & 0<x<1, \quad 0<t\leqslant 1,\\ u(x,0)=x^4, & 0\leqslant x\leqslant 1,\\ u(0,t)=0, \quad u(1,t)=\mathrm{e}^t, & 0<t\leqslant 1.\end{cases}$$

已知其精确解为 $u(x,t)=x^4\mathrm{e}^t$ . 分别取 $h_1=\dfrac{1}{5},\ \tau_1=\dfrac{1}{10}$ 和 $h_2=\dfrac{1}{10},\ \tau_2=\dfrac{1}{40}$ ，列表输出节点 $(0.4,0.2i)$ ，$i=1,2,\cdots,5$ 处的数值结果并给出误差.

**解**：程序见 Egch3_sec4_04. c，计算结果列表如下（表 3-31）.

**表 3-31 例 3.4.4 的紧差分格式的计算结果**

| 节点 $(0.4,0.2i)$ | 第一种步长下的数值解 $u_i^k$ | 第一种步长下的误差 $\|u_i^k-u(x_i,t_k)\|$ | 第二种步长下的数值解 $u_i^k$ | 第二种步长下的误差 $\|u_i^k-u(x_i,t_k)\|$ |
|---|---|---|---|---|
| (0.4, 0.2) | 0.031726 | 4.5806e-4 | 0.031295 | 2.7439e-5 |
| (0.4, 0.4) | 0.038803 | 6.1198e-4 | 0.038229 | 3.8081e-5 |
| (0.4, 0.6) | 0.047400 | 7.5364e-4 | 0.046693 | 4.7141e-5 |
| (0.4, 0.8) | 0.057895 | 9.2148e-4 | 0.057032 | 5.7664e-5 |
| (0.4, 1.0) | 0.070714 | 1.1258e-3 | 0.069658 | 7.0443e-5 |

上表中第二种步长下的误差约为第一种步长下误差的1/16.

# 第五节 混合边界条件下的差分方法

本节主要研究混合边界（导数边界）条件下抛物型方程初边值问题的解法，希望读者将前面章节中的算法分析综合运用到处理带导数边界的问题中. 本小节内容可作为自学内容. 现考察如下的抛物型方程初边值问题：

$$\begin{cases}\dfrac{\partial u}{\partial t}-a\dfrac{\partial^2 u}{\partial x^2}=f(x,t), \quad 0<x<1,\ 0<t\leqslant T,\\ u(x,0)=\varphi(x), \qquad 0\leqslant x\leqslant 1,\\ \dfrac{\partial u}{\partial x}(0,t)-\lambda u(0,t)=\alpha(t), \qquad \dfrac{\partial u}{\partial x}(1,t)+\mu u(1,t)=\beta(t), \quad 0<t\leqslant T.\end{cases} \tag{3-89}$$

为后文分析方便，这里只设常值参数：

$$\lambda\geqslant 0, \quad \mu\geqslant 0 \tag{3-90}$$

且当 $\lambda,\mu$ 同时为零时）（3-89）中的边界条件是诺伊曼（Neumann）边界条件. 对问题式（3-89）的处理重点放在对导数边界条件的差分格式设计上. 读者可以按照文中的提示先自行设计相应的差分格式，然后再与书中的格式进行对比，以便考察自己是否掌握了基本的数值格式设计思路、步骤以及相应的理论分析.

## 一、几种差分格式的建立

**要求 1**：用向前欧拉显格式设计算法，边界条件用中心差商.

简要分析：网格剖分见图 3-1，在节点 $(x_i,t_k)$ 处得节点离散方程：

$$\begin{cases}\left.\dfrac{\partial u}{\partial t}\right|_{(x_i,t_k)}-a\left.\dfrac{\partial^2 u}{\partial x^2}\right|_{(x_i,t_k)}=f(x_i,t_k),\\ u(x_i,t_0)=\varphi(x_i),\\ \dfrac{\partial u}{\partial x}(x_0,t_k)-\lambda u(x_0,t_k)=\alpha(t_k),\quad \dfrac{\partial u}{\partial x}(x_m,t_k)+\mu u(x_m,t_k)=\beta(t_k)\end{cases}\tag{3-91}$$

接下来处理偏导数. 按照要求 1 利用差商代替微商，得 $\left.\dfrac{\partial u}{\partial t}\right|_{(x_i,t_k)}\approx\dfrac{u(x_i,t_{k+1})-u(x_i,t_k)}{\tau}$，误差为 $O(\tau)$，此处用的是一阶向前差商（为了保证得到向前欧拉的显格式）；此外，$\left.\dfrac{\partial^2 u}{\partial x^2}\right|_{(x_i,t_k)}\approx\dfrac{u(x_{i-1},t_k)-2u(x_i,t_k)+u(x_{i+1},t_k)}{h^2}$，误差为 $O(h^2)$；边界条件用中心差商 $\left.\dfrac{\partial u}{\partial x}\right|_{(x_0,t_k)}\approx\dfrac{u(x_1,t_k)-u(x_{-1},t_k)}{2h}$，$\left.\dfrac{\partial u}{\partial x}\right|_{(x_m,t_k)}\approx\dfrac{u(x_{m+1},t_k)-u(x_{m-1},t_k)}{2h}$，误差为 $O(h^2)$，其中 $u(x_{-1},t_k)$，$u(x_{m+1},t_k)$ 中的 $x$ 变量都已经越界，都是“虚拟”的函数值，将在后文中单独处理. 将上面各式代入式（3-91）后再将数值解 $u_i^k$ 代替精确解 $u(x_i,t_k)$ 并忽略高阶小项，可得离散差分格式：

$$\begin{cases}\dfrac{u_i^{k+1}-u_i^k}{\tau}-a\cdot\dfrac{u_{i-1}^k-2u_i^k+u_{i+1}^k}{h^2}=f(x_i,t_k),\quad 1\leqslant i\leqslant m-1,\quad 0\leqslant k\leqslant n-1,\\ u_i^0=\varphi(x_i),\quad 0\leqslant i\leqslant m,\\ \dfrac{u_1^k-u_{-1}^k}{2h}-\lambda u_0^k=\alpha(t_k),\quad \dfrac{u_{m+1}^k-u_{m-1}^k}{2h}+\mu u_m^k=\beta(t_k),\quad 1\leqslant k\leqslant n.\end{cases}\tag{3-92}$$

易见此格式的局部截断误差为 $O(\tau+h^2)$. 式（3-92）中第一式可以改写为

$$u_i^{k+1}-u_i^k-r(u_{i-1}^k-2u_i^k+u_{i+1}^k)=\tau f(x_i,t_k),\quad 1\leqslant i\leqslant m-1,\ 0\leqslant k\leqslant n-1\tag{3-93}$$

其中 $r=a\tau/h^2$. 为处理越界问题，设式(3-93)对 $i=0$ 和 $i=m$ 都成立，即 $u_0^{k+1}-u_0^k-r(u_{-1}^k-2u_0^k+u_1^k)=\tau f(x_0,t_k)$，$u_m^{k+1}-u_m^k-r(u_{m-1}^k-2u_m^k+u_{m+1}^k)=\tau f(x_m,t_k)$.

将它们分别与式（3-92）中的第三式 $u_{-1}^k=u_1^k-2\lambda hu_0^k-2h\alpha(t_k)$ 及 $u_{m+1}^k=u_{m-1}^k-2\mu hu_m^k+2h\beta(t_k)$ 联立，整理可得

$$\begin{cases}u_0^{k+1}=(1-2r-2r\lambda h)u_0^k+2ru_1^k-2rh\alpha(t_k)+\tau f(x_0,t_k),\\ u_m^{k+1}=2ru_{m-1}^k+(1-2r-2r\mu h)u_m^k++2rh\beta(t_k)+\tau f(x_m,t_k).\end{cases}\tag{3-94}$$

联合式（3-93）及式（3-94）可得如下数值格式：

$$\begin{cases} u_0^{k+1}=(1-2r-2r\lambda h)u_0^k+2ru_1^k-2rh\alpha(t_k)+\tau f(x_0,t_k), & ① \\ u_i^{k+1}=ru_{i-1}^k+(1-2r)u_i^k+ru_{i+1}^k+\tau f(x_i,t_k),\ 1\leqslant i\leqslant m-1,\ 0\leqslant k\leqslant n-1, & ② \\ u_m^{k+1}=2ru_{m-1}^k+(1-2r-2r\mu h)u_m^k+2rh\beta(t_k)+\tau f(x_m,t_k), & ③ \\ u_i^0=\varphi(x_i), 0\leqslant i\leqslant m. & ④ \end{cases} \tag{3-95}$$

具体层进式计算可见图 3-4.

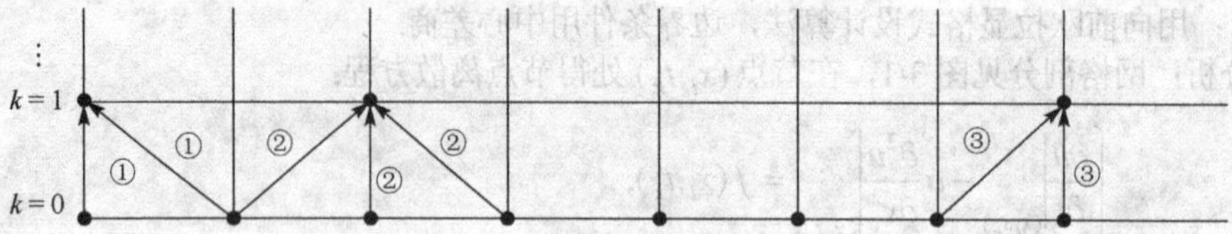


图 3-4 按照要求 1 所设计的时间层进图，其中第 0 层时间层上的点是已知点（根据式（3-95）中的第四式）

**要求 2**：用向前欧拉显格式设计算法，$x=0$ 处的边界条件用向前差商，$x=1$ 处的边界条件用向后差商.

简要分析：同要求 1，可得节点离散方程（3-91）. 按照要求 2 利用差商代替微商，得一阶向前差商 $\left.\dfrac{\partial u}{\partial t}\right|_{(x_i,t_k)} \approx \dfrac{u(x_i,t_{k+1})-u(x_i,t_k)}{\tau}$，误差为 $O(\tau)$；此外，$\left.\dfrac{\partial^2 u}{\partial x^2}\right|_{(x_i,t_k)} \approx \dfrac{u(x_{i-1},t_k)-2u(x_i,t_k)+u(x_{i+1},t_k)}{h^2}$，误差为 $O(h^2)$，且边界条件按要求处理如下：$\left.\dfrac{\partial u}{\partial x}\right|_{(x_0,t_k)} \approx \dfrac{u(x_1,t_k)-u(x_0,t_k)}{h}$，$\left.\dfrac{\partial u}{\partial x}\right|_{(x_m,t_k)} \approx \dfrac{u(x_m,t_k)-u(x_{m-1},t_k)}{h}$，误差均为 $O(h)$，然后将上面这些式子代入式（3-91），再将数值解 $u_i^k$ 代替精确解 $u(x_i,t_k)$ 并忽略高阶小项，可得以下离散格式：

$$\begin{cases} \dfrac{u_i^{k+1}-u_i^k}{\tau}-a\dfrac{u_{i-1}^k-2u_i^k+u_{i+1}^k}{h^2}=f(x_i,t_k), \quad 1\leqslant i\leqslant m-1, \quad 0\leqslant k\leqslant n-1, \\ u_i^0=\varphi(x_i), \quad 0\leqslant i\leqslant m, \\ \dfrac{u_1^k-u_0^k}{h}-\lambda u_0^k=\alpha(t_k), \quad \dfrac{u_m^k-u_{m-1}^k}{h}+\mu u_m^k=\beta(t_k), \quad 1\leqslant k\leqslant n. \end{cases}$$

整理可得

$$\begin{cases} u_i^{k+1}=ru_{i-1}^k+(1-2r)u_i^k+ru_{i+1}^k+\tau f(x_i,t_k), \quad 1\leqslant i\leqslant m-1, 0\leqslant k\leqslant n-1, & ① \\ u_i^0=\varphi(x_i), \quad 0\leqslant i\leqslant m, & ② \\ u_0^k=\dfrac{u_1^k-h\alpha(t_k)}{1+\lambda h}, & ③ \\ u_m^k=\dfrac{u_{m-1}^k+h\beta(t_k)}{1+\mu h}, \quad 1\leqslant k\leqslant n. & ④ \end{cases} \tag{3-96}$$

易见此格式的局部截断误差为 $O(\tau+h)$. 具体层进式计算可见图 3-5.

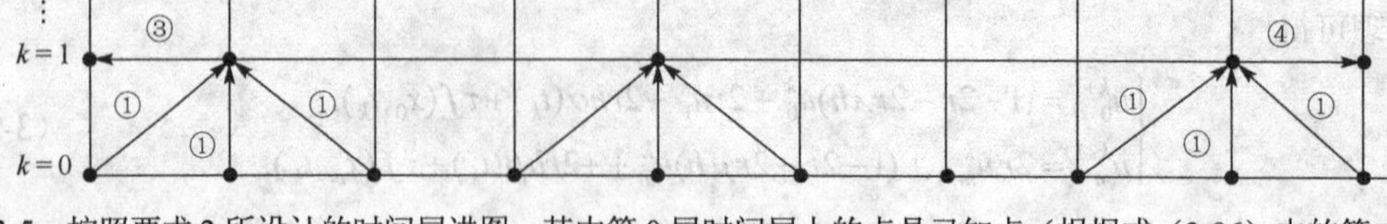


图 3-5 按照要求 2 所设计的时间层进图，其中第 0 层时间层上的点是已知点（根据式（3-96）中的第二式）

**要求 3**：用 Crank-Nicolson 格式设计算法，边界条件用中心差商.

简要分析：按照要求 3 在虚拟节点 $(x_i,t_{k+\frac{1}{2}})$ 处得节点离散方程：

$$\begin{cases}\left.\dfrac{\partial u}{\partial t}\right|_{(x_i,t_{k+\frac{1}{2}})}-a\left.\dfrac{\partial^2 u}{\partial x^2}\right|_{(x_i,t_{k+\frac{1}{2}})}=f(x_i,t_{k+\frac{1}{2}})\\ u(x_i,t_0)=\varphi(x_i),\\ \dfrac{\partial u}{\partial x}(x_0,t_k)-\lambda u(x_0,t_k)=\alpha(t_k),\qquad \dfrac{\partial u}{\partial x}(x_m,t_k)+\mu u(x_m,t_k)=\beta(t_k).\end{cases}\tag{3-97}$$

再按照要求 3 利用差商代替微商，分别取 $\left.\dfrac{\partial u}{\partial t}\right|_{(x_i,t_{k+\frac{1}{2}})}\approx\dfrac{u(x_i,t_{k+1})-u(x_i,t_k)}{\tau}$，误差为 $O(\tau^2)$，$\left.\dfrac{\partial^2 u}{\partial x^2}\right|_{(x_i,t_{k+\frac{1}{2}})}\approx$

$$\frac{1}{2}\left[\left.\frac{\partial^2 u}{\partial x^2}\right|_{(x_i,t_k)}+\left.\frac{\partial^2 u}{\partial x^2}\right|_{(x_i,t_{k+1})}\right]\approx\frac{1}{2}\left[\frac{u(x_{i-1},t_k)-2u(x_i,t_k)+u(x_{i+1},t_k)}{h^2}+\frac{u(x_{i-1},t_{k+1})-2u(x_i,t_{k+1})+u(x_{i+1},t_{k+1})}{h^2}\right],$$

误差为 $O(\tau^2+h^2)$，及 $\left.\dfrac{\partial u}{\partial x}\right|_{(x_0,t_k)}\approx\dfrac{u(x_1,t_k)-u(x_{-1},t_k)}{2h}$，$\left.\dfrac{\partial u}{\partial x}\right|_{(x_m,t_k)}\approx\dfrac{u(x_{m+1},t_k)-u(x_{m-1},t_k)}{2h}$，误差均为 $O(h^2)$，其中 $u(x_{-1},t_k)$，$u(x_{m+1},t_k)$ 同前文一样都是越界虚拟值. 然后将上面这些式子代入式（3-97），再将数值解 $u_i^k$ 代替精确解 $u(x_i,t_k)$ 并忽略高阶小项，可得以下离散格式：

$$\begin{cases}\dfrac{u_i^{k+1}-u_i^k}{\tau}-a\cdot\dfrac{1}{2h^2}\left[u_{i-1}^k-2u_i^k+u_{i+1}^k+u_{i-1}^{k+1}-2u_i^{k+1}+u_{i+1}^{k+1}\right]=f(x_i,t_{k+\frac{1}{2}}),\\ \qquad\qquad 1\leqslant i\leqslant m-1,\quad 0\leqslant k\leqslant n-1,\\ u_i^0=\varphi(x_i),\quad 0\leqslant i\leqslant m,\\ \dfrac{u_1^k-u_{-1}^k}{2h}-\lambda u_0^k=\alpha(t_k),\quad \dfrac{u_{m+1}^k-u_{m-1}^k}{2h}+\mu u_m^k=\beta(t_k),\quad 1\leqslant k\leqslant n.\end{cases}\tag{3-98}$$

易见此格式的局部截断误差为 $O(\tau^2+h^2)$. 式（3-98）中的第一式可改写为

$$-\frac{r}{2}u_{i-1}^{k+1}+(1+r)u_i^{k+1}-\frac{r}{2}u_{i+1}^{k+1}=\frac{r}{2}u_{i-1}^k+(1-r)u_i^k+\frac{r}{2}u_{i+1}^k+\tau f(x_i,t_{k+\frac{1}{2}}),\quad 1\leqslant i\leqslant m-1,\quad 0\leqslant k\leqslant n-1.\tag{3-99}$$

仿照要求 1 中对越界情况的处理，即先设式（3-99）对 $i=0$ 和 $i=m$ 都成立，即有

$$-\frac{r}{2}u_{-1}^{k+1}+(1+r)u_0^{k+1}-\frac{r}{2}u_1^{k+1}=\frac{r}{2}u_{-1}^k+(1-r)u_0^k+\frac{r}{2}u_1^k+\tau f(x_0,t_{k+\frac{1}{2}})$$

和 $$-\frac{r}{2}u_{m-1}^{k+1}+(1+r)u_m^{k+1}-\frac{r}{2}u_{m+1}^{k+1}=\frac{r}{2}u_{m-1}^k+(1-r)u_m^k+\frac{r}{2}u_{m+1}^k+\tau f(x_m,t_{k+\frac{1}{2}})$$

将上面两式分别与式(3-98)中的第三式 $u_{-1}^k=u_1^k-2\lambda hu_0^k-2h\alpha(t_k)$ 和 $u_{m+1}^k=u_{m-1}^k-2\mu hu_m^k+2h\beta(t_k)$ 联立，整理可得

$$(1+r+r\lambda h)u_0^{k+1}-ru_1^{k+1}=(1-r-r\lambda h)u_0^k+ru_1^k-rh\alpha(t_k)-rh\alpha(t_{k+1})+\tau f(x_0,t_{k+\frac{1}{2}})\tag{3-100}$$

$$-ru_{m-1}^{k+1}+(1+r+r\mu h)u_m^{k+1}=ru_{m-1}^k+(1-r-r\mu h)u_m^k+rh\beta(t_k)+rh\beta(t_{k+1})+\tau f(x_m,t_{k+\frac{1}{2}})\tag{3-101}$$

联合式（3-99）、式（3-100）和式（3-101）可得离散格式为

$$\begin{cases}(1+r+r\lambda h)u_0^{k+1}-ru_1^{k+1}=(1-r-r\lambda h)u_0^k+ru_1^k-rh\alpha(t_k)-rh\alpha(t_{k+1})+\tau f(x_0,t_{k+\frac{1}{2}}), & 0\leqslant k\leqslant n-1,\\ -\dfrac{r}{2}u_{i-1}^{k+1}+(1+r)u_i^{k+1}-\dfrac{r}{2}u_{i+1}^{k+1}=\dfrac{r}{2}u_{i-1}^k+(1-r)u_i^k+\dfrac{r}{2}u_{i+1}^k+\tau f(x_i,t_{k+\frac{1}{2}}), & 1\leqslant i\leqslant m-1,\ 0\leqslant k\leqslant n-1,\\ -ru_{m-1}^{k+1}+(1+r+r\mu h)u_m^{k+1}=ru_{m-1}^k+(1-r-r\mu h)u_m^k+rh\beta(t_k)+rh\beta(t_{k+1})+\tau f(x_m,t_{k+\frac{1}{2}}), & 0\leqslant k\leqslant n-1,\\ u_i^0=\varphi(x_i), \quad 0\leqslant i\leqslant m. \end{cases}$$

此格式可以写成以下矩阵形式后用追赶法求解.

$$\begin{pmatrix} 1+r+r\lambda h & -r & & & & \\ -\dfrac{r}{2} & 1+r & -\dfrac{r}{2} & & 0 & \\ & & \ddots & & & \\ & & & \ddots & & \\ & 0 & & -\dfrac{r}{2} & 1+r & -\dfrac{r}{2} \\ & & & & -r & 1+r+r\mu h \end{pmatrix}\begin{pmatrix} u_0^{k+1}\\ u_1^{k+1}\\ \vdots\\ \vdots\\ u_{m-1}^{k+1}\\ u_m^{k+1}\end{pmatrix}=$$

$$\begin{pmatrix} 1-r-r\lambda h & r & & & & \\ \dfrac{r}{2} & 1-r & \dfrac{r}{2} & 0 & & \\ & & \ddots & & & \\ & & & \ddots & & \\ 0 & & \dfrac{r}{2} & 1-r & \dfrac{r}{2} & \\ & & & r & 1-r-r\mu h \end{pmatrix}\begin{pmatrix} u_0^k\\ u_1^k\\ \vdots\\ \vdots\\ u_{m-1}^k\\ u_m^k\end{pmatrix}+\begin{pmatrix} -rh\alpha(t_k)-rh\alpha(t_{k+1})+\tau f(x_0,t_{k+\frac{1}{2}})\\ \tau f(x_1,t_{k+\frac{1}{2}})\\ \vdots\\ \vdots\\ \tau f(x_{m-1},t_{k+\frac{1}{2}})\\ rh\beta(t_k)+rh\beta(t_{k+1})+\tau f(x_m,t_{k+\frac{1}{2}})\end{pmatrix}$$

（3-102）

式（3-102）从第 $k$ 个时间层求解线性方程组得到第 $k+1$ 个时间层上节点的信息，层进循环依次得出所有时间层上的节点信息.

## 二、差分格式稳定性的讨论

以上按照要求设计好三种数值格式后，可以在理论上进一步分析每种数值格式的相容性、稳定性和收敛性. 这里只讨论三种格式的稳定性，因为它们的相容性可以由各自的局部截断误差表达式得以保证，从而在稳定性条件满足的情况下可以得到收敛性. 对于稳定性情况的讨论，需要借助下面关于矩阵特征值范围的定理.

**定理 3.5.1** （Gerschgorin 定理） 设矩阵 $A=(a_{ij})$ 是一个 $N$ 阶方阵，其特征值为 $\lambda_1,\lambda_2,\cdots,\lambda_N$，则有

$$\max_{1\leqslant i\leqslant N}|\lambda_i|\leqslant\max_{1\leqslant s\leqslant N}\left(|a_{s1}|+|a_{s2}|+\cdots+|a_{sN}|\right), \tag{3-103}$$

或者

$$\max_{1\leqslant i\leqslant N}|\lambda_i|\leqslant\max_{1\leqslant s\leqslant N}\left(|a_{1s}|+|a_{2s}|+\cdots+|a_{Ns}|\right). \tag{3-104}$$

**证明：** 设矩阵 $A$ 的特征值 $\lambda_i$ 对应的特征向量为 $\boldsymbol{x}_i$，即有 $A\boldsymbol{x}_i=\lambda_i\boldsymbol{x}_i$，其中 $\boldsymbol{x}_i$ 写成分量形式为 $\boldsymbol{x}_i=(w_1,w_2,\cdots,w_N)^{\mathrm{T}}$，则

$$\begin{pmatrix} a_{11} & a_{12} & \cdots & a_{1N} \\ a_{21} & a_{22} & \cdots & a_{2N} \\ \vdots & & & \\ a_{N1} & a_{N2} & \cdots & a_{NN} \end{pmatrix}\begin{pmatrix} w_1 \\ w_2 \\ \vdots \\ w_N \end{pmatrix} = \lambda_i \begin{pmatrix} w_1 \\ w_2 \\ \vdots \\ w_N \end{pmatrix} \tag{3-105}$$

再设$|w_j| = \max\limits_{1\leqslant i\leqslant N} |w_i|$，则由式（3-105）的第 $j$ 个方程就有 $a_{j1}w_1 + a_{j2}w_2 + \cdots + a_{jN}w_N = \lambda_i w_j$ ，从而得

$$\lambda_i = a_{j1}\left(\frac{w_1}{w_j}\right) + \cdots + a_{j,j-1}\left(\frac{w_{j-1}}{w_j}\right) + a_{jj} + a_{j,j+1}\left(\frac{w_{j+1}}{w_j}\right) + \cdots + a_{jN}\left(\frac{w_N}{w_j}\right) \tag{3-106}$$

显然有$\left|\dfrac{w_i}{w_j}\right| \leqslant 1\ (1 \leqslant i \leqslant N)$，于是

$$|\lambda_i| \leqslant |a_{j1}| + |a_{j2}| + \cdots + |a_{jN}| \leqslant \max_{1\leqslant s\leqslant N}\left(|a_{s1}| + |a_{s2}| + \cdots + |a_{sN}|\right)$$

再由$\lambda_i$的任意性知式（3-103）成立. 此外，由于矩阵 $A$ 与其转置矩阵 $A^{\mathrm{T}}$ 有相同的特征值，故式（3-104）也成立，定理 3.5.1 证毕.

**定理 3.5.2**　（Gerschgorin 圆定理[2]）设矩阵 $A = (a_{ij})$ 是一个 $N$ 阶方阵，记

$$P_s = |a_{s1}| + |a_{s2}| + \cdots + |a_{s,s-1}| + |a_{s,s+1}| + \cdots + |a_{sN}| = \sum_{i=1}^{N} |a_{si}| - |a_{ss}| \tag{3-107}$$

则对 $A$ 的任一特征值$\lambda_A$，至少存在一个 $s \in \{1,2,\cdots,N\}$ 使得

$$|\lambda_A - a_{ss}| \leqslant P_s. \tag{3-108}$$

**证明：** 仿照定理 3.5.1 的证明，设 $A$ 的特征值$\lambda_i$ 对应的特征向量为 $\boldsymbol{x}_i$，即有 $A\boldsymbol{x}_i = \lambda_i \boldsymbol{x}_i$，再设$|w_j| = \max\limits_{1\leqslant i\leqslant N} |w_i|$，对 $A$ 的特征值$\lambda_i$ 就有式（3-106）成立，从而

$$\lambda_i - a_{jj} = a_{j1}\left(\frac{w_1}{w_j}\right) + a_{j2}\left(\frac{w_2}{w_j}\right) + \cdots + a_{j,j-1}\left(\frac{w_{j-1}}{w_j}\right) + a_{j,j+1}\left(\frac{w_{j+1}}{w_j}\right) + \cdots + a_{jN}\left(\frac{w_N}{w_j}\right).$$

再由$|w_i| \leqslant |w_j|\ (1 \leqslant i \leqslant N)$ 知，$|\lambda_i - a_{jj}| \leqslant |a_{j1}| + \cdots + |a_{j,j-1}| + |a_{j,j+1}| + \cdots + |a_{jN}| = P_j$ . 从而定理 3.5.2 得证.

**定理 3.5.3**　按照要求 1 设计的数值格式的式（3-95）的稳定性条件为$r \leqslant \min\left\{\dfrac{1}{2+\lambda h}, \dfrac{1}{2+\mu h}\right\}$.

**证明：** 对式（3-95）稳定性的讨论只需要考虑齐次方程、零边界条件下的情形. 此时，式（3-95）可以写成 $\boldsymbol{u}^{k+1} = A\boldsymbol{u}^k$，其中，

$$A = \begin{pmatrix} 1-2r-2r\lambda h & 2r & & & \\ r & 1-2r & r & 0 & \\ & & \ddots & & \\ & & & \ddots & \\ & 0 & r & 1-2r & r \\ & & & 2r & 1-2r-2r\mu h \end{pmatrix}_{(m+1)\times(m+1)}$$

注意到此时三对角矩阵 $A$ 的主对角元素不完全相同，次对角线元素也不完全相同，因此不能用式（3-13）来准确地写出其特征值，而需要借用定理 3.5.2 来估计特征值的大小范围. 事实上，对于矩阵 $A$ 而言，始终有 $P_s = 2r(s = 1,2,\cdots,m+1)$ . 于是由定理 3.5.2 知，对 $A$ 的任一特征值$\lambda_A$，至少存在某

个 $s\in\{1,2,\cdots,m+1\}$ 使得 $|\lambda_A-a_{ss}|\leqslant 2r$，也就是

$$|\lambda_A-(1-2r-2r\lambda h)|\leqslant 2r,\ |\lambda_A-(1-2r)|\leqslant 2r,\ |\lambda_A-(1-2r-2r\mu h)|\leqslant 2r$$

三者中至少有一个成立，即

$$1-4r-2r\lambda h\leqslant\lambda_A\leqslant 1-2r\lambda h,\ 1-4r\leqslant\lambda_A\leqslant 1,\ 1-4r-2r\mu h\leqslant\lambda_A\leqslant 1-2r\mu h$$

三者中至少有一个成立. 由于此时矩阵 $A$ 不是正规矩阵，且矩阵 $A^k$ 的范数也不方便计算，因此关于稳定性充要条件的定理 3.1.1 和定理 3.1.3 无法执行. 其实，对于矩阵 $A$，存在对角矩阵 $S=\mathrm{diag}(\sqrt{2},1,\cdots,1,\sqrt{2})$，即 $S$ 是主对角元素分别是 $\sqrt{2},1,\cdots,1,\sqrt{2}$、其余元素全为零的矩阵，使得

$$S^{-1}AS=\tilde{A}=\begin{pmatrix} 1-2r-2r\lambda h & \sqrt{2}r & & & \\ \sqrt{2}r & 1-2r & r & & 0 \\ & \ddots & \ddots & \ddots & \\ 0 & & r & 1-2r & \sqrt{2}r \\ & & & \sqrt{2}r & 1-2r-2r\mu h \end{pmatrix}$$

也就是说，$A$ 相似于一个对称矩阵 $\tilde{A}$，且易见，$\|S\|,\|S^{-1}\|$ 一致有界，所以由推论 3.1.2 知，$\rho(A)\leqslant 1+C\tau$ 是差分格式（3-95）稳定的充要条件. 注意到式（3-90），只要有 $1-4r-2r\lambda h\geqslant -1$ 和 $1-4r-2r\mu h\geqslant -1$，也就是 $r\leqslant\dfrac{1}{2+\lambda h}$ 且 $r\leqslant\dfrac{1}{2+\mu h}$，就可以保证 $\rho(A)\leqslant 1+C\tau$，数值格式（3-95）稳定. 换言之，数值格式（3-95）的稳定性条件为 $r\leqslant\min\left\{\dfrac{1}{2+\lambda h},\dfrac{1}{2+\mu h}\right\}$，定理 3.5.3 证毕.

**定理 3.5.4** 按照要求 2 设计的数值格式（3-96）的稳定性条件为 $r\leqslant\dfrac{1}{2}$.

**证明**：只需要考虑齐次方程、零边界条件下数值格式（3-96）的稳定性. 此时，式（3-96）即

$$\begin{cases} u_i^{k+1}=ru_{i-1}^k+(1-2r)u_i^k+ru_{i+1}^k,\ 1\leqslant i\leqslant m-1,\ 0\leqslant k\leqslant n-1, \\ u_0^k=\dfrac{u_1^k}{1+\lambda h},\ u_m^k=\dfrac{u_{m-1}^k}{1+\mu h},\ 1\leqslant k\leqslant n,\quad u_i^0=\varphi(x_i),\ 0\leqslant i\leqslant m. \end{cases}$$

记 $\boldsymbol{u}^k=(u_0^k,u_1^k,\cdots,u_m^k)^{\mathrm{T}}$，且设在初始时刻 $\boldsymbol{u}^0$ 就有误差 $\boldsymbol{e}^0=\boldsymbol{u}^0-\boldsymbol{u}^{*0}$，也就是初值用 $\boldsymbol{u}^{*0}$ 来计算，那么记 $e_i^k=u_i^k-u_i^{*k}$，则有

$$e_i^{k+1}=re_{i-1}^k+(1-2r)e_i^k+re_{i+1}^k,\ 1\leqslant i\leqslant m-1,\ 0\leqslant k\leqslant n-1 \tag{3-109}$$

及

$$e_0^k=\frac{e_1^k}{1+\lambda h},\ e_m^k=\frac{e_{m-1}^k}{1+\mu h},\ 1\leqslant k\leqslant n \tag{3-110}$$

易见，当 $r\leqslant\dfrac{1}{2}$ 时，由式（3-109）就有 $|e_i^{k+1}|\leqslant r|e_{i-1}^k|+(1-2r)|e_i^k|+r|e_{i+1}^k|,\ 1\leqslant i\leqslant m-1,$ 再记 $e^k=\max\limits_{0\leqslant i\leqslant m}|e_i^k|$，从上式立得

$$|e_i^{k+1}|\leqslant re^k+(1-2r)e^k+re^k=e^k,\ 1\leqslant i\leqslant m-1 \tag{3-111}$$

此外，由式（3-110）及式（3-111）则有

$$|e_0^{k+1}|=\frac{|e_1^{k+1}|}{1+\lambda h}\leqslant|e_1^{k+1}|\leqslant e^k,\qquad |e_m^{k+1}|=\frac{|e_{m-1}^{k+1}|}{1+\mu h}\leqslant|e_{m-1}^{k+1}|\leqslant e^k \tag{3-112}$$

联合式（3-111）和式（3-112）就有 $e^{k+1} \leqslant e^k$，也就保证了初始误差不会增长，从而在稳定性条件 $r \leqslant \frac{1}{2}$ 下，数值格式（3-96）是稳定的. 定理 3.5.4 证毕.

**定理 3.5.5** 按照要求 3 设计的数值格式（3-102）是无条件稳定的.

**证明：** 只考虑齐次方程、零边界条件下数值格式（3-102）的稳定性. 注意到此时式（3-102）可以简写为 $B\boldsymbol{u}^{k+1} = (2I - B)\boldsymbol{u}^k$，其中，

$$B = \begin{pmatrix} 1+r+r\lambda h & -r & & & & \\ -\frac{r}{2} & 1+r & -\frac{r}{2} & & 0 & \\ & & \ddots & & & \\ & & & \ddots & & \\ & 0 & & -\frac{r}{2} & 1+r & -\frac{r}{2} \\ & & & & -r & 1+r+r\mu h \end{pmatrix}_{(m+1)\times(m+1)} \tag{3-113}$$

这样就有 $\boldsymbol{u}^{k+1} = (2B^{-1} - I)\boldsymbol{u}^k := D\boldsymbol{u}^k$. 注意到矩阵 $B$ 在形式上与定理 3.5.3 中的矩阵 $A$ 一样，因此同样存在对角矩阵 $S = \mathrm{diag}(\sqrt{2},1,\cdots,1,\sqrt{2})$ 使得 $S^{-1}BS = \tilde{B}$ 为对称矩阵，从而两边取逆，得 $S^{-1}B^{-1}S = \tilde{B}^{-1}$ 也是对称矩阵. 现在要考察差分格式 $\vec{u}^{k+1} = D\vec{u}^k$ 的稳定性. 显然，$S^{-1}DS = S^{-1}(2B^{-1} - I)S = 2\tilde{B}^{-1} - I$ 对称，即说明矩阵 $D$ 相似于一个对称矩阵，且因 $\|S\|, \|S^{-1}\|$ 一致有界，由推论 3.1.2 知，$\rho(D) \leqslant 1 + C\tau$ 是差分格式（3-102）稳定的充要条件. 现在利用定理 3.5.2 来估计矩阵 $D$ 的特征值的大小范围. 易知对矩阵 $B$ 而言，始终有 $P_s = r(s = 1,2,\cdots,m+1)$. 于是由定理 3.5.2 知，至少存在某个 $s \in \{1,2,\cdots,m+1\}$ 使得矩阵 $B$ 的特征值 $\lambda_B$ 满足 $|\lambda_B - a_{ss}| \leqslant r$，也就是

$$|\lambda_B - (1+r+r\lambda h)| \leqslant r，\quad |\lambda_B - (1+r)| \leqslant r，\quad |\lambda_B - (1+r+r\mu h)| \leqslant r$$

三者中至少有一个成立，即

$$1 + r\lambda h \leqslant \lambda_B \leqslant 1 + 2r + r\lambda h，\quad 1 \leqslant \lambda_B \leqslant 1 + 2r，\quad 1 + r\mu h \leqslant \lambda_B \leqslant 1 + 2r + r\mu h$$

三者中至少有一个成立. 不管这三者中哪个成立，都有 $\lambda_B \geqslant 1$，从而 $D$ 的特征值 $\lambda_D = \frac{2}{\lambda_B} - 1$ 满足 $0 < \lambda_D \leqslant 1$，从而 $\rho(D) \leqslant 1 \leqslant 1 + C\tau$ 恒成立. 以上说明，无论 $r$ 如何选取，数值格式（3-102）都是稳定的. 定理 3.5.5 证毕.

由定理 3.5.5 及数值格式（3-102）的局部截断误差为 $O(\tau^2 + h^2)$ 知，此格式是二阶收敛的，即若时间步长和空间步长（因无条件稳定，所以步长选取无限制）同时减半，误差将减少为原来误差的 1/4.

注：当常值参数 $\lambda$, $\mu$ 不满足式（3-90）时，对于上述三种数值格式稳定性的分析较为复杂，此处不再展开.

## 三、数值算例

**例 3.5.1** 分别按照本节三种要求设计差分格式，计算以下抛物型方程初边值问题[4]：

$$\begin{cases} \dfrac{\partial u}{\partial t} = \dfrac{\partial^2 u}{\partial x^2}, & 0 < x < 1,\ 0 < t \leqslant 1, \\ u(x,0) = 1, & 0 \leqslant x \leqslant 1, \\ \dfrac{\partial u}{\partial x}(0,t) = u(0,t), \quad \dfrac{\partial u}{\partial x}(1,t) = -u(1,t), & 0 < t \leqslant 1. \end{cases}$$

已知其精确解为$u(x,t)=4\sum_{n=1}^{\infty}\left\{\frac{\sec\alpha_n}{(3+4\alpha_n^2)}\mathrm{e}^{-4\alpha_n^2 t}\cos 2\alpha_n(x-\frac{1}{2})\right\}$，其中$\alpha_n$是方程$\alpha\tan\alpha=\frac{1}{2}$的根. 要求取$h=0.1,\quad \tau=0.0025$，数值结果取四位小数. 其中精确解$u(x,t)$的数值对照表如下（表 3-32）.

**表 3-32 精确解 $u(x,t)$的数值**

| t \ x | 0 | 0.1 | 0.2 | 0.3 | 0.4 | 0.5 |
|---|---|---|---|---|---|---|
| 0.0025 | 0.9460 | 0.9951 | 0.9999 | 1.0000 | 1.0000 | 1.0000 |
| 0.0050 | 0.9250 | 0.9841 | 0.9984 | 0.9999 | 1.0000 | 1.0000 |
| 0.0075 | 0.9093 | 0.9730 | 0.9950 | 0.9994 | 1.0000 | 1.0000 |
| 0.0100 | 0.8965 | 0.9627 | 0.9905 | 0.9984 | 0.9998 | 1.0000 |
| 0.0125 | 0.8854 | 0.9532 | 0.9855 | 0.9967 | 0.9994 | 0.9999 |
| 0.0150 | 0.8755 | 0.9444 | 0.9802 | 0.9945 | 0.9988 | 0.9996 |
| 0.0175 | 0.8666 | 0.9362 | 0.9748 | 0.9919 | 0.9979 | 0.9992 |
| 0.0200 | 0.8585 | 0.9286 | 0.9695 | 0.9891 | 0.9967 | 0.9985 |
| … | | | | | | |
| 0.1000 | 0.7176 | 0.7828 | 0.8342 | 0.8713 | 0.8936 | 0.9010 |
| 0.2500 | 0.5546 | 0.6052 | 0.6454 | 0.6747 | 0.6924 | 0.6984 |
| 0.5000 | 0.3619 | 0.3949 | 0.4212 | 0.4403 | 0.4519 | 0.4558 |
| 1.0000 | 0.1542 | 0.1682 | 0.1794 | 0.1875 | 0.1925 | 0.1941 |

**解:** 注意到本例中$\lambda=\mu=1$.

按照要求 1 设计的算法程序为 Egch3_sec5_01.c, 计算结果列表如下（表 3-33）.

**表 3-33 按照要求 1 设计的算法的计算结果**

| t \ x | 0 | 0.1 | 0.2 | 0.3 | 0.4 | 0.5 |
|---|---|---|---|---|---|---|
| 0.0025 | 0.9500 | 1.0000 | 1.0000 | 1.0000 | 1.0000 | 1.0000 |
| 0.0050 | 0.9275 | 0.9875 | 1.0000 | 1.0000 | 1.0000 | 1.0000 |
| 0.0075 | 0.9111 | 0.9756 | 0.9969 | 1.0000 | 1.0000 | 1.0000 |
| 0.0100 | 0.8978 | 0.9648 | 0.9923 | 0.9992 | 1.0000 | 1.0000 |
| 0.0125 | 0.8864 | 0.9549 | 0.9872 | 0.9977 | 0.9998 | 1.0000 |
| 0.0150 | 0.8764 | 0.9459 | 0.9818 | 0.9956 | 0.9993 | 0.9999 |
| 0.0175 | 0.8673 | 0.9375 | 0.9762 | 0.9931 | 0.9985 | 0.9996 |
| 0.0200 | 0.8590 | 0.9296 | 0.9708 | 0.9902 | 0.9974 | 0.9991 |
| … | | | | | | |
| 0.1000 | 0.7175 | 0.7829 | 0.8345 | 0.8718 | 0.8942 | 0.9017 |
| 0.2500 | 0.5541 | 0.6048 | 0.6452 | 0.6745 | 0.6923 | 0.6983 |
| 0.5000 | 0.3612 | 0.3942 | 0.4205 | 0.4396 | 0.4512 | 0.4551 |
| 1.0000 | 0.1534 | 0.1674 | 0.1786 | 0.1867 | 0.1917 | 0.1933 |

按照要求 2 设计的算法程序为 Egch3_sec5_02.c，计算结果列表如下（表 3-34）.

**表 3-34 按照要求 2 设计的算法的计算结果**

| t \ x | 0 | 0.1 | 0.2 | 0.3 | 0.4 | 0.5 |
|---|---|---|---|---|---|---|
| 0.0025 | 0.9091 | 1.0000 | 1.0000 | 1.0000 | 1.0000 | 1.0000 |
| 0.0050 | 0.8884 | 0.9773 | 1.0000 | 1.0000 | 1.0000 | 1.0000 |

续表

| t \ x | 0 | 0.1 | 0.2 | 0.3 | 0.4 | 0.5 |
|---|---|---|---|---|---|---|
| 0.0075 | 0.8734 | 0.9607 | 0.9943 | 1.0000 | 1.0000 | 1.0000 |
| 0.0100 | 0.8612 | 0.9473 | 0.9873 | 0.9986 | 1.0000 | 1.0000 |
| 0.0125 | 0.8507 | 0.9358 | 0.9801 | 0.9961 | 0.9996 | 1.0000 |
| 0.0150 | 0.8415 | 0.9256 | 0.9730 | 0.9930 | 0.9989 | 0.9998 |
| 0.0175 | 0.8331 | 0.9164 | 0.9662 | 0.9895 | 0.9976 | 0.9993 |
| 0.0200 | 0.8255 | 0.9080 | 0.9596 | 0.9857 | 0.9960 | 0.9985 |
| … | | | | | | |
| 0.1000 | 0.6901 | 0.7591 | 0.8140 | 0.8537 | 0.8778 | 0.8859 |
| 0.2500 | 0.5230 | 0.5753 | 0.6170 | 0.6474 | 0.6658 | 0.6720 |
| 0.5000 | 0.3298 | 0.3627 | 0.3890 | 0.4082 | 0.4198 | 0.4237 |
| 1.0000 | 0.1311 | 0.1442 | 0.1547 | 0.1623 | 0.1669 | 0.1685 |

按照要求 3 设计的算法程序为 Egch3_sec5_03.c，计算结果列表如下（表 3-35）.

表 3-35 按照要求 3 设计的算法的计算结果

| t \ x | 0 | 0.1 | 0.2 | 0.3 | 0.4 | 0.5 |
|---|---|---|---|---|---|---|
| 0.0025 | 0.9600 | 0.9960 | 0.9996 | 1.0000 | 1.0000 | 1.0000 |
| 0.0050 | 0.9347 | 0.9868 | 0.9980 | 0.9997 | 1.0000 | 1.0000 |
| 0.0075 | 0.9164 | 0.9765 | 0.9950 | 0.9991 | 0.9999 | 1.0000 |
| 0.0100 | 0.9021 | 0.9663 | 0.9910 | 0.9980 | 0.9996 | 0.9999 |
| 0.0125 | 0.8900 | 0.9567 | 0.9864 | 0.9964 | 0.9992 | 0.9997 |
| 0.0150 | 0.8795 | 0.9478 | 0.9813 | 0.9944 | 0.9985 | 0.9993 |
| 0.0175 | 0.8701 | 0.9394 | 0.9762 | 0.9920 | 0.9975 | 0.9988 |
| 0.0200 | 0.8616 | 0.9315 | 0.9709 | 0.9893 | 0.9963 | 0.9981 |
| … | | | | | | |
| 0.1000 | 0.7180 | 0.7834 | 0.8350 | 0.8720 | 0.8943 | 0.9017 |
| 0.2500 | 0.5547 | 0.6054 | 0.6458 | 0.6751 | 0.6929 | 0.6989 |
| 0.5000 | 0.3618 | 0.3949 | 0.4213 | 0.4404 | 0.4520 | 0.4559 |
| 1.0000 | 0.1540 | 0.1681 | 0.1793 | 0.1874 | 0.1924 | 0.1940 |

## 第六节 二维抛物型方程的交替方向隐格式

本节要研究的对象是二维抛物型方程初边值问题：

$$\begin{cases}\dfrac{\partial u(x,y,t)}{\partial t}-\left(\dfrac{\partial^2 u(x,y,t)}{\partial x^2}+\dfrac{\partial^2 u(x,y,t)}{\partial y^2}\right)=f(x,y,t), \quad (x,y)\in\Omega=[0,a]\times[0,b], \qquad 0<t\leqslant T,\\ u(x,y,0)=\varphi(x,y), \qquad (x,y)\in\Omega,\\ u(0,y,t)=g_1(y,t), \qquad u(a,y,t)=g_2(y,t), \quad 0\leqslant y\leqslant b,\ 0<t\leqslant T,\\ u(x,0,t)=g_3(x,t), \qquad u(x,b,t)=g_4(x,t), \quad 0\leqslant x\leqslant a,\ 0<t\leqslant T.\end{cases} \tag{3-114}$$

也就是在前几节研究的基础上将一维问题推广到二维. 这里，为了保证连续性，要求式（3-114）中的相关函数满足

$$g_1(0,t)=g_3(0,t),\ g_1(b,t)=g_4(0,t),\ g_2(0,t)=g_3(a,t),\ g_2(b,t)=g_4(a,t) \tag{3-115}$$

及 $$\varphi(0,y)=g_1(y,0),\ \varphi(a,y)=g_2(y,0),\ \varphi(x,0)=g_3(x,0),\ \varphi(x,b)=g_4(x,0) \tag{3-116}$$

## 一、向前欧拉格式

第一步，进行网格剖分. 本质上是在三维长方体空间（二维位置平面加一维时间轴）进行网格剖分. 将区域$[0,a]$等分$m$份，将区域$[0,b]$等分$n$份，将区域$[0,T]$等分$l$份，即有

$$x_i=i\cdot\Delta x=\frac{ia}{m},\quad 0\leqslant i\leqslant m,$$

$$y_j=j\cdot\Delta y=\frac{jb}{n},\quad 0\leqslant j\leqslant n,\quad t_k=k\cdot\Delta t=\frac{kT}{l},\quad 0\leqslant k\leqslant l.$$

从而得到网格节点坐标为$(x_i,y_j,t_k)$. 我们利用数值方法所求的数值解是精确解$u(x,y,t)$在网格节点$(x_i,y_j,t_k)$处的近似值$u_{i,j}^k$.

第二步，将原方程弱化为节点离散方程，即

$$\begin{cases}\left.\dfrac{\partial u}{\partial t}\right|_{(x_i,y_j,t_k)}-\left.\left(\dfrac{\partial^2 u}{\partial x^2}+\dfrac{\partial^2 u}{\partial y^2}\right)\right|_{(x_i,y_j,t_k)}=f(x_i,y_j,t_k),\ 0\leqslant i\leqslant m,\ 0\leqslant j\leqslant n,\ 0<k\leqslant l,\\ u(x_i,y_j,t_0)=\varphi(x_i,y_j),\ 0\leqslant i\leqslant m,\ 0\leqslant j\leqslant n,\\ u(x_0,y_j,t_k)=g_1(y_j,t_k),\quad u(x_m,y_j,t_k)=g_2(y_j,t_k),\ 0\leqslant j\leqslant n,\ 0<k\leqslant l,\\ u(x_i,y_0,t_k)=g_3(x_i,t_k),\quad u(x_i,y_n,t_k)=g_4(x_i,t_k),\ 0\leqslant i\leqslant m,\ 0<k\leqslant l.\end{cases} \tag{3-117}$$

第三步，处理偏导数，即将差商代替微商，这里选取

$$\left.\frac{\partial u}{\partial t}\right|_{(x_i,y_j,t_k)}\approx\frac{u(x_i,y_j,t_{k+1})-u(x_i,y_j,t_k)}{\Delta t}\text{，误差为}O(\Delta t)$$

$$\left.\frac{\partial^2 u}{\partial x^2}\right|_{(x_i,y_j,t_k)}\approx\frac{u(x_{i-1},y_j,t_k)-2u(x_i,y_j,t_k)+u(x_{i+1},y_j,t_k)}{\Delta x^2}\text{，误差为}O(\Delta x^2)$$

及 $$\left.\frac{\partial^2 u}{\partial y^2}\right|_{(x_i,y_j,t_k)}=\frac{u(x_i,y_{j-1},t_k)-2u(x_i,y_j,t_k)+u(x_i,y_{j+1},t_k)}{\Delta y^2}\text{，误差为}O(\Delta y^2)$$

将上面三个式子代入式（3-117），再用数值解$u_{i,j}^k$代替精确解$u(x_i,y_j,t_k)$并忽略高阶小项，可得对应的数值格式如下：

$$\begin{cases}\dfrac{u_{i,j}^{k+1}-u_{i,j}^k}{\Delta t}-\left(\dfrac{u_{i-1,j}^k-2u_{i,j}^k+u_{i+1,j}^k}{\Delta x^2}+\dfrac{u_{i,j-1}^k-2u_{i,j}^k+u_{i,j+1}^k}{\Delta y^2}\right)=f(x_i,y_j,t_k),\\ \qquad\qquad 1\leqslant i\leqslant m-1,\quad 1\leqslant j\leqslant n-1,\quad 0\leqslant k\leqslant l-1,\\ u_{i,j}^0=\varphi(x_i,y_j),\ 0\leqslant i\leqslant m,\ 0\leqslant j\leqslant n,\\ u_{0,j}^k=g_1(y_j,t_k),\quad u_{m,j}^k=g_2(y_j,t_k),\quad 0\leqslant j\leqslant n,\ 0<k\leqslant l,\\ u_{i,0}^k=g_3(x_i,t_k),\quad u_{i,n}^k=g_4(x_i,t_k),\quad 0\leqslant i\leqslant m,\ 0<k\leqslant l.\end{cases}$$

记$r_1=\dfrac{\Delta t}{\Delta x^2}$，$r_2=\dfrac{\Delta t}{\Delta y^2}$，则上式经过整理后得到如下完整格式：

$$\begin{cases} u_{i,j}^{k+1} = r_1 u_{i-1,j}^k + r_1 u_{i+1,j}^k + r_2 u_{i,j-1}^k + r_2 u_{i,j+1}^k + (1-2r_1-2r_2)u_{i,j}^k + f(x_i,y_j,t_k)\Delta t, \\ \qquad 1 \leqslant i \leqslant m-1,\quad 1 \leqslant j \leqslant n-1,\quad 0 \leqslant k \leqslant l-1, \\ u_{i,j}^0 = \varphi(x_i,y_j),\quad 0 \leqslant i \leqslant m,\quad 0 \leqslant j \leqslant n, \\ u_{0,j}^k = g_1(y_j,t_k),\quad u_{m,j}^k = g_2(y_j,t_k),\quad u_{i,0}^k = g_3(x_i,t_k),\quad u_{i,n}^k = g_4(x_i,t_k), \\ \qquad 0 \leqslant i \leqslant m,\quad 0 \leqslant j \leqslant n,\quad 0 < k \leqslant l. \end{cases} \tag{3-118}$$

易见，此格式的局部截断误差为$O(\Delta t + \Delta x^2 + \Delta y^2)$．式（3-118）是一个向前欧拉显格式，可以证明其稳定性条件为$r_1 + r_2 \leqslant \frac{1}{2}$，这样时间步长和空间步长的选取将非常苛刻，所以尽管程序设计会很简单却无实际应用价值. 以下给出式（3-118）稳定性条件的证明.

**定理 3.6.1** 数值格式（3-118）的稳定性条件为$r_1 + r_2 \leqslant \frac{1}{2}$.

**证明：** 仅需在齐次方程、零边界条件下考虑稳定性. 记

$$\boldsymbol{u}^k = (u_{1,1}^k \quad u_{1,2}^k \quad \cdots \quad u_{1,n-1}^k \quad u_{2,1}^k \quad u_{2,2}^k \quad \cdots \quad u_{2,n-1}^k \quad \cdots \cdots \quad u_{m-1,1}^k \quad u_{m-1,2}^k \quad \cdots \quad u_{m-1,n-1}^k)^{\mathrm{T}}$$

则式（3-118）可以改写成$\boldsymbol{u}^{k+1} = G\boldsymbol{u}^k$，其中$G = \begin{pmatrix} C & D & & & 0 \\ D & C & D & & \\ & \ddots & \ddots & \ddots & \\ & & D & C & D \\ 0 & & & D & C \end{pmatrix}$为块三对角矩阵，且

$$C = \begin{pmatrix} 1-2r_1-2r_2 & r_2 & & & 0 \\ r_2 & 1-2r_1-2r_2 & r_2 & & \\ & \ddots & \ddots & \ddots & \\ & & r_2 & 1-2r_1-2r_2 & r_2 \\ 0 & & & r_2 & 1-2r_1-2r_2 \end{pmatrix}_{(n-1)\times(n-1)},\ D = r_1 I,\ I\text{ 为 } n-1 \text{ 阶}$$

单位矩阵. 易见，$G$是对称稀疏矩阵，每行至多 5 个非零元素. 差分格式（3-118）的稳定性依赖于矩阵$G$的特征值. 注意到定理 3.5.1 可知$G$的最大特征值$\max\limits_{1\leqslant i\leqslant N}|\lambda_i| \leqslant |1-2r_1-2r_2| + 2r_1 + 2r_2$，所以当$r_1 + r_2 \leqslant \frac{1}{2}$时就有$\max\limits_{1\leqslant i\leqslant N}|\lambda_i| \leqslant 1-2r_1-2r_2+2r_1+2r_2 = 1$，从而$\rho(G) \leqslant 1 \leqslant 1 + C\tau$，由推论 3.1.1 知数值格式（3-118）稳定. 定理 3.6.1 证毕.

## 二、Crank-Nicolson 格式

式（3-118）的稳定性条件严重地限制了时间步长和空间步长的选取，尽管这样的数值格式是显格式，在程序设计时非常方便，但多数情况下还是不选用这样的方法，取而代之的还是隐式方法. 所以首先考虑用 Crank-Nicolson 方法来设计数值格式，为此将原节点离散方程改成

$$\begin{cases} \left.\dfrac{\partial u}{\partial t}\right|_{(x_i,y_j,t_{k+\frac{1}{2}})} - \left.\left(\dfrac{\partial^2 u}{\partial x^2} + \dfrac{\partial^2 u}{\partial y^2}\right)\right|_{(x_i,y_j,t_{k+\frac{1}{2}})} = f(x_i,y_j,t_{k+\frac{1}{2}}),\ 0 \leqslant i \leqslant m,\ 0 \leqslant j \leqslant n,\ 0 < k \leqslant l, \\ u(x_i,y_j,t_0) = \varphi(x_i,y_j),\ 0 \leqslant i \leqslant m,\ 0 \leqslant j \leqslant n, \\ u(x_0,y_j,t_k) = g_1(y_j,t_k),\quad u(x_m,y_j,t_k) = g_2(y_j,t_k),\ 0 \leqslant j \leqslant n,\ 0 < k \leqslant l, \\ u(x_i,y_0,t_k) = g_3(x_i,t_k),\quad u(x_i,y_n,t_k) = g_4(x_i,t_k),\ 0 \leqslant i \leqslant m,\ 0 < k \leqslant l. \end{cases} \tag{3-119}$$

然后用差商近似微商来处理偏导数，则有

$$\left.\frac{\partial u}{\partial t}\right|_{(x_i,y_j,t_{k+\frac{1}{2}})}\approx\frac{u(x_i,y_j,t_{k+1})-u(x_i,y_j,t_k)}{\Delta t}，误差为O(\Delta t^2)$$

$$\left.\frac{\partial^2 u}{\partial x^2}\right|_{(x_i,y_j,t_{k+\frac{1}{2}})}\approx\frac{1}{2}\left(\left.\frac{\partial^2 u}{\partial x^2}\right|_{(x_i,y_j,t_{k+1})}+\left.\frac{\partial^2 u}{\partial x^2}\right|_{(x_i,y_j,t_k)}\right)\approx\frac{u(x_{i-1},y_j,t_{k+1})-2u(x_i,y_j,t_{k+1})+u(x_{i+1},y_j,t_{k+1})}{2\Delta x^2}+$$

$$\frac{u(x_{i-1},y_j,t_k)-2u(x_i,y_j,t_k)+u(x_{i+1},y_j,t_k)}{2\Delta x^2}，误差为O(\Delta t^2+\Delta x^2)$$

类似可得

$$\left.\frac{\partial^2 u}{\partial y^2}\right|_{(x_i,y_j,t_{k+\frac{1}{2}})}\approx\frac{u(x_i,y_{j-1},t_{k+1})-2u(x_i,y_j,t_{k+1})+u(x_i,y_{j+1},t_{k+1})}{2\Delta y^2}+$$

$$\frac{u(x_i,y_{j-1},t_k)-2u(x_i,y_j,t_k)+u(x_i,y_{j+1},t_k)}{2\Delta y^2}，误差为O(\Delta t^2+\Delta y^2)$$

将上面这些式子代入式（3-119）的第一式，再用数值解 $u_{i,j}^k$ 代替精确解 $u(x_i,y_j,t_k)$ 并忽略高阶小项，可得对应的数值格式如下：

$$\frac{u_{i,j}^{k+1}-u_{i,j}^k}{\Delta t}-\frac{1}{2}\left(\frac{u_{i-1,j}^{k+1}-2u_{i,j}^{k+1}+u_{i+1,j}^{k+1}+u_{i-1,j}^k-2u_{i,j}^k+u_{i+1,j}^k}{\Delta x^2}+\frac{u_{i,j-1}^{k+1}-2u_{i,j}^{k+1}+u_{i,j+1}^{k+1}+u_{i,j-1}^k-2u_{i,j}^k+u_{i,j+1}^k}{\Delta y^2}\right)=f(x_i,y_j,t_{k+\frac{1}{2}}) \tag{3-120}$$

整理并联合初边值条件得以下完整的差分格式：

$$\begin{cases}-\frac{r_1}{2}u_{i-1,j}^{k+1}+(1+r_1+r_2)u_{i,j}^{k+1}-\frac{r_1}{2}u_{i+1,j}^{k+1}-\frac{r_2}{2}u_{i,j-1}^{k+1}-\frac{r_2}{2}u_{i,j+1}^{k+1}\\ =\frac{r_1}{2}u_{i-1,j}^k+(1-r_1-r_2)u_{i,j}^k+\frac{r_1}{2}u_{i+1,j}^k+\frac{r_2}{2}u_{i,j-1}^k+\frac{r_2}{2}u_{i,j+1}^k+f(x_i,y_j,t_{k+\frac{1}{2}})\Delta t,\\ \qquad 1\leqslant i\leqslant m-1,\ 1\leqslant j\leqslant n-1,\ 0\leqslant k\leqslant l-1,\\ u_{i,j}^0=\varphi(x_i,y_j),\ 0\leqslant i\leqslant m,\ 0\leqslant j\leqslant n,\\ u_{0,j}^k=g_1(y_j,t_k),\quad u_{m,j}^k=g_2(y_j,t_k),\quad 0\leqslant j\leqslant n,\ 0<k\leqslant l,\\ u_{i,0}^k=g_3(x_i,t_k),\quad u_{i,n}^k=g_4(x_i,t_k),\quad 0\leqslant i\leqslant m,\ 0<k\leqslant l.\end{cases} \tag{3-121}$$

还可以写成如下矩阵形式：

$$\begin{pmatrix}-\frac{r_2}{2} & & & & \\ & -\frac{r_2}{2} & & 0 & \\ & & \ddots & & \\ & 0 & & -\frac{r_2}{2} & \\ & & & & -\frac{r_2}{2}\end{pmatrix}\begin{pmatrix}u_{1,j-1}^{k+1}\\ u_{2,j-1}^{k+1}\\ \vdots\\ u_{m-2,j-1}^{k+1}\\ u_{m-1,j-1}^{k+1}\end{pmatrix}+$$

$$\begin{pmatrix} 1+r_1+r_2 & -\frac{r_1}{2} & & & \\ -\frac{r_1}{2} & 1+r_1+r_2 & -\frac{r_1}{2} & 0 & \\ & & \ddots & & \\ & 0 & -\frac{r_1}{2} & 1+r_1+r_2 & -\frac{r_1}{2} \\ & & & -\frac{r_1}{2} & 1+r_1+r_2 \end{pmatrix}\begin{pmatrix} u_{1,j}^{k+1} \\ u_{2,j}^{k+1} \\ \vdots \\ u_{m-2,j}^{k+1} \\ u_{m-1,j}^{k+1} \end{pmatrix}+$$

$$\begin{pmatrix} -\frac{r_2}{2} & & & & \\ & -\frac{r_2}{2} & & 0 & \\ & & \ddots & & \\ & 0 & & -\frac{r_2}{2} & \\ & & & & -\frac{r_2}{2} \end{pmatrix}\begin{pmatrix} u_{1,j+1}^{k+1} \\ u_{2,j+1}^{k+1} \\ \vdots \\ u_{m-2,j+1}^{k+1} \\ u_{m-1,j+1}^{k+1} \end{pmatrix}=$$

$$\begin{pmatrix} \frac{r_1}{2}u_{0,j}^k+(1-r_1-r_2)u_{1,j}^k+\frac{r_1}{2}u_{2,j}^k+\frac{r_2}{2}u_{1,j-1}^k+\frac{r_2}{2}u_{1,j+1}^k+f(x_1,y_j,t_{k+\frac{1}{2}})\Delta t+\frac{r_1}{2}u_{0,j}^{k+1} \\ \frac{r_1}{2}u_{1,j}^k+(1-r_1-r_2)u_{2,j}^k+\frac{r_1}{2}u_{3,j}^k+\frac{r_2}{2}u_{2,j-1}^k+\frac{r_2}{2}u_{2,j+1}^k+f(x_2,y_j,t_{k+\frac{1}{2}})\Delta t \\ \vdots \\ \frac{r_1}{2}u_{m-3,j}^k+(1-r_1-r_2)u_{m-2,j}^k+\frac{r_1}{2}u_{m-1,j}^k+\frac{r_2}{2}u_{m-2,j-1}^k+\frac{r_2}{2}u_{m-2,j+1}^k+f(x_{m-2},y_j,t_{k+\frac{1}{2}})\Delta t \\ \frac{r_1}{2}u_{m-2,j}^k+(1-r_1-r_2)u_{m-1,j}^k+\frac{r_1}{2}u_{m,j}^k+\frac{r_2}{2}u_{m-1,j-1}^k+\frac{r_2}{2}u_{m-1,j+1}^k+f(x_{m-1},y_j,t_{k+\frac{1}{2}})\Delta t+\frac{r_1}{2}u_{m,j}^{k+1} \end{pmatrix} \tag{3-122}$$

若记

$$\boldsymbol{u}_j^k=\begin{pmatrix} u_{1,j}^k \\ u_{2,j}^k \\ \vdots \\ u_{m-2,j}^k \\ u_{m-1,j}^k \end{pmatrix},\quad D=-\frac{r_2}{2}I,$$

$$C=\begin{pmatrix} 1+r_1+r_2 & -\frac{r_1}{2} & & & \\ -\frac{r_1}{2} & 1+r_1+r_2 & -\frac{r_1}{2} & & \\ & & \ddots & & \\ & & -\frac{r_1}{2} & 1+r_1+r_2 & -\frac{r_1}{2} \\ & & & -\frac{r_1}{2} & 1+r_1+r_2 \end{pmatrix}_{(m-1)\times(m-1)}.$$

其中，$I$ 为 $m-1$ 阶单位矩阵. 则上面的格式（3-122）可简写成

$$D\boldsymbol{u}_{j-1}^{k+1}+C\boldsymbol{u}_{j}^{k+1}+D\boldsymbol{u}_{j+1}^{k+1}=\boldsymbol{F}_j,\quad 1\leqslant j\leqslant n-1 \tag{3-123}$$

其中 $\boldsymbol{F}_j$ 为式（3-122）右端的列向量. 式（3-123）即为

$$\begin{pmatrix} C & D & & & \\ D & C & D & & \\ & \ddots & \ddots & \ddots & \\ & & D & C & D \\ & & & D & C \end{pmatrix}\begin{pmatrix} \boldsymbol{u}_1^{k+1} \\ \boldsymbol{u}_2^{k+1} \\ \vdots \\ \boldsymbol{u}_{n-2}^{k+1} \\ \boldsymbol{u}_{n-1}^{k+1} \end{pmatrix}=\begin{pmatrix} \boldsymbol{F}_1-D\boldsymbol{u}_0^{k+1} \\ \boldsymbol{F}_2 \\ \vdots \\ \boldsymbol{F}_{n-2} \\ \boldsymbol{F}_{n-1}-D\boldsymbol{u}_n^{k+1} \end{pmatrix}$$

这是一个系数为块三对角矩阵的线性方程组，每一行至多 5 个非零元素，求解困难，计算量大，实际操作不方便，希望能找到更有效的数值方法.

## 三、交替方向隐（ADI）格式

由于 Crank-Nicolson 方法求解困难，而难点就在这种方法最后导出的线性方程组的系数矩阵不再是三对角而是五对角的了，追赶法失效. 于是，一个基本想法是修改原来的 Crank-Nicolson 格式，希望将上述块三对角系数矩阵变成三对角矩阵，便于用成熟而又高效的追赶法求解. 为了后文分析方便，我们需要用到一个常用的二阶中心差分记号，也是一个数学上的算子符号，即

$$\delta_x{}^2u(x_i,y_j,t_k)=u(x_{i-1},y_j,t_k)-2u(x_i,y_j,t_k)+u(x_{i+1},y_j,t_k) \tag{3-124}$$

相应地有：

$$\delta_y{}^2u(x_i,y_j,t_k)=u(x_i,y_{j-1},t_k)-2u(x_i,y_j,t_k)+u(x_i,y_{j+1},t_k) \tag{3-125}$$

$$\delta_t{}^2u(x_i,y_j,t_k)=u(x_i,y_j,t_{k-1})-2u(x_i,y_j,t_k)+u(x_i,y_j,t_{k+1}) \tag{3-126}$$

及其离散形式：

$$\delta_x{}^2u_{ij}^k=u_{i-1,j}^k-2u_{ij}^k+u_{i+1,j}^k,\quad \delta_y{}^2u_{ij}^k=u_{i,j-1}^k-2u_{ij}^k+u_{i,j+1}^k,\quad \delta_t{}^2u_{ij}^k=u_{ij}^{k-1}-2u_{ij}^k+u_{ij}^{k+1} \tag{3-127}$$

大家要习惯看这些记号，因为有很多教材都频繁地使用着这些记号. 通过这些记号，我们可以把 Crank-Nicolson 格式的式（3-120）改写如下：

$$\frac{u_{i,j}^{k+1}-u_{i,j}^k}{\Delta t}-\frac{1}{2}\left(\frac{\delta_x^2u_{i,j}^{k+1}+\delta_x^2u_{i,j}^k}{\Delta x^2}+\frac{\delta_y^2u_{i,j}^{k+1}+\delta_y^2u_{i,j}^k}{\Delta y^2}\right)=f(x_i,y_j,t_{k+\frac{1}{2}}) \tag{3-128}$$

更简单地，也就是

$$u_{i,j}^{k+1}-u_{i,j}^k-\frac{1}{2}\left(r_1(\delta_x^2u_{i,j}^{k+1}+\delta_x^2u_{i,j}^k)+r_2(\delta_y^2u_{i,j}^{k+1}+\delta_y^2u_{i,j}^k)\right)=f(x_i,y_j,t_{k+\frac{1}{2}})\Delta t$$

整理可得

$$\left(1-\frac{r_1}{2}\delta_x^2-\frac{r_2}{2}\delta_y^2\right)u_{i,j}^{k+1}=\left(1+\frac{r_1}{2}\delta_x^2+\frac{r_2}{2}\delta_y^2\right)u_{i,j}^k+f(x_i,y_j,t_{k+\frac{1}{2}})\Delta t \tag{3-129}$$

上式左右两边大括号内的都是算子，1 相当于恒等算子，它作用在任何元素上得到的就是其本身. 至此，我们还没有对 Crank-Nicolson 格式进行任何改进，只是用算子的形式将其表示出来. 式（3-129）存在求解上的困难，所以后面我们将借助算子分解，通过添加辅助项，把原来的五对解系数矩阵转化为两个三对角系数矩阵，从而用追赶法交替求解三对角线性方程组. 为了实现算子分解，在式（3-129）左

右两端分别添加辅助项$\frac{r_1r_2}{4}\delta_x^2\delta_y^2u_{i,j}^{k+1}$和$\frac{r_1r_2}{4}\delta_x^2\delta_y^2u_{i,j}^{k}$，关于为何添加这两个辅助项将在后文说明. 于是Crank-Nicolson格式修正为以下形式：

$$\left(1-\frac{r_1}{2}\delta_x^2-\frac{r_2}{2}\delta_y^2+\frac{r_1r_2}{4}\delta_x^2\delta_y^2\right)u_{i,j}^{k+1}=\left(1+\frac{r_1}{2}\delta_x^2+\frac{r_2}{2}\delta_y^2+\frac{r_1r_2}{4}\delta_x^2\delta_y^2\right)u_{i,j}^{k}+f(x_i,y_j,t_{k+\frac{1}{2}})\Delta t$$

也就是

$$\left(1-\frac{r_1}{2}\delta_x^2\right)\left(1-\frac{r_2}{2}\delta_y^2\right)u_{i,j}^{k+1}=\left(1+\frac{r_1}{2}\delta_x^2\right)\left(1+\frac{r_2}{2}\delta_y^2\right)u_{i,j}^{k}+f_{ij}^{k+\frac{1}{2}}\Delta t \tag{3-130}$$

其中，$f_{i,j}^{k+\frac{1}{2}}=f(x_i,y_j,t_{k+\frac{1}{2}})$. 为了使分解更彻底，上式可以写成

$$\left(1-\frac{r_1}{2}\delta_x^2\right)\left(1-\frac{r_2}{2}\delta_y^2\right)u_{i,j}^{k+1}=\left(1+\frac{r_1}{2}\delta_x^2\right)\left(1+\frac{r_2}{2}\delta_y^2\right)u_{i,j}^{k}+\frac{1}{2}\left(1-\frac{r_1}{2}\delta_x^2+1+\frac{r_1}{2}\delta_x^2\right)f_{i,j}^{k+\frac{1}{2}}\Delta t$$

从而进一步分解为

$$\left(1-\frac{r_1}{2}\delta_x^2\right)\left((1-\frac{r_2}{2}\delta_y^2)u_{i,j}^{k+1}-\frac{1}{2}f_{i,j}^{k+\frac{1}{2}}\Delta t\right)=\left(1+\frac{r_1}{2}\delta_x^2\right)\left((1+\frac{r_2}{2}\delta_y^2)u_{i,j}^{k}+\frac{1}{2}f_{i,j}^{k+\frac{1}{2}}\Delta t\right) \tag{3-131}$$

这样，引入中间变量$V_{i,j}$使式（3-131）最右端大括号内的元素满足

$$\left(1+\frac{r_2}{2}\delta_y^2\right)u_{i,j}^{k}+\frac{1}{2}f_{i,j}^{k+\frac{1}{2}}\Delta t=\left(1-\frac{r_1}{2}\delta_x^2\right)V_{i,j} \tag{3-132}$$

由于差分算子具有可交换性，再由式（3-131）就应该有

$$\left(1-\frac{r_2}{2}\delta_y^2\right)u_{i,j}^{k+1}-\frac{1}{2}f_{i,j}^{k+\frac{1}{2}}\Delta t=\left(1+\frac{r_1}{2}\delta_x^2\right)V_{i,j} \tag{3-133}$$

这样，改写式（3-132）和式（3-133），就得到由式（3-131）导出的Peaceman-Rachford格式：

$$\begin{cases}\left(1-\frac{r_1}{2}\delta_x^2\right)V_{i,j}=\left(1+\frac{r_2}{2}\delta_y^2\right)u_{i,j}^{k}+\frac{1}{2}f_{i,j}^{k+\frac{1}{2}}\Delta t\\ \left(1-\frac{r_2}{2}\delta_y^2\right)u_{i,j}^{k+1}=\left(1+\frac{r_1}{2}\delta_x^2\right)V_{i,j}+\frac{1}{2}f_{i,j}^{k+\frac{1}{2}}\Delta t\end{cases} \tag{3-134}$$

式(3-134)的第一式是一个$x$方向上的三对角线性方程组，由第$k$个时间层上的信息求出中间变量$V_{i,j}$，再利用第二式，这是$y$方向上的三对角线性方程组，求出在第$k+1$个时间层上的信息$u_{i,j}^{k+1}$，这样就完成了一层信息的计算. 注意到式（3-134）第一式的求解需要用到$V_{0,j}$和$V_{m,j}$，只需要将式（3-134）的两式相减，整理后就可以得到$V_{i,j}=\frac{1}{2}\left(1+\frac{r_2}{2}\delta_y^2\right)u_{i,j}^{k}+\frac{1}{2}\left(1-\frac{r_2}{2}\delta_y^2\right)u_{i,j}^{k+1}$，从而有

$$\begin{cases}V_{0,j}=\frac{1}{2}\left(1+\frac{r_2}{2}\delta_y^2\right)u_{0,j}^{k}+\frac{1}{2}\left(1-\frac{r_2}{2}\delta_y^2\right)u_{0,j}^{k+1}\\ V_{m,j}=\frac{1}{2}\left(1+\frac{r_2}{2}\delta_y^2\right)u_{m,j}^{k}+\frac{1}{2}\left(1-\frac{r_2}{2}\delta_y^2\right)u_{m,j}^{k+1}\end{cases} \tag{3-135}$$

也就是说$V_{0,j}$和$V_{m,j}$可由左右边界条件确定. 式（3-134）和式（3-135）就是用算子表示的完整的Peaceman-Rachford格式. 整个求解过程从$k=0$第0层开始逐层求解. 我们将这种关于$x$方向和$y$方向交替求解的隐式方法称为ADI（Alternating Direction Implicit）方法.

为方便起见，我们将Peaceman-Rachford格式的式（3-134）和式（3-135）重新写回原来的差分形式，即

$$\begin{cases}-\frac{r_1}{2}V_{i-1,j}+(1+r_1)V_{i,j}-\frac{r_1}{2}V_{i+1,j}=\frac{r_2}{2}u_{i,j-1}^k+(1-r_2)u_{i,j}^k+\frac{r_2}{2}u_{i,j+1}^k+\frac{1}{2}f_{i,j}^{k+\frac{1}{2}}\Delta t\\-\frac{r_2}{2}u_{i,j-1}^{k+1}+(1+r_2)u_{i,j}^{k+1}-\frac{r_2}{2}u_{i,j+1}^{k+1}=\frac{r_1}{2}(V_{i-1,j}+V_{i+1,j})+(1-r_1)V_{i,j}+\frac{1}{2}f_{i,j}^{k+\frac{1}{2}}\Delta t\end{cases}\tag{3-136}$$

其中，$1\leqslant i\leqslant m-1,\ 1\leqslant j\leqslant n-1,\ 0\leqslant k\leqslant l-1$，且

$$\begin{cases}V_{0,j}=\frac{1-r_2}{2}u_{0,j}^k+\frac{1+r_2}{2}u_{0,j}^{k+1}+\frac{r_2}{4}(u_{0,j-1}^k+u_{0,j+1}^k-u_{0,j-1}^{k+1}-u_{0,j+1}^{k+1})\\V_{m,j}=\frac{1-r_2}{2}u_{m,j}^k+\frac{1+r_2}{2}u_{m,j}^{k+1}+\frac{r_2}{4}(u_{m,j-1}^k+u_{m,j+1}^k-u_{m,j-1}^{k+1}-u_{m,j+1}^{k+1})\end{cases}\tag{3-137}$$

事实上，假设第$k$层信息已知，在求解式（3-136）中第一式时，先要固定某个$j,\ 1\leqslant j\leqslant n-1$，这时式（3-136）的第一式就是一个$m-1$阶线性方程组，其系数矩阵是三对角矩阵，可用追赶法求解. 每解一个方程组就得到第$k+1$个时间层上在$[0,a]\times[0,b]$矩形区域内行网格点（即行节点$(x_i,y_j),\ 1\leqslant i\leqslant m-1$）上$V_{i,j}$的信息，所以要得到矩形区域内的所有网格点信息，需要求解$n-1$个（即对应$j$从1取到$n-1$）这样的线性系统. 同样，在求解式（3-136）中第二式时，先要固定某个$i,\ 1\leqslant i\leqslant m-1$，这时式（3-136）的第二式是一个$n-1$阶线性方程组，系数矩阵是三对角矩阵，可用追赶法求解，每解一个方程组就得到第$k+1$个时间层上$[0,a]\times[0,b]$矩形区域内列网格点（即列节点$(x_i,y_j),\ 1\leqslant j\leqslant n-1$）上的$u_{i,j}^{k+1}$信息，所以要得到第$k+1$个时间层上所有网格点的信息，需要求解$m-1$个（即对应$i$从1取到$m-1$）这样的线性系统.

注意到，Peaceman-Rachford格式的导出源于式（3-130），事实上，式（3-130）的分解并不是唯一的. 引入中间变量$V_{i,j}$，可以很容易导出以下D'Yakonov格式：

$$\begin{cases}\left(1-\frac{r_1}{2}\delta_x^2\right)V_{i,j}=\left(1+\frac{r_1}{2}\delta_x^2\right)\left(1+\frac{r_2}{2}\delta_y^2\right)u_{i,j}^k+f_{i,j}^{k+\frac{1}{2}}\Delta t\\\left(1-\frac{r_2}{2}\delta_y^2\right)u_{i,j}^{k+1}=V_{i,j}\end{cases}\tag{3-138}$$

同样，计算第一式中的$V_{i,j}$时需要用到$V_{0,j}$和$V_{m,j}$，这可以直接从第二式中获得，即

$$\begin{cases}V_{0,j}=\left(1-\frac{r_2}{2}\delta_y^2\right)u_{0,j}^{k+1}\\V_{m,j}=\left(1-\frac{r_2}{2}\delta_y^2\right)u_{m,j}^{k+1}\end{cases}\tag{3-139}$$

这里，我们也将D'Yakonov格式的式（3-138）和式（3-139）重新写回原来的差分形式，即

$$\begin{cases}-\frac{r_1}{2}V_{i-1,j}+(1+r_1)V_{i,j}-\frac{r_1}{2}V_{i+1,j}=\frac{r_1(1-r_2)}{2}(u_{i-1,j}^k+u_{i+1,j}^k)+\frac{r_2(1-r_1)}{2}(u_{i,j-1}^k+u_{i,j+1}^k)+\\\qquad(1-r_1)(1-r_2)u_{i,j}^k+f_{i,j}^{k+\frac{1}{2}}\Delta t+\frac{r_1r_2}{4}(u_{i-1,j-1}^k+u_{i+1,j-1}^k+u_{i-1,j+1}^k+u_{i+1,j+1}^k)\\-\frac{r_2}{2}u_{i,j-1}^{k+1}+(1+r_2)u_{i,j}^{k+1}-\frac{r_2}{2}u_{i,j+1}^{k+1}=V_{i,j}\end{cases}\tag{3-140}$$

其中，$1\leqslant i\leqslant m-1,\ 1\leqslant j\leqslant n-1,\ 0\leqslant k\leqslant l-1$，且

$$\begin{cases}V_{0,j}=-\frac{r_2}{2}(u_{0,j-1}^{k+1}+u_{0,j+1}^{k+1})+(1+r_2)u_{0,j}^{k+1}\\V_{m,j}=-\frac{r_2}{2}(u_{m,j-1}^{k+1}+u_{m,j+1}^{k+1})+(1+r_2)u_{m,j}^{k+1}\end{cases}\tag{3-141}$$

另外，式（3-130）还可以改写成

$$\left(1-\frac{r_1}{2}\delta_x^2\right)\left(1-\frac{r_2}{2}\delta_y^2\right)(u_{i,j}^{k+1}-u_{i,j}^k)=\left(r_1\delta_x^2+r_2\delta_y^2\right)u_{i,j}^k+f_{i,j}^{k+\frac{1}{2}}\Delta t$$

从而借助中间变量 $V_{i,j}$ 可以很容易地分解为下面的 Douglas 格式：

$$\begin{cases}\left(1-\frac{r_1}{2}\delta_x^2\right)V_{i,j}=\left(r_1\delta_x^2+r_2\delta_y^2\right)u_{i,j}^k+f_{i,j}^{k+\frac{1}{2}}\Delta t\\ \left(1-\frac{r_2}{2}\delta_y^2\right)u_{i,j}^{k+1}=V_{i,j}+\left(1-\frac{r_2}{2}\delta_y^2\right)u_{i,j}^k\end{cases}\tag{3-142}$$

计算第一式中的 $V_{i,j}$ 时也需要用到 $V_{0,j}$ 和 $V_{m,j}$，这可以直接从第二式中解得，即

$$\begin{cases}V_{0,j}=\left(1-\frac{r_2}{2}\delta_y^2\right)u_{0,j}^{k+1}-\left(1-\frac{r_2}{2}\delta_y^2\right)u_{0,j}^k\\ V_{m,j}=\left(1-\frac{r_2}{2}\delta_y^2\right)u_{m,j}^{k+1}-\left(1-\frac{r_2}{2}\delta_y^2\right)u_{m,j}^k\end{cases}\tag{3-143}$$

将 Douglas 格式写成我们熟悉的标准差分格式，就有

$$\begin{cases}-\frac{r_1}{2}V_{i-1,j}+(1+r_1)V_{i,j}-\frac{r_1}{2}V_{i+1,j}=r_1(u_{i-1,j}^k-2u_{i,j}^k+u_{i+1,j}^k)+\\ \qquad r_2(u_{i,j-1}^k-2u_{i,j}^k+u_{i,j+1}^k)+f_{i,j}^{k+\frac{1}{2}}\Delta t\\ -\frac{r_2}{2}u_{i,j-1}^{k+1}+(1+r_2)u_{i,j}^{k+1}-\frac{r_2}{2}u_{i,j+1}^{k+1}=V_{i,j}-\frac{r_2}{2}(u_{i,j-1}^k+u_{i,j+1}^k)+(1+r_2)u_{i,j}^k\end{cases}\tag{3-144}$$

其中，$1\leqslant i\leqslant m-1,\ 1\leqslant j\leqslant n-1,\ 0\leqslant k\leqslant l-1$，且

$$\begin{cases}V_{0,j}=-\frac{r_2}{2}(u_{0,j-1}^{k+1}+u_{0,j+1}^{k+1}-u_{0,j-1}^k-u_{0,j+1}^k)+(1+r_2)(u_{0,j}^{k+1}-u_{0,j}^k)\\ V_{m,j}=-\frac{r_2}{2}(u_{m,j-1}^{k+1}+u_{m,j+1}^{k+1}-u_{m,j-1}^k-u_{m,j+1}^k)+(1+r_2)(u_{m,j}^{k+1}-u_{m,j}^k)\end{cases}\tag{3-145}$$

总的说来，求解二维抛物型方程初边值问题式（3-114）的 ADI 方法本质上就是从式（3-130）分解为两个三对角的线性方程组进行求解，其间需要借助中间变量 $V_{i,j}$，这里的分解方式并不唯一. 此外，以上所有格式均需加上初边值条件才是完整的计算格式.

## 四、关于添加辅助项的说明

上面已经指出，ADI 格式导出的关键在于我们在原来的 Crank-Nicolson 格式的算子表示式(3-129)的基础上添加了两个辅助项 $\frac{r_1r_2}{4}\delta_x^2\delta_y^2u_{i,j}^{k+1}$ 和 $\frac{r_1r_2}{4}\delta_x^2\delta_y^2u_{i,j}^k$，那么为什么要加上这两项呢？首先请读者要明确的一点是，在式（3-129）的左端加上辅助项 $\frac{r_1r_2}{4}\delta_x^2\delta_y^2u_{i,j}^{k+1}$ 是为了实现左端的算子分解，这在情理之中. 但式（3-129）的右端辅助项 $\frac{r_1r_2}{4}\delta_x^2\delta_y^2u_{i,j}^k$ 的添加显得有些牵强，因为从后面的分析可以知道，真正实现交替三对角线性方程组的求解，只涉及到左端的分解，右端是不需要进行分解的. 右端辅助项添加的真正原因其实就是为了不降低原来 Crank-Nicolson 格式的精度，即保证添加了辅助项后得到的新格式的局部截断误差关于时间、空间仍然都是二阶的，否则从 Crank-Nicolson 格式改进到 ADI 格式就没有意义了. 为此，我们有必要考察一下添加辅助项后的新格式的式（3-130）的局部截断误差.

事实上，将式（3-130）写成数值格式整理化简后就是：

$$u_{i,j}^{k+1}-u_{i,j}^{k}=\frac{\Delta t}{2\Delta x^2}\delta_x^2(u_{i,j}^{k}+u_{i,j}^{k+1})+\frac{\Delta t}{2\Delta y^2}\delta_y^2(u_{i,j}^{k}+u_{i,j}^{k+1})+f_{i,j}^{k+\frac{1}{2}}\Delta t-\frac{\Delta t^2}{4\Delta x^2\Delta y^2}\delta_x^2\delta_y^2(u_{i,j}^{k+1}-u_{i,j}^{k})$$

这里仍沿用中心差分的算子符号，是因为如果展开写的话，上面的式子未免太长了. 上式实为

$$\frac{u_{i,j}^{k+1}-u_{i,j}^{k}}{\Delta t}=\frac{1}{2\Delta x^2}\delta_x^2(u_{i,j}^{k}+u_{i,j}^{k+1})+\frac{1}{2\Delta y^2}\delta_y^2(u_{i,j}^{k}+u_{i,j}^{k+1})+f_{i,j}^{k+\frac{1}{2}}-\frac{\Delta t}{4\Delta x^2\Delta y^2}\delta_x^2\delta_y^2(u_{i,j}^{k+1}-u_{i,j}^{k})$$

上面的这个数值格式的局部截断误差就是：

$$\begin{aligned}LTE=&\frac{u(x_i,y_j,t_{k+1})-u(x_i,y_j,t_k)}{\Delta t}-\frac{1}{2\Delta x^2}\delta_x^2(u(x_i,y_j,t_k)+u(x_i,y_j,t_{k+1}))-\\&\frac{1}{2\Delta y^2}\delta_y^2(u(x_i,y_j,t_k)+u(x_i,y_j,t_{k+1}))-f(x_i,y_j,t_{k+\frac{1}{2}})+\\&\frac{\Delta t}{4\Delta x^2\Delta y^2}\delta_x^2\delta_y^2(u(x_i,y_j,t_{k+1})-u(x_i,y_j,t_k))\end{aligned}$$

注意到

$$\frac{\delta_x^2u(x_i,y_j,t_k)}{\Delta x^2}=\left.\frac{\partial^2u}{\partial x^2}\right|_{(x_i,y_j,t_k)}+O(\Delta x^2),\quad \frac{\delta_y^2u(x_i,y_j,t_k)}{\Delta y^2}=\left.\frac{\partial^2u}{\partial y^2}\right|_{(x_i,y_j,t_k)}+O(\Delta y^2)\qquad(3\text{-}146)$$

因此，

$$\begin{aligned}\text{LTE}=&\left.\frac{\partial u}{\partial t}\right|_{(x_i,y_j,t_{k+\frac{1}{2}})}+O(\Delta t^2)-\frac{1}{2}\left(\left.\frac{\partial^2u}{\partial x^2}\right|_{(x_i,y_j,t_k)}+\left.\frac{\partial^2u}{\partial x^2}\right|_{(x_i,y_j,t_{k+1})}+\left.\frac{\partial^2u}{\partial y^2}\right|_{(x_i,y_j,t_k)}+\left.\frac{\partial^2u}{\partial y^2}\right|_{(x_i,y_j,t_{k+1})}\right)+\\&O(\Delta x^2+\Delta y^2)+f(x_i,y_j,t_{k+\frac{1}{2}})+\frac{\Delta t}{4\Delta x^2\Delta y^2}\delta_x^2\delta_y^2(u(x_i,y_j,t_{k+1})-u(x_i,y_j,t_k))\end{aligned}$$

再利用误差为 $O(\Delta t^2)$ 的近似 $\left.\frac{\partial^2u}{\partial x^2}\right|_{(x_i,y_j,t_{k+\frac{1}{2}})}\approx\frac{1}{2}\left(\left.\frac{\partial^2u}{\partial x^2}\right|_{(x_i,y_j,t_{k+1})}+\left.\frac{\partial^2u}{\partial x^2}\right|_{(x_i,y_j,t_k)}\right)$ 以及原抛物型方程，上式又可改写为

$$\text{LTE}=\frac{\Delta t}{4\Delta x^2\Delta y^2}\delta_x^2\delta_y^2(u(x_i,y_j,t_{k+1})-u(x_i,y_j,t_k))+O(\Delta x^2+\Delta y^2+\Delta t^2)\qquad(3\text{-}147)$$

从而看出影响数值格式局部截断误差的关键项为 $\delta_x^2\delta_y^2(u(x_i,y_j,t_{k+1})-u(x_i,y_j,t_k))$，需要仔细分析. 事实上，当某函数 $v(x,y,t)$ 具有较高的光滑性时，令 $P$ 表示点 $(x_i,y_j,t_k)$，$Q$ 表示点 $(x_i,y_j,t_{k+1})$，就有：

$$\delta_x^2v(P)=v(x_{i-1},y_j,t_k)-2v(x_i,y_j,t_k)+v(x_{i+1},y_j,t_k)=\Delta x^2\left.\frac{\partial^2v}{\partial x^2}\right|_P+\frac{\Delta x^4}{12}\left.\frac{\partial^4v}{\partial x^4}\right|_P+\cdots\qquad(3\text{-}148)$$

同理，

$$\delta_y^2v(P)=\Delta y^2\left.\frac{\partial^2v}{\partial y^2}\right|_P+\frac{\Delta y^4}{12}\left.\frac{\partial^4v}{\partial y^4}\right|_P+\cdots\qquad(3\text{-}149)$$

于是，由式（3-148）和式（3-149），则有：

$$\delta_x^2\delta_y^2 v(P)=\delta_x^2\left(\Delta y^2\frac{\partial^2 v}{\partial y^2}+\frac{\Delta y^4}{12}\frac{\partial^4 v}{\partial y^4}+\cdots\right)\Bigg|_P$$

$$=\Delta x^2\frac{\partial^2}{\partial x^2}\left(\Delta y^2\frac{\partial^2 v}{\partial y^2}+\frac{\Delta y^4}{12}\frac{\partial^4 v}{\partial y^4}+\cdots\right)\Bigg|_P+\frac{\Delta x^4}{12}\frac{\partial^4}{\partial x^4}\left(\Delta y^2\frac{\partial^2 v}{\partial y^2}+\frac{\Delta y^4}{12}\frac{\partial^4 v}{\partial y^4}+\cdots\right)\Bigg|_P+\cdots \quad (3\text{-}150)$$

$$=\Delta x^2\Delta y^2\frac{\partial^4 v}{\partial y^2\partial x^2}\bigg|_P+\frac{\Delta x^2\Delta y^4}{12}\frac{\partial^6 v}{\partial y^4\partial x^2}\bigg|_P+\frac{\Delta x^4\Delta y^2}{12}\frac{\partial^6 v}{\partial y^2\partial x^4}\bigg|_P+\cdots$$

于是取 $v=u(x,y,z)$，则有：

$$\delta_x^2\delta_y^2 u\big|_Q=\Delta x^2\Delta y^2\frac{\partial^4 u}{\partial y^2\partial x^2}\bigg|_Q+\frac{\Delta x^2\Delta y^4}{12}\frac{\partial^6 u}{\partial y^4\partial x^2}\bigg|_Q+\frac{\Delta x^4\Delta y^2}{12}\frac{\partial^6 u}{\partial y^2\partial x^4}\bigg|_Q+\cdots$$

$$\delta_x^2\delta_y^2 u\big|_P=\Delta x^2\Delta y^2\frac{\partial^4 u}{\partial y^2\partial x^2}\bigg|_P+\frac{\Delta x^2\Delta y^4}{12}\frac{\partial^6 u}{\partial y^4\partial x^2}\bigg|_P+\frac{\Delta x^4\Delta y^2}{12}\frac{\partial^6 u}{\partial y^2\partial x^4}\bigg|_P+\cdots$$

将上面两式相减，可得：

$$\delta_x^2\delta_y^2(u(x_i,y_j,t_{k+1})-u(x_i,y_j,t_k))=\delta_x^2\delta_y^2 u\big|_Q-\delta_x^2\delta_y^2 u\big|_P$$

$$=\Delta x^2\Delta y^2\left(\frac{\partial^4 u}{\partial y^2\partial x^2}\bigg|_Q-\frac{\partial^4 u}{\partial y^2\partial x^2}\bigg|_P\right)+\frac{\Delta x^2\Delta y^4}{12}\left(\frac{\partial^6 v}{\partial y^4\partial x^2}\bigg|_Q-\frac{\partial^6 v}{\partial y^4\partial x^2}\bigg|_P\right)+$$
$$\frac{\Delta x^4\Delta y^2}{12}\left(\frac{\partial^6 v}{\partial y^2\partial x^4}\bigg|_Q-\frac{\partial^6 v}{\partial y^2\partial x^4}\bigg|_P\right)+\cdots$$

$$=\Delta x^2\Delta y^2\frac{\partial^4}{\partial y^2\partial x^2}\left(\Delta t\frac{\partial u}{\partial t}+\frac{\Delta t^2}{2}\frac{\partial^2 u}{\partial t^2}+\cdots\right)\Bigg|_P+\frac{\Delta x^2\Delta y^4}{12}\frac{\partial^6}{\partial y^4\partial x^2}\left(\Delta t\frac{\partial u}{\partial t}+\frac{\Delta t^2}{2}\frac{\partial^2 u}{\partial t^2}+\cdots\right)\Bigg|_P+$$
$$\frac{\Delta x^4\Delta y^2}{12}\frac{\partial^6}{\partial y^2\partial x^4}\left(\Delta t\frac{\partial u}{\partial t}+\frac{\Delta t^2}{2}\frac{\partial^2 u}{\partial t^2}+\cdots\right)\Bigg|_P+\cdots$$

$$=\Delta x^2\Delta y^2\Delta t\frac{\partial^5 u}{\partial t\partial y^2\partial x^2}\bigg|_P+O(\Delta t\,\Delta x^2\Delta y^4)+O(\Delta t\,\Delta x^4\Delta y^2) \quad (3\text{-}151)$$

于是将上式代入式（3-147）可得：

$$\mathrm{LTE}=\frac{\Delta t}{4\Delta x^2\Delta y^2}\left(\Delta x^2\Delta y^2\Delta t\frac{\partial^5 u}{\partial t\partial y^2\partial x^2}\bigg|_P+O(\Delta t\,\Delta x^2\Delta y^4)+O(\Delta t\,\Delta x^4\Delta y^2)\right)+O(\Delta x^2+\Delta y^2+\Delta t^2)$$
$$=O(\Delta x^2+\Delta y^2+\Delta t^2) \quad (3\text{-}152)$$

从以上分析可见，式（3-129）右端辅助项 $\frac{r_1 r_2}{4}\delta_x^2\delta_y^2 u_{i,j}^k$ 的添加主要是为了使局部截断误差不从原来的 $O(\Delta x^2+\Delta y^2+\Delta t^2)$ 降低至 $O(\Delta x^2+\Delta y^2+\Delta t)$，如果不加这个辅助项，数值格式关于时间的精度就会降低一阶，就不能算是一个好的数值格式了. 这样，由式（3-152）知数值格式的式（3-130）是相容的.

由于二维抛物型方程的 ADI 格式无法写成 $U^{k+1}=GU^k$ 的形式，其中 $U^k=(u_{ij}^k)$ 为 $(m-1)\times(n-1)$ 阶矩阵，所以无法通过分析 $G$ 矩阵的特征值进行稳定性的讨论. 我们将在下一章用傅里叶（Fourier）分析的方法给出本节 ADI 格式（3-130）无条件收敛的证明（详见后文第四章第五节），从而

Peaceman-Rachford 格式、D'Yakonov 格式和 Douglas 格式关于时间、空间都是二阶收敛的. 下面的数值算例也验证了这一点.

## 五、数值算例

**例 3.6.1**　用 ADI 格式计算以下二维抛物型方程初边值问题[5]：

$$\begin{cases}\dfrac{\partial u}{\partial t}-\left(\dfrac{\partial^2 u}{\partial x^2}+\dfrac{\partial^2 u}{\partial y^2}\right)=-\dfrac{3}{2}\mathrm{e}^{(x+y)/2-t}, & (x,y)\in[0,1]\times[0,1], \quad 0<t\leqslant 1,\\ u(x,y,0)=\mathrm{e}^{(x+y)/2}, & (x,y)\in[0,1]\times[0,1],\\ u(0,y,t)=\mathrm{e}^{y/2-t}, \quad u(1,y,t)=\mathrm{e}^{(1+y)/2-t}, & 0\leqslant y\leqslant 1, \quad 0<t\leqslant 1,\\ u(x,0,t)=\mathrm{e}^{x/2-t}, \quad u(x,1,t)=\mathrm{e}^{(1+x)/2-t}, & 0\leqslant x\leqslant 1, \quad 0<t\leqslant 1.\end{cases}$$

本例的精确解为 $u(x,y,t)=\mathrm{e}^{(x+y)/2-t}$. 分别计算第一种步长 $\Delta x=\dfrac{1}{60}$，$\Delta y=\dfrac{1}{40}$，$\Delta t=\dfrac{1}{20}$ 及第二种步长 $\Delta x=\dfrac{1}{120}$，$\Delta y=\dfrac{1}{80}$，$\Delta t=\dfrac{1}{40}$ 下的数值解，并且输出 18 个节点（它们分别在中间层 $t=0.50$ 和最上层 $t=1.00$ 上）处的数值解及误差，这 18 个节点的坐标为：$(0.25i,0.25j,0.50)$ 以及 $(0.25i,0.25j,1.00)$，其中 $i,j=1,2,3$ .

**解**：程序见 Egch3_sec6_01.c，Egch3_sec6_02.c，Egch3_sec6_03.c，分别对应 Peaceman-Rachford 格式、D'Yakonov 格式和 Douglas 格式. 注意，为了保证整数字符 $l$ 不与数字 1 混淆，程序设计过程中用大写字符 $L$ 表示时间轴上的剖分数. 因为 Peaceman-Rachford 格式、D'Yakonov 格式和 Douglas 格式都是从格式（3-130）变形分解而来的，虽然分解的方法不一样，从而计算的过程不一样，但最终的数值结果是完全一样的，计算结果列表如下（表 3-36 和表 3-37）.

表 3-36　$\Delta x=\dfrac{1}{60}$，$\Delta y=\dfrac{1}{40}$，$\Delta t=\dfrac{1}{20}$

| $(x_i,y_j,t_k)$ | 数值解 $u_{i,j}^k$ | 误差 $\lvert u_{i,j}^k-u(x_i,y_j,t_k)\rvert$ | $(x_i,y_j,t_k)$ | 数值解 $u_{i,j}^k$ | 误差 $\lvert u_{i,j}^k-u(x_i,y_j,t_k)\rvert$ |
|---|---|---|---|---|---|
| (0.25,0.25,0.50) | 0.778814 | 1.2876 e−5 | (0.25,0.25,1.00) | 0.472374 | 7.8105 e−6 |
| (0.25,0.50,0.50) | 0.882514 | 1.7519 e−5 | (0.25,0.50, 1.00) | 0.535272 | 1.0627 e−5 |
| (0.25,0.75,0.50) | 1.000015 | 1.4611 e−5 | (0.25,0.75, 1.00) | 0.606540 | 8.8626 e−6 |
| (0.50,0.25,0.50) | 0.882514 | 1.7519 e−5 | (0.50,0.25, 1.00) | 0.535272 | 1.0627 e−5 |
| (0.50,0.50,0.50) | 1.000024 | 2.3999 e−5 | (0.50,0.50, 1.00) | 0.606545 | 1.4557 e−5 |
| (0.50,0.75,0.50) | 1.133168 | 1.9757 e−5 | (0.50,0.75, 1.00) | 0.687301 | 1.1984 e−5 |
| (0.75,0.25,0.50) | 1.000015 | 1.4611 e−5 | (0.75,0.25, 1.00) | 0.606540 | 8.8626 e−6 |
| (0.75,0.50,0.50) | 1.133168 | 1.9757 e−5 | (0.75,0.50,0.50) | 0.687301 | 1.1984 e−5 |
| (0.75,0.75,0.50) | 1.284042 | 1.6707 e−5 | (0.75,0.75,0.50) | 0.778811 | 1.0134 e−5 |

表 3-37　$\Delta x=\dfrac{1}{120}$，$\Delta y=\dfrac{1}{80}$，$\Delta t=\dfrac{1}{40}$

| $(x_i,y_j,t_k)$ | 数值解 $u_{i,j}^k$ | 误差 $\lvert u_{i,j}^k-u(x_i,y_j,t_k)\rvert$ | $(x_i,y_j,t_k)$ | 数值解 $u_{i,j}^k$ | 误差 $\lvert u_{i,j}^k-u(x_i,y_j,t_k)\rvert$ |
|---|---|---|---|---|---|
| (0.25,0.25,0.50) | 0.778804 | 3.2127 e−6 | (0.25,0.25,1.00) | 0.472369 | 1.9488 e−6 |
| (0.25,0.50,0.50) | 0.882501 | 4.3716 e−6 | (0.25,0.50, 1.00) | 0.535264 | 2.6518 e−6 |
| (0.25,0.75,0.50) | 1.000004 | 3.6449 e−6 | (0.25,0.75, 1.00) | 0.606534 | 2.2109 e−6 |
| (0.50,0.25,0.50) | 0.882501 | 4.3717 e−6 | (0.50,0.25, 1.00) | 0.535264 | 2.6518 e−6 |

续表

| $(x_i,y_j,t_k)$ | 数值解 $u_{i,j}^k$ | 误差 $\lvert u_{i,j}^k-u(x_i,y_j,t_k)\rvert$ | $(x_i,y_j,t_k)$ | 数值解 $u_{i,j}^k$ | 误差 $\lvert u_{i,j}^k-u(x_i,y_j,t_k)\rvert$ |
|---|---|---|---|---|---|
| (0.50,0.50,0.50) | 1.000006 | 5.9884 e–6 | (0.50,0.50, 1.00) | 0.606534 | 3.6325 e–6 |
| (0.50,0.75,0.50) | 1.133153 | 4.9297 e–6 | (0.50,0.75, 1.00) | 0.687292 | 2.9903 e–6 |
| (0.75,0.25,0.50) | 1.000004 | 3.6449 e–6 | (0.75,0.25, 1.00) | 0.606533 | 2.2109 e–6 |
| (0.75,0.50,0.50) | 1.133153 | 4.9297 e–6 | (0.75,0.50,0.50) | 0.687292 | 2.9902 e–6 |
| (0.75,0.75,0.50) | 1.284030 | 4.1668 e–6 | (0.75,0.75,0.50) | 0.778803 | 2.5275 e–6 |

从两张表中的数值结果可见，若时间步长和空间步长（包括 $x$ 方向和 $y$ 方向）同时减半，则误差约减为原来误差的 1/4，从而数值结果验证了 ADI 格式是一个二阶格式.

## 第七节 二维抛物型方程的紧交替方向隐式方法

本节继续研究二维抛物型方程初边值问题式（3-114）. 我们将在上一节的基础上研究关于空间更高精度的紧差分格式，并且成功地将交替方向隐式方法用到紧格式中.

### 一、二维紧差分格式

讨论从 Crank-Nicolson 格式的设计思想开始. 至于剖分、节点离散等环节与前一节一样，此处不再多述.

在节点离散方程处有：

$$\left.\frac{\partial u}{\partial t}\right|_{(x_i,y_j,t_{k+\frac{1}{2}})}-\left.\left(\frac{\partial^2 u}{\partial x^2}+\frac{\partial^2 u}{\partial y^2}\right)\right|_{(x_i,y_j,t_{k+\frac{1}{2}})}=f(x_i,y_j,t_{k+\frac{1}{2}}) \tag{3-153}$$

将以前一维抛物型方程紧差分方法的思路进行推广，引入两个中间函数 $v(x,y,t)$, $w(x,y,t)$，满足

$$v(x,y,t)=\frac{\partial^2 u(x,y,t)}{\partial x^2},\quad w(x,y,t)=\frac{\partial^2 u(x,y,t)}{\partial y^2} \tag{3-154}$$

则

$$\left.\frac{\partial u}{\partial t}\right|_{(x_i,y_j,t_{k+\frac{1}{2}})}-(v+w)|_{(x_i,y_j,t_{k+\frac{1}{2}})}=f(x_i,y_j,t_{k+\frac{1}{2}}) \tag{3-155}$$

注意到类似于式（3-83），有

$$\frac{u(x_{i-1},y,t)-2u(x_i,y,t)+u(x_{i+1},y,t)}{\Delta x^2}=\left.\frac{\partial^2 u}{\partial x^2}\right|_{(x_i,\,y,t)}+\frac{\Delta x^2}{12}\left.\frac{\partial^4 u}{\partial x^4}\right|_{(x_i,\,y,t)}+O(\Delta x^4)$$

从而由上式及式（3-124）知：

$$\begin{aligned}v(x_i,y_j,t)=\left.\frac{\partial^2 u}{\partial x^2}\right|_{(x_i,y_j,t)}&=\frac{u(x_{i-1},y_j,t)-2u(x_i,y_j,t)+u(x_{i+1},y_j,t)}{\Delta x^2}-\frac{\Delta x^2}{12}\left.\frac{\partial^4 u}{\partial x^4}\right|_{(x_i,\,y_j,t)}+O(\Delta x^4)\\&=\frac{\delta_x^2 u(x_i,y_j,t)}{\Delta x^2}-\frac{\Delta x^2}{12}\left.\frac{\partial^2 v}{\partial x^2}\right|_{(x_i,\,y_j,t)}+O(\Delta x^4)\\&=\frac{\delta_x^2 u(x_i,y_j,t)}{\Delta x^2}-\frac{\Delta x^2}{12}\left(\frac{v(x_{i-1},y_j,t)-2v(x_i,y_j,t)+v(x_{i+1},y_j,t)}{\Delta x^2}\right)+O(\Delta x^4)\end{aligned}$$

也就是

$$\frac{\delta_x^2 u(x_i,y_j,t)}{\Delta x^2}=\frac{1}{12}\left(v(x_{i-1},y_j,t)+10v(x_i,y_j,t)+v(x_{i+1},y_j,t)\right)+O(\Delta x^4) \tag{3-156}$$

为后文叙述方便，记算子 $\varepsilon_x^2$ 为

$$\varepsilon_x^2 v(x_i,y,t)=\frac{1}{12}\left(v(x_{i-1},y,t)+10v(x_i,y,t)+v(x_{i+1},y,t)\right) \tag{3-157}$$

从而式（3-156）可以简写为

$$\frac{\delta_x^2 u(x_i,y_j,t)}{\Delta x^2}=\varepsilon_x^2 v(x_i,y_j,t)+O(\Delta x^4) \tag{3-158}$$

同理，

$$\begin{aligned}w(x_i,y_j,t)=\left.\frac{\partial^2 u}{\partial y^2}\right|_{(x_i,y_j,t)}&=\frac{u(x_i,y_{j-1},t)-2u(x_i,y_j,t)+u(x_i,y_{j+1},t)}{\Delta y^2}-\frac{\Delta y^2}{12}\left.\frac{\partial^4 u}{\partial y^4}\right|_{(x_i,\,y_j,t)}+O(\Delta y^4)\\&=\frac{\delta_y^2 u(x_i,y_j,t)}{\Delta y^2}-\frac{\Delta y^2}{12}\left(\frac{w(x_{i-1},y_j,t)-2w(x_i,y_j,t)+w(x_{i+1},y_j,t)}{\Delta y^2}\right)+O(\Delta y^4)\end{aligned}$$

即

$$\frac{\delta_y^2 u(x_i,y_j,t)}{\Delta y^2}=\frac{1}{12}(w(x_i,y_{j-1},t)+10w(x_i,y_j,t)+w(x_i,y_{j+1},t))+O(\Delta y^4) \tag{3-159}$$

又记算子 $\varepsilon_y^2$ 为

$$\varepsilon_y^2 w(x,y_j,t)=\frac{1}{12}(w(x,y_{j-1},t)+10w(x,y_j,t)+w(x,y_{j+1},t)) \tag{3-160}$$

从而式（3-159）可以简写为

$$\frac{\delta_x^2 u(x_i,y_j,t)}{\Delta y^2}=\varepsilon_y^2 w(x_i,y_j,t)+O(\Delta y^4) \tag{3-161}$$

于是，在式（3-158）和式（3-161）中均取 $t=t_{k+\frac{1}{2}}$，则有

$$\varepsilon_x^2 v(x_i,y_j,t_{k+\frac{1}{2}})=\frac{\delta_x^2 u(x_i,y_j,t_{k+\frac{1}{2}})}{\Delta x^2}+O(\Delta x^4) \tag{3-162}$$

$$\varepsilon_y^2 w(x_i,y_j,t_{k+\frac{1}{2}})=\frac{\delta_y^2 u(x_i,y_j,t_{k+\frac{1}{2}})}{\Delta y^2}+O(\Delta y^4) \tag{3-163}$$

再将算子 $\varepsilon_y^2$，$\varepsilon_x^2$ 分别作用到式（3-162）和式（3-163）上，可得

$$\varepsilon_y^2\varepsilon_x^2 v(x_i,y_j,t_{k+\frac{1}{2}})=\frac{\varepsilon_y^2\delta_x^2 u(x_i,y_j,t_{k+\frac{1}{2}})}{\Delta x^2}+O(\Delta x^4) \tag{3-164}$$

$$\varepsilon_x^2\varepsilon_y^2 w(x_i,y_j,t_{k+\frac{1}{2}})=\frac{\varepsilon_x^2\delta_y^2 u(x_i,y_j,t_{k+\frac{1}{2}})}{\Delta y^2}+O(\Delta y^4) \tag{3-165}$$

另外，将算子 $\varepsilon_x^2\varepsilon_y^2$ 作用到式（3-155）上，则有

$$\varepsilon_x^2\varepsilon_y^2\left.\frac{\partial u}{\partial t}\right|_{(x_i,y_j,t_{k+\frac{1}{2}})}-\varepsilon_x^2\varepsilon_y^2(v+w)\Big|_{(x_i,y_j,t_{k+\frac{1}{2}})}=\varepsilon_x^2\varepsilon_y^2 f(x_i,y_j,t_{k+\frac{1}{2}})$$

然后，利用

$$\left.\frac{\partial u}{\partial t}\right|_{(x_i,y_j,t_{k+\frac{1}{2}})}=\frac{u(x_i,y_j,t_{k+1})-u(x_i,y_j,t_k)}{\Delta t}+O(\Delta t^2)$$

$$u(x_i,y_j,t_{k+\frac{1}{2}})=\frac{1}{2}\Big(u(x_i,y_j,t_k)+u(x_i,y_j,t_{k+1})\Big)+O(\Delta t^2)$$

以及式（3-164）和式（3-165），则有

$$\frac{\varepsilon_x^2\varepsilon_y^2(u(x_i,y_j,t_{k+1})-u(x_i,y_j,t_k))}{\Delta t}-\frac{\varepsilon_y^2\delta_x^2(u(x_i,y_j,t_{k+1})+u(x_i,y_j,t_k))}{2\Delta x^2}-$$

$$\frac{\varepsilon_x^2\delta_y^2(u(x_i,y_j,t_{k+1})+u(x_i,y_j,t_k))}{2\Delta y^2}=\varepsilon_x^2\varepsilon_y^2 f(x_i,y_j,t_{k+\frac{1}{2}})+O(\Delta t^2+\Delta x^4+\Delta y^4)$$

用数值解 $u_{i,j}^k$ 代替精确解 $u(x_i,y_j,t_k)$ 并忽略高阶小项，可得对应的数值格式如下：

$$\frac{\varepsilon_x^2\varepsilon_y^2(u_{i,j}^{k+1}-u_{i,j}^k)}{\Delta t}-\frac{\varepsilon_y^2\delta_x^2(u_{i,j}^{k+1}+u_{i,j}^k)}{2\Delta x^2}-\frac{\varepsilon_x^2\delta_x^2(u_{i,j}^{k+1}+u_{i,j}^k)}{2\Delta y^2}=\varepsilon_x^2\varepsilon_y^2 f(x_i,y_j,t_{k+\frac{1}{2}}) \tag{3-166}$$

其中，离散的 $\varepsilon_x^2 u_{i,j}^k=\frac{1}{12}(u_{i-1,j}^k+10u_{i,j}^k+u_{i+1,j}^k)$， $\varepsilon_y^2 u_{i,j}^k=\frac{1}{12}(u_{i,j-1}^k+10u_{i,j}^k+u_{i,j+1}^k)$.

易见，式（3-166）即为

$$\varepsilon_x^2\varepsilon_y^2\left(u_{ij}^{k+1}-u_{ij}^k\right)-\frac{r_1}{2}\varepsilon_y^2\delta_x^2\left(u_{ij}^{k+1}+u_{ij}^k\right)-\frac{r_2}{2}\varepsilon_x^2\delta_y^2\left(u_{ij}^{k+1}+u_{ij}^k\right)=\Delta t\,\varepsilon_x^2\varepsilon_y^2 f(x_i,y_j,t_{k+\frac{1}{2}})$$

整理并联合初边值条件得以下二维的紧差分格式：

$$\begin{cases}\left(\varepsilon_x^2\varepsilon_y^2-\frac{r_1}{2}\varepsilon_y^2\delta_x^2-\frac{r_2}{2}\varepsilon_x^2\delta_y^2\right)u_{ij}^{k+1}=\left(\varepsilon_x^2\varepsilon_y^2+\frac{r_1}{2}\varepsilon_y^2\delta_x^2+\frac{r_2}{2}\varepsilon_x^2\delta_y^2\right)u_{ij}^k+\Delta t\,\varepsilon_x^2\varepsilon_y^2 f(x_i,y_j,t_{k+\frac{1}{2}})\\ \qquad 1\leqslant i\leqslant m-1,\ 1\leqslant j\leqslant n-1,\ 0\leqslant k\leqslant l-1,\\ u_{i,j}^0=\varphi(x_i,y_j),\ \ 0\leqslant i\leqslant m,\ 0\leqslant j\leqslant n,\\ u_{0,j}^k=g_1(y_j,t_k),\ \ u_{m,j}^k=g_2(y_j,t_k),\ \ 0\leqslant j\leqslant n,\ 0<k\leqslant l,\\ u_{i,0}^k=g_3(x_i,t_k),\ \ u_{i,n}^k=g_4(x_i,t_k),\ \ 0\leqslant i\leqslant m,\ 0<k\leqslant l.\end{cases} \tag{3-167}$$

易见，上述紧差分格式的局部截断误差为 $O(\Delta t^2+\Delta x^4+\Delta y^4)$．但显然这个格式存在求解上的困难. 因此容易想到再次借助算子的分解以实现交替方向三对角的求解格式.

## 二、紧交替方向隐格式

式（3-167）存在求解上的困难，所以后面我们将通过添加辅助项实现算子分解，从而将原来不方便求解的方程组化为两组（两个方向）三对角线性方程组交替用追赶法求解. 因此在式（3-167）第一式的左右两端分别添加辅助项 $\frac{r_1r_2}{4}\delta_x^2\delta_y^2u_{i,j}^{k+1}$ 和 $\frac{r_1r_2}{4}\delta_x^2\delta_y^2u_{i,j}^k$，这两项的添加已经在前一小节中作了详细说明. 于是紧格式修正为以下形式：

$$\left(\varepsilon_x^2\varepsilon_y^2-\frac{r_1}{2}\varepsilon_y^2\delta_x^2-\frac{r_2}{2}\varepsilon_x^2\delta_y^2+\frac{r_1r_2}{4}\delta_x^2\delta_y^2\right)u_{i,j}^{k+1}$$

$$=\left(\varepsilon_x^2\varepsilon_y^2+\frac{r_1}{2}\varepsilon_y^2\delta_x^2+\frac{r_2}{2}\varepsilon_x^2\delta_y^2+\frac{r_1r_2}{4}\delta_x^2\delta_y^2\right)u_{i,j}^k+\Delta t\,\varepsilon_x^2\varepsilon_y^2 f(x_i,y_j,t_{k+\frac{1}{2}})$$

从而实现以下分解：

$$\left(\varepsilon_x^2-\frac{r_1}{2}\delta_x^2\right)\left(\varepsilon_y^2-\frac{r_2}{2}\delta_y^2\right)u_{i,j}^{k+1}=\left(\varepsilon_x^2+\frac{r_1}{2}\delta_x^2\right)\left(\varepsilon_y^2+\frac{r_2}{2}\delta_y^2\right)u_{i,j}^{k}+\Delta t\,\varepsilon_x^2\varepsilon_y^2 f_{i,j}^{k+\frac{1}{2}} \tag{3-168}$$

其中，$f_{i,j}^{k+\frac{1}{2}}=f(x_i,y_j,t_{k+\frac{1}{2}})$ 且我们用到了算子 $\delta_x^2,\varepsilon_y^2$ 的可交换性. 这样，类似于前一节的具体分解，可以得到紧 Peaceman-Rachford 格式：

$$\begin{cases}\left(\varepsilon_x^2-\dfrac{r_1}{2}\delta_x^2\right)V_{i,j}=\left(\varepsilon_y^2+\dfrac{r_2}{2}\delta_y^2\right)u_{i,j}^{k}+\dfrac{1}{2}\Delta t\,\varepsilon_y^2 f_{i,j}^{k+\frac{1}{2}}\\ \left(\varepsilon_y^2-\dfrac{r_2}{2}\delta_y^2\right)u_{i,j}^{k+1}=\left(\varepsilon_x^2+\dfrac{r_1}{2}\delta_x^2\right)V_{i,j}+\dfrac{1}{2}\Delta t\,\varepsilon_y^2 f_{i,j}^{k+\frac{1}{2}}\end{cases} \tag{3-169}$$

或者紧 D'Yakonov 格式：

$$\begin{cases}\left(\varepsilon_x^2-\dfrac{r_1}{2}\delta_x^2\right)V_{i,j}=\left(\varepsilon_x^2+\dfrac{r_1}{2}\delta_x^2\right)\left(\varepsilon_y^2+\dfrac{r_2}{2}\delta_y^2\right)u_{i,j}^{k}+\Delta t\,\varepsilon_x^2\varepsilon_y^2 f_{i,j}^{k+\frac{1}{2}}\\ \left(\varepsilon_y^2-\dfrac{r_2}{2}\delta_y^2\right)u_{i,j}^{k+1}=V_{i,j}\end{cases} \tag{3-170}$$

及紧 Douglas 格式：

$$\begin{cases}\left(\varepsilon_x^2-\dfrac{r_1}{2}\delta_x^2\right)V_{i,j}=\left(r_1\varepsilon_y^2\delta_x^2+r_2\varepsilon_x^2\delta_y^2\right)u_{i,j}^{k}+\Delta t\varepsilon_x^2\varepsilon_y^2 f_{i,j}^{k+\frac{1}{2}}\\ \left(\varepsilon_y^2-\dfrac{r_2}{2}\delta_y^2\right)u_{i,j}^{k+1}=V_{i,j}+\left(\varepsilon_y^2-\dfrac{r_2}{2}\delta_y^2\right)u_{i,j}^{k}\end{cases} \tag{3-171}$$

注意，以上所有格式均需加上初边值条件才是完整的计算格式. 当然，实际计算中，需要将格式中的算子具体化. 化简过程虽然比较烦琐，但这些计算都没有难度，就是在书写整理的过程中，要注意上、下标等. 由于式（3-169）～式（3-171）这三个紧 ADI 格式都是基于式（3-168）的，计算结果是一样的，下面仅以紧 Douglas 格式为例，写出其具体计算格式：

$$\begin{cases}\left(\dfrac{1}{12}-\dfrac{r_1}{2}\right)V_{i-1,j}+\left(\dfrac{10}{12}+r_1\right)V_{i,j}+\left(\dfrac{1}{12}-\dfrac{r_1}{2}\right)V_{i+1,j}=\dfrac{r_1}{12}[u_{i-1,j-1}^{k}-2u_{i,j-1}^{k}+u_{i+1,j-1}^{k}+\\ 10(u_{i-1,j}^{k}-2u_{i,j}^{k}+u_{i+1,j}^{k})+u_{i-1,j+1}^{k}-2u_{i,j+1}^{k}+u_{i+1,j+1}^{k}]+\dfrac{r_2}{12}[u_{i-1,j-1}^{k}-2u_{i-1,j}^{k}+u_{i-1,j+1}^{k}+\\ 10(u_{i,j-1}^{k}-2u_{i,j}^{k}+u_{i,j+1}^{k})+u_{i+1,j-1}^{k}-2u_{i+1,j}^{k}+u_{i+1,j+1}^{k}]+\dfrac{\Delta t}{144}[f_{i-1,j-1}^{k+\frac{1}{2}}+10f_{i,j-1}^{k+\frac{1}{2}}+f_{i+1,j-1}^{k+\frac{1}{2}}+\\ 10(f_{i-1,j}^{k+\frac{1}{2}}+10f_{i,j}^{k+\frac{1}{2}}+f_{i+1,j}^{k+\frac{1}{2}})+f_{i-1,j+1}^{k+\frac{1}{2}}+10f_{i,j+1}^{k+\frac{1}{2}}+f_{i+1,j+1}^{k+\frac{1}{2}}]\\ \left(\dfrac{1}{12}-\dfrac{r_2}{2}\right)u_{i,j-1}^{k+1}+\left(\dfrac{10}{12}+r_2\right)u_{i,j}^{k+1}+\left(\dfrac{1}{12}-\dfrac{r_2}{2}\right)u_{i,j+1}^{k+1}=V_{i,j}+\\ \qquad\left(\dfrac{1}{12}-\dfrac{r_2}{2}\right)u_{i,j-1}^{k}+\left(\dfrac{10}{12}+r_2\right)u_{i,j}^{k}+\left(\dfrac{1}{12}-\dfrac{r_2}{2}\right)u_{i,j+1}^{k}\end{cases} \tag{3-172}$$

其中，$1\leqslant i\leqslant m-1,\ 1\leqslant j\leqslant n-1,\ 0\leqslant k\leqslant l-1$，且

$$\begin{cases}V_{0,j}=\left(\dfrac{1}{12}-\dfrac{r_2}{2}\right)(u_{0,j-1}^{k+1}-u_{0,j-1}^{k})+\left(\dfrac{10}{12}+r_2\right)(u_{0,j}^{k+1}-u_{0,j}^{k})+\left(\dfrac{1}{12}-\dfrac{r_2}{2}\right)(u_{0,j+1}^{k+1}-u_{0,j+1}^{k})\\ V_{m,j}=\left(\dfrac{1}{12}-\dfrac{r_2}{2}\right)(u_{m,j-1}^{k+1}-u_{m,j-1}^{k})+\left(\dfrac{10}{12}+r_2\right)(u_{m,j}^{k+1}-u_{m,j}^{k})+\left(\dfrac{1}{12}-\dfrac{r_2}{2}\right)(u_{m,j+1}^{k+1}-u_{m,j+1}^{k})\end{cases} \tag{3-173}$$

另两种紧格式的具体化可由读者自己写出.

总的说来，求解二维抛物型方程初边值问题式（3-114）的紧 ADI 方法是先设计出关于时间二阶、关于空间四阶的紧差分方法，其本质是先将关于空间的二阶偏导数设成新的函数，然后利用新函数对 Crank-Nicolson 格式中的二阶偏导数进行更精细的逼近，使空间误差阶从原来的二阶提升到四阶. 接着，通过添加辅助项（既要实现分解的功能，又不能降低原来的精度）使所得的紧差分格式能够实现分解，从而实现交替方向用追赶法求解三对角的线性方程组.

## 三、紧 ADI 格式的收敛性分析

由于原紧差分格式的式（3-167）的局部截断误差为 $O(\Delta t^2+\Delta x^4+\Delta y^4)$，添加的总的辅助项为 $\dfrac{r_1 r_2}{4}\delta_x^2\delta_y^2(u_{ij}^{k+1}-u_{ij}^k)$ 与本章第六节一致，故对修正的紧 ADI 格式的式（3-168）就有以下局部截断误差：

$$\text{LTE}=\frac{\Delta t}{4\Delta x^2\Delta y^2}\delta_x^2\delta_y^2(u(x_i,y_j,t_{k+1})-u(x_i,y_j,t_k))+O(\Delta x^4+\Delta y^4+\Delta t^2) \tag{3-174}$$

而由式（3-151）可得

$$\text{LTE}=\frac{\Delta t}{4\Delta x^2\Delta y^2}\left(\Delta x^2\Delta y^2\Delta t\left.\frac{\partial^5 u}{\partial t\partial y^2\partial x^2}\right|_P+O(\Delta t\,\Delta x^2\Delta y^2(\Delta x^2+\Delta y^2))\right)+O(\Delta x^2+\Delta y^2+\Delta t^2)$$

$$=O(\Delta t^2)+O(\Delta x^4+\Delta y^4+\Delta t^2)=O(\Delta x^4+\Delta y^4+\Delta t^2) \tag{3-175}$$

由此知数值格式的式（3-168）是与原方程相容的.

关于二维抛物型方程初边值问题的紧 ADI 格式（3-168）是无条件稳定的结论将用傅里叶分析的方法在下一章给出（详见第四章第六节）. 于是，对任何网比 $r_1,r_2$，上述紧 Peaceman-Rachford 格式、紧 D'Yakonov 格式和紧 Douglas 格式在时间上是二阶收敛、在空间上是四阶收敛的. 下面的数值算例也验证了这一点.

## 四、数值算例

**例 3.7.1** 用紧 ADI 格式（3-169）、式（3-170）或式（3-171）中的一种计算以下二维抛物型方程初边值问题[5]：

$$\begin{cases}\dfrac{\partial u}{\partial t}-\left(\dfrac{\partial^2 u}{\partial x^2}+\dfrac{\partial^2 u}{\partial y^2}\right)=-\dfrac{3}{2}\mathrm{e}^{(x+y)/2-t}, & (x,y)\in[0,1]\times[0,1],\quad 0<t\leqslant 1,\\ u(x,y,0)=\mathrm{e}^{(x+y)/2}, & (x,y)\in[0,1]\times[0,1],\\ u(0,y,t)=\mathrm{e}^{y/2-t},\quad u(1,y,t)=\mathrm{e}^{(1+y)/2-t}, & 0\leqslant y\leqslant 1,\quad 0<t\leqslant 1,\\ u(x,0,t)=\mathrm{e}^{x/2-t},\quad u(x,1,t)=\mathrm{e}^{(1+x)/2-t}, & 0\leqslant x\leqslant 1,\quad 0<t\leqslant 1.\end{cases}$$

已知其精确解为 $u(x,y,t)=\mathrm{e}^{(x+y)/2-t}$. 分别在第一种步长 $\Delta x=\dfrac{1}{60}$，$\Delta y=\dfrac{1}{40}$，$\Delta t=\dfrac{1}{20}$ 及第二种步长 $\Delta x=\dfrac{1}{120}$，$\Delta y=\dfrac{1}{80}$，$\Delta t=\dfrac{1}{80}$ 下计算出数值解，并且输出 18 个节点（它们分别在中间层 $t=0.50$ 和最上层 $t=1.00$ 上）处的数值解及误差，这 18 个节点的坐标为：$(0.25i,0.25j,0.50)$ 以及 $(0.25i,0.25j,1.00)$，其中 $i,j=1,2,3$.

**解**：程序见 Egch3_sec7_01.c，对应的是紧 Douglas 格式. 因为紧 Peaceman-Rachford 格式或者紧 D'Yakonov 格式都是从格式（3-168）变形分解而来的，虽然分解的方法不一样，从而计算的过程不一样，但最终的数值结果是完全一样的，所以这里只以紧 Douglas 为例，计算结果列表如下（表 3-38 和表 3-39）.

表 3-38 $\Delta x=\frac{1}{60}$，$\Delta y=\frac{1}{40}$，$\Delta t=\frac{1}{20}$

| $(x_i,y_j,t_k)$ | 数值解 $u_{i,j}^k$ | 误差 $\lvert u_{i,j}^k-u(x_i,y_j,t_k)\rvert$ | $(x_i,y_j,t_k)$ | 数值解 $u_{i,j}^k$ | 误差 $\lvert u_{i,j}^k-u(x_i,y_j,t_k)\rvert$ |
|---|---|---|---|---|---|
| (0.25,0.25,0.50) | 0.778813 | 1.2682 e−5 | (0.25,0.25,1.00) | 0.472374 | 7.6925 e−6 |
| (0.25,0.50,0.50) | 0.882514 | 1.7254 e−5 | (0.25,0.50, 1.00) | 0.535272 | 1.0466 e−5 |
| (0.25,0.75,0.50) | 1.000014 | 1.4391 e−5 | (0.25,0.75, 1.00) | 0.606539 | 8.7291 e−6 |
| (0.50,0.25,0.50) | 0.882514 | 1.7254 e−5 | (0.50,0.25, 1.00) | 0.535272 | 1.0466 e−5 |
| (0.50,0.50,0.50) | 1.000024 | 2.3636 e−5 | (0.50,0.50, 1.00) | 0.606545 | 1.4337 e−5 |
| (0.50,0.75,0.50) | 1.133168 | 1.9458 e−5 | (0.50,0.75, 1.00) | 0.687301 | 1.1803 e−5 |
| (0.75,0.25,0.50) | 1.000014 | 1.4391 e−5 | (0.75,0.25, 1.00) | 0.606539 | 8.7291 e−6 |
| (0.75,0.50,0.50) | 1.133168 | 1.9458 e−5 | (0.75,0.50,0.50) | 0.687301 | 1.1803 e−5 |
| (0.75,0.75,0.50) | 1.284042 | 1.6456 e−5 | (0.75,0.75,0.50) | 0.778811 | 9.9817 e−6 |

表 3-39 $\Delta x=\frac{1}{120}$，$\Delta y=\frac{1}{80}$，$\Delta t=\frac{1}{80}$

| $(x_i,y_j,t_k)$ | 数值解 $u_{i,j}^k$ | 误差 $\lvert u_{i,j}^k-u(x_i,y_j,t_k)\rvert$ | $(x_i,y_j,t_k)$ | 数值解 $u_{i,j}^k$ | 误差 $\lvert u_{i,j}^k-u(x_i,y_j,t_k)\rvert$ |
|---|---|---|---|---|---|
| (0.25,0.25,0.50) | 0.778802 | 7.9038 e−7 | (0.25,0.25,1.00) | 0.472367 | 4.7943 e−7 |
| (0.25,0.50,0.50) | 0.882498 | 1.0755 e−6 | (0.25,0.50, 1.00) | 0.535262 | 6.5241 e−7 |
| (0.25,0.75,0.50) | 1.000001 | 8.9669 e−7 | (0.25,0.75, 1.00) | 0.606531 | 5.4391 e−7 |
| (0.50,0.25,0.50) | 0.882498 | 1.0755 e−6 | (0.50,0.25, 1.00) | 0.535262 | 6.5241 e−7 |
| (0.50,0.50,0.50) | 1.000001 | 1.4733 e−6 | (0.50,0.50, 1.00) | 0.606532 | 8.9367 e−7 |
| (0.50,0.75,0.50) | 1.133150 | 1.2128 e−6 | (0.50,0.75, 1.00) | 0.687290 | 7.3567 e−7 |
| (0.75,0.25,0.50) | 1.000001 | 8.9669 e−7 | (0.75,0.25, 1.00) | 0.606531 | 5.4391 e−7 |
| (0.75,0.50,0.50) | 1.133150 | 1.2128 e−6 | (0.75,0.50,0.50) | 0.687290 | 7.3567 e−7 |
| (0.75,0.75,0.50) | 1.284026 | 1.0250 e−6 | (0.75,0.75,0.50) | 0.778801 | 6.2175 e−7 |

从两张表中的数值结果可见，若时间步长减为原来的 1/4、空间步长（包括 $x$ 方向和 $y$ 方向）同时减半，则误差约减为原来误差的 1/16，从而数值结果验证了紧 ADI 格式是一个关于时间二阶、关于空间四阶的数值格式.

# 本章参考文献


[1] 李庆扬，王能超，易大义. 数值分析. 第 4 版. 北京：清华大学出版社，2001.

[2] J W Thomas. Numerical Partial Differential Equations, Finite Difference Methods. 北京：世界图书出版公司，1997.

[3] R D Richtmyer, K M Morton. Difference Methods for Initial Value Problems. 2nd ed. New York：John Wiley & Sons，1967.

[4] 本算例为作者在美国访学期间摘自某书，因时间久远且当时未对书名作记录，故无法详细给出文献引用，若有读者知晓其出处，可与作者联系以便再版时修正.

[5] 孙志忠. 偏微分方程数值解法. 北京：科学出版社，2005.

# 本章要求及小结

1．掌握抛物型方程初边值问题的几种常用方法，如向前欧拉方法、向后欧拉方法、Crank-Nicolson 方法，了解各种方法的优缺点，会进行数值格式的设计及对数值格式进行局部截断误差分析；能逐步学会对以上各种方法稳定性的理论分析，推导出算法的收敛阶.

2．了解两类高精度算法的操作步骤，知道其算法原理.

3．能根据要求对抛物型方程带混合边界条件的初边值问题进行数值格式的设计.

4．理解二维抛物型方程初边值问题 ADI 格式的设计思想，知道在 Crank-Nicolson 格式的基础上添加辅助项的意义. 理解如何将紧差分方法与交替方向的思想相结合.

5．养成良好的编程习惯，用第一种步长取得正确的数值结果后，再对网格加密一倍，观察数值结果的变化，从而初步判断数值方法的阶数.

6．当发现某种数值方法有较大的缺陷、精度较低或者应用范围较窄时，考察书中是如何对现有的数值方法逐步进行改进的，学会这些逐步改进的思想会有助于你设计出更好的算法.

# 习　题　三

1．用向前欧拉格式计算抛物型方程初边值问题：

$$\begin{cases}\dfrac{\partial u}{\partial t}-\dfrac{\partial^2 u}{\partial x^2}=(t+1)\sin x, & 0<x<1, \quad 0<t\leqslant 1\\ u(x,0)=0, & 0\leqslant x\leqslant 1\\ u(0,t)=0, \quad u(1,t)=t\sin 1, & 0<t\leqslant 1\end{cases}$$

已知其精确解为 $u(x,t)=t\sin x$. 分别取以下四种步长：$h_1=\dfrac{1}{4}$, $\tau_1=\dfrac{1}{80}$；$h_2=\dfrac{1}{4}$, $\tau_2=\dfrac{1}{160}$；$h_3=\dfrac{1}{8}$, $\tau_3=\dfrac{1}{160}$；$h_4=\dfrac{1}{8}$, $\tau_4=\dfrac{1}{80}$. 列表输出节点 $(0.5,0.2i)$, $i=1,2,\cdots,5$ 处的数值结果、精确结果并给出误差. 在实际进行程序设计输出结果之前，先从理论上分析一下，在前三种网格步长下，$h$ 不变，$\tau$ 减半时误差结果会怎样；$\tau$ 不变，$h$ 减半，误差结果会怎样；$h$ 和 $\tau$ 同时减半，误差结果又会怎样. 对最后一种网格步长结果会如何？请先把预测的结果写下来，然后再与程序输出的结果进行比较，看看自己的理论分析到底对不对.

2．用向后欧拉格式计算抛物型方程初边值问题：

$$\begin{cases}\dfrac{\partial u}{\partial t}-\dfrac{\partial^2 u}{\partial x^2}=(t+1)\sin x, & 0<x<1, \quad 0<t\leqslant 1\\ u(x,0)=0, & 0\leqslant x\leqslant 1\\ u(0,t)=0, \quad u(1,t)=t\sin 1, & 0<t\leqslant 1\end{cases}$$

已知其精确解为 $u(x,t)=t\sin x$. 分别取以下三种步长：$h_1=\dfrac{1}{4}$, $\tau_1=\dfrac{1}{20}$；$h_2=\dfrac{1}{8}$, $\tau_2=\dfrac{1}{20}$；$h_3=\dfrac{1}{8}$, $\tau_3=\dfrac{1}{40}$. 列表输出节点 $(0.5,0.2i)$, $i=1,2,\cdots,5$ 处的数值结果、精确结果并给出误差. 在实际进行程序设计输出结果之前，先从理论上分析一下，上述三种网格步长下，数值结果有什么规律. 即 $h$ 不变，$\tau$ 减半时误差结果会怎样；$\tau$ 不变，$h$ 减半，误差结果会怎样；$h$ 和 $\tau$ 同时减半，误差结果又

会怎样．请先把预测的结果写下来，然后再与程序输出的结果进行比较，看看自己的理论分析到底对不对．

3．用 Crank-Nicolson 格式计算抛物型方程初边值问题：

$$\begin{cases}\dfrac{\partial u}{\partial t}-\dfrac{\partial^2 u}{\partial x^2}=(t+1)\sin x, & 0<x<1, \quad 0<t\leqslant 1\\ u(x,0)=0, & 0\leqslant x\leqslant 1\\ u(0,t)=0, \quad u(1,t)=t\sin 1, & 0<t\leqslant 1\end{cases}$$

已知其精确解为 $u(x,t)=t\sin x$．分别取以下三种步长：$h_1=\dfrac{1}{10}$, $\tau_1=\dfrac{1}{10}$；$h_2=\dfrac{1}{20}$, $\tau_2=\dfrac{1}{20}$；$h_3=\dfrac{1}{40}$, $\tau_3=\dfrac{1}{40}$．列表输出（取小数点后 10 位）节点 $(0.5,0.2i)$, $i=1,2,\cdots,5$ 处的数值结果、精确结果并给出误差．

4．上题中，我们应用了 Crank-Nicolson 格式分别在三种步长 $h_1=\dfrac{1}{10}$, $\tau_1=\dfrac{1}{10}$；$h_2=\dfrac{1}{20}$, $\tau_2=\dfrac{1}{20}$；$h_3=\dfrac{1}{40}$, $\tau_3=\dfrac{1}{40}$ 下数值计算了抛物型方程初边值问题：

$$\begin{cases}\dfrac{\partial u}{\partial t}-\dfrac{\partial^2 u}{\partial x^2}=(t+1)\sin x, & 0<x<1, \quad 0<t\leqslant 1\\ u(x,0)=0, & 0\leqslant x\leqslant 1\\ u(0,t)=0, \quad u(1,t)=t\sin 1, & 0<t\leqslant 1\end{cases}$$

已知其精确解为 $u(x,t)=t\sin x$．请利用上题所到的数值解结果进行 Richardson 外推，列表输出节点 $(0.5,0.2i)$, $i=1,2,\cdots,5$ 处的数值结果（取小数点后 10 位）、精确结果并给出误差.

5．用紧差分格式计算抛物型方程初边值问题：

$$\begin{cases}\dfrac{\partial u}{\partial t}-\dfrac{\partial^2 u}{\partial x^2}=(t+1)\sin x, & 0<x<1, \quad 0<t\leqslant 1\\ u(x,0)=0, & 0\leqslant x\leqslant 1\\ u(0,t)=0, \quad u(1,t)=t\sin 1, & 0<t\leqslant 1\end{cases}$$

已知其精确解为 $u(x,t)=t\sin x$．分别取 $h_1=\dfrac{1}{10}$, $\tau_1=\dfrac{1}{10}$ 和 $h_2=\dfrac{1}{20}$, $\tau_2=\dfrac{1}{40}$，列表输出节点 $(0.5,0.2i)$, $i=1,2,\cdots,5$ 处的数值结果并给出误差.

6．用数值格式（3-102）计算抛物型方程带导数边界条件的初边值问题：

$$\begin{cases}\dfrac{\partial u}{\partial t}-\dfrac{\partial^2 u}{\partial x^2}=x^2(x^2-12)\mathrm{e}^t, & 0<x<1, \quad 0<t\leqslant 1\\ u(x,0)=x^4, & 0\leqslant x\leqslant 1\\ \dfrac{\partial u}{\partial x}(0,t)=0, \quad \dfrac{\partial u}{\partial x}(1,t)+u(1,t)=5\mathrm{e}^t, & 0<t\leqslant 1\end{cases}$$

已知其精确解为 $u(x,t)=x^4\mathrm{e}^t$．分别取 $h_1=\dfrac{1}{10}$, $\tau_1=\dfrac{1}{40}$ 和 $h_2=\dfrac{1}{20}$, $\tau_2=\dfrac{1}{80}$，列表输出节点 $(0.4,0.2i)$，$i=1,2,\cdots,5$ 处的数值结果并给出误差，通过两种步长下的数值结果，验证式（3-102）是二阶收敛的.

7．在 Peaceman-Rachford 格式、D'Yakonov 格式或 Douglas 格式这三种交替方向隐格式中任选一种，计算以下二维抛物型方程初边值问题：

$$\begin{cases}\dfrac{\partial u}{\partial t}-(\dfrac{\partial^2 u}{\partial x^2}+\dfrac{\partial^2 u}{\partial y^2})=2(t-1)\mathrm{e}^{t^2+x+y}, & (x,y)\in[0,1]\times[0,1], \quad 0<t\leqslant 2,\\ u(x,y,0)=\mathrm{e}^{x+y}, & (x,y)\in[0,1]\times[0,1],\\ u(0,y,t)=\mathrm{e}^{t^2+y}, \quad u(1,y,t)=\mathrm{e}^{t^2+y+1}, & 0\leqslant y\leqslant 1, \quad 0<t\leqslant 2,\\ u(x,0,t)=\mathrm{e}^{t^2+x}, \quad u(x,1,t)=\mathrm{e}^{t^2+x+1}, & 0\leqslant x\leqslant 1, \quad 0<t\leqslant 2.\end{cases}$$

已知其精确解为 $u(x,y,t)=\mathrm{e}^{t^2+x+y}$．分别计算第一种剖分 $m=40,\ n=60,\ l=80$ 及第二种剖分 $m=80,\ n=120,\ l=160$ 下的数值解，并且输出 12 个节点 $\left(\dfrac{i}{4},\dfrac{j}{5},1.2\right)$，$i=1,2,3,\ j=1,2,3,4$ 处的数值解及误差.

8．在紧 Peaceman-Rachford 格式、紧 D'Yakonov 格式或紧 Douglas 格式这三种紧交替方向隐格式中任选一种，计算以下二维抛物型方程初边值问题：

$$\begin{cases}\dfrac{\partial u}{\partial t}-\left(\dfrac{\partial^2 u}{\partial x^2}+\dfrac{\partial^2 u}{\partial y^2}\right)=2(t-1)\mathrm{e}^{t^2+x+y}, & (x,y)\in[0,1]\times[0,1], \quad 0<t\leqslant 2,\\ u(x,y,0)=\mathrm{e}^{x+y}, & (x,y)\in[0,1]\times[0,1],\\ u(0,y,t)=\mathrm{e}^{t^2+y}, \quad u(1,y,t)=\mathrm{e}^{t^2+y+1}, & 0\leqslant y\leqslant 1, \quad 0<t\leqslant 2,\\ u(x,0,t)=\mathrm{e}^{t^2+x}, \quad u(x,1,t)=\mathrm{e}^{t^2+x+1}, & 0\leqslant x\leqslant 1, \quad 0<t\leqslant 2.\end{cases}$$

已知其精确解为 $u(x,y,t)=\mathrm{e}^{t^2+x+y}$．分别计算第一种剖分 $m=40,\ n=60,\ l=80$ 及第二种剖分 $m=80,\ n=120,\ l=320$ 下的数值解，并且输出 12 个节点 $\left(\dfrac{i}{4},\dfrac{j}{5},1.2\right)$，$i=1,2,3,\ j=1,2,3,4$ 处的数值解及误差.

# 第四章 双曲型偏微分方程的有限差分法

双曲型偏微分方程是对波动和振动现象进行描述的一种微分方程，常常涉及到更为复杂的情况，如激波、粘性等，它在海洋、气象等许多流体力学的实际问题中都有重要应用. 由于双曲型方程本身描述的是一种波动或振动现象，需要体现波的传播性质，而且方程的解对于初值具有局部依赖性，这些特征都是抛物型方程所没有的. 本章仅对较为简单的双曲型方程进行讨论，让读者对这一类方程的特性有所了解，掌握其基本的理论分析方法和数值格式设计.

## 第一节 一阶双曲型方程的若干差分方法

本小节考察一阶双曲型方程中最简单的线性模型，其定解条件可以仅有初始条件，也可以初边值条件都有. 此处先讨论一阶对流方程，其半无界的初值问题为

$$\begin{cases}\dfrac{\partial u(x,t)}{\partial t}+a\dfrac{\partial u(x,t)}{\partial x}=0, & -\infty<x<+\infty,\ t>0\\ u(x,0)=\varphi(x), & -\infty<x<+\infty\end{cases} \tag{4-1}$$

其中，$a$ 为非零常数. 在对式（4-1）进行数值离散求解之前，需要对连续型的原方程有较深入的了解，以便分析和建立理论基础并获得后续数值格式的设计.

### 一、精确解所具有的波的传播性质及对初值的局部依赖性

可以直接验证

$$u(x,t)=\varphi(x-at) \tag{4-2}$$

是式（4-1）精确的解析解. 事实上，若将 $x$ 看作 $t$ 的函数，则由全微分公式 $\dfrac{\mathrm{d}u}{\mathrm{d}t}=\dfrac{\partial u}{\partial x}\cdot\dfrac{\mathrm{d}x}{\mathrm{d}t}+\dfrac{\partial u}{\partial t}$ 知，当 $\dfrac{\mathrm{d}x}{\mathrm{d}t}=a$ 时就有 $\dfrac{\mathrm{d}u}{\mathrm{d}t}=0$，这说明存在一族特征线：

$$x=at+\xi\text{，}\xi\text{ 为任意常数} \tag{4-3}$$

使得在这样的特征线上就有 $\dfrac{\mathrm{d}u}{\mathrm{d}t}=0$，也就是 $u$ 值为常数，即 $u(x(t),t)=u(x(0),0)=u(\xi,0)=\varphi(\xi)$. 换言之，要获得在 $x-t$ 平面上的任意一点 $(x_0,t_0)$ 处的函数值 $u(x_0,t_0)$，只要把 $(x_0,t_0)$ 沿特征线投影到 $x$ 轴上得到投影点 $(\xi_0,0)$，其中，$\xi_0=x_0-at_0$，则初始波形 $\varphi(x)$ 在这一点的值 $\varphi(\xi_0)$ 就等于 $u(x_0,t_0)$（见图 4-1）. 可见，任意一点 $(x_0,t_0)$ 处的函数值局部依赖于 $\varphi(x)$ 在 $x$ 轴上的投影点 $(\xi_0,0)$ 处的初值. 特征线 $x=at+\xi$ 的方向代表了波的传播方向，当 $a>0$ 时波向右传播，当 $a<0$ 时波向左传播，但波形不变，波速为 $|a|$. 双曲型方程的解的一个主要特征就是反映了波的传播，见式（4-2）. 对流方程（4-1）表示的是一个单向传播的波，因而也称作单向波方程.

以下对一阶双曲型方程半无界初值问题式（4-1）进行各种差分格式的设计并对它们作进一步的分析.

第一步，进行网格剖分，即对 $x-t$ 上半平面进行矩形网格剖分，分别取等距空间步长和时间步长为 $h,\tau$，得到网格节点 $(x_j,t_k),\ j\in Z,k=0,1,\cdots$，其中 $t_0=0$.

第二步，将原方程弱化，使之仅在离散的节点处成立，即

$$\begin{cases} \left.\dfrac{\partial u}{\partial t}\right|_{(x_j,t_k)} + a\left.\dfrac{\partial u}{\partial x}\right|_{(x_j,t_k)} = 0, \ j\in Z,\ k>0 \\ u(x_j,t_0)=\varphi(x_j), \quad j\in Z \end{cases} \tag{4-4}$$

第三步，处理偏导数. 对偏导数用不同的差商近似将建立不同的差分格式. 下面进行具体的讨论.

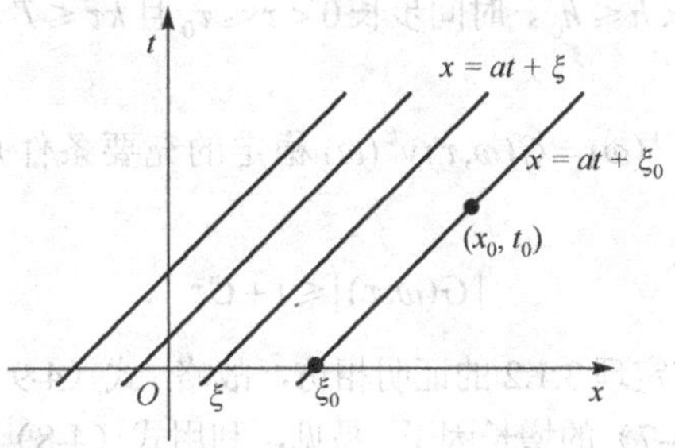


图 4-1 $a>0$ 时的特征线

## 二、迎风格式

情形①：关于时间和空间的一阶偏导数都利用一阶向前差商近似，则有

$$\left.\frac{\partial u}{\partial t}\right|_{(x_j,t_k)} \approx \frac{u(x_j,t_{k+1})-u(x_j,t_k)}{\tau},\quad \left.\frac{\partial u}{\partial x}\right|_{(x_j,t_k)} \approx \frac{u(x_{j+1},t_k)-u(x_j,t_k)}{h}$$

然后在式（4-4）中将精确解 $u(x_j,t_k)$ 用数值解 $u_j^k$ 替换并忽略高阶小项，可得以下数值格式：

$$\begin{cases} \dfrac{u_j^{k+1}-u_j^k}{\tau} + a\dfrac{u_{j+1}^k-u_j^k}{h} = 0,\ j\in Z,\ k\geqslant 0 \\ u_j^0=\varphi(x_j), \quad j\in Z \end{cases} \tag{4-5}$$

易见此格式的局部截断误差为 $O(\tau+h)$. 若记

$$r=\frac{a\tau}{h} \tag{4-6}$$

则式（4-5）可以简化为

$$u_j^{k+1}=(1+r)u_j^k - r\,u_{j+1}^k,\quad u_j^0=\varphi(x_j),\quad j\in Z,\ k\geqslant 0, \tag{4-7}$$

数值格式的式（4-7）稳定性的讨论不再适宜用直接的矩阵特征值分析方法了，这主要是因为虽然式（4-7）可以写成 $\boldsymbol{u}^{k+1}=A\boldsymbol{u}^k$ 的形式，但此时矩阵 $A$ 原则上是无穷阶的且不是正规矩阵. 所以在这一章我们将统一采用傅里叶分析方法利用增长因子或增长矩阵来讨论稳定性条件，这本质上是将初始波形函数 $\varphi(x)$ 看成一系列由各种不同频率的正弦波的叠加，然后考察在波的传播过程中振幅是否会放大. 在实际操作中，由于方程的线性性，可以让 $\varphi(x)$ 是只包含一个波，即简谐波，也就是设 $\varphi(x)=\mathrm{e}^{\mathrm{i}\omega x}$，其中 $\omega$ 为任意给定的常数，表示简谐波的频率. 这时在第 $k$ 个时间层上的精确解 $u(x,t_k)$ 也相应地只有一项记为 $u(x,t_k)=v^k(\omega)\mathrm{e}^{\mathrm{i}\omega x}$，其中 i 为虚数单位，即满足 $\mathrm{i}^2=-1$. 同样，对离散的数值解设有

$$u_j^k = v^k(\omega)\mathrm{e}^{\mathrm{i}\omega x_j} \tag{4-8}$$

式（4-8）相当于对离散的 $u_j^k$ 进行变量分离. 对数值格式稳定性的考察现在就转化为对振幅 $v^k(\omega)$ 是否会放大进行讨论. 如果 $v^{k+1}(\omega)=G(\omega,\tau)v^k(\omega)$，则 $G(\omega,\tau)$ 就称为对应于频率为 $\omega$ 的增长因子. 这时利

用递推关系可得 $v^{k+1}(\omega)=G^{k+1}(\omega,\tau)v^0(\omega)$，即 $v^k(\omega)=G^k(\omega,\tau)v^0(\omega)$，从而差分格式的稳定性只要考察 $\left|G^k(\omega,\tau)\right|$ 是否关于所有的时间层 $k$ 一致有界，也就是稳定性可以用增长因子的大小来刻画，即有下面的定理.

**定理 4.1.1** 差分格式 $v^{k+1}(\omega)=G(\omega,\tau)v^k(\omega)$ 稳定的充要条件是存在不依赖于频率 $\omega$ 的正数 $M, h_0, \tau_0$，使得当空间步长 $0<h\leqslant h_0$、时间步长 $0<\tau\leqslant\tau_0$ 且 $k\tau\leqslant T$（有界）时，有 $|G^k(\omega,\tau)|\leqslant M$，其中，$k$ 为非负整数.

**定理 4.1.2** 差分格式 $v^{k+1}(\omega)=G(\omega,\tau)v^k(\omega)$ 稳定的充要条件是存在不依赖于频率 $\omega$ 的常数 $C>0$，使得

$$|G(\omega,\tau)|\leqslant 1+C\tau \tag{4-9}$$

**证明**：定理 4.1.2 的证明与定理 3.1.2 的证明相仿，故略. 式（4-9）称为 Von Neumann 条件.

现在研究差分格式的式（4-7）的增长因子. 易见，利用式（4-8）得

$$v^{k+1}(\omega)\mathrm{e}^{\mathrm{i}\omega x_j}=(1+r)v^k(\omega)\mathrm{e}^{\mathrm{i}\omega x_j}-r\,v^k(\omega)\mathrm{e}^{\mathrm{i}\omega x_{j+1}}=\left((1+r)-r\,\mathrm{e}^{\mathrm{i}\omega h}\right)v^k(\omega)\mathrm{e}^{\mathrm{i}\omega x_j}$$

从而 $G(\omega,\tau)=1+r-r\,\mathrm{e}^{\mathrm{i}\omega h}=1+r(1-\cos\omega h)-\mathrm{i}r\sin\omega h$. 注意到

$$|G(\omega,\tau)|^2=\left(1+r(1-\cos\omega h)\right)^2+r^2\sin^2\omega h=1+4r(r+1)\sin^2\frac{\omega h}{2}$$

故由定理 4.1.2 知数值格式稳定等价于 $\sqrt{1+4r(r+1)\sin^2\dfrac{\omega h}{2}}\leqslant 1+C\tau$，从而获得式（4-7）的稳定性条件：

$$-1\leqslant r<0\text{，即}\quad a<0\ \text{且}\ h\geqslant -a\tau \tag{4-10}$$

情形②：关于时间和空间的一阶偏导数分别利用一阶向前差商和一阶向后差商近似，则有

$$\left.\frac{\partial u}{\partial t}\right|_{(x_j,t_k)}\approx\frac{u(x_j,t_{k+1})-u(x_j,t_k)}{\tau},\quad \left.\frac{\partial u}{\partial x}\right|_{(x_j,t_k)}\approx\frac{u(x_j,t_k)-u(x_{j-1},t_k)}{h}$$

然后在式（4-4）中将精确解 $u(x_j,t_k)$ 用数值解 $u_j^k$ 替换并忽略高阶小项，可得以下数值格式：

$$\begin{cases}\dfrac{u_j^{k+1}-u_j^k}{\tau}+a\dfrac{u_j^k-u_{j-1}^k}{h}=0,\ j\in Z,\ k\geqslant 0\\ u_j^0=\varphi(x_j),\quad j\in Z\end{cases} \tag{4-11}$$

易见，此格式的局部截断误差仍为 $O(\tau+h)$ 且式（4-11）可以简化为

$$u_j^{k+1}=r\,u_{j-1}^k+(1-r)\,u_j^k,\ \ u_j^0=\varphi(x_j),\ \ j\in Z,\ k\geqslant 0 \tag{4-12}$$

仿照情形①，不难得到式（4-12）的增长因子为

$$G(\omega,\tau)=1-r+r\,\mathrm{e}^{-\mathrm{i}\omega h}=1-r(1-\cos\omega h)-\mathrm{i}r\sin\omega h$$

此时，$|G(\omega,\tau)|^2=\left(1-r(1-\cos\omega h)\right)^2+r^2\sin^2\omega h=1-4r(1-r)\sin^2\dfrac{\omega h}{2}$，故数值格式稳定等价于 $\sqrt{1-4r(1-r)\sin^2\dfrac{\omega h}{2}}\leqslant 1+C\tau$，从而获得式（4-12）的稳定性条件：

$$0<r\leqslant 1\text{，即}\quad a>0\ \text{且}\ h\geqslant a\tau \tag{4-13}$$

综上，由稳定性条件式（4-10）和式（4-13），有以下迎风格式：

$a<0$ 时，取数值格式
$$\begin{cases}\dfrac{u_j^{k+1}-u_j^k}{\tau}+a\dfrac{u_{j+1}^k-u_j^k}{h}=0,\ j\in Z,\ k\geqslant 0\\ u_j^0=\varphi(x_j),\quad j\in Z\end{cases}\tag{4-14}$$

$a>0$ 时，取数值格式
$$\begin{cases}\dfrac{u_j^{k+1}-u_j^k}{\tau}+a\dfrac{u_j^k-u_{j-1}^k}{h}=0,\ j\in Z,\ k\geqslant 0\\ u_j^0=\varphi(x_j),\quad j\in Z\end{cases}\tag{4-15}$$

且稳定性条件为
$$h\geqslant|a|\tau\tag{4-16}$$

这样我们可以根据原方程中系数 $a$ 的符号来选取恰当的步长及合适的数值格式. 式（4-14）和式（4-15）说明迎风格式实际上是在双曲型方程离散的过程中将关于空间的偏导数用在特征方向一侧的单边差商来代替，体现了原方程中波的传播方向，它们都是一阶格式. 事实上，方程（4-1）含有未知函数关于空间的一阶偏导数项，也就是对流项，尽管在数学理论上对这个一阶偏导数进行离散是没有什么特殊困难的，但在物理过程看却不是这样，因为对流作用带有强烈的方向性，所以对流项的离散是否合适直接影响数值格式的性能，这也就说明了迎风格式之所以有效是因为使用了定向的单边差商.

## 三、一个完全不稳定的差分格式

情形③：前面讨论了关于时间和空间的一阶偏导数均用一阶差商近似的情况，接下来容易想到可以对空间的偏导数采用二阶中心差商来近似，从而有
$$\left.\frac{\partial u}{\partial t}\right|_{(x_j,t_k)}\approx\frac{u(x_j,t_{k+1})-u(x_j,t_k)}{\tau},\quad \left.\frac{\partial u}{\partial x}\right|_{(x_j,t_k)}\approx\frac{u(x_{j+1},t_k)-u(x_{j-1},t_k)}{2h}$$

然后在式（4-4）中将精确解 $u(x_j,t_k)$ 用数值解 $u_j^k$ 替换并忽略高阶小项，可得以下数值格式：
$$\begin{cases}\dfrac{u_j^{k+1}-u_j^k}{\tau}+a\dfrac{u_{j+1}^k-u_{j-1}^k}{2h}=0,\ j\in Z,\ k\geqslant 0\\ u_j^0=\varphi(x_j),\quad j\in Z\end{cases}\tag{4-17}$$

易见此格式的局部截断误差为 $O(\tau+h^2)$ 且式（4-17）可以简化为
$$u_j^{k+1}=\frac{r}{2}u_{j-1}^k+u_j^k-\frac{r}{2}u_{j+1}^k,\quad u_j^0=\varphi(x_j),\quad j\in Z,\ k\geqslant 0\tag{4-18}$$

利用分解式（4-8）可以得到式（4-18）的增长因子为
$$G(\omega,\tau)=1+\frac{r}{2}(\mathrm{e}^{-\mathrm{i}\omega h}-\mathrm{e}^{\mathrm{i}\omega h})=1-\mathrm{i}r\sin\omega h$$

显然，对任何 $\sin\omega h\neq 0$ 都有 $|G(\omega,\tau)|=\sqrt{1+r^2\sin^2\omega h}>1$，即不存在不依赖于时间步长 $\tau$、空间步长 $h$ 的常数 $C>0$，使得 Von Neumann 条件式（4-9）成立，从而数值格式的式（4-18）完全不稳定.

## 四、蛙跳（Leapfrog）格式

情形④：对情形③进行改进，容易想到对时间和空间的偏导数都采用二阶中心差商来近似，从而有
$$\left.\frac{\partial u}{\partial t}\right|_{(x_j,t_k)}\approx\frac{u(x_j,t_{k+1})-u(x_j,t_{k-1})}{2\tau},\quad \left.\frac{\partial u}{\partial x}\right|_{(x_j,t_k)}\approx\frac{u(x_{j+1},t_k)-u(x_{j-1},t_k)}{2h}$$

然后在式（4-4）中将精确解$u(x_j,t_k)$用数值解$u_j^k$替换并忽略高阶小项，可得以下格式：

$$\begin{cases} \dfrac{u_j^{k+1}-u_j^{k-1}}{2\tau}+a\dfrac{u_{j+1}^k-u_{j-1}^k}{2h}=0,\ j\in Z,\ k\geqslant 0 \\ u_j^0=\varphi(x_j),\quad j\in Z \end{cases}$$

易见，此格式的局部截断误差为$O(\tau^2+h^2)$且式（4-19）可以简化为三层蛙跳格式：

$$u_j^{k+1}+r(u_{j+1}^k-u_{j-1}^k)-u_j^{k-1}=0,\ \ u_j^0=\varphi(x_j),\ \ j\in Z,\ k\geqslant 0 \tag{4-19}$$

注意，当数值格式不是两层格式时，前面的利用增长因子的大小来判定稳定性的定理不再适用，而必须相应地修改. 事实上，仿照第三章第三节中三层理查德森格式的改写思路，通过引入中间变量$v_j^k=u_j^{k-1}$，则式（4-19）第一式可以写成：

$$\begin{cases} u_j^{k+1}=-r(u_{j+1}^k-u_{j-1}^k)+v_j^k \\ v_j^{k+1}=u_j^k \end{cases}$$

若记$\boldsymbol{w}_j^k=\begin{pmatrix}u_j^k\\ v_j^k\end{pmatrix}$，就有

$$\boldsymbol{w}_j^{k+1}=\begin{pmatrix}r & 0\\ 0 & 0\end{pmatrix}\boldsymbol{w}_{j-1}^k+\begin{pmatrix}0 & 1\\ 1 & 0\end{pmatrix}\boldsymbol{w}_j^k+\begin{pmatrix}-r & 0\\ 0 & 0\end{pmatrix}\boldsymbol{w}_{j+1}^k \tag{4-20}$$

再设对离散的数值解有分解式$\boldsymbol{w}_j^k=\begin{pmatrix}v_1^{\ k}(\omega)\\ v_2^{\ k}(\omega)\end{pmatrix}\mathrm{e}^{\mathrm{i}\omega x_j}$，那么式（4-20）就成为

$$\begin{pmatrix}v_1^{\ k+1}(\omega)\\ v_2^{\ k+1}(\omega)\end{pmatrix}\mathrm{e}^{\mathrm{i}\omega x_j}=\left(\begin{pmatrix}r & 0\\ 0 & 0\end{pmatrix}\mathrm{e}^{-\mathrm{i}\omega h}+\begin{pmatrix}0 & 1\\ 1 & 0\end{pmatrix}+\begin{pmatrix}-r & 0\\ 0 & 0\end{pmatrix}\mathrm{e}^{\mathrm{i}\omega h}\right)\begin{pmatrix}v_1^{\ k}(\omega)\\ v_2^{\ k}(\omega)\end{pmatrix}\mathrm{e}^{\mathrm{i}\omega x_j}$$

从而得到增长矩阵为

$$G(\omega,\tau)=\begin{pmatrix}r & 0\\ 0 & 0\end{pmatrix}\mathrm{e}^{-\mathrm{i}\omega h}+\begin{pmatrix}0 & 1\\ 1 & 0\end{pmatrix}+\begin{pmatrix}-r & 0\\ 0 & 0\end{pmatrix}\mathrm{e}^{\mathrm{i}\omega h}=\begin{pmatrix}-2\mathrm{i}r\sin\omega h & 1\\ 1 & 0\end{pmatrix} \tag{4-21}$$

于是，关于差分格式的稳定性在多层情况下可以用增长矩阵来描述. 由于增长因子（两层格式）和增长矩阵（三层及以上格式）在不同的数值格式背景下可以区分，所以此处都采用同一个记号.

**定理 4.1.3** 数值格式$\boldsymbol{w}^{k+1}=G(\omega,\tau)\boldsymbol{w}^k$稳定的充分必要条件是存在不依赖于频率$\omega$的正数$M,h_0,\tau_0$，使得当空间步长$0<h\leqslant h_0$、时间步长$0<\tau\leqslant\tau_0$且$k\tau\leqslant T$（有界）时，$\|G^k(\omega,\tau)\|\leqslant M$，其中，$k$为非负整数.

**定理 4.1.4** 差分格式$\boldsymbol{w}^{k+1}=G(\omega,\tau)\boldsymbol{w}^k$稳定的必要条件是存在不依赖于频率$\omega$的常数$C>0$，使得

$$\rho\big(G(\omega,\tau)\big)\leqslant 1+C\tau \tag{4-22}$$

式（4-22）也称为 Von Neumann 条件.

**定理 4.1.5** 当增长矩阵$G(\omega,\tau)$为正规矩阵时，差分格式$\boldsymbol{w}^{k+1}=G(\omega,\tau)\boldsymbol{w}^k$稳定的充要条件是存在不依赖于频率$\omega$的常数$C>0$，使得$\rho\big(G(\omega,\tau)\big)\leqslant 1+C\tau$.

以上定理的证明分别类似于定理 3.1.1、定理 3.1.2 和定理 3.1.3 的证明，故略. 此外，定理 4.1.1

是定理 4.1.3 的特例，相当于定理 4.1.3 中的增长矩阵为一阶的数，即增长因子；定理 4.1.2 也是定理 4.1.5 的特例. 另外，再补充几个 Von Neumann 条件作为差分格式稳定的充要条件的定理[1].

**定理 4.1.6** 若记增长矩阵 $G(\omega,\tau)=\tilde{G}(\theta)$，其中 $\theta=\omega h$. 对任意给定的 $\theta\in\mathrm{R}$，下列条件之一成立：

（1）$\tilde{G}(\theta)$ 有 $p$ 个不同的特征值，其中 $p$ 为矩阵 $G(\omega,\tau)$ 的阶数；

（2）$\tilde{G}^{(\mu)}(\theta)=\gamma_\mu I,\mu=0,1,\cdots,s-1$, 且 $\tilde{G}^{(s)}(\theta)$ 有 $p$ 个不同的特征值；

（3）$\rho(\tilde{G}(\theta))<1$.

则 Von Neumann 条件是差分格式稳定的充要条件.

下面利用增长矩阵来分析蛙跳格式的稳定性. 注意到式（4-21）中增长矩阵 $G(\omega,\tau)$ 的特征值为 $\lambda_{1,2}=-\mathrm{i}r\sin\omega h\pm\sqrt{1-r^2\sin^2\omega h}$. 显然，当 $|r|\leqslant 1$ 时 $|\lambda_{1,2}|=1$，从而 $\rho(G(\omega,\tau))=1$ 也就是 Von Neumann 条件满足，但此时由于 $G(\omega,\tau)$ 不是正规矩阵，所以 $|r|\leqslant 1$ 仅仅是蛙跳格式稳定的必要条件而非充分条件. 注意当 $|r|<1$ 时，Von Neumann 条件满足且 $G(\omega,\tau)=\tilde{G}(\theta)$ 有两个不同的特征值，从而由定理 4.1.6 知，$|r|<1$ 时差分格式稳定. 而当 $|r|=1$ 时，特别地取 $\theta=\omega h=\dfrac{\pi}{2}$，这时 $G(\omega,\tau)=\begin{pmatrix}-2\mathrm{i} & 1\\ 1 & 0\end{pmatrix}$，且可以直接计算出 $G^2(\omega,\tau)=\begin{pmatrix}-3 & -2\mathrm{i}\\ -2\mathrm{i} & 1\end{pmatrix}$, $G^4(\omega,\tau)=\begin{pmatrix}5 & 4\mathrm{i}\\ 4\mathrm{i} & -3\end{pmatrix}$ 并归纳出 $G^{2^n}(\omega,\tau)=\begin{pmatrix}2^n+1 & 2^n\mathrm{i}\\ 2^n\mathrm{i} & 1-2^n\end{pmatrix}$, $n\geqslant 2$，由此知矩阵的行范数 $\|G^{2^n}(\omega,\tau)\|_\infty=\max\limits_{1\leqslant i\leqslant 2}\sum\limits_{j=1}^{2}|g_{ij}|=2^{n+1}+1$ 并不关于时间层一致有界，其中 $g_{ij}$ 为 $G^{2^n}(\omega,\tau)$ 的元素，也就是说 $|r|=1$ 时蛙跳格式不稳定. 综上，蛙跳格式的稳定性条件为 $|r|<1$.

蛙跳格式是一个三层格式，不能自启动进行计算，需要用一个二阶的格式（如后面将会详细介绍的 Lax-Wendroff 格式）算出第一层信息，然后再用蛙跳格式进行后面时间层的计算.

## 五、Lax-Friedrichs 格式

情形⑤：在情形③中修改关于时间的一阶偏导数，将 $u(x_j,t_k)$ 用其左右相邻两节点的算术平均来近似，就是取 $\left.\dfrac{\partial u}{\partial t}\right|_{(x_j,t_k)}\approx\dfrac{u(x_j,t_{k+1})-\frac{1}{2}(u(x_{j-1},t_k)+u(x_{j+1},t_k))}{\tau}$，关于空间的一阶偏导数仍用二阶中心差商，即 $\left.\dfrac{\partial u}{\partial x}\right|_{(x_j,t_k)}\approx\dfrac{u(x_{j+1},t_k)-u(x_{j-1},t_k)}{2h}$，然后在式（4-4）中将精确解 $u(x_j,t_k)$ 用数值解 $u_j^k$ 替换并忽略高阶小项，可得 Lax-Friedrichs 格式：

$$\begin{cases}\dfrac{u_j^{k+1}-\frac{1}{2}\left(u_{j-1}^k+u_{j+1}^k\right)}{\tau}+a\dfrac{u_{j+1}^k-u_{j-1}^k}{2h}=0, & j\in Z,\ k\geqslant 0\\ u_j^0=\varphi(x_j), & j\in Z\end{cases}\tag{4-23}$$

易见，其局部截断误差为 $O(\tau+h^2)+O\left(\dfrac{h^2}{\tau}\right)$. 式（4-22）可以改写成

$$u_j^{k+1}=\frac{1}{2}(1+r)u_{j-1}^k+\frac{1}{2}(1-r)u_{j+1}^k,\quad u_j^0=\varphi(x_j),\quad j\in Z,\ k\geqslant 0$$

利用分解式（4-8）可以得到其的增长因子为

$$G(\omega,\tau)=\frac{1+r}{2}\mathrm{e}^{-\mathrm{i}\omega h}+\frac{1-r}{2}\mathrm{e}^{\mathrm{i}\omega h}=\cos\omega h-\mathrm{i}r\sin\omega h\,,$$

此时$|G(\omega,\tau)|^2=\cos^2\omega h+r^2\sin^2\omega h=1+(r^2-1)\sin^2\omega h$，故数值格式稳定等价于$\sqrt{1+(r^2-1)\sin^2\omega h}\leqslant 1+C\tau$，从而获得 Lax-Friedrichs 格式的稳定性条件：

$$|r|\leqslant 1 \tag{4-24}$$

当$r$取定为常数时，根据式（4-23）的局部截断误差知，Lax-Friedrichs 格式是一阶格式.

## 六、Lax-Wendroff 格式

下面介绍一个二阶格式，通过泰勒公式及原方程变形而获得. 由原方程（4-1）可知：

$$\frac{\partial u}{\partial t}=-a\frac{\partial u}{\partial x}\quad 及\quad \frac{\partial^2 u}{\partial t^2}=\frac{\partial}{\partial t}\left(-a\frac{\partial u}{\partial x}\right)=-a\frac{\partial}{\partial x}\left(\frac{\partial u}{\partial t}\right)=-a\frac{\partial}{\partial x}\left(-a\frac{\partial u}{\partial x}\right)=a^2\frac{\partial^2 u}{\partial x^2}$$

再根据泰勒公式则有

$$\begin{aligned}u(x_j,t_{k+1})&=u(x_j,t_k)+\tau\left.\frac{\partial u}{\partial t}\right|_{(x_j,t_k)}+\frac{\tau^2}{2}\left.\frac{\partial^2 u}{\partial t^2}\right|_{(x_j,t_k)}+O(\tau^3)\\&=u(x_j,t_k)-a\tau\left.\frac{\partial u}{\partial x}\right|_{(x_j,t_k)}+\frac{a^2\tau^2}{2}\left.\frac{\partial^2 u}{\partial x^2}\right|_{(x_j,t_k)}+O(\tau^3)\end{aligned} \tag{4-25}$$

然后将上式中一阶偏导数和二阶偏导数都用中心差商来近似，再将精确解$u(x_j,t_k)$用数值解$u_j^k$替换并忽略高阶小项，可得 Lax-Wendroff 格式：

$$\begin{cases}u_j^{k+1}=u_j^k-a\tau\dfrac{u_{j+1}^k-u_{j-1}^k}{2h}+\dfrac{a^2\tau^2}{2}\dfrac{u_{j+1}^k-2u_j^k+u_{j-1}^k}{h^2}, & j\in Z,\ k\geqslant 0\\ u_j^0=\varphi(x_j), & j\in Z\end{cases} \tag{4-26}$$

其局部截断误差为$O(\tau h^2+\tau^2h^2+\tau^3)$. 式（4-26）可简记为

$$u_j^{k+1}=\frac{r(r+1)}{2}u_{j-1}^k+(1-r^2)u_j^k+\frac{r(r-1)}{2}u_{j+1}^k,\ u_j^0=\varphi(x_j),\ \ j\in Z,\ k\geqslant 0 \tag{4-27}$$

容易得到其增长因子为

$$G(\omega,\tau)=\frac{r(r+1)}{2}\mathrm{e}^{-\mathrm{i}\omega h}+(1-r^2)+\frac{r(r-1)}{2}\mathrm{e}^{\mathrm{i}\omega h}=1-r^2(1-\cos\omega h)-\mathrm{i}r\sin\omega h$$

显然，$|G(\omega,\tau)|^2=1+4r^2(r^2-1)\sin^4\dfrac{\omega h}{2}$，故数值格式稳定等价于$\sqrt{1+4r^2(r^2-1)\sin^4\dfrac{\omega h}{2}}\leqslant 1+C\tau$，从而获得式（4-27）的稳定性条件为

$$|r|\leqslant 1 \tag{4-28}$$

## 七、Beam-Warming 格式

最后再介绍一个二阶的 Beam-Warming 格式，本质上它充分考虑了迎风格式的“迎风”特点，同时借用 Lax-Wendroff 格式的设计思想提高了精度.

先讨论 $a<0$ 的情况. 显然式（4-25）仍然成立. 在式（4-25）中取 $\left.\frac{\partial u}{\partial x}\right|_{(x_j,t_k)}$ 为迎风的形式且兼顾高阶项，即取 $\left.\frac{\partial u}{\partial x}\right|_{(x_j,t_k)}=\frac{u(x_{j+1},t_k)-u(x_j,t_k)}{h}-\frac{h}{2}\left.\frac{\partial^2 u}{\partial x^2}\right|_{(x_j,t_k)}+O(h^2)$，此外，也取迎风的 $\left.\frac{\partial^2 u}{\partial x^2}\right|_{(x_j,t_k)}=\frac{u(x_{j+2},t_k)-2u(x_{j+1},t_k)+u(x_j,t_k)}{h^2}+O(h)$，把上面两式代入式（4-25）得

$$
\begin{aligned}
u(x_j,t_{k+1})&=u(x_j,t_k)-a\tau\left(\frac{u(x_{j+1},t_k)-u(x_j,t_k)}{h}-\frac{h}{2}\left.\frac{\partial^2 u}{\partial x^2}\right|_{(x_j,t_k)}\right)+\frac{a^2\tau^2}{2}\left.\frac{\partial^2 u}{\partial x^2}\right|_{(x_j,t_k)}+O(\tau^3+\tau h^2)\\
&=u(x_j,t_k)-\frac{a\tau}{h}\big(u(x_{j+1},t_k)-u(x_j,t_k)\big)+\frac{a\tau(h+a\tau)}{2}\left.\frac{\partial^2 u}{\partial x^2}\right|_{(x_j,t_k)}+O(\tau^3+\tau h^2)\\
&=u(x_j,t_k)-\frac{a\tau}{h}\big(u(x_{j+1},t_k)-u(x_j,t_k)\big)+\\
&\quad\frac{a\tau(h+a\tau)}{2h^2}\big(u(x_{j+2},t_k)-2u(x_{j+1},t_k)+u(x_j,t_k)\big)+O(\tau^3+\tau h^2+\tau^2 h)
\end{aligned}
$$

这样，将精确解 $u(x_j,t_k)$ 用数值解 $u_j^k$ 替换并忽略高阶小项，可得以下 $a<0$ 时的 Beam-Warming 格式：

$$
\begin{cases}
u_j^{k+1}=u_j^k-r(u_{j+1}^k-u_j^k)+\dfrac{r(1+r)}{2}(u_{j+2}^k-2u_{j+1}^k+u_j^k), & j\in Z,\ k\geqslant 0\\
u_j^0=\varphi(x_j), & j\in Z
\end{cases}
\tag{4-29}
$$

差分格式（4-29）的局部截断误差均为 $O(\tau h^2+\tau^2h^2+\tau^3)$. 再利用分解式（4-8），代入式（4-29）可得增长因子为

$$
G(\omega,\tau)=1-r(\mathrm{e}^{\mathrm{i}\omega h}-1)+\frac{r(r+1)}{2}(\mathrm{e}^{2\cdot\mathrm{i}\omega h}-2\mathrm{e}^{\mathrm{i}\omega h}+1)
$$

经过整理化简可得 $|G(\omega,\tau)|^2=r(1+r)^2(2+r)(\cos\omega h-1)^2+1$，故数值格式稳定等价于 $\sqrt{1+r(1+r)^2(2+r)(\cos\omega h-1)^2}\leqslant 1+C\tau$，从而得稳定性条件为 $r\geqslant -2$，再联合一开始的假设 $a<0$，最终可得式（4-29）的稳定性条件为

$$
-2\leqslant r<0 \tag{4-30}
$$

用同样的思路，可以得到 $a>0$ 时的 Beam-Warming 格式：

$$
\begin{cases}
u_j^{k+1}=u_j^k-r\left(u_j^k-u_{j-1}^k\right)-\dfrac{r(1-r)}{2}\left(u_j^k-2u_{j-1}^k+u_{j-2}^k\right), & j\in Z,\ k\geq 0,\\
u_j^0=\varphi(x_j), & j\in Z
\end{cases}
\tag{4-31}
$$

其增长因子为 $G(\omega,\tau)=1-r(1-\mathrm{e}^{-\mathrm{i}\omega h})-\frac{r(1-r)}{2}(1-2\mathrm{e}^{-\mathrm{i}\omega h}+\mathrm{e}^{-2\cdot\mathrm{i}\omega h})$，经过整理化简可得 $|G(\omega,\tau)|^2=r(1-r)^2(r-2)(\cos\omega h-1)^2+1$，类似可得使数值格式（4-31）稳定的条件为

$$
0<r\leqslant 2 \tag{4-32}
$$

## 八、隐格式的设计

前面介绍的若干数值格式都是显格式，从而必须附带稳定性条件成立才能保证数值解最终收敛到

精确解. 而事实上隐格式通常稳定性较好，所以可以考虑设计隐格式来求解. 比如$a>0$时，修改情形③那个完全不稳定的显格式为隐格式，即关于时间和空间的一阶偏导数分别利用一阶向后差商和二阶中心差商近似，就有

$$\left.\frac{\partial u}{\partial t}\right|_{(x_j,t_k)}\approx\frac{u(x_j,t_k)-u(x_j,t_{k-1})}{\tau},\quad \left.\frac{\partial u}{\partial x}\right|_{(x_j,t_k)}\approx\frac{u(x_{j+1},t_k)-u(x_{j-1},t_k)}{2h}$$

然后在式（4-4）中将精确解$u(x_j,t_k)$用数值解$u_j^k$替换并忽略高阶小项，可得以下数值格式：

$$\begin{cases}\dfrac{u_j^k-u_j^{k-1}}{\tau}+a\dfrac{u_{j+1}^k-u_{j-1}^k}{2h}=0,\ j\in Z,\ k\geqslant 1\\ u_j^0=\varphi(x_j),\quad j\in Z\end{cases}\tag{4-33}$$

此格式的局部截断误差仍为$O(\tau+h)$ 且式（4-33）可以简化为

$$-\frac{r}{2}u_{j-1}^k+u_j^k+\frac{r}{2}u_{j+1}^k=u_j^{k-1},\ u_j^0=\varphi(x_j),\ j\in Z,\ k\geqslant 1$$

或者

$$-\frac{r}{2}u_{j-1}^{k+1}+u_j^{k+1}+\frac{r}{2}u_{j+1}^{k+1}=u_j^k,\ u_j^0=\varphi(x_j),\ j\in Z,\ k\geqslant 0\tag{4-34}$$

利用分解式（4-8），可得式（4-34）的增长因子为

$$G(\omega,\tau)=\frac{1}{1+\frac{r}{2}(\mathrm{e}^{\mathrm{i}\omega h}-\mathrm{e}^{-\mathrm{i}\omega h})}=\frac{1}{1+\mathrm{i}r\sin\omega h}$$

由于对任意$r$均有$|G(\omega,\tau)|=\dfrac{1}{\sqrt{1+r^2\sin^2\omega h}}\leqslant 1$，Von Neumann 条件满足，由定理 4.1.2 知差分格式的式（4-33）无条件稳定.

除了上面可以修改情形③为隐格式，其他的迎风显格式等都可以这样操作，这里就不一一列举了，读者可以自己进行格式的设计和分析.

## 九、Courant-Friedrichs-Lewy 条件

在进行收敛性分析之前，我们还需要针对双曲型方程波的传播特征，研究差分格式离散解的依赖区域. 从而获得差分格式收敛的一个必要条件——Courant-Friedrichs-Lewy 条件，简称 CFL 条件，或者 Courant 条件. CFL 条件本质上说的是原方程解的依赖区间必须包含于差分格式解的依赖区间. 为此，我们举例说明. 首先以在$a>0$时式（4-15）的迎风格式为例.

前面已经分析过，原微分方程（4-1）的精确解$u(x,t)$在网格节点$P(x_j,t_k)$处的值只依赖于过这一点的特征线在$x$轴上的投影点$P_0$ 处的初值，从而$P_0$是$u(x,t)$在点$P(x_j,t_k)$处的依赖区域（一个点）. 而差分格式的式（4-15）的解在点$P(x_j,t_k)$处的值$u_j^k$依赖于前一时间层上的$u_j^{k-1}$，$u_{j-1}^{k-1}$，而$u_j^{k-1}$，$u_{j-1}^{k-1}$又分别依赖于更前一层上的$u_j^{k-2}$，$u_{j-1}^{k-2}$ 和 $u_{j-1}^{k-2}$，$u_{j-2}^{k-2}$，依次类推，可得$u_j^k$依赖于初始时间层上的$u_j^0,u_{j-1}^0,\cdots,u_{j-k}^0$，这样，数值解$u_j^k$的依赖区域是区间$[x_{j-k},x_j]$，或者说数值格式的式（4-15）的解$u_j^k$的依赖区域为$[x_{j-k},x_j]$. 再考察数值解与精确解依赖区域的关系可知，在点$P(x_j,t_k)$处，如果精确解的依赖区域$P_0$在区间$[x_{j-k},x_j]$之外，那么用数值格式的式（4-15）算出来的解$u_j^k$就与原问题式（4-1）的解毫无关系，因此这个数值格式的解就不可能收敛到原方程的解. 这样说来，数值解收敛到精确解的一个必要条件就是$P_0\in[x_{j-k},x_j]$，这也就意味着$x_{j-k}\leqslant x_j-at_k\leqslant x_j$，即$a>0$且$h\geqslant a\tau$，也就是式（4-15）

的稳定性条件式（4-13）. 换言之，对迎风格式的式（4-15）而言，其 CFL 条件与稳定性条件一致.

CFL 条件是差分格式收敛的一个必要条件而不是充分条件. 这个可以从情形③那个完全不稳定的格式的式（4-17）得到说明. 对于式（4-17）而言，易见其数值解在网格节点 $P(x_j,t_k)$ 处的值依赖于前一时间层上的 $u_{j-1}^{k-1}$，$u_j^{k-1}$，$u_{j+1}^{k-1}$，而 $u_{j-1}^{k-1}$，$u_j^{k-1}$，$u_{j+1}^{k-1}$ 又分别依赖于更前一层上的 $u_{j-2}^{k-2}$，$u_{j-1}^{k-2}$，$u_j^{k-2}$ 和 $u_{j-1}^{k-2}$，$u_j^{k-2}$，$u_{j+1}^{k-2}$ 及 $u_j^{k-2}$，$u_{j+1}^{k-2}$，$u_{j+2}^{k-2}$，即 $u_{j-1}^{k-1}$，$u_j^{k-1}$，$u_{j+1}^{k-1}$ 依赖于 $u_{j-2}^{k-2}$，$u_{j-1}^{k-2}$，$u_j^{k-2}$，$u_{j+1}^{k-2}$，$u_{j+2}^{k-2}$，依次类推，可得 $u_j^k$ 依赖于初始时间层上的 $u_{j-k}^0,u_{j-k+1}^0,\cdots,u_{j-1}^0,u_j^0,u_{j+1}^0,\cdots,u_{j+k-1}^0,u_{j+k}^0$，于是数值解 $u_j^k$ 的依赖区域是区间 $[x_{j-k},x_{j+k}]$.

这样格式的式（4-17）的数值解收敛的必要 CFL 条件就是 $P_0\in[x_{j-k},x_{j+k}]$，即 $x_{j-k}\leqslant x_j-at_k\leqslant x_{j+k}$，即 $-h\leqslant -a\tau\leqslant h$，也就是 $|r|\leqslant 1$. 而前文已经分析知式（4-17）完全不稳定，即对任意 $r$ 数值格式不稳定从而不收敛，这就说明 CFL 条件只是差分格式收敛的必要条件而非充要条件.

最后再说明一下对于不同的数值格式，CFL 条件一般是不同的，如上面分析的式(4-15)和式(4-17)的 CFL 条件是不同的.

## 十、数值算例

**例 4.1.1** 求解一阶对流方程初值问题

$$\begin{cases}\dfrac{\partial u}{\partial t}+\dfrac{\partial u}{\partial x}=0, & -\infty<x<+\infty,\ t>0\\ u(x,0)=\varphi(x), & -\infty<x<+\infty\end{cases}$$

其中，初值 $\varphi(x)=\begin{cases}0, & x\leqslant 0\\ 1, & x>0\end{cases}$ 在 $x=0$ 处间断. 取空间步长和时间步长分别为 $h=0.01,\tau=0.005$，给出时刻 $t=0.5$ 时 $x\in[0,1]$ 区间内数值解的图像.

**解**：易见上述初值问题的精确解为 $u(x,t)=\varphi(x-t)=\begin{cases}0, & x\leqslant t\\ 1, & x>t\end{cases}$ 且对应上述空间、时间步长的选取易得 $r=0.5$. 精确解见图 4-2.

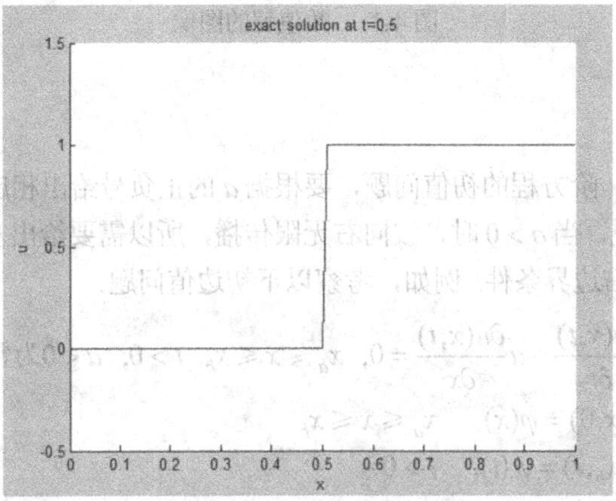


图 4-2 例 4.1.1 的精确解图像

此处分别采用迎风格式、Lax-Friedrichs 格式、Lax-Wendroff 格式、Beam-Warming 格式进行计算，对应程序分别为 Egch4_sec1_01.c、Egch4_sec1_02.c、Egch4_sec1_03.c、Egch4_sec1_04.c. 为了保证在解的依赖区间的影响下能获得 $x\in[0,1]$ 区间内的数值解，在迎风格式、Lax-Friedrichs 格式和

Lax-Wendroff 格式中取子区域 $x \in [-1,2]$ 进行计算，在 Beam-Warming 格式中取子区域 $x \in [-2,2]$ 进行计算. 为了借助 MATLAB 画出直观图，我们在程序设计时采用了文件指针，以方便数据的存储与读取. 各种算法的数值解如图 4-3 所示.

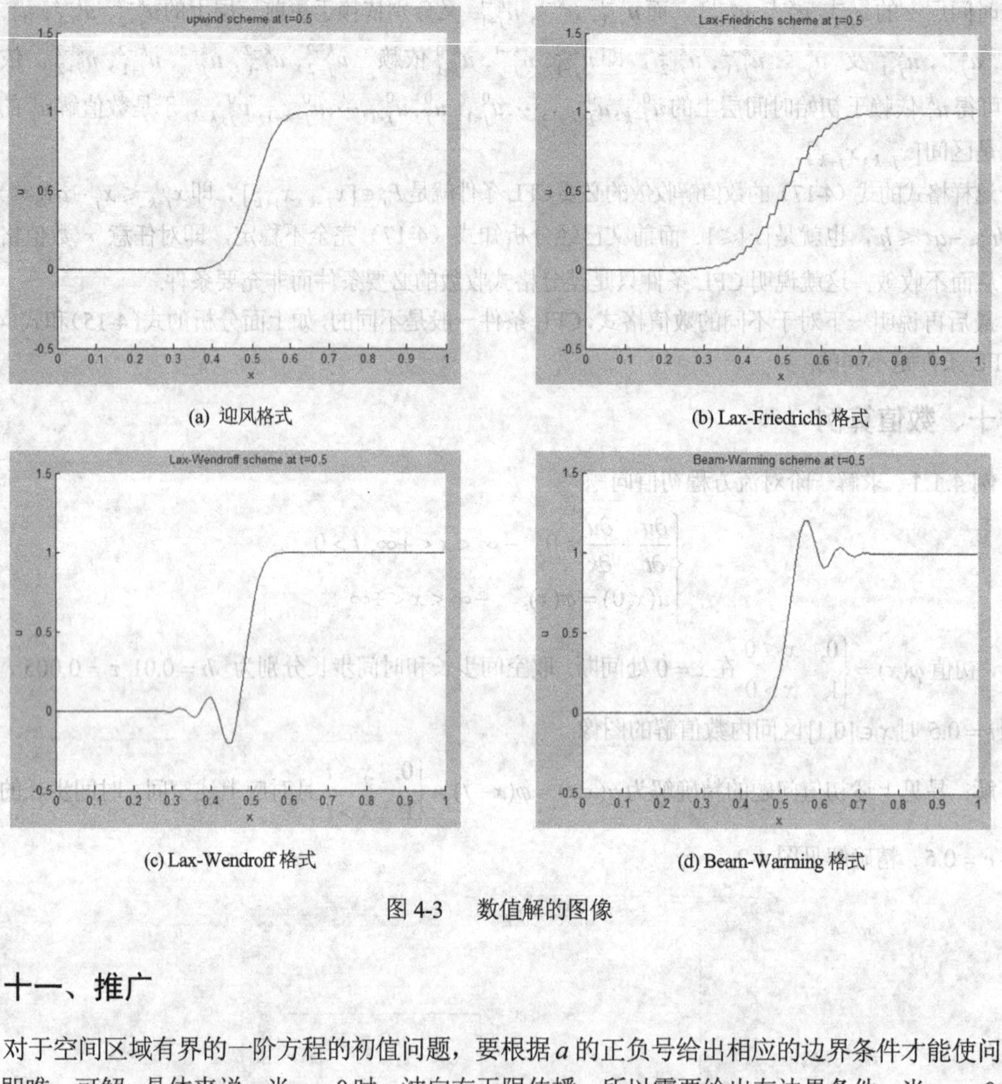


(a) 迎风格式　　(b) Lax-Friedrichs 格式

(c) Lax-Wendroff 格式　　(d) Beam-Warming 格式

图 4-3　数值解的图像

## 十一、推广

对于空间区域有界的一阶方程的初值问题，要根据 $a$ 的正负号给出相应的边界条件才能使问题适定，即唯一可解. 具体来说，当 $a>0$ 时，波向右无限传播，所以需要给出左边界条件；当 $a<0$ 时波向左无限传播，需要给出右边界条件. 例如，考察以下初边值问题：

$$\begin{cases} \dfrac{\partial u(x,t)}{\partial t}+a\dfrac{\partial u(x,t)}{\partial x}=0,\ x_a \leqslant x \leqslant x_b,\ t>0,\ a<0\text{为常数} \\ u(x,0)=\varphi(x), \quad x_a \leqslant x \leqslant x_b \\ u(x_b,t)=\psi(t), \quad t>0 \end{cases} \tag{4-35}$$

其中，$x_a, x_b$ 为已知常数，$\varphi(x)$, $\psi(t)$ 为已知函数. 显然与前面半无界初值问题式（4-1）一样，式（4-35）也有一族特征线，其方程为 $x=at+\xi$，$\xi$ 为任意常数，且沿着特征线函数 $u(x,t)$ 为常值. 在这些特征线中有一条临界线 $L$，如图 4-4 所示，这条特征线将求解区域分成两部分 $\Omega_1$ 和 $\Omega_2$.

由于式（4-35）表示的波函数是向左传播的，所以在 $\Omega_1$ 内的点 $(x,t)$ 处的函数 $u$ 的值依赖于右边界条件，而在$\Omega_2$内的点$(x,t)$处的函数$u$的值则依赖于初始条件. 为了得到整个求解区域内任意一点$(x,t)$处的精确解$u(x,t)$，分三步走.

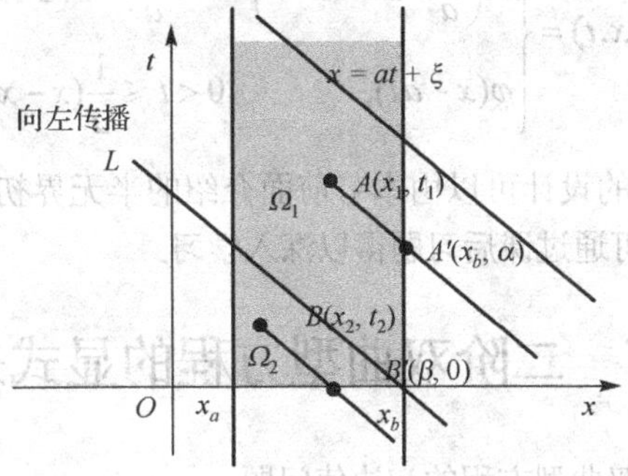


图 4-4　精确解值与初边值条件的依赖关系（向左传播）

首先，在$x-t$平面内容易得出临界线$L$的方程为：

$$t=\frac{1}{a}(x-x_b)$$

其次，考察$\Omega_1$内的任意一点$A(x_1,t_1)$处的函数值$u(x_1,t_1)$. 注意到过点$A$的特征线方程为$t=\frac{1}{a}(x-x_1)+t_1$，且易知沿着这条特征线，点$A$在右边界上的投影点为$A'(x_b,\alpha)$，也就是这条特征线与右边界的交点，易知$\alpha=\frac{1}{a}(x_b-x_1)+t_1$. 于是，$A$点处的$u$值就是$A'$点处的$u$值，即有$u\big|_A=u\big|_{A'}=\psi(\alpha)=\psi\left(\frac{1}{a}(x_b-x_1)+t_1\right)$. 再由$A$点的任意性知，$\Omega_1$内的任意一点$(x,t)$处的$u$值为

$$u(x,t)=\psi\left(\frac{1}{a}(x_b-x)+t\right),\quad \forall(x,t)\in\Omega_1$$

最后，再考察$\Omega_2$内的任意一点$B(x_2,t_2)$处的函数值$u(x_2,t_2)$. 注意到过点$B$的特征线方程为$t=\frac{1}{a}(x-x_2)+t_2$，且易知沿着这条特征线，点$B$在$x$轴上的投影点为$B'(\beta,0)$，也就是这条特征线与$x$轴的交点，易知$\beta=x_2-at_2$. 于是，$B$点处的$u$值就是$B'$点处的$u$值，即有$u\big|_B=u\big|_{B'}=\varphi(\beta)=\varphi(x_2-at_2)$. 再由$B$点的任意性知，$\Omega_2$内的任意一点$(x,t)$处的$u$值为

$$u(x,t)=\varphi(x-at),\quad \forall(x,t)\in\Omega_2$$

综上，一阶双曲型方程初边值问题式（4-35）的精确解为

$$u(x,t)=\begin{cases}\psi\left(\frac{1}{a}(x_b-x)+t\right), & t>\frac{1}{a}(x-x_b)\\ \varphi(x-at), & 0<t\leqslant\frac{1}{a}(x-x_b)\end{cases}$$

类似地，考察以下初边值问题：

$$\begin{cases}\dfrac{\partial u(x,t)}{\partial t}+a\dfrac{\partial u(x,t)}{\partial x}=0, & x_a\leqslant x\leqslant x_b,\ t>0,\ a>0\text{为常数}\\ u(x,0)=\varphi(x), & x_a\leqslant x\leqslant x_b\\ u(x_a,t)=\psi(t), & t>0\end{cases}$$

仿前面分析可知（课后习题），上述问题的精确解为

$$u(x,t)=\begin{cases}\psi\left(\dfrac{1}{a}(x_a-x)+t\right), & t>\dfrac{1}{a}(x-x_a)\\ \varphi(x-at), & 0<t\leqslant\dfrac{1}{a}(x-x_a)\end{cases}$$

关于上述问题的数值格式的设计可以由本节前面介绍的半无界初值问题的若干数值方法加以推广，此处不再展开，具体问题可通过课后习题得以深入学习.

# 第二节　二阶双曲型方程的显式差分法

本节主要研究下面的二阶双曲型方程的初边值问题：

$$\begin{cases}\dfrac{\partial^2 u(x,t)}{\partial t^2}-a^2\dfrac{\partial^2 u(x,t)}{\partial x^2}=f(x,t),\ 0<x<1,\ 0<t\leqslant T\\ u(x,0)=\varphi(x),\ \dfrac{\partial u}{\partial t}(x,0)=\psi(x),\ 0\leqslant x\leqslant 1\\ u(0,t)=\alpha(t),\ u(1,t)=\beta(t),\ 0<t\leqslant T\end{cases}\tag{4-36}$$

其中，$u$ 表示一个与时间 $t$ 和位置 $x$ 有关的待求波函数，$\varphi(x),\ \psi(x),\ \alpha(t),\ \beta(t)$ 及方程右端项函数 $f(x,t)$ 都是已知函数，$a,\ T$ 是非零常数. 式（4-36）中第二式是初始条件，第三式是边界条件. 式（4-36）中若 $f(x,t)\equiv 0$，则对应的初边值问题与一阶对流方程有类似的属性，只是它有两条特征线，精确解 $u(x,t)$ 在点 $(x,t)$ 处的值的依赖区域为 $[x-|a|t,\ x+|a|t]$，从而也有相应的 CFL 条件，关于这些理论分析将不再展开. 本节重点处理较为一般的非齐次的二阶双曲型方程初边值问题式（4-36），通常无法用解析的办法求得其精确解，所以我们需要进行数值计算求得原方程的近似解，也就是所谓的数值解.

## 一、三层显差分格式的建立

有了以往的经验，按照正常的步骤建立差分格式.

第一步，区域剖分. 由于原问题的求解区域是矩形域，所以我们将在矩形域网格点上近似求解. 首先，对原始问题的求解区域 $0\leqslant x\leqslant 1,\ 0\leqslant t\leqslant T$ 进行网格剖分，为计算简单，确切地说是为了编程方便，通常取为等距剖分，即取 $x_j=jh\,(j=0,1,\cdots,m)$，$t_k=k\tau\,(i=0,1,\cdots,n)$，这里 $h=1/m,\tau=T/n$ 分别称为空间步长和时间步长.

第二步，对原方程进行弱化，将原来很强的处处成立的微分方程弱化为仅在某些点成立的方程，这里设方程仅在网格节点成立，即得节点处离散方程：

$$\begin{cases}\left.\dfrac{\partial^2 u}{\partial t^2}\right|_{(x_j,t_k)}-a^2\left.\dfrac{\partial^2 u}{\partial x^2}\right|_{(x_j,t_k)}=f(x_j,t_k),\ 0<j<m,\ 0<k\leqslant n,\\ u(x_j,t_0)=\varphi(x_j),\quad \dfrac{\partial u}{\partial t}(x_j,t_0)=\psi(x_j),\quad 0\leqslant j\leqslant m,\\ u(x_0,t_k)=\alpha(t_k),\quad u(x_m,t_k)=\beta(t_k),\ 1\leqslant k\leqslant n.\end{cases}\tag{4-37}$$

第三步，将各节点处的偏导数用差商来近似. 为此容易想到方程中的二阶偏导数都取成二阶中心差商近似，即

$$\left.\frac{\partial^2 u}{\partial t^2}\right|_{(x_j,t_k)} \approx \frac{u(x_j,t_{k+1})-2u(x_j,t_k)+u(x_j,t_{k-1})}{\tau^2}，误差为 O(\tau^2)，$$

$$\left.\frac{\partial^2 u}{\partial x^2}\right|_{(x_j,t_k)} \approx \frac{u(x_{j+1},t_k)-2u(x_j,t_k)+u(x_{j-1},t_k)}{h^2}，误差为 O(h^2).$$

此外，初始条件中的一阶偏导数可以用向前差商近似，即

$$\left.\frac{\partial u}{\partial t}\right|_{(x_j,t_0)} \approx \frac{u(x_j,t_1)-u(x_j,t_0)}{\tau}，误差为 O(\tau).$$

将上面各式代入式（4-37）第一式，然后用各节点 $(x_j,t_k)$ 处的数值解 $u_j^k$ 代替精确解 $u(x_j,t_k)$，并忽略高阶小项，得以下差分格式：

$$\begin{cases} \dfrac{u_j^{k+1}-2u_j^k+u_j^{k-1}}{\tau^2}-a^2\dfrac{u_{j+1}^k-2u_j^k+u_{j-1}^k}{h^2}=f(x_j,t_k),\ 1\leqslant j\leqslant m-1,\ 1\leqslant k\leqslant n-1, \\ u_j^0=\varphi(x_j),\quad \dfrac{u_j^1-u_j^0}{\tau}=\psi(x_j),\quad 0\leqslant j\leqslant m, \\ u_0^k=\alpha(t_k),\quad u_m^k=\beta(t_k),\ 1\leqslant k\leqslant n. \end{cases}$$

为简单起见，记网比 $r=\dfrac{a^2\tau^2}{h^2}$，整理上述格式后得到以下三层显格式：

$$\begin{cases} u_j^{k+1}=ru_{j-1}^k+2(1-r)u_j^k+ru_{j+1}^k-u_j^{k-1}+\tau^2 f(x_j,t_k),\ 1\leqslant j\leqslant m-1,\ 1\leqslant k\leqslant n-1, \\ u_j^0=\varphi(x_j),\ 0\leqslant j\leqslant m;\quad u_j^1=u_j^0+\tau\psi(x_j), 1\leqslant j\leqslant m-1, \\ u_0^k=\alpha(t_k), u_m^k=\beta(t_k),\ 1\leqslant k\leqslant n. \end{cases} \tag{4-38}$$

易见，此格式的局部截断误差为 $O(\tau+h^2)$.

## 二、显格式的稳定性、收敛性分析

同样，只需要对齐次方程、零边界情形讨论. 此时，式（4-38）第一式为

$$u_j^{k+1}=ru_{j-1}^k+2(1-r)u_j^k+ru_{j+1}^k-u_j^{k-1}$$

同三层的蛙跳格式一样，通过引入变量 $v_j^k=u_j^{k-1}$，可将三层格式写成两层格式：

$$\begin{cases} u_j^{k+1}=ru_{j-1}^k+2(1-r)u_j^k+ru_{j+1}^k-v_j^k \\ v_j^{k+1}=u_j^k \end{cases}$$

也就是，$\begin{pmatrix} u_j^{k+1} \\ v_j^{k+1} \end{pmatrix}=\begin{pmatrix} r & 0 \\ 0 & 0 \end{pmatrix}\begin{pmatrix} u_{j-1}^k \\ v_{j-1}^k \end{pmatrix}+\begin{pmatrix} 2(1-r) & -1 \\ 1 & 0 \end{pmatrix}\begin{pmatrix} u_j^k \\ v_j^k \end{pmatrix}+\begin{pmatrix} r & 0 \\ 0 & 0 \end{pmatrix}\begin{pmatrix} u_{j+1}^k \\ v_{j+1}^k \end{pmatrix}.$

记 $\boldsymbol{w}_j^k=\begin{pmatrix} u_j^k \\ v_j^k \end{pmatrix}=\begin{pmatrix} v_1^k(\omega) \\ v_2^k(\omega) \end{pmatrix}\mathrm{e}^{\mathrm{i}\omega x_j}$，则由上式得

$$\begin{pmatrix} v_1^{k+1}(\omega) \\ v_2^{k+1}(\omega) \end{pmatrix}\mathrm{e}^{\mathrm{i}\omega x_j}=\left(\begin{pmatrix} r & 0 \\ 0 & 0 \end{pmatrix}\mathrm{e}^{-\mathrm{i}\omega h}+\begin{pmatrix} 2(1-r) & -1 \\ 1 & 0 \end{pmatrix}+\begin{pmatrix} r & 0 \\ 0 & 0 \end{pmatrix}\mathrm{e}^{\mathrm{i}\omega h}\right)\begin{pmatrix} v_1^k(\omega) \\ v_2^k(\omega) \end{pmatrix}\mathrm{e}^{\mathrm{i}\omega x_j}$$

即 $\boldsymbol{w}_j^{k+1}=G(\omega,\tau)\boldsymbol{w}_j^k$，从而得到增长矩阵为

$$G(\omega,\tau)=\begin{pmatrix} 2-4r\sin^2\dfrac{\omega h}{2} & -1 \\ 1 & 0 \end{pmatrix} \tag{4-39}$$

其中，$r=\dfrac{a^2\tau^2}{h^2}>0$. 易见，增长矩阵的特征值为

$$\lambda_{1,2}=1-2r\sin^2\frac{\omega h}{2}\pm\sqrt{4r\sin^2\frac{\omega h}{2}\left(r\sin^2\frac{\omega h}{2}-1\right)}$$

显然，$r\leqslant 1$ 时，$\lambda_{1,2}=1-2r\sin^2\dfrac{\omega h}{2}\pm \mathrm{i}\sqrt{4r\sin^2\dfrac{\omega h}{2}\left(1-r\sin^2\dfrac{\omega h}{2}\right)}$ 且 $|\lambda_{1,2}|\equiv 1$，也就是显差分格式(4-38)满足 Von Neumann 条件，但这只是式（4-38）稳定的必要条件. 当 $r<1$ 且 $\omega h\neq 2p\pi$（$p$ 为整数）时，则 $\lambda_1,\lambda_2$ 是增长矩阵的两个不同的特征值，从而由定理 4.1.6 知，此时差分格式稳定. 但如果 $r<1$ 且 $\omega h=2p\pi$（$p$ 为整数），则 $G(\omega,\tau)=\begin{pmatrix} 2 & -1 \\ 1 & 0\end{pmatrix}$，通过直接计算可知，$G^k(\omega,\tau)=\begin{pmatrix} k+1 & -k \\ k & -(k-1)\end{pmatrix}$，从而 $\left\|G^k(\omega,\tau)\right\|\to\infty(k\to\infty)$，也就是 $\left\|G^k(\omega,\tau)\right\|$ 关于 $k$ 不是一致有界的，从而格式不稳定. 以上说明，当 $r<1$ 时，并不是对所有的频率 $\omega$ 显格式都稳定，也就是 $r<1$ 时三层显格式不稳定. 此外，当 $r=1$ 时，若取 $\omega h=\pi$，则 $G(\omega,\tau)=\begin{pmatrix} -2 & -1 \\ 1 & 0\end{pmatrix}$，也会出现 $\left\|G^k(\omega,\tau)\right\|\to\infty(k\to\infty)$，从而数值格式不稳定. 至于 $r>1$ 的情况，取 $\omega h=\pi$，则 $\lambda_1=1-2r-\sqrt{4r(r-1)}<-1$，显然不满足 Von Neumann 条件，从而数值格式不稳定. 综上，将得出显格式绝对不稳定的结论. 但实际上，这个结论是错误的. 上述稳定性分析也是不正确的. 原因在于本章第一节给出的判断稳定性的充分条件都是针对一阶方程而言的，而这次研究的对象却是二阶双曲型方程，关于二阶方程差分格式的稳定性条件会更宽松一些. 事实上，我们需要一个弱一点的稳定性概念——$k$ 阶稳定.

**定义 4.2.1** 增长矩阵 $G(\omega,\tau)$ 关于范数 $\|\cdot\|$ 是 $k$ 阶稳定的，如果存在非负常数 $M_1,M_2$，对任意频率 $\omega$ 都有 $\|G^k(\omega,\tau)\|\leqslant M_1+kM_2$，其中 $k$ 代表时间层，$k\leqslant n$.

**定理 4.2.1**[2] 若增长矩阵 $G(\omega,\tau)$ 关于范数 $\|\cdot\|$ 是 $k$ 阶稳定的，且第 1 个时间层节点处误差均为 $\tau O(\tau^2+h^2)$，则差分格式 $\boldsymbol{w}_j^{k+1}=G(\omega,\tau)\boldsymbol{w}_j^k$ 收敛.

**证明**：由于方程（4-36）中的二阶偏导数均用中心差商来近似，就有

$$\frac{u(x_j,t_{k+1})-2u(x_j,t_k)+u(x_j,t_{k+1})}{\tau^2}-a^2\frac{u(x_{j+1},t_k)-2u(x_j,t_k)+u(x_{j-1},t_k)}{h^2}=f(x_j,t_k)+O(\tau^2+h^2)$$

也就是，

$$u(x_j,t_{k+1})=r\big(u(x_{j+1},t_k)+u(x_{j-1},t_k)\big)+2(1-r)u(x_j,t_k)-u(x_j,t_{k-1})+\tau^2 f(x_j,t_k)+\tau^2R_j^k$$

其中，$R_j^k=O(\tau^2+h^2)$. 将式（4-38）第一式减去上式可得误差 $e_j^k=u_j^k-u(x_j,t_k)$ 满足方程

$$e_j^{k+1}=re_{j-1}^k+2(1-r)e_j^k+re_{j+1}^k-e_j^{k-1}-\tau^2R_j^k.$$

引入中间变量 $\varepsilon_j^k=e_j^{k-1}$，则上式可改写为

$$\begin{cases} e_j^{k+1}=re_{j-1}^k+2(1-r)e_j^k+re_{j+1}^k-\varepsilon_j^k-\tau^2R_j^k \\ \varepsilon_j^{k+1}=e_j^k \end{cases}$$

从而可得

$$\begin{pmatrix} e_j^{k+1} \\ \varepsilon_j^{k+1} \end{pmatrix} = \begin{pmatrix} r & 0 \\ 0 & 0 \end{pmatrix} \begin{pmatrix} e_{j-1}^k \\ \varepsilon_{j-1}^k \end{pmatrix} + \begin{pmatrix} 2(1-r) & -1 \\ 1 & 0 \end{pmatrix} \begin{pmatrix} e_j^k \\ \varepsilon_j^k \end{pmatrix} + \begin{pmatrix} r & 0 \\ 0 & 0 \end{pmatrix} \begin{pmatrix} e_{j+1}^k \\ \varepsilon_{j+1}^k \end{pmatrix} + \begin{pmatrix} -\tau^2 R_j^k \\ 0 \end{pmatrix}$$

再令 $\boldsymbol{w}_j^k = \begin{pmatrix} e_j^k \\ \varepsilon_j^k \end{pmatrix} = \begin{pmatrix} v_1^k(\omega) \\ v_2^k(\omega) \end{pmatrix} \mathrm{e}^{\mathrm{i}\omega x_j}$，$R_j^k = \xi^k \mathrm{e}^{\mathrm{i}\omega x_j}$ 就得

$$\begin{pmatrix} v_1^{k+1}(\omega) \\ v_2^{k+1}(\omega) \end{pmatrix} = G(\omega,\tau) \begin{pmatrix} v_1^k(\omega) \\ v_2^k(\omega) \end{pmatrix} + \begin{pmatrix} -\tau^2 \xi^k \\ 0 \end{pmatrix}$$

不妨记为
$$\boldsymbol{W}^{k+1} = G(\omega,\tau)\boldsymbol{W}^k + \tau^2 \boldsymbol{R}^k \tag{4-40}$$

其中，$\boldsymbol{W}^k = (v_1^k(\omega), v_2^k(\omega))^{\mathrm{T}}, \boldsymbol{R}^k = (-\xi^k, 0)^{\mathrm{T}}$. 易见，$\|\boldsymbol{R}^k\| = O(\tau^2 + h^2)$. 利用式（4-40）进行递推可得 $\boldsymbol{W}^{k+1} = G^k(\omega,\tau)\boldsymbol{W}^1 + \tau^2 \sum_{l=0}^{k-1} G^l \boldsymbol{R}^{k-l}$. 若增长矩阵 $G(\omega,\tau)$ 关于范数 $\|\cdot\|$ 是 $k$ 阶稳定的，则

$$\|\boldsymbol{W}^{k+1}\| \leqslant \|G^k(\omega,\tau)\boldsymbol{W}^1\| + \tau^2 \sum_{l=0}^{k-1} (M_1 + l\, M_2) \cdot \|\boldsymbol{R}^{k-l}\|$$

$$\leqslant \|G^k(\omega,\tau)\| \cdot \|\boldsymbol{W}^1\| + \tau^2 (M_1 + n\, M_2) \sum_{l=0}^{k-1} \|\boldsymbol{R}^{k-l}\|$$

$$\leqslant (M_1 + k\, M_2)\|\boldsymbol{W}^1\| + \tau^2 (M_1 + n\, M_2) \cdot n \cdot C^* \cdot O(\tau^2 + h^2)$$

其中，$C^*$ 为各个 $\|\boldsymbol{R}^{k-l}\|$ 中的项 $O(\tau^2 + h^2)$ 中关于精确解 $u(x,t)$ 高阶导数的最大值. 注意到 $\varepsilon_j^1 = e_j^0 = u_j^0 - u(x_j, t_0) = 0$，所以 $\boldsymbol{W}^1 = (v_1^1(\omega), v_2^1(\omega))^{\mathrm{T}} = (v_1^1(\omega), 0)^{\mathrm{T}}$，且当第 1 个时间层节点处误差均为 $\tau O(\tau^2 + h^2)$ 时，即 $e_j^1 = \tau O(\tau^2 + h^2)$ 时，

$$\|\boldsymbol{W}^1\| \leqslant |v_1^1(\omega)| = |e_j^1| = \tau O(\tau^2 + h^2)$$

故
$$\|\boldsymbol{W}^{k+1}\| \leqslant [(M_1 + k\, M_2)\tau + \tau^2 (M_1 + n\, M_2) \cdot n \cdot C^*] O(\tau^2 + h^2) \tag{4-41}$$

可见当 $\tau, h \to 0$ 时，由于 $k\tau \leqslant n\tau = T$ 有界，上式右端方括号内的表达式有界，从而 $\|\boldsymbol{W}^{k+1}\| \to 0$，也就有 $\|e_j^{k+1}\| \to 0$，说明 $u_j^k \to u(x_j, t_k)$，差分格式二阶收敛. 证毕.

定理 4.2.1 说明在稳定性条件从增长矩阵的范数一致有界（$\|G^k(\omega,\tau)\| \leqslant M$）放宽到增长矩阵 $k$ 次幂的范数关于 $k$ 线性增长（$\|G^k(\omega,\tau)\| \leqslant M_1 + k M_2$）的情况下，如果初始计算（指的是第 1 个时间层各节点处）的误差较小（第 0 个时间层各节点的值是准确的），小到 $\tau O(\tau^2 + h^2)$，则差分格式是二阶收敛的. 所以，对于二阶双曲型方程初边值问题三层显格式（4-38）的稳定性条件可以重新进行讨论.

下面就来重新考察增长矩阵式（4-39）的范数. 事实上，前面已经分析出当 $r < 1$ 且 $\omega h \neq 2p\pi$（$p$ 为整数）时，差分格式稳定. 现在，如果 $r < 1$ 且 $\omega h = 2p\pi$，则

$$G(\omega,\tau) = \begin{pmatrix} 2 & -1 \\ 1 & 0 \end{pmatrix} \text{ 且 } G^k(\omega,\tau) = \begin{pmatrix} k+1 & -k \\ k & -(k-1) \end{pmatrix}$$

从而 $\left\|G^k(\omega,\tau)\right\| \leqslant \left\|G^k(\omega,\tau)\right\|_\infty = 2k+1$，其中，$\|\cdot\|_\infty$ 是矩阵的行范数，故 $G(\omega,\tau)$ 关于范数 $\|\cdot\|$ 是 $k$ 阶稳

定的. 再考察$r=1$的情况，$G(\omega,\tau)=\begin{pmatrix}2-4\sin^2\dfrac{\omega h}{2} & -1\\ 1 & 0\end{pmatrix}:=\begin{pmatrix}\mu & -1\\ 1 & 0\end{pmatrix}$，易见$|\mu|\leqslant 2$．$\mu=2$的情况刚才已经讨论过. $\mu=-2$时，$G(\omega,\tau)=\begin{pmatrix}-2 & -1\\ 1 & 0\end{pmatrix}$且类似地有$G^k(\omega,\tau)=\begin{pmatrix}(-1)^k(k+1) & (-1)^k k\\ (-1)^{k+1}k & (-1)^{k+1}(k-1)\end{pmatrix}$，所以$\left\|G^k(\omega,\tau)\right\|\leqslant\left\|G^k(\omega,\tau)\right\|_\infty=2k+1$，故$G(\omega,\tau)$关于范数$\|\cdot\|$是$k$阶稳定的. 现在只需要讨论$|\mu|<2$的情形. 此时，$G(\omega,\tau)$有一对共轭复根，从而由定理 4.1.6 知数值格式稳定. 相比较之前得到的错误结论——显格式绝对不稳定，现在知道错误的真正原因在于我们之前给出的稳定性判断条件太强了.

最后，分析一下第 1 个时间层节点处的误差. 注意到第 1 个时间层节点处我们采用的是式（4-38）中$u_j^1=u_j^0+\tau\psi(x_j)$，而利用泰勒公式精确值应为

$$u(x_j,t_1)=u(x_j,t_0)+\tau\frac{\partial u}{\partial t}(x_j,t_0)+\frac{\tau^2}{2}\frac{\partial^2 u}{\partial t^2}(x_j,t_\xi)\text{，其中，}t_\xi\in(t_0,t_1)\text{.}$$

注意到原方程的初始条件$u(x_j,t_0)=\varphi(x_j)=u_j^0$和$\dfrac{\partial u}{\partial t}(x_j,t_0)=\psi(x_j)$，故$e_j^1=u_j^1-u(x_j,t_1)=O(\tau^2)$，所以此时的式（4-41）只能达到

$$\|\boldsymbol{W}^{k+1}\|\leqslant[(M_1+k\,M_2)\tau+\tau^2(M_1+n\,M_2)\cdot n\cdot C^*]O(\tau+h^2)$$

所以当$\tau,h\to 0$时，由于$k\tau\leqslant n\tau=T$有界，上式方括号内表达式有界，从而$\|\boldsymbol{W}^{k+1}\|\to 0$，也就有$\|e_j^{k+1}\|\to 0$，说明$u_j^k\to u(x_j,t_k)$，差分格式收敛，但关于时间只有一阶收敛，关于空间是二阶收敛的.

综上，二阶双曲型方程初边值问题式（4-36）的三层显差分格式的式（4-38）的稳定性条件是$r\leqslant 1$，且关于时间一阶收敛，关于空间二阶收敛.

另外说明一下，有不少教材[1, 3, 4]将二阶双曲型方程降阶为一阶双曲型方程组，然后对一阶双曲型方程组进行差分格式设计，其设计思路不清晰，得到的格式也不常规，虽然最终的数值格式与我们直接通过二阶差商近似得到的显格式等价，但编者认为，这些教材这样做的目的只是为了说明在上述操作过程下可以得到正确的显格式的稳定性条件，而这些其实都不是本质的，真正本质的是二阶方程的稳定性条件比一阶方程的弱.

## 三、改进的三层显格式

数值格式（4-38）精度比较低的原因是在对初始条件进行一阶偏导数的近似时，用了精度较低的一阶向前差商近似，导致$e_j^1$只能达到$O(\tau^2)$. 为了提高精度，可以考虑关于时间的一阶偏导数用中心差商近似，即取

$$\left.\frac{\partial u}{\partial t}\right|_{(x_j,t_0)}\approx\frac{u(x_j,t_1)-u(x_j,t_{-1})}{2\tau}\text{，误差为}O(\tau^2)$$

从而得数值格式：

$$\begin{cases}u_j^{k+1}=ru_{j-1}^k+2(1-r)u_j^k+ru_{j+1}^k-u_j^{k-1}+\tau^2 f(x_j,t_k),\ 1\leqslant j\leqslant m-1,\ 1\leqslant k\leqslant n-1,\\ u_j^0=\varphi(x_j),\ 0\leqslant j\leqslant m;\quad u_j^1=u_j^{-1}+2\tau\psi(x_j),\ 1\leqslant j\leqslant m-1,\\ u_0^k=\alpha(t_k),\ u_m^k=\beta(t_k),\ 1\leqslant k\leqslant n.\end{cases}\tag{4-42}$$

但这样做又会引入新的虚拟越界点$u_j^{-1}$. 有了以往的经验，就应该知道下面的操作了，即认为式（4-42）

中第一式对 $k=0$ 也成立，即

$$u_j^1 = ru_{j-1}^0 + 2(1-r)u_j^0 + ru_{j+1}^0 - u_j^{-1} + \tau^2 f(x_j,t_k),\ 1\leqslant j\leqslant m-1$$

从而解出 $u_j^{-1} = ru_{j-1}^0 + 2(1-r)u_j^0 + ru_{j+1}^0 - u_j^1 + \tau^2 f(x_j,t_0),\ 1\leqslant j\leqslant m-1$，这样，在式（4-42）的第二式中可以消去 $u_j^{-1}$，因此可以得到

$$u_j^1 = (ru_{j-1}^0 + 2(1-r)u_j^0 + ru_{j+1}^0 + \tau^2 f(x_j,t_0) + 2\tau\psi(x_j))/2,\ 1\leqslant j\leqslant m-1 \tag{4-43}$$

从而得到以下改进的三层显格式：

$$\begin{cases} u_j^{k+1} = ru_{j-1}^k + 2(1-r)u_j^k + ru_{j+1}^k - u_j^{k-1} + \tau^2 f(x_j,t_k),\ 1\leqslant j\leqslant m-1,\ 1\leqslant k\leqslant n-1, \\ u_j^0 = \varphi(x_j),\ 0\leqslant i\leqslant m, \\ u_j^1 = \left(ru_{j-1}^0 + 2(1-r)u_j^0 + ru_{j+1}^0 + \tau^2 f(x_j,t_0) + 2\tau\psi(x_j)\right)/2,\ 1\leqslant j\leqslant m-1, \\ u_0^k = \alpha(t_k),\ u_m^k = \beta(t_k),\ 1\leqslant k\leqslant n. \end{cases} \tag{4-44}$$

显然，此格式的局部截断误差为 $O(\tau^2+h^2)$．此外，注意到由式（4-43）、泰勒公式和原方程 $\dfrac{\partial^2 u}{\partial t^2} - a^2\dfrac{\partial^2 u}{\partial x^2} = f(x,t)$，可知此时 $e_j^1 = u_j^1 - u(x_j,t_1) = \tau O(\tau^2)$，即式(4-41)成立. 这样在稳定性条件 $r\leqslant 1$ 成立的前提下，式（4-44）关于时间和空间都是二阶收敛的.

## 四、数值算例

**例 4.2.1**　用一阶显格式（4-38）计算双曲型方程初边值问题：

$$\begin{cases} \dfrac{\partial^2 u(x,t)}{\partial t^2} - \dfrac{\partial^2 u(x,t)}{\partial x^2} = 2\mathrm{e}^t\sin x,\ 0<x<\pi,\ 0<t\leqslant 1, \\ u(x,0)=\sin x,\ \dfrac{\partial u}{\partial t}(x,0) = \sin x,\ 0\leqslant x\leqslant \pi, \\ u(0,t)=0,\ u(\pi,t)=0,\ 0<t\leqslant 1. \end{cases}$$

已知其精确解为 $u(x,t)=\mathrm{e}^t\sin x$．分别取步长为 $\tau_1=\dfrac{1}{50},\ h_1=\dfrac{\pi}{100}$ 和 $\tau_2=\dfrac{1}{100},\ h_2=\dfrac{\pi}{200}$，给出在节点 $\left(\dfrac{i\pi}{10},\dfrac{4}{5}\right),\ i=1,\cdots,9$ 处的数值解及误差.

**解**：程序见 Egch4_sec2_01.c，计算结果列表如下（表 4-1）.

**表 4-1　一阶显格式的计算结果**

| $(x_j,t_k)$ | $\tau_1,\ h_1$ 步长下 $u_j^k$ | 误差 $\lvert u_j^k - u(x_j,t_k)\rvert$ | $\tau_2,\ h_2$ 步长下 $u_j^k$ | 误差 $\lvert u_j^k - u(x_j,t_k)\rvert$ |
|---|---|---|---|---|
| (π/10,0.8) | 0.685504 | 2.2257e−3 | 0.686619 | 1.1106e−3 |
| (2π/10,0.8) | 1.303907 | 4.2336e−3 | 1.306028 | 2.1124e−3 |
| (3π/10,0.8) | 1.794673 | 5.8271e−3 | 1.797593 | 2.9075e−3 |
| (4π/10,0.8) | 2.109765 | 6.8501e−3 | 2.113197 | 3.4180e−3 |
| (5π/10,0.8) | 2.218338 | 7.2027e−3 | 2.221947 | 3.5939e−3 |
| (6π/10,0.8) | 2.109765 | 6.8501e−3 | 2.113197 | 3.4180e−3 |
| (7π/10,0.8) | 1.794673 | 5.8271e−3 | 1.797593 | 2.9075e−3 |
| (8π/10,0.8) | 1.303907 | 4.2336e−3 | 1.306028 | 2.1124e−3 |
| (9π/10,0.8) | 0.685504 | 2.2257e−3 | 0.686619 | 1.1106e−3 |

数值结果显示格式的式（4-38）确实是一阶收敛的，且精确解及数值解都关于 $x=\pi/2$ 对称.

**例 4.2.2** 用二阶显差分格式的式（4-44）计算上例中的问题，要求同上例.

**解**：程序见 Egch4_sec2_02.c，计算结果列表如下（表 4-2）.

**表 4-2 二阶显格式的计算结果**

| $(x_j,t_k)$ | $\tau_1$, $h_1$ 步长下 $u_j^k$ | 误差 $\left\|u_j^k-u(x_j,t_k)\right\|$ | $\tau_2$, $h_2$ 步长下 $u_j^k$ | 误差 $\left\|u_j^k-u(x_j,t_k)\right\|$ |
|---|---|---|---|---|
| (π/10,0.8) | 0.687721 | 8.6480e−6 | 0.687728 | 2.1615e−6 |
| (2π/10,0.8) | 1.308124 | 1.6450e−5 | 1.308136 | 4.1115e−6 |
| (3π/10,0.8) | 1.800478 | 2.2641e−5 | 1.800495 | 5.6590e−6 |
| (4π/10,0.8) | 2.116589 | 2.6616e−5 | 2.116609 | 6.6526e−6 |
| (5π/10,0.8) | 2.225513 | 2.7986e−5 | 2.225534 | 6.9949e−6 |

由对称性，本表只显示了节点 $\left(\dfrac{i\pi}{10},\dfrac{4}{5}\right)$, $i=1,\cdots,5$ 处的数值解及误差. 从数值结果可见，格式(4-44)是二阶收敛的.

# 第三节 二阶双曲型方程的隐式差分法

继续研究双曲型方程初边值问题式（4-36）. 由于显格式具有比较苛刻的稳定性要求，我们希望构造隐格式使得能够放松对步长的约束甚至解除约束.

## 一、隐差分格式的建立

仿前，进行第一步网格剖分及第二步将原方程弱化为仅在网格节点成立，即式（4-37）成立. 第三步，处理一阶、二阶偏导数. 关于时间的二阶偏导数仍取为

$$\left.\frac{\partial^2 u}{\partial t^2}\right|_{(x_j,t_k)} \approx \frac{u(x_j,t_{k+1})-2u(x_j,t_k)+u(x_j,t_{k-1})}{\tau^2}\text{，误差为 } O(\tau^2)$$

但关于空间的二阶偏导数则需要作些变化，以保证成隐格式，为此取 $\left.\dfrac{\partial^2 u}{\partial x^2}\right|_{(x_j,t_k)} \approx \dfrac{1}{2}\left(\left.\dfrac{\partial^2 u}{\partial x^2}\right|_{(x_j,t_{k-1})}+\left.\dfrac{\partial^2 u}{\partial x^2}\right|_{(x_j,t_{k+1})}\right)$，误差为 $O(\tau^2)$，从而 $\left.\dfrac{\partial^2 u}{\partial x^2}\right|_{(x_j,t_k)} \approx \dfrac{1}{2}\left(\dfrac{u(x_{j+1},t_{k-1})-2u(x_j,t_{k-1})+u(x_{j-1},t_{k-1})}{h^2}\right.$ $\left.+\dfrac{u(x_{j+1},t_{k+1})-2u(x_j,t_{k+1})+u(x_{j-1},t_{k+1})}{h^2}\right)$，误差为 $O(\tau^2+h^2)$，这样原方程弱化为

$$\frac{u(x_j,t_{k+1})-2u(x_j,t_k)+u(x_j,t_{k-1})}{\tau^2}-\frac{a^2}{2h^2}[u(x_{j+1},t_{k-1})-2u(x_j,t_{k-1})+u(x_{j-1},t_{k-1})+$$
$$u(x_{j+1},t_{k+1})-2u(x_j,t_{k+1})+u(x_{j-1},t_{k+1})]=f(x_j,t_k)+O(\tau^2+h^2),$$
$$1\leqslant j\leqslant m-1,\ 1\leqslant k\leqslant n-1$$

对初始条件的处理同显式方法，此处为了与上面的截断误差一致，在第 1 个时间层上取较高精度的近似式（4-43），然后再将数值解 $u_j^k$ 代替精确解 $u(x_j,t_k)$，并忽略高阶小项，得以下差分格式：

$$\begin{cases}\dfrac{u_j^{k+1}-2u_j^k+u_j^{k-1}}{\tau^2}-\dfrac{a^2}{2h^2}(u_{j+1}^{k-1}-2u_j^{k-1}+u_{j-1}^{k-1}+u_{j+1}^{k+1}-2u_j^{k+1}+u_{j-1}^{k+1})=f(x_j,t_k),\\ \qquad 1\leqslant j\leqslant m-1,\ 1\leqslant k\leqslant n-1,\\ u_j^0=\varphi(x_i),\quad 0\leqslant j\leqslant m,\\ u_j^1=(ru_{j-1}^0+2(1-r)u_j^0+ru_{j+1}^0+\tau^2 f(x_j,t_0)+2\tau\psi(x_j))/2,\ 1\leqslant j\leqslant m-1,\\ u_0^k=\alpha(t_k),\quad u_m^k=\beta(t_k),\ 1\leqslant k\leqslant n.\end{cases} \tag{4-45}$$

仍记 $r=\dfrac{a^2\tau^2}{h^2}$ 并整理上面的式子就得原初边值问题式（4-36）的一个隐差分格式：

$$\begin{cases}-\dfrac{r}{2}u_{j-1}^{k+1}+(1+r)u_j^{k+1}-\dfrac{r}{2}u_{j+1}^{k+1}=2u_j^k+\dfrac{r}{2}(u_{j-1}^{k-1}+u_{j+1}^{k-1})-(1+r)u_j^{k-1}+\tau^2 f(x_j,t_k),\\ \qquad 1\leqslant j\leqslant m-1,\ 1\leqslant k\leqslant n-1,\\ u_j^0=\varphi(x_i),\quad 0\leqslant j\leqslant m.\\ u_j^1=(ru_{j-1}^0+2(1-r)u_j^0+ru_{j+1}^0+\tau^2 f(x_j,t_0)+2\tau\psi(x_j))/2,\ 1\leqslant j\leqslant m-1,\\ u_0^k=\alpha(t_k),\quad u_m^k=\beta(t_k),\ 1\leqslant k\leqslant n.\end{cases} \tag{4-46}$$

为计算简单，将上述方程组写成矩阵形式：

$$\begin{pmatrix}1+r & -\frac{r}{2} & & & 0\\ -\frac{r}{2} & 1+r & -\frac{r}{2} & & \\ & & \ddots & & \\ & & -\frac{r}{2} & 1+r & -\frac{r}{2}\\ 0 & & & -\frac{r}{2} & 1+r\end{pmatrix}\begin{pmatrix}u_1^{k+1}\\ u_2^{k+1}\\ \vdots\\ u_{m-2}^{k+1}\\ u_{m-1}^{k+1}\end{pmatrix}=$$

$$\begin{pmatrix}2u_1^k+\frac{r}{2}(u_0^{k-1}+u_2^{k-1})-(1+r)u_1^{k-1}+\tau^2 f(x_1,t_k)+\frac{r}{2}u_0^{k+1}\\ 2u_2^k+\frac{r}{2}(u_1^{k-1}+u_3^{k-1})-(1+r)u_2^{k-1}+\tau^2 f(x_2,t_k)\\ \vdots\\ 2u_{m-2}^k+\frac{r}{2}(u_{m-3}^{k-1}+u_{m-1}^{k-1})-(1+r)u_{m-2}^{k-1}+\tau^2 f(x_{m-2},t_k)\\ 2u_{m-1}^k+\frac{r}{2}(u_{m-2}^{k-1}+u_m^{k-1})-(1+r)u_{m-1}^{k-1}+\tau^2 f(x_{m-1},t_k)+\frac{r}{2}u_m^{k+1}\end{pmatrix}$$

此线性方程组的系数矩阵是三对角矩阵，所以可以用追赶法直接求解.

二阶双曲型方程的隐式差分方法计算过程如下：由数值格式的式（4-46）中的初始条件知道第 0 个时间层上的全部信息，同时知道第 1 个时间层上内部节点的信息. 由于所有边界信息已知，所以第 1 个时间层上的所有节点信息也已经明确，这样就可以用追赶法解上述线性方程组，先取 $k=1$，就可解出第 2 个时间层内点信息，加上边界已知信息，就得出第 2 个时间层上的完整信息，再取 $k=2$，仿上可推出第 3 个时间层上的完整信息，依次递推完所有的时间层，从而得到原问题在网格节点 $(x_j,t_k)$ 处的数值解 $u_j^k$.

## 二、隐格式的稳定性、收敛性分析

注意到格式的式（4-43）是一个三层格式，在齐次方程、零边界条件下，引入新变量 $v_i^k = u_i^{k-1}$，此三层格式可以写成两层格式：

$$\begin{cases} -\dfrac{r}{2}u_{j-1}^{k+1} + (1+r)u_j^{k+1} - \dfrac{r}{2}u_{j+1}^{k+1} = 2u_j^k + \dfrac{r}{2}(v_{j-1}^k + v_{j+1}^k) - (1+r)v_j^k \\ v_j^{k+1} = u_j^k \end{cases}$$

也就是：

$$\begin{pmatrix} -\dfrac{r}{2} & 0 \\ 0 & 0 \end{pmatrix}\begin{pmatrix} u_{j-1}^{k+1} \\ v_{j-1}^{k+1} \end{pmatrix} + \begin{pmatrix} 1+r & 0 \\ 0 & 1 \end{pmatrix}\begin{pmatrix} u_j^{k+1} \\ v_j^{k+1} \end{pmatrix} + \begin{pmatrix} -\dfrac{r}{2} & 0 \\ 0 & 0 \end{pmatrix}\begin{pmatrix} u_{j+1}^{k+1} \\ v_{j+1}^{k+1} \end{pmatrix}$$

$$= \begin{pmatrix} 0 & \dfrac{r}{2} \\ 0 & 0 \end{pmatrix}\begin{pmatrix} u_{j-1}^k \\ v_{j-1}^k \end{pmatrix} + \begin{pmatrix} 2 & -(1+r) \\ 1 & 0 \end{pmatrix}\begin{pmatrix} u_j^k \\ v_j^k \end{pmatrix} + \begin{pmatrix} 0 & \dfrac{r}{2} \\ 0 & 0 \end{pmatrix}\begin{pmatrix} u_{j+1}^k \\ v_{j+1}^k \end{pmatrix}$$

记 $\boldsymbol{w}_j^k = \begin{pmatrix} u_j^k \\ v_j^k \end{pmatrix} = \begin{pmatrix} v_1^k(\omega) \\ v_2^k(\omega) \end{pmatrix} e^{i\omega x_j}$ 和 $\boldsymbol{w}_j^{k+1} = G(\omega,\tau)\boldsymbol{w}_j^k$，则由上式得

$$\left(\begin{pmatrix} -\dfrac{r}{2} & 0 \\ 0 & 0 \end{pmatrix} e^{-i\omega h} + \begin{pmatrix} 1+r & 0 \\ 0 & 1 \end{pmatrix} + \begin{pmatrix} -\dfrac{r}{2} & 0 \\ 0 & 0 \end{pmatrix} e^{i\omega h}\right)\begin{pmatrix} v_1^{k+1}(\omega) \\ v_2^{k+1}(\omega) \end{pmatrix}$$

$$= \left(\begin{pmatrix} 0 & \dfrac{r}{2} \\ 0 & 0 \end{pmatrix} e^{-i\omega h} + \begin{pmatrix} 2 & -(1+r) \\ 1 & 0 \end{pmatrix} + \begin{pmatrix} 0 & \dfrac{r}{2} \\ 0 & 0 \end{pmatrix} e^{i\omega h}\right)\begin{pmatrix} v_1^k(\omega) \\ v_2^k(\omega) \end{pmatrix}$$

即

$$\begin{pmatrix} 1+r-\dfrac{r}{2}(e^{-i\omega h}+e^{i\omega h}) & 0 \\ 0 & 1 \end{pmatrix}\begin{pmatrix} v_1^{k+1}(\omega) \\ v_2^{k+1}(\omega) \end{pmatrix} = \begin{pmatrix} 2 & \dfrac{r}{2}(e^{-i\omega h}+e^{i\omega h})-1-r \\ 1 & 0 \end{pmatrix}\begin{pmatrix} v_1^k(\omega) \\ v_2^k(\omega) \end{pmatrix}$$

从而就得到增长矩阵为

$$G(\omega,\tau) = \begin{pmatrix} 1+r-r\cos\omega h & 0 \\ 0 & 1 \end{pmatrix}^{-1}\begin{pmatrix} 2 & r\cos\omega h-1-r \\ 1 & 0 \end{pmatrix} = \begin{pmatrix} \dfrac{2}{1+2r\sin^2\dfrac{\omega h}{2}} & -1 \\ 1 & 0 \end{pmatrix} \tag{4-47}$$

其中，$r = \dfrac{a^2\tau^2}{h^2} > 0$．易见，增长矩阵 $G(\omega,\tau)$ 的特征值为

$$\lambda_{1,2} = \frac{1}{1+2r\sin^2\dfrac{\omega h}{2}} \pm \sqrt{\frac{1}{\left(1+2r\sin^2\dfrac{\omega h}{2}\right)^2} - 1}$$

显然，当 $\omega h \neq 2p\pi$，$p$ 为整数时，增长矩阵 $G(\omega,\tau)$ 有一对共轭复根，且 $|\lambda_{1,2}| \equiv 1$，从而 Von Neumann 条件满足，又此时 Von Neumann 条件是数值格式稳定的充要条件，故三层隐格式稳定．而当 $\omega h = 2p\pi$，

$p$ 为整数时，增长矩阵 $G(\omega,\tau)=\begin{pmatrix}2 & -1\\ 1 & 0\end{pmatrix}$，在上一节对三层显格式的稳定性分析中已经说明，此时的增长矩阵是 $k$ 阶稳定的. 综上可知，无论网比 $r$ 如何选取，三层隐格式的式（4-46）无条件稳定，再加上式（4-46）中初始第 1 个时间层的计算误差很小，能达到 $\tau O(\tau^2)$，所以由定理 4.2.1 知此三层隐格式是二阶收敛的.

## 三、数值算例

**例 4.3.1**　用隐差分格式的式（4-46）计算双曲型方程初边值问题：

$$\begin{cases}\dfrac{\partial^2 u(x,t)}{\partial t^2}-\dfrac{\partial^2 u(x,t)}{\partial x^2}=2\mathrm{e}^t\sin x,\ \ 0<x<\pi,\ \ 0<t\leqslant 1,\\ u(x,0)=\sin x,\ \ \dfrac{\partial u}{\partial t}(x,0)=\sin x,\ \ 0\leqslant x\leqslant \pi,\\ u(0,t)=0,\ \ u(\pi,t)=0,\ \ 0<t\leqslant 1.\end{cases}$$

已知其精确解为 $u(x,t)=\mathrm{e}^t\sin x$. 分别取步长为 $\tau_1=\dfrac{1}{50},\ h_1=\dfrac{\pi}{200}$ 和 $\tau_2=\dfrac{1}{100},\ h_2=\dfrac{\pi}{400}$，给出在节点 $\left(\dfrac{i\pi}{10},\dfrac{4}{5}\right),\ i=1,\cdots,5$ 处的数值解及误差.

**解**：程序见 Egch4_sec3_01.c，计算结果列表如下（表 4-3）.

**表 4-3　隐差分格式的计算结果**

| $(x_j,t_k)$ | $\tau_1,\ h_1$ 步长下 $u_j^k$ | 误差 $\lvert u_j^k-u(x_j,t_k)\rvert$ | $\tau_2,\ h_2$ 步长下 $u_j^k$ | 误差 $\lvert u_j^k-u(x_j,t_k)\rvert$ |
|---|---|---|---|---|
| (π/10,0.8) | 0.687689 | 4.1006e-5 | 0.687720 | 1.0308e-5 |
| (2π/10,0.8) | 1.308062 | 7.7998e-5 | 1.308121 | 1.9607e-5 |
| (3π/10,0.8) | 1.800393 | 1.0736e-4 | 1.800473 | 2.6987e-5 |
| (4π/10,0.8) | 2.116489 | 1.2620e-4 | 2.116583 | 3.1725e-5 |
| (5π/10,0.8) | 2.225408 | 1.3270e-4 | 2.225508 | 3.3358e-5 |

本例中网比 $r=\dfrac{\tau^2}{h^2}>1$. 从数值结果可见，隐差分格式（4-46）是二阶收敛的.

# 第四节　二阶双曲型方程的紧差分方法

虽然上一小节中对二阶双曲型方程设计了具有二阶精度的数值计算格式，但实际上当原方程的精确解光滑性较高时，我们可以设计精度更高的数值格式.

## 一、紧差分格式的建立

仿上小节的分析，同样要对原方程进行矩形网格等距剖分，并且得到弱化到节点上的离散方程（4-37）. 现在我们需要对偏导数作更精细的近似. 由泰勒公式（固定时间 $t$ 不动）：

$$u(x_{j-1},t_k)=\left(u-h\frac{\partial u}{\partial x}+\frac{h^2}{2}\frac{\partial^2 u}{\partial x^2}-\frac{h^3}{6}\frac{\partial^3 u}{\partial x^3}+\frac{h^4}{24}\frac{\partial^4 u}{\partial x^4}-\frac{h^5}{120}\frac{\partial^5 u}{\partial x^5}\right)\Bigg|_{(x_j,t_k)}+O(h^6)$$

$$u(x_{j+1},t_k)=\left(u+h\frac{\partial u}{\partial x}+\frac{h^2}{2}\frac{\partial^2 u}{\partial x^2}+\frac{h^3}{6}\frac{\partial^3 u}{\partial x^3}+\frac{h^4}{24}\frac{\partial^4 u}{\partial x^4}+\frac{h^5}{120}\frac{\partial^5 u}{\partial x^5}\right)\Bigg|_{(x_j,t_k)}+O(h^6)$$

将上面两式相加易得

$$u(x_{j-1},t_k)-2u(x_j,t_k)+u(x_{j+1},t_k)=h^2\left.\frac{\partial^2 u}{\partial x^2}\right|_{(x_j,t_k)}+\frac{h^4}{12}\left.\frac{\partial^4 u}{\partial x^4}\right|_{(x_j,t_k)}+O(h^6)$$

故有 $$\left.\frac{\partial^2 u}{\partial x^2}\right|_{(x_j,t_k)}=\frac{u(x_{j-1},t_k)-2u(x_j,t_k)+u(x_{j+1},t_k)}{h^2}-\frac{h^2}{12}\left.\frac{\partial^4 u}{\partial x^4}\right|_{(x_j,t_k)}+O(h^4)$$

类似地就有

$$\left.\frac{\partial^2 u}{\partial x^2}\right|_{(x_j,t_{k-1})}=\frac{u(x_{j-1},t_{k-1})-2u(x_j,t_{k-1})+u(x_{j+1},t_{k-1})}{h^2}-\frac{h^2}{12}\left.\frac{\partial^4 u}{\partial x^4}\right|_{(x_j,t_{k-1})}+O(h^4)$$

和 $$\left.\frac{\partial^2 u}{\partial x^2}\right|_{(x_j,t_{k+1})}=\frac{u(x_j,t_{k+1})-2u(x_j,t_{k+1})+u(x_{j+1},t_{k+1})}{h^2}-\frac{h^2}{12}\left.\frac{\partial^4 u}{\partial x^4}\right|_{(x_j,t_{k+1})}+O(h^4)$$

再将上面两式相加后除以 2 可得

$$\frac{1}{2}\left(\left.\frac{\partial^2 u}{\partial x^2}\right|_{(x_j,t_{k-1})}+\left.\frac{\partial^2 u}{\partial x^2}\right|_{(x_j,t_{k+1})}\right)=\frac{u(x_{j-1},t_{k-1})-2u(x_j,t_{k-1})+u(x_{j+1},t_{k-1})}{2h^2}+$$

$$\frac{u(x_{j-1},t_{k+1})-2u(x_j,t_{k+1})+u(x_{j+1},t_{k+1})}{2h^2}-\frac{h^2}{12}\cdot\frac{1}{2}\left(\left.\frac{\partial^4 u}{\partial x^4}\right|_{(x_j,t_{k-1})}+\left.\frac{\partial^4 u}{\partial x^4}\right|_{(x_j,t_{k+1})}\right)+O(h^4)$$

从而

$$\left.\frac{\partial^2 u}{\partial x^2}\right|_{(x_j,t_k)}+O(\tau^2)=\frac{u(x_{j-1},t_{k-1})-2u(x_j,t_{k-1})+u(x_{j+1},t_{k-1})}{2h^2}+$$

$$\frac{u(x_{j-1},t_{k+1})-2u(x_j,t_{k+1})+u(x_{j+1},t_{k+1})}{2h^2}-\frac{h^2}{12}\cdot\left.\frac{\partial^4 u}{\partial x^4}\right|_{(x_j,t_k)}+O(h^4+\tau^2h^2) \tag{4-48}$$

现在令

$$D=u(x_{j-1},t_{k-1})-2u(x_j,t_{k-1})+u(x_{j+1},t_{k-1})+u(x_{j-1},t_{k+1})-2u(x_j,t_{k+1})+u(x_{j+1},t_{k+1})$$

及 $\frac{\partial^2 u}{\partial x^2}=v(x,t)$，则式（4-48）可以改写为

$$v(x_j,t_k)=\frac{D}{2h^2}-\frac{h^2}{12}\left.\frac{\partial^2 v}{\partial x^2}\right|_{(x_j,t_k)}+O(\tau^2h^2+h^4+\tau^2)$$

$$=\frac{D}{2h^2}-\frac{h^2}{12}\frac{v(x_{j-1},t_k)-2v(x_j,t_k)+v(x_{j+1},t_k)}{h^2}+O(\tau^2h^2+h^4+\tau^2)$$

整理后即得

$$\frac{v(x_{i-1},t_k)+10v(x_i,t_k)+v(x_{i+1},t_k)}{12}=\frac{D}{2h^2}+O(\tau^2h^2+h^4+\tau^2) \tag{4-49}$$

注意到原双曲型方程即为 $\frac{\partial^2 u}{\partial t^2}-a^2v(x,t)=f(x,t)$，也就是 $v(x,t)=\frac{1}{a^2}\left(\frac{\partial^2 u}{\partial t^2}-f(x,t)\right)$

故式（4-49）又可改写为

$$\frac{1}{12a^2}\left(\left.\frac{\partial^2 u}{\partial t^2}\right|_{(x_{j-1},t_k)}-f(x_{j-1},t_k)+10\left.\frac{\partial^2 u}{\partial t^2}\right|_{(x_j,t_k)}-10f(x_j,t_k)+\left.\frac{\partial^2 u}{\partial t^2}\right|_{(x_{j+1},t_k)}-f(x_{j+1},t_k)\right)$$
$$=\frac{D}{2h^2}+O(\tau^2h^2+h^4+\tau^2)$$

再利用中心差商则有

$$\frac{1}{12a^2}\left(\frac{u(x_{j-1},t_{k-1})-2u(x_{j-1},t_k)+u(x_{j-1},t_{k+1})}{\tau^2}-f(x_{j-1},t_k)+10\frac{u(x_j,t_{k-1})-2u(x_j,t_k)+u(x_j,t_{k+1})}{\tau^2}\right.$$
$$\left.-10f(x_j,t_k)+\frac{u(x_{j+1},t_{k-1})-2u(x_{j+1},t_k)+u(x_{j+1},t_{k+1})}{\tau^2}-f(x_{j+1},t_k)\right)=\frac{D}{2h^2}+O(\tau^2h^2+h^4+\tau^2) \tag{4-50}$$

在式（4-50）中用数值解 $u_j^k$ 代替精确解 $u(x_j,t_k)$，并忽略高阶小项，可得

$$\frac{1}{12a^2\tau^2}\left(u_{j-1}^{k-1}-2u_{j-1}^k+u_{j-1}^{k+1}+10(u_j^{k-1}-2u_j^k+u_j^{k+1})+u_{j+1}^{k-1}-2u_{j+1}^k+u_{j+1}^{k+1}\right)$$
$$=\frac{1}{2h^2}\left(u_{j-1}^{k-1}-2u_j^{k-1}+u_{j+1}^{k-1}+u_{j-1}^{k+1}-2u_j^{k+1}+u_{j+1}^{k+1}\right)+\frac{1}{12a^2}\left(f_{j-1}^k+10f_j^k+f_{j+1}^k\right)$$

其中，$f_l^k=f(x_l,t_k),\ l=j-1,j,j+1$. 易见此格式的局部截断误差为 $O(\tau^2h^2+h^4+\tau^2)$.

上面的格式可以进一步整理，并且联合初边值条件（其中第 1 个时间层仍用较高精度的式(4-43)），得到以下紧差分格式：

$$\begin{cases}(6r-1)u_{j-1}^{k+1}+(10+12r)u_j^{k+1}+(1-6r)u_{j+1}^{k+1}=(6r-1)u_{j-1}^{k-1}-(12r+10)u_j^{k-1}+(6r-1)u_{j+1}^{k-1}+\\ \qquad 2(u_{j-1}^k+10u_j^k+u_{j+1}^k)+\tau^2(f_{j-1}^k+10f_j^k+f_{j+1}^k),\quad 1\leqslant i\leqslant m-1,\quad 1\leqslant k\leqslant n-1,\\ u_j^0=\varphi(x_j),\quad 0\leqslant j\leqslant m,\\ u_j^1=(ru_{j-1}^0+2(1-r)u_j^0+ru_{j+1}^0+\tau^2f(x_j,t_0)+2\tau\psi(x_j))/2,\ 1\leqslant j\leqslant m-1,\\ u_0^k=\alpha(t_k),\quad u_m^k=\beta(t_k),\ 1\leqslant k\leqslant n.\end{cases} \tag{4-51}$$

其中，$r=a^2\tau^2/h^2>0$. 不难看出上述方程组也可以写成矩阵形式，且其系数矩阵是三对角矩阵，所以可以用追赶法解线性方程组得到每一个时间层上的所有信息. 由于 $\tau^2h^2\leqslant\frac{\tau^4+h^4}{2}$，所以紧差分格式（4-51）的局部截断误差为 $O(\tau^2+h^4)$，也就是说该紧差分格式在稳定的条件下会收敛，且精度关于时间 $t$ 是二阶的，关于空间 $x$ 是四阶的，这种格式比上节的隐格式精度高，收敛更快. 下面的数值算例也验证了这一点.

## 二、紧差分格式的稳定性、收敛性分析

式（4-51）仍然是一个三层格式. 只要在齐次方程、零边界条件下讨论稳定性即可. 引入新变量 $v_i^k=u_i^{k-1}$，此三层格式可以写成两层格式：

$$\begin{cases}(1-6r)u_{j-1}^{k+1}+(10+12r)u_j^{k+1}+(1-6r)u_{j+1}^{k+1}=(6r-1)v_{j-1}^k-(12r+10)v_j^k+\\ \qquad (6r-1)v_{j+1}^k+2(u_{j-1}^k+10u_j^k+u_{j+1}^k)\\ v_j^{k+1}=u_j^k\end{cases}$$

也就是：

$$\begin{pmatrix}1-6r & 0\\ 0 & 0\end{pmatrix}\begin{pmatrix}u_{j-1}^{k+1}\\ v_{j-1}^{k+1}\end{pmatrix}+\begin{pmatrix}10+12r & 0\\ 0 & 1\end{pmatrix}\begin{pmatrix}u_{j}^{k+1}\\ v_{j}^{k+1}\end{pmatrix}+\begin{pmatrix}1-6r & 0\\ 0 & 0\end{pmatrix}\begin{pmatrix}u_{j+1}^{k+1}\\ v_{j+1}^{k+1}\end{pmatrix}$$
$$=\begin{pmatrix}2 & 6r-1\\ 0 & 0\end{pmatrix}\begin{pmatrix}u_{j-1}^{k}\\ v_{j-1}^{k}\end{pmatrix}+\begin{pmatrix}20 & -(10+12r)\\ 1 & 0\end{pmatrix}\begin{pmatrix}u_{j}^{k}\\ v_{j}^{k}\end{pmatrix}+\begin{pmatrix}2 & 6r-1\\ 0 & 0\end{pmatrix}\begin{pmatrix}u_{j+1}^{k}\\ v_{j+1}^{k}\end{pmatrix}$$

记 $\boldsymbol{w}_j^k=\begin{pmatrix}u_j^k\\ v_j^k\end{pmatrix}=\begin{pmatrix}v_1^k(\omega)\\ v_2^k(\omega)\end{pmatrix}\mathrm{e}^{\mathrm{i}\omega x_j}$ 和 $\boldsymbol{w}_j^{k+1}=G(\omega,\tau)\boldsymbol{w}_j^k$，则由上式得

$$\left(\begin{pmatrix}1-6r & 0\\ 0 & 0\end{pmatrix}\mathrm{e}^{-\mathrm{i}\omega h}+\begin{pmatrix}10+12r & 0\\ 0 & 1\end{pmatrix}+\begin{pmatrix}1-6r & 0\\ 0 & 0\end{pmatrix}\mathrm{e}^{\mathrm{i}\omega h}\right)\begin{pmatrix}v_1^{k+1}(\omega)\\ v_2^{k+1}(\omega)\end{pmatrix}$$
$$=\left(\begin{pmatrix}2 & 6r-1\\ 0 & 0\end{pmatrix}\mathrm{e}^{-\mathrm{i}\omega h}+\begin{pmatrix}20 & -(10+12r)\\ 1 & 0\end{pmatrix}+\begin{pmatrix}2 & 6r-1\\ 0 & 0\end{pmatrix}\mathrm{e}^{\mathrm{i}\omega h}\right)\begin{pmatrix}v_1^{k}(\omega)\\ v_2^{k}(\omega)\end{pmatrix}$$

即

$$\begin{pmatrix}10+12r+(1-6r)(\mathrm{e}^{-\mathrm{i}\omega h}+\mathrm{e}^{\mathrm{i}\omega h}) & 0\\ 0 & 1\end{pmatrix}\begin{pmatrix}v_1^{k+1}(\omega)\\ v_2^{k+1}(\omega)\end{pmatrix}$$
$$=\begin{pmatrix}20+2(\mathrm{e}^{-\mathrm{i}\omega h}+\mathrm{e}^{\mathrm{i}\omega h}) & (6r-1)(\mathrm{e}^{-\mathrm{i}\omega h}+\mathrm{e}^{\mathrm{i}\omega h})-10-12r\\ 1 & 0\end{pmatrix}\begin{pmatrix}v_1^{k}(\omega)\\ v_2^{k}(\omega)\end{pmatrix}$$

从而得到增长矩阵为

$$G(\omega,\tau)=\begin{pmatrix}10+12r+2(1-6r)\cos\omega h & 0\\ 0 & 1\end{pmatrix}^{-1}\begin{pmatrix}20+4\cos\omega h & 2(6r-1)\cos\omega h-10-12r\\ 1 & 0\end{pmatrix}$$
$$=\begin{pmatrix}\dfrac{20+4\cos\omega h}{10+12r+2(1-6r)\cos\omega h} & -1\\ 1 & 0\end{pmatrix}\tag{4-52}$$

易见，增长矩阵 $G(\omega,\tau)$ 的特征值为

$$\lambda_{1,2}=\frac{2\cos\omega h+10}{2\cos\omega h+10+24r\sin^2\dfrac{\omega h}{2}}\pm i\sqrt{1-\left(\frac{2\cos\omega h+10}{2\cos\omega h+10+24r\sin^2\dfrac{\omega h}{2}}\right)^2}$$

显然，当 $\omega h\neq 2p\pi$，$p$ 为整数时，增长矩阵 $G(\omega,\tau)$ 有一对共轭复根，且 $|\lambda_{1,2}|\equiv 1$，从而 Von Neumann 条件满足，又此时 Von Neumann 条件是数值格式稳定的充要条件，故三层隐格式稳定. 而当 $\omega h=2p\pi$，$p$ 为整数时，增长矩阵 $G(\omega,\tau)=\begin{pmatrix}2 & -1\\ 1 & 0\end{pmatrix}$，在本章第二节对三层显格式的稳定性分析中已经说明，此时的增长矩阵是 $k$ 阶稳定的. 综上可知，无论网比 $r$ 如何选取，三层紧差分格式的式（4-51）无条件稳定，再加上式（4-51）中初始第 1 个时间层的计算误差很小，能达到 $\tau O(\tau^2)$，所以由定理 4.2.1 知此三层紧差分格式是二阶收敛的.

## 三、数值算例

**例 4.4.1**　用紧差分格式的式（4-51）计算双曲型方程初边值问题：

$$\begin{cases}\dfrac{\partial^2 u(x,t)}{\partial t^2}-\dfrac{\partial^2 u(x,t)}{\partial x^2}=2\mathrm{e}^t\sin x,\ 0<x<\pi,\ 0<t\leqslant 1,\\ u(x,0)=\sin x,\ \dfrac{\partial u}{\partial t}(x,0)=\sin x,\ 0\leqslant x\leqslant \pi,\\ u(0,t)=0,\ u(\pi,t)=0,\ 0<t\leqslant 1.\end{cases}$$

已知其精确解为 $u(x,t)=\mathrm{e}^t\sin x$．分别取步长为 $\tau_1=\dfrac{1}{50},\ h_1=\dfrac{\pi}{200}$ 和 $\tau_2=\dfrac{1}{200},\ h_2=\dfrac{\pi}{400}$，给出在节点 $\left(\dfrac{i\pi}{10},\dfrac{4}{5}\right),\ i=1,\cdots,5$ 处的数值解及误差.

**解：**程序见 Egch4_sec4_01.c，计算结果列表如下（表 4-4）.

**表 4-4　紧差分格式的计算结果**

| $(x_j,t_k)$ | $\tau_1,\ h_1$ 步长下 $u_j^k$ | 误差 $\left\lvert u_j^k-u(x_j,t_k)\right\rvert$ | $\tau_2,\ h_2$ 步长下 $u_j^k$ | 误差 $\left\lvert u_j^k-u(x_j,t_k)\right\rvert$ |
|---|---|---|---|---|
| (π/10,0.8) | 0.687686 | 4.3538e–5 | 0.687727 | 2.7423e–6 |
| (2π/10,0.8) | 1.308057 | 8.2815e–5 | 1.308135 | 5.2162e–6 |
| (3π/10,0.8) | 1.800386 | 1.1398e–4 | 1.800493 | 7.1794e–6 |
| (4π/10,0.8) | 2.116481 | 1.3400e–4 | 2.116607 | 8.4399e–6 |
| (5π/10,0.8) | 2.225400 | 1.4089e–4 | 2.225532 | 8.8743e–6 |

从表中可见，当时间步长减为原来的 1/4、空间步长减为原来的 1/2 时，则误差有效地减少为原来的 1/16.

# 第五节　二维双曲型方程的交替方向隐格式

本节要研究的对象是二维双曲型方程初边值问题：

$$\begin{cases}\dfrac{\partial^2 u(x,y,t)}{\partial t^2}-\left(\dfrac{\partial^2 u(x,y,t)}{\partial x^2}+\dfrac{\partial^2 u(x,y,t)}{\partial y^2}\right)=f(x,y,t),\ (x,y)\in\Omega=[0,a]\times[0,b],\qquad 0<t\leqslant T,\\ u(x,y,0)=\varphi(x,y),\qquad \dfrac{\partial u}{\partial t}(x,y,0)=\psi(x,y),\quad (x,y)\in\Omega,\\ u(0,y,t)=g_1(y,t),\qquad u(a,y,t)=g_2(y,t),\quad 0\leqslant y\leqslant b,\ 0<t\leqslant T,\\ u(x,0,t)=g_3(x,t),\quad u(x,b,t)=g_4(x,t),\quad 0\leqslant x\leqslant a,\ 0<t\leqslant T.\end{cases}\tag{4-53}$$

这里，为了保证连续性，要求式（4-53）中相关函数满足：

$$g_1(0,t)=g_3(0,t),\ g_1(b,t)=g_4(b,t),\ g_2(0,t)=g_3(a,t),\ g_2(b,t)=g_4(a,t),$$

及
$$\varphi(0,y)=g_1(y,0),\ \ \varphi(a,y)=g_2(y,0),\ \ \varphi(x,0)=g_3(x,0),\ \ \varphi(x,b)=g_4(x,0).$$

## 一、显差分格式

以下建立对式（4-53）的差分格式.

第一步，进行网格剖分. 在三维长方体空间（二维位置平面加一维时间轴）进行网格剖分. 将区

域$[0,a]$等分$m$份，将区域$[0,b]$等分$n$份，将区域$[0,T]$等分$l$份，即有

$$x_i = i\cdot\Delta x = \frac{ia}{m},\quad 0\leqslant i\leqslant m,\quad y_j = j\cdot\Delta y = \frac{jb}{n},\quad 0\leqslant j\leqslant n,\quad t_k = k\cdot\Delta t = \frac{kT}{l},\quad 0\leqslant k\leqslant l$$

从而得到网格节点坐标为$(x_i, y_j, t_k)$. 我们要利用数值方法获得精确解$u(x,y,t)$在网格节点$(x_i, y_j, t_k)$处的近似值，即数值解$u_{i,j}^k$.

第二步，将原方程弱化为仅在离散节点成立的方程，即

$$\begin{cases}\left.\dfrac{\partial^2 u}{\partial t^2}\right|_{(x_i,y_j,t_k)} - \left.\left(\dfrac{\partial^2 u}{\partial x^2}+\dfrac{\partial^2 u}{\partial y^2}\right)\right|_{(x_i,y_j,t_k)} = f(x_i,y_j,t_k),\ 0\leqslant i\leqslant m,\ 0\leqslant j\leqslant n,\ 0<k\leqslant l,\\ u(x_i,y_j,t_0)=\varphi(x_i,y_j),\ \dfrac{\partial u}{\partial t}(x_i,y_j,t_0)=\psi(x_i,y_j),\ 0\leqslant i\leqslant m,\ 0\leqslant j\leqslant n,\\ u(x_0,y_j,t_k)=g_1(y_j,t_k),\quad u(x_m,y_j,t_k)=g_2(y_j,t_k),\ 0\leqslant j\leqslant n,\ 0<k\leqslant l,\\ u(x_i,y_0,t_k)=g_3(x_i,t_k),\quad u(x_i,y_n,t_k)=g_4(x_i,t_k),\ 0\leqslant i\leqslant m,\ 0<k\leqslant l.\end{cases}\tag{4-54}$$

第三步，用差商代替微商处理偏导数. 方程中的二阶偏导数可以统一用中心差商来近似，即

$$\left.\frac{\partial^2 u}{\partial t^2}\right|_{(x_i,y_j,t_k)} \approx \frac{u(x_i,y_j,t_{k-1})-2u(x_i,y_j,t_k)+u(x_i,y_j,t_{k+1})}{\Delta t^2}，误差为O(\Delta t^2)，$$

$$\left.\frac{\partial^2 u}{\partial x^2}\right|_{(x_i,y_j,t_k)} \approx \frac{u(x_{i-1},y_j,t_k)-2u(x_i,y_j,t_k)+u(x_{i+1},y_j,t_k)}{\Delta x^2}，误差为O(\Delta x^2)，$$

及

$$\left.\frac{\partial^2 u}{\partial y^2}\right|_{(x_i,y_j,t_k)} \approx \frac{u(x_i,y_{j-1},t_k)-2u(x_i,y_j,t_k)+u(x_i,y_{j+1},t_k)}{\Delta y^2}，误差为O(\Delta y^2).$$

对于初始条件中的一阶偏导数项，也宜采用与上面误差阶一致的二阶中心差商，即取

$$\left.\frac{\partial u}{\partial t}\right|_{(x_i,y_j,t_0)} \approx \frac{u(x_i,y_j,t_1)-u(x_i,y_j,t_{-1})}{2\Delta t}，误差为O(\Delta t^2).$$

然后将上面4个式子代入式（4-54），再用数值解$u_{i,j}^k$代替精确解$u(x_i,y_j,t_k)$，并忽略高阶小项，可得对应的数值格式如下：

$$\begin{cases}\dfrac{u_{i,j}^{k-1}-2u_{i,j}^k+u_{i,j}^{k+1}}{\Delta t^2}-\left(\dfrac{u_{i-1,j}^k-2u_{i,j}^k+u_{i+1,j}^k}{\Delta x^2}+\dfrac{u_{i,j-1}^k-2u_{i,j}^k+u_{i,j+1}^k}{\Delta y^2}\right)=f(x_i,y_j,t_k),\\ \qquad 1\leqslant i\leqslant m-1,\ 1\leqslant j\leqslant n-1,\ 1\leqslant k\leqslant l-1,\\ u_{i,j}^0=\varphi(x_i,y_j),\ u_{i,j}^1=u_{i,j}^{-1}+2\Delta t\,\psi(x_i,y_j),\quad 0\leqslant i\leqslant m,\ 0\leqslant j\leqslant n,\\ u_{0,j}^k=g_1(y_j,t_k),\ u_{m,j}^k=g_2(y_j,t_k),\quad 0\leqslant j\leqslant n,\ 0<k\leqslant l,\\ u_{i,0}^k=g_3(x_i,t_k),\ u_{i,n}^k=g_4(x_i,t_k),\quad 0\leqslant i\leqslant m,\ 0<k\leqslant l.\end{cases}\tag{4-55}$$

为消去越界虚拟项$u_{i,j}^{-1}$，让上式第一个等式对$k=0$成立，得到

$$\frac{u_{i,j}^{-1}-2u_{i,j}^0+u_{i,j}^1}{\Delta t^2}-\left(\frac{u_{i-1,j}^0-2u_{i,j}^0+u_{i+1,j}^0}{\Delta x^2}+\frac{u_{i,j-1}^0-2u_{i,j}^0+u_{i,j+1}^0}{\Delta y^2}\right)=f(x_i,y_j,t_0).$$

再联合式（4-55）中第三个等式中越界的$u_{i,j}^{-1}=u_{i,j}^1-2\Delta t\,\psi(x_i,y_j)$，消去$u_{i,j}^{-1}$得

$$2u_{i,j}^1 - 2\Delta t\psi(x_i,y_j) - 2u_{i,j}^0 = \Delta t^2\left(\frac{u_{i-1,j}^0 - 2u_{i,j}^0 + u_{i+1,j}^0}{\Delta x^2} + \frac{u_{i,j-1}^0 - 2u_{i,j}^0 + u_{i,j+1}^0}{\Delta y^2} + f(x_i,y_j,t_0)\right).$$

记 $r_1 = \dfrac{\Delta t^2}{\Delta x^2}$，$r_2 = \dfrac{\Delta t^2}{\Delta y^2}$，上式整理后就成为

$$u_{i,j}^1 = \Delta t\psi(x_i,y_j) + \left(r_1(u_{i-1,j}^0 + u_{i+1,j}^0) + r_2(u_{i,j-1}^0 + u_{i,j+1}^0) + f(x_i,y_j,t_0)\Delta t^2\right)/2 + (1-r_1-r_2)u_{i,j}^0. \tag{4-56}$$

上式也可以通过将 $u(x_i,y_j,t_1)$ 在点 $(x_i,y_j,t_0)$ 处作泰勒展开式后用数值解代替精确解并忽略高阶小项而获得. 于是由式（4-56）知，式（4-55）即为三层显格式：

$$\begin{cases} u_{i,j}^{k+1} = r_1(u_{i-1,j}^k + u_{i+1,j}^k) + r_2(u_{i,j-1}^k + u_{i,j+1}^k) + 2(1-r_1-r_2)u_{i,j}^k - u_{i,j}^{k-1} = f(x_i,y_j,t_k)\Delta t^2, \\ \qquad 1\leqslant i\leqslant m-1,\quad 1\leqslant j\leqslant n-1,\quad 1\leqslant k\leqslant l-1, \\ u_{i,j}^0 = \varphi(x_i,y_j),\quad 0\leqslant i\leqslant m,\ 0\leqslant j\leqslant n, \\ u_{i,j}^1 = \Delta t\psi(x_i,y_j) + \left(r_1(u_{i-1,j}^0 + u_{i+1,j}^0) + r_2(u_{i,j-1}^0 + u_{i,j+1}^0) + f(x_i,y_j,t_0)\Delta t^2\right)/2 + \\ \qquad (1-r_1-r_2)u_{i,j}^0,\quad 1\leqslant i\leqslant m-1,\ 1\leqslant j\leqslant n-1, \\ u_{0,j}^k = g_1(y_j,t_k),\quad u_{m,j}^k = g_2(y_j,t_k),\quad 0\leqslant j\leqslant n,\ 0<k\leqslant l, \\ u_{i,0}^k = g_3(x_i,t_k),\quad u_{i,n}^k = g_4(x_i,t_k),\quad 0\leqslant i\leqslant m,\ 0<k\leqslant l. \end{cases} \tag{4-57}$$

易见，此格式的局部截断误差为 $O(\Delta t^2+\Delta x^2+\Delta y^2)$．由于式（4-57）是一个显格式，同样存在稳定性的问题，因此希望改显格式为隐格式.

## 二、交替方向隐格式

注意到

$$\left.\frac{\partial^2 u}{\partial x^2}\right|_{(x_i,y_j,t_k)} \approx \frac{1}{2}\left(\left.\frac{\partial^2 u}{\partial x^2}\right|_{(x_i,y_j,t_{k-1})} + \left.\frac{\partial^2 u}{\partial x^2}\right|_{(x_i,y_j,t_{k+1})}\right)，误差为 O(\Delta t^2)，$$

及 $\left.\dfrac{\partial^2 u}{\partial y^2}\right|_{(x_i,y_j,t_k)} \approx \dfrac{1}{2}\left(\left.\dfrac{\partial^2 u}{\partial y^2}\right|_{(x_i,y_j,t_{k-1})} + \left.\dfrac{\partial^2 u}{\partial y^2}\right|_{(x_i,y_j,t_{k+1})}\right)$，误差为 $O(\Delta t^2)$.

为了将显格式修改为隐格式，由上面两式可将原来在点 $(x_i,y_j,t_k)$ 处的连续方程

$$\left.\frac{\partial^2 u}{\partial t^2}\right|_{(x_i,y_j,t_k)} - \left.\left(\frac{\partial^2 u}{\partial x^2} + \frac{\partial^2 u}{\partial y^2}\right)\right|_{(x_i,y_j,t_k)} = f(x_i,y_j,t_k)$$

改写成

$$\left.\frac{\partial^2 u}{\partial t^2}\right|_{(x_i,y_j,t_k)} - \frac{1}{2}\left(\left.\left(\frac{\partial^2 u}{\partial x^2} + \frac{\partial^2 u}{\partial y^2}\right)\right|_{(x_i,y_j,t_{k-1})} + \left.\left(\frac{\partial^2 u}{\partial x^2} + \frac{\partial^2 u}{\partial y^2}\right)\right|_{(x_i,y_j,t_{k+1})}\right) = f(x_i,y_j,t_k) + O(\Delta t^2)$$

再用中心差商处理二阶偏导数、将数值解 $u_{i,j}^k$ 代替精确解 $u(x_i,y_j,t_k)$ 并忽略高阶小项，就可以得到对应的数值隐格式如下：

$$\frac{u_{i,j}^{k-1}-2u_{i,j}^{k}+u_{i,j}^{k+1}}{\Delta t^2}-\frac{1}{2}\left(\frac{u_{i-1,j}^{k-1}-2u_{i,j}^{k-1}+u_{i+1,j}^{k-1}}{\Delta x^2}+\frac{u_{i-1,j}^{k+1}-2u_{i,j}^{k+1}+u_{i+1,j}^{k+1}}{\Delta x^2}\right)-$$
$$\frac{1}{2}\left(\frac{u_{i,j-1}^{k-1}-2u_{i,j}^{k-1}+u_{i,j+1}^{k-1}}{\Delta y^2}+\frac{u_{i,j-1}^{k+1}-2u_{i,j}^{k+1}+u_{i,j+1}^{k+1}}{\Delta y^2}\right)=f(x_i,y_j,t_k) \tag{4-58}$$

显然，这个格式的局部截断误差仍然是$O(\Delta t^2+\Delta x^2+\Delta y^2)$．但这样的隐格式（4-58）就存在求解上的困难. 于是，仿照二维抛物型方程初边值问题的交替方向隐格式的设计思想，先将式（4-58）写成算子的形式，即利用记号式（3-127），上式可以改写为

$$\frac{u_{i,j}^{k-1}-2u_{i,j}^{k}+u_{i,j}^{k+1}}{\Delta t^2}-\frac{1}{2}\left(\frac{\delta_x^2u_{i,j}^{k-1}}{\Delta x^2}+\frac{\delta_x^2u_{i,j}^{k+1}}{\Delta x^2}\right)-\frac{1}{2}\left(\frac{\delta_y^2u_{i,j}^{k-1}}{\Delta y^2}+\frac{\delta_y^2u_{i,j}^{k+1}}{\Delta y^2}\right)=f(x_i,y_j,t_k)$$

也就是

$$u_{i,j}^{k+1}-2u_{i,j}^{k}+u_{i,j}^{k-1}=\frac{r_1}{2}(\delta_x^2u_{i,j}^{k-1}+\delta_x^2u_{i,j}^{k+1})+\frac{r_2}{2}(\delta_y^2u_{i,j}^{k-1}+\delta_y^2u_{i,j}^{k+1})+f(x_i,y_j,t_k)\Delta t^2$$

即

$$\left(1-\frac{r_1}{2}\delta_x^2-\frac{r_2}{2}\delta_y^2\right)u_{i,j}^{k+1}=\left(\frac{r_1}{2}\delta_x^2+\frac{r_2}{2}\delta_y^2-1\right)u_{i,j}^{k-1}+2u_{i,j}^{k}+f(x_i,y_j,t_k)\Delta t^2 \tag{4-59}$$

以下需要借助算子分解，通过添加辅助项，把原来的五对角系数矩阵转化为两个三对角系数矩阵，从而用追赶法交替求解三对角线性方程组即可. 为了实现算子分解，在式（4-59）左端添加辅助项$\frac{r_1r_2}{4}\delta_x^2\delta_y^2u_{ij}^{k+1}$以实现算子分解，式（4-59）右端还应该添加什么样的辅助项呢？在研究二维抛物型方程初边值问题的交替方向隐格式中我们已经知道，本质上添加的辅助项不仅要能实现算子分解，还不能降低原格式的局部截断误差. 为此我们首先来研究一下暂时对式（4-59）左端添加一个辅助项以后的新数值格式

$$\left(1-\frac{r_1}{2}\delta_x^2-\frac{r_2}{2}\delta_y^2+\frac{r_1r_2}{4}\delta_x^2\delta_y^2\right)u_{i,j}^{k+1}=\left(\frac{r_1}{2}\delta_x^2+\frac{r_2}{2}\delta_y^2-1\right)u_{i,j}^{k-1}+2u_{i,j}^{k}+f(x_i,y_j,t_k)\Delta t^2 \tag{4-60}$$

的局部截断误差. 如果发现其局部截断误差关于时间和空间低于二阶，那么可以肯定的是：式（4-59）左端添加的辅助项降低了局部截断误差阶，也就是这个辅助项的增加使数值格式与原方程的逼近效果变差了，所以必须在式（4-59）右端添加合适的辅助项以弥补这个缺陷. 下面讨论式（4-60）的局部截断误差.

事实上，式（4-60）即为

$$u_{i,j}^{k+1}-2u_{i,j}^{k}+u_{i,j}^{k-1}=\frac{\Delta t^2}{2\Delta x^2}\delta_x^2(u_{i,j}^{k-1}+u_{i,j}^{k+1})+\frac{\Delta t^2}{2\Delta y^2}\delta_y^2(u_{i,j}^{k-1}+u_{i,j}^{k+1})+f_{i,j}^k\Delta t^2-\frac{\Delta t^4}{4\Delta x^2\Delta y^2}\delta_x^2\delta_y^2u_{i,j}^{k+1}$$

其中，$f_{i,j}^k=f(x_i,y_j,t_k)$. 此即

$$\frac{u_{i,j}^{k+1}-2u_{i,j}^{k}+u_{i,j}^{k-1}}{\Delta t^2}=\frac{1}{2\Delta x^2}\delta_x^2(u_{i,j}^{k-1}+u_{i,j}^{k+1})+\frac{1}{2\Delta y^2}\delta_y^2(u_{i,j}^{k-1}+u_{i,j}^{k+1})+f_{i,j}^k-\frac{\Delta t^2}{4\Delta x^2\Delta y^2}\delta_x^2\delta_y^2u_{i,j}^{k+1}$$

上面这个数值格式的局部截断误差就是

$$\begin{aligned}
\text{LTE}=&\frac{u(x_i,y_j,t_{k+1})-2u(x_i,y_j,t_k)+u(x_i,y_j,t_{k-1})}{\Delta t^2}-\frac{1}{2\Delta x^2}\delta_x^2\big(u(x_i,y_j,t_{k-1})+u(x_i,y_j,t_{k+1})\big)-\\
&\frac{1}{2\Delta y^2}\delta_y^2\big(u(x_i,y_j,t_{k-1})+u(x_i,y_j,t_{k+1})\big)-f(x_i,y_j,t_k)+\frac{\Delta t^2}{4\Delta x^2\Delta y^2}\delta_x^2\delta_y^2u(x_i,y_j,t_{k+1})\\
=&\left.\frac{\partial^2u}{\partial t^2}\right|_{(x_i,y_j,t_k)}-\frac{1}{2}\left(\left.\frac{\partial^2u}{\partial x^2}\right|_{(x_i,y_j,t_{k-1})}+\left.\frac{\partial^2u}{\partial x^2}\right|_{(x_i,y_j,t_{k+1})}\right)-\frac{1}{2}\left(\left.\frac{\partial^2u}{\partial y^2}\right|_{(x_i,y_j,t_{k-1})}+\left.\frac{\partial^2u}{\partial y^2}\right|_{(x_i,y_j,t_{k+1})}\right)-\\
&f(x_i,y_j,t_k)+\frac{\Delta t^2}{4\Delta x^2\Delta y^2}\delta_x^2\delta_y^2u(x_i,y_j,t_{k+1})+O(\Delta t^2+\Delta x^2+\Delta y^2)\qquad(4\text{-}61)\\
=&\left.\frac{\partial^2u}{\partial t^2}\right|_{(x_i,y_j,t_k)}-\left.\frac{\partial^2u}{\partial x^2}\right|_{(x_i,y_j,t_k)}-\left.\frac{\partial^2u}{\partial y^2}\right|_{(x_i,y_j,t_k)}-f(x_i,y_j,t_k)+\frac{\Delta t^2}{4\Delta x^2\Delta y^2}\delta_x^2\delta_y^2u(x_i,y_j,t_{k+1})+\\
&O(\Delta t^2+\Delta x^2+\Delta y^2)\\
=&\frac{\Delta t^2}{4\Delta x^2\Delta y^2}\delta_x^2\delta_y^2u(x_i,y_j,t_{k+1})+O(\Delta t^2+\Delta x^2+\Delta y^2)
\end{aligned}$$

可见，影响局部截断误差的主要是$\frac{\Delta t^2}{4\Delta x^2\Delta y^2}\delta_x^2\delta_y^2u(x_i,y_j,t_{k+1})$项. 由式（3-151）知：

$$\delta_x^2\delta_y^2u(x_i,y_j,t_{k+1})=\Delta x^2\Delta y^2\left.\frac{\partial^4u}{\partial y^2\partial x^2}\right|_Q+\frac{\Delta x^2\Delta y^4}{12}\left.\frac{\partial^6u}{\partial y^4\partial x^2}\right|_Q+\frac{\Delta x^4\Delta y^2}{12}\left.\frac{\partial^6u}{\partial y^2\partial x^4}\right|_Q+\cdots$$

其中，$Q$表示点$(x_i,y_j,t_{k+1})$. 于是，利用在点$P(x_i,y_j,t_k)$的泰勒展开式，就有

$$\begin{aligned}
\delta_x^2\delta_y^2u(x_i,y_j,t_{k+1})=&\Delta x^2\Delta y^2\left(\left.\frac{\partial^4u}{\partial y^2\partial x^2}\right|_P+\Delta t\left.\frac{\partial^5u}{\partial y^2\partial x^2\partial t}\right|_P+\cdots\right)+\\
&\frac{\Delta x^2\Delta y^4}{12}\left(\left.\frac{\partial^6u}{\partial y^4\partial x^2}\right|_P+\Delta t\left.\frac{\partial^7u}{\partial y^4\partial x^2\partial t}\right|_P+\cdots\right)+\frac{\Delta x^4\Delta y^2}{12}\left(\left.\frac{\partial^6u}{\partial y^2\partial x^4}\right|_P+\Delta t\left.\frac{\partial^7u}{\partial y^2\partial x^4\partial t}\right|_P+\cdots\right)+\cdots\\
=&\Delta x^2\Delta y^2\left.\frac{\partial^4u}{\partial y^2\partial x^2}\right|_P+O(\Delta t\,\Delta x^2\Delta y^2)+O(\Delta x^2\Delta y^4+\Delta x^4\Delta y^2)\qquad(4\text{-}62)
\end{aligned}$$

将上式代入式（4-61），在精确解$u$函数的光滑性较高时，就有

$$\text{LTE}=\frac{\Delta t^2}{4}\left.\frac{\partial^4u}{\partial y^2\partial x^2}\right|_P+O(\Delta t^2+\Delta x^2+\Delta y^2)=O(\Delta t^2+\Delta x^2+\Delta y^2)\qquad(4\text{-}63)$$

也就是说，在设计二维双曲型方程初边值问题的交替方向隐格式时，分了实现交替分解，只需要在隐格式的式（4-58）的左端添加一个辅助项就行，因为将式（4-63）与式（4-61）相比较，说明新添加的那一项是$O(\Delta t^2)$的，从而不会降低原来的误差阶. 事实上，还有别的添加辅助项的做法，参见本章习题. 综上，交替方向隐格式（4-60）与原方程是相容的.

接下来，我们直接对式（4-60）进行分解. 式（4-60）可以写成

$$\left(1-\frac{r_1}{2}\delta_x^2\right)\left(1-\frac{r_2}{2}\delta_y^2\right)u_{i,j}^{k+1}=\left(\frac{r_1}{2}\delta_x^2+\frac{r_2}{2}\delta_y^2-1\right)u_{i,j}^{k-1}+2u_{i,j}^k+f(x_i,y_j,t_k)\Delta t^2\qquad(4\text{-}64)$$

最简单的一个分解方法就是引入中间变量$V_{i,j}$，得到

$$\begin{cases}\left(1-\dfrac{r_1}{2}\delta_x^2\right)V_{i,j}=\left(\dfrac{r_1}{2}\delta_x^2+\dfrac{r_2}{2}\delta_y^2-1\right)u_{i,j}^{k-1}+2u_{i,j}^k+f(x_i,y_j,t_k)\Delta t^2,\\ \left(1-\dfrac{r_2}{2}\delta_y^2\right)u_{i,j}^{k+1}=V_{i,j}.\end{cases}\tag{4-65}$$

式（4-65）的第一式是一个 $x$ 方向的三对角线性方程组，计算第一式中的 $V_{i,j}$ 时需要用到 $V_{0,j}$ 和 $V_{m,j}$，这可以直接从第二式中获得，即

$$V_{0,j}=\left(1-\frac{r_2}{2}\delta_y^2\right)u_{0,j}^{k+1},\ \ V_{m,j}=\left(1-\frac{r_2}{2}\delta_y^2\right)u_{m,j}^{k+1}.\tag{4-66}$$

为直观起见，我们将式（4-65）和式（4-66）写成具体的差分形式，即

$$\begin{cases}-\dfrac{r_1}{2}V_{i-1,j}+(1+r_1)V_{i,j}-\dfrac{r_1}{2}V_{i+1,j}=2u_{i,j}^k+f(x_i,y_j,t_k)\Delta t^2+\\ \qquad\qquad \dfrac{r_1}{2}(u_{i-1,j}^{k-1}+u_{i+1,j}^{k-1})+\dfrac{r_2}{2}(u_{i,j-1}^{k-1}+u_{i,j+1}^{k-1})-(1+r_1+r_2)u_{i,j}^{k-1},\\ -\dfrac{r_2}{2}u_{i,j-1}^{k+1}+(1+r_2)u_{i,j}^{k+1}-\dfrac{r_2}{2}u_{i,j+1}^{k+1}=V_{i,j}\end{cases}\tag{4-67}$$

其中，

$$V_{0,j}=-\frac{r_2}{2}(u_{0,j-1}^{k+1}+u_{0,j+1}^{k+1})+(1+r_2)u_{0,j}^{k+1},\ \ V_{m,j}=-\frac{r_2}{2}(u_{m,j-1}^{k+1}+u_{m,j+1}^{k+1})+(1+r_2)u_{m,j}^{k+1}.\tag{4-68}$$

假设第 $k$ 个和第 $k-1$ 个时间层的信息已知，这样在式（4-67）第一式中，先要固定某个 $j,\ 1\leqslant j\leqslant n-1$，这时式（4-67）的第一式就是一个 $m-1$ 阶线性方程组，其系数矩阵是三对角矩阵，可用追赶法求解. 每解一个方程组就得到一个在 $[0,a]\times[0,b]$ 矩形区域内行网格点（即行节点 $(x_i,y_j),\ 1\leqslant i\leqslant m-1$）上的中间量 $V$ 的信息，所以要得到矩形区域内所有的网格点信息，需要求解 $n-1$ 个（即对应 $j$ 从 1 取到 $n-1$）这样的线性系统. 同样，式（4-67）的第二式是一个 $y$ 方向的三对角线性方程组时，求解时先要固定某个 $i,\ 1\leqslant i\leqslant m-1$，这时式（4-67）的第二式是一个 $n-1$ 阶线性方程组，系数矩阵是三对角矩阵，可用追赶法求解，每解一个方程组得到第 $k+1$ 个时间层上 $[0,a]\times[0,b]$ 矩形区域内列网格点（即列节点 $(x_i,y_j,t_{k+1}),\ 1\leqslant j\leqslant n-1$）上的数值解 $u$ 的信息，所以要得到第 $k+1$ 个时间层上所有网格点的信息，需要求解 $m-1$ 个（即对应 $i$ 从 1 取到 $m-1$）这样的线性系统. 这样就实现了 $x$ 方向和 $y$ 方向交替求解的隐格式. 注意，在真正计算时还需要加上式（4-57）中的初边值条件.

## 三、交替方向隐格式的稳定性、收敛性分析

最后，讨论交替方向隐格式的式（4-65）或者式（4-67）的稳定性. 由于交替方向隐格式的式（4-65）或者式（4-67）都是从式（4-64）导出的，所以只需要分析式（4-64）在齐次方程、零边界条件下的稳定性即可. 首先引入中间变量 $v_{i,j}^k=u_{i,j}^{k-1}$，将三层格式（4-64）写成两层格式，即

$$\begin{cases}\left(1-\dfrac{r_1}{2}\delta_x^2\right)\left(1-\dfrac{r_2}{2}\delta_y^2\right)u_{i,j}^{k+1}=\left(\dfrac{r_1}{2}\delta_x^2+\dfrac{r_2}{2}\delta_y^2-1\right)v_{i,j}^k+2u_{i,j}^k,\\ v_{i,j}^{k+1}=u_{i,j}^k.\end{cases}\tag{4-69}$$

与一维问题的情况式（4-8）稍有不同的是，此时我们取定频率 $\omega_1,\ \omega_2$，设

$$u_{i,j}^k=v_1^k(\omega_1,\omega_2)\mathrm{e}^{\mathrm{i}(\omega_1x_i+\omega_2y_j)},\ \ v_{i,j}^k=v_2^k(\omega_1,\omega_2)\mathrm{e}^{\mathrm{i}(\omega_1x_i+\omega_2y_j)}$$

此处虽然虚数单位 i 与 $x$ 的下标有重复，但由于它们意义不同不会混淆，所以仍采用同一个记号. 易见，

$$\begin{aligned}\delta_x^2 u_{i,j}^k &= u_{i-1,j}^k - 2u_{i,j}^k + u_{i+1,j}^k = v^k(\omega_1,\omega_2)\left(\mathrm{e}^{\mathrm{i}(\omega_1 x_{i-1}+\omega_2 y_j)} - 2\mathrm{e}^{\mathrm{i}(\omega_1 x_i+\omega_2 y_j)} + \mathrm{e}^{\mathrm{i}(\omega_1 x_{i+1}+\omega_2 y_j)}\right)\\ &= v^k(\omega_1,\omega_2)\mathrm{e}^{\mathrm{i}(\omega_1 x_i+\omega_2 y_j)}\left(\mathrm{e}^{-\mathrm{i}\omega_1\Delta x} - 2 + \mathrm{e}^{\mathrm{i}\omega_1\Delta x}\right) = u_{i,j}^k\left(2\cos(\omega_1\Delta x) - 2\right)\\ &= -4u_{i,j}^k \sin^2\frac{\omega_1\Delta x}{2} := -4\sin^2\alpha\, u_{i,j}^k \end{aligned} \tag{4-70}$$

同样，
$$\delta_y^2 u_{i,j}^k = -2u_{i,j}^k\left(1-\cos(\omega_2\Delta y)\right) = -4u_{i,j}^k\sin^2\frac{\omega_2\Delta y}{2} := -4\sin^2\beta\, u_{i,j}^k \tag{4-71}$$

从而
$$\delta_x^2\delta_y^2 u_{i,j}^k = \delta_x^2(-4u_{i,j}^k\sin^2\beta) = -4\sin^2\beta\cdot\delta_x^2 u_{i,j}^k = 16\sin^2\alpha\sin^2\beta\, u_{i,j}^k \tag{4-72}$$

其中，$\alpha = \dfrac{\omega_1\Delta x}{2}$，$\beta = \dfrac{\omega_2\Delta y}{2}$. 于是，由式（4-70）～式（4-72）知

$$\left(1-\frac{r_1}{2}\delta_x^2\right)\left(1-\frac{r_2}{2}\delta_y^2\right)u_{i,j}^{k+1} = (1+2r_1\sin^2\alpha)(1+2r_2\sin^2\beta)u_{i,j}^{k+1}$$

$$\left(\frac{r_1}{2}\delta_x^2 + \frac{r_2}{2}\delta_y^2 - 1\right)v_{i,j}^k = (-2r_1\sin^2\alpha - 2r_2\sin^2\beta - 1)v_{i,j}^k$$

因此，式（4-69）可以写成

$$\begin{pmatrix}(1+2r_1\sin^2\alpha)(1+2r_2\sin^2\beta) & 0\\ 0 & 1\end{pmatrix}\begin{pmatrix}u_{i,j}^{k+1}\\ v_{i,j}^{k+1}\end{pmatrix} = \begin{pmatrix}2 & -2r_1\sin^2\alpha - 2r_2\sin^2\beta - 1\\ 1 & 0\end{pmatrix}\begin{pmatrix}u_{i,j}^k\\ v_{i,j}^k\end{pmatrix}$$

于是，$\boldsymbol{w}_{i,j}^k = \begin{pmatrix}u_{i,j}^k\\ v_{i,j}^k\end{pmatrix} = \begin{pmatrix}v_1^k(\omega_1,\omega_2)\\ v_2^k(\omega_1,\omega_2)\end{pmatrix}\mathrm{e}^{\mathrm{i}(\omega_1 x_i+\omega_2 y_j)}$ 就满足

$$\begin{pmatrix}(1+2r_1\sin^2\alpha)(1+2r_2\sin^2\beta) & 0\\ 0 & 1\end{pmatrix}\begin{pmatrix}v_1^{k+1}(\omega_1,\omega_2)\\ v_2^{k+1}(\omega_1,\omega_2)\end{pmatrix} = \begin{pmatrix}2 & -2r_1\sin^2\alpha - 2r_2\sin^2\beta - 1\\ 1 & 0\end{pmatrix}\begin{pmatrix}v_1^k(\omega_1,\omega_2)\\ v_2^k(\omega_1,\omega_2)\end{pmatrix}$$

也就是说增长矩阵为

$$\begin{aligned} G(\omega_1,\omega_2,\tau) &= \begin{pmatrix}(1+2r_1\sin^2\alpha)(1+2r_2\sin^2\beta) & 0\\ 0 & 1\end{pmatrix}^{-1}\begin{pmatrix}2 & -2r_1\sin^2\alpha - 2r_2\sin^2\beta - 1\\ 1 & 0\end{pmatrix}\\ &= \begin{pmatrix}\dfrac{2}{(1+2r_1\sin^2\alpha)(1+2r_2\sin^2\beta)} & \dfrac{-2r_1\sin^2\alpha - 2r_2\sin^2\beta - 1}{(1+2r_1\sin^2\alpha)(1+2r_2\sin^2\beta)}\\ 1 & 0\end{pmatrix}\end{aligned}$$

为方便起见，记 $A = 1+2r_1\sin^2\alpha$，$B = 1+2r_2\sin^2\beta$，则

$$G(\omega_1,\omega_2,\tau) = \begin{pmatrix}\dfrac{2}{AB} & \dfrac{1-A-B}{AB}\\ 1 & 0\end{pmatrix}$$

易知，增长矩阵 $G(\omega_1,\omega_2,\tau)$ 的特征值为

$$\lambda_{1,2} = \frac{1}{AB} \pm \sqrt{\frac{1}{A^2B^2} - \frac{A+B-1}{AB}} = \frac{1}{AB} \pm \frac{\mathrm{i}\sqrt{(A+B-1)AB-1}}{AB}$$

从而，当 $A,B$ 不同时为 1 时，增长矩阵 $G(\omega_1,\omega_2,\tau)$ 有一对共轭复根，且 $\left|\lambda_{1,2}\right|=\dfrac{A+B-1}{AB}=\dfrac{AB-(A-1)(B-1)}{AB}\leqslant 1$. 由定理 4.1.6（可推广到二维情况）知数值格式稳定. 而当 $A,B$ 同时为 1 时，增长矩阵 $G(\omega_1,\omega_2,\tau)=\begin{pmatrix}2 & -1\\ 1 & 0\end{pmatrix}$ 是 $k$ 阶稳定的. 综上，上述交替方向隐格式无条件稳定. 结合前面的相容性可知，交替方向隐格式（4-64）及其导出的具体格式（4-65）或式（4-67）关于时间和空间都是二阶收敛的.

## 四、二维抛物型方程交替方向隐格式的稳定性

前面第三章第六节讨论了二维抛物型方程的交替方向隐格式，由于需要用到傅里叶分析法，就放到这里进行讨论. 二维抛物型方程的交替方向隐格式都是从式（3-130）导出的，所以只需要对齐次方程零边界条件下的式（3-130）进行讨论即可. 为此设 $u_{i,j}^k=v^k(\omega_1,\omega_2)\mathrm{e}^{\mathrm{i}(\omega_1 x_i+\omega_2 y_j)}$，并将其代入式（3-130）中，利用式（4-70）～式（4-72），就可以得到

$$(1+2r_1\sin^2\alpha)(1+2r_2\sin^2\beta)v^{k+1}(\omega_1,\omega_2)=(1-2r_1\sin^2\alpha)(1-2r_2\sin^2\beta)v^k(\omega_1,\omega_2)$$

从中得到增长因子 $G(\omega_1,\omega_2,\tau)=\dfrac{(1-2r_1\sin^2\alpha)(1-2r_2\sin^2\beta)}{(1+2r_1\sin^2\alpha)(1+2r_2\sin^2\beta)}$，易见 $|G(\omega_1,\omega_2,\tau)|\leqslant 1$. 这样，由定理 4.1.2（可推广到二维情况）知二维抛物型方程的交替方向隐格式的式（3-130）是无条件稳定的，从而其导出的具体格式如 Peaceman-Rachford 格式. D'Yakonov 格式和 Douglas 格式等都是无条件稳定的.

## 五、数值算例

**例 4.5.1** 用交替方向隐格式（4-65）和式（4-66）求解二维双曲型方程初边值问题：

$$\begin{cases}\dfrac{\partial^2 u}{\partial t^2}-\left(\dfrac{\partial^2 u}{\partial x^2}+\dfrac{\partial^2 u}{\partial y^2}\right)=\dfrac{4t}{(1+x^2+y^2)^2}\left(1-\dfrac{2(x^2+y^2)}{1+x^2+y^2}\right), & 0<x,y<1,\ 0<t\leqslant 1,\\ u(x,y,0)=0,\ \dfrac{\partial u}{\partial t}(x,y,0)=\dfrac{1}{1+x^2+y^2}, & 0\leqslant x,y\leqslant 1,\\ u(0,y,t)=\dfrac{t}{1+y^2},\ u(1,y,t)=\dfrac{t}{2+y^2}, & 0\leqslant y\leqslant 1,\ 0<t\leqslant 1,\\ u(x,0,t)=\dfrac{t}{1+x^2},\ u(x,1,t)=\dfrac{t}{2+x^2}, & 0<x<1,\ 0<t\leqslant 1.\end{cases}$$

已知此问题的精确解 $u(x,y,t)=\dfrac{t}{1+x^2+y^2}$. 分别取步长为 $\Delta x=\dfrac{1}{10},\ \Delta y=\dfrac{1}{20},\ \Delta t=\dfrac{1}{40}$ 和 $\Delta x=\dfrac{1}{20},\ \Delta y=\dfrac{1}{40},\ \Delta t=\dfrac{1}{80}$，给出在节点 $(0.2i,0.25j,1.00),\ i=1,2,3,4,\ j=1,2,3$ 处的数值解及误差.

**解**：程序见 Egch4_sec5_01.c，注意，为了保证整数字符 $l$ 不与数字 1 混淆，程序设计过程中用大写字符 $L$ 表示时间轴上的剖分数. 计算结果列表如下（表 4-5 和表 4-6）.

表 4-5 $\Delta x=\dfrac{1}{10},\ \Delta y=\dfrac{1}{20},\ \Delta t=\dfrac{1}{40}$

| $(x_i,y_j,t_k)$ | 数值解 $u_{i,j}^k$ | 误差 $\lvert u_{i,j}^k-u(x_i,y_j,t_k)\rvert$ |
|---|---|---|
| (0.20,0.25,1.00) | 0.907133 | 1.0342 e-4 |

续表

| $(x_i,y_j,t_k)$ | 数值解 $u_{i,j}^k$ | 误差 $\|u_{i,j}^k-u(x_i,y_j,t_k)\|$ |
|---|---|---|
| (0.20,0.50, 1.00) | 0.775225 | 3.0722 e−5 |
| (0.20,0.75, 1.00) | 0.624030 | 4.5462 e−6 |
| (0.40,0.25, 1.00) | 0.817921 | 7.4625 e−5 |
| (0.40,0.50, 1.00) | 0.709103 | 1.1636 e−4 |
| (0.40,0.75, 1.00) | 0.580475 | 7.6977 e−5 |
| (0.60,0.25, 1.00) | 0.702808 | 1.7953 e−4 |
| (0.60,0.50, 1.00) | 0.620917 | 2.0139 e−4 |
| (0.60,0.75, 1.00) | 0.520023 | 1.3270 e−4 |
| (0.80,0.25, 1.00) | 0.587236 | 1.3524 e−4 |
| (0.80,0.50, 1.00) | 0.528946 | 1.5470 e−4 |
| (0.80,0.75, 1.00) | 0.453919 | 1.1003 e−4 |

表 4-6 $\Delta x=\dfrac{1}{20},\ \Delta y=\dfrac{1}{40},\ \Delta t=\dfrac{1}{80}$

| $(x_i,y_j,t_k)$ | 数值解 $u_{i,j}^k$ | 误差 $\|u_{i,j}^k-u(x_i,y_j,t_k)\|$ |
|---|---|---|
| (0.20,0.25,1.00) | 0.907056 | 2.6327 e−5 |
| (0.20,0.50, 1.00) | 0.775202 | 7.7268 e−6 |
| (0.20,0.75, 1.00) | 0.624026 | 9.2774 e−7 |
| (0.40,0.25, 1.00) | 0.817978 | 1.8204 e−5 |
| (0.40,0.50, 1.00) | 0.709191 | 2.8662 e−5 |
| (0.40,0.75, 1.00) | 0.580532 | 1.9294 e−5 |
| (0.60,0.25, 1.00) | 0.702943 | 4.4834 e−5 |
| (0.60,0.50, 1.00) | 0.621068 | 5.0469 e−5 |
| (0.60,0.75, 1.00) | 0.520123 | 3.2859 e−5 |
| (0.80,0.25, 1.00) | 0.587338 | 3.3376 e−5 |
| (0.80,0.50, 1.00) | 0.529063 | 3.7709 e−5 |
| (0.80,0.75, 1.00) | 0.454003 | 2.6860 e−5 |

从两张表中的数值结果可见，将时间步长和空间步长（包括 $x$ 方向和 $y$ 方向）同时减半，则误差有效地减为原来误差的 1/4，从而验证了数值格式是二阶收敛的.

# 第六节 二维双曲型方程的紧交替方向隐式方法

本节继续研究二维双曲型方程初边值问题式（4-53）. 我们将在上一节的基础上建立紧差分格式提高关于空间的精度，然后将交替方向隐式方法用到紧格式中以方便求解.

## 一、二维紧差分格式

对式（4-53）的三维求解区域 $[0,a]\times[0,b]\times[0,T]$ 进行常规等距剖分，得到网格节点坐标为 $(x_i,y_j,t_k)$，其中，$x_i=i\cdot\Delta x=\dfrac{ia}{m}$，$0\leqslant i\leqslant m$；$y_j=j\cdot\Delta y=\dfrac{jb}{n}$，$0\leqslant j\leqslant n$；$t_k=k\cdot\Delta t=\dfrac{kT}{l}$，$0\leqslant k\leqslant l$. 再将原方程弱化，使之仅在网格节点处成立，即有

$$\left.\frac{\partial^2 u}{\partial t^2}\right|_{(x_i,y_j,t_k)} - \left.\left(\frac{\partial^2 u}{\partial x^2}+\frac{\partial^2 u}{\partial y^2}\right)\right|_{(x_i,y_j,t_k)} = f(x_i,y_j,t_k) \tag{4-73}$$

再将之前求解一维双曲型方程的紧差分方法进行推广，引入两个中间函数 $v(x,y,t), w(x,y,t)$，定义为

$$v(x,y,t)=\frac{\partial^2 u(x,y,t)}{\partial x^2},\quad w(x,y,t)=\frac{\partial^2 u(x,y,t)}{\partial y^2} \tag{4-74}$$

则

$$\left.\frac{\partial^2 u}{\partial t^2}\right|_{(x_i,y_j,t_k)} - (v+w)\big|_{(x_i,y_j,t_k)} = f(x_i,y_j,t_k)\,. \tag{4-75}$$

显然，

$$\left.\frac{\partial^2 u}{\partial x^2}\right|_{(x_i,\,y,t)} = \frac{u(x_{i-1},y,t)-2u(x_i,y,t)+u(x_{i+1},y,t)}{\Delta x^2}-\frac{\Delta x^2}{12}\left.\frac{\partial^4 u}{\partial x^4}\right|_{(x_i,\,y,t)}+O(\Delta x^4)$$

从而，

$$\begin{aligned} v(x_i,y_j,t)=\left.\frac{\partial^2 u}{\partial x^2}\right|_{(x_i,y_j,t)} &= \frac{\delta_x^2 u(x_i,y_j,t)}{\Delta x^2}-\frac{\Delta x^2}{12}\left.\frac{\partial^2 v}{\partial x^2}\right|_{(x_i,\,y_j,t)}+O(\Delta x^4) \\ &= \frac{\delta_x^2 u(x_i,y_j,t)}{\Delta x^2}-\frac{\Delta x^2}{12}\left(\frac{v(x_{i-1},y_j,t)-2v(x_i,y_j,t)+v(x_{i+1},y_j,t)}{\Delta x^2}\right)+O(\Delta x^4)\end{aligned}$$

也就是

$$\frac{\delta_x^2 u(x_i,y_j,t)}{\Delta x^2}=\frac{1}{12}\Big(v(x_{i-1},y_j,t)+10v(x_i,y_j,t)+v(x_{i+1},y_j,t)\Big)+O(\Delta x^4)$$

再由式（3-157）知，上式即为

$$\varepsilon_x^2 v(x_i,y_j,t)=\frac{\delta_x^2 u(x_i,y_j,t)}{\Delta x^2}+O(\Delta x^4) \tag{4-76}$$

同理，

$$\varepsilon_y^2 w(x_i,y_j,t)=\frac{\delta_y^2 u(x_i,y_j,t)}{\Delta y^2}+O(\Delta y^4) \tag{4-77}$$

此外，将算子 $\varepsilon_x^2\varepsilon_y^2$ 作用到式（4-75）上，则有

$$\varepsilon_x^2\varepsilon_y^2\left.\frac{\partial^2 u}{\partial t^2}\right|_{(x_i,y_j,t_k)} - \varepsilon_x^2\varepsilon_y^2(v+w)\big|_{(x_i,y_j,t_k)} = \varepsilon_x^2\varepsilon_y^2 f(x_i,y_j,t_k) \tag{4-78}$$

然后，利用$\left.\frac{\partial^2 u}{\partial t^2}\right|_{(x_i,y_j,t_k)}=\frac{u(x_i,y_j,t_{k-1})-2u(x_i,y_j,t_k)+u(x_i,y_j,t_{k+1})}{\Delta t^2}+O(\Delta t^2)$和$u(x_i,y_j,t_k)=\frac{1}{2}(u(x_i,y_j,t_{k-1})+u(x_i,y_j,t_{k+1}))+O(\Delta t^2)$，以及式（4-76）、式（4-77），一起代入式（4-78）则有

$$\frac{\varepsilon_x^2\varepsilon_y^2\Big(u(x_i,y_j,t_{k-1})-2u(x_i,y_j,t_k)+u(x_i,y_j,t_{k+1})\Big)}{\Delta t^2}-\frac{\varepsilon_y^2\delta_x^2\Big(u(x_i,y_j,t_{k-1})+u(x_i,y_j,t_{k+1})\Big)}{2\Delta x^2}-$$

$$\frac{\varepsilon_x^2\delta_y^2\Big(u(x_i,y_j,t_{k-1})+u(x_i,y_j,t_{k+1})\Big)}{2\Delta y^2}=\varepsilon_x^2\varepsilon_y^2 f(x_i,y_j,t_k)+O(\Delta t^2+\Delta x^4+\Delta y^4)$$

用数值解 $u_{i,j}^k$ 代替精确解 $u(x_i,y_j,t_k)$ 并忽略高阶小项，可得对应的数值格式如下：

$$\frac{\varepsilon_x^2\varepsilon_y^2\left(u_{i,j}^{k-1}-2u_{i,j}^k+u_{i,j}^{k+1}\right)}{\Delta t^2}-\frac{\varepsilon_y^2\delta_x^2\left(u_{i,j}^{k-1}+u_{i,j}^{k+1}\right)}{2\Delta x^2}-\frac{\varepsilon_x^2\delta_y^2\left(u_{i,j}^{k-1}+u_{i,j}^{k+1}\right)}{2\Delta y^2}=\varepsilon_x^2\varepsilon_y^2 f(x_i,y_j,t_k) \quad (4\text{-}79)$$

也就是

$$\varepsilon_x^2\varepsilon_y^2\left(u_{i,j}^{k-1}-2u_{i,j}^k+u_{i,j}^{k+1}\right)-\frac{r_1}{2}\varepsilon_y^2\delta_x^2\left(u_{i,j}^{k-1}+u_{i,j}^{k+1}\right)-\frac{r_2}{2}\varepsilon_x^2\delta_y^2\left(u_{i,j}^{k-1}+u_{i,j}^{k+1}\right)=\Delta t^2\varepsilon_x^2\varepsilon_y^2 f(x_i,y_j,t_k)$$

整理并联合初边值条件及式（4-56）可得以下二维的紧差分格式：

$$\begin{cases}\left(\varepsilon_x^2\varepsilon_y^2-\frac{r_1}{2}\varepsilon_y^2\delta_x^2-\frac{r_2}{2}\varepsilon_x^2\delta_y^2\right)u_{i,j}^{k+1}=\left(\frac{r_1}{2}\varepsilon_y^2\delta_x^2+\frac{r_2}{2}\varepsilon_x^2\delta_y^2-\varepsilon_x^2\varepsilon_y^2\right)u_{i,j}^{k-1}+\\ \quad 2\varepsilon_x^2\varepsilon_y^2u_{i,j}^{k+1}+\Delta t^2\ \varepsilon_x^2\varepsilon_y^2 f(x_i,y_j,t_k),\ 1\leqslant i\leqslant m-1,\ 1\leqslant j\leqslant n-1,\ 0\leqslant k\leqslant l-1,\\ u_{i,j}^0=\varphi(x_i,y_j),\quad 0\leqslant i\leqslant m,\ 0\leqslant j\leqslant n,\\ u_{i,j}^1=\Delta t\psi(x_i,y_j)+\left(r_1(u_{i-1,j}^0+u_{i+1,j}^0)+r_2(u_{i,j-1}^0+u_{i,j+1}^0)+f(x_i,y_j,t_0)\Delta t^2\right)/2+\\ \quad (1-r_1-r_2)u_{i,j}^0,\ \ 1\leqslant i\leqslant m-1,\ 1\leqslant j\leqslant n-1,\\ u_{0,j}^k=g_1(y_j,t_k),\quad u_{m,j}^k=g_2(y_j,t_k),\quad 0\leqslant j\leqslant n,\ 0<k\leqslant l,\\ u_{i,0}^k=g_3(x_i,t_k),\quad u_{i,n}^k=g_4(x_i,t_k),\quad 0\leqslant i\leqslant m,\ 0<k\leqslant l\end{cases} \quad (4\text{-}80)$$

易见，上述紧差分格式的局部截断误差为 $O(\Delta t^2+\Delta x^4+\Delta y^4)$．但显然这个格式存在求解上的困难，因此容易想到再次借助算子的分解以实现交替方向三对角的求解格式.

## 二、紧交替方向隐格式

式（4-80）存在求解上的困难，所以我们仍将借助算子分解，通过添加辅助项，实现算子分解，从而将原来不方便求解的方程组化为两组（两个方向）三对角线性方程组交替用追赶法求解. 为此在式（4-80）第一式的左端添加辅助项 $\frac{r_1r_2}{4}\delta_x^2\delta_y^2u_{i,j}^{k+1}$，这一项的添加可以实现算子的分解，而且不会降低原来的局部截断误差，这些都已经在前一节交替方向隐格式中作了详细说明. 这样，紧格式修正为以下形式：

$$\left(\varepsilon_x^2\varepsilon_y^2-\frac{r_1}{2}\varepsilon_y^2\delta_x^2-\frac{r_2}{2}\varepsilon_x^2\delta_y^2+\frac{r_1r_2}{4}\delta_x^2\delta_y^2\right)u_{i,j}^{k+1}=\left(\frac{r_1}{2}\varepsilon_y^2\delta_x^2+\frac{r_2}{2}\varepsilon_x^2\delta_y^2-\varepsilon_x^2\varepsilon_y^2\right)u_{i,j}^{k-1}+$$
$$2\varepsilon_x^2\varepsilon_y^2u_{i,j}^k+\Delta t^2\ \varepsilon_x^2\varepsilon_y^2 f(x_i,y_j,t_k)$$

从而实现以下分解：

$$\left(\varepsilon_x^2-\frac{r_1}{2}\delta_x^2\right)\left(\varepsilon_y^2-\frac{r_2}{2}\delta_y^2\right)u_{i,j}^{k+1}=\left(\frac{r_1}{2}\varepsilon_y^2\delta_x^2+\frac{r_2}{2}\varepsilon_x^2\delta_y^2-\varepsilon_x^2\varepsilon_y^2\right)u_{i,j}^{k-1}+$$
$$2\varepsilon_x^2\varepsilon_y^2u_{i,j}^k+\Delta t^2\ \varepsilon_x^2\varepsilon_y^2 f(x_i,y_j,t_k). \quad (4\text{-}81)$$

这里，我们用到了算子 $\delta_x^2,\varepsilon_y^2$ 的可交换性. 这样，式（4-81）可以分解为以下紧交替方向隐格式：

$$\begin{cases}\left(\varepsilon_x^2-\frac{r_1}{2}\delta_x^2\right)V_{i,j}=\left(\frac{r_1}{2}\varepsilon_y^2\delta_x^2+\frac{r_2}{2}\varepsilon_x^2\delta_y^2-\varepsilon_x^2\varepsilon_y^2\right)u_{i,j}^{k-1}+2\varepsilon_x^2\varepsilon_y^2u_{i,j}^k+\Delta t^2\ \varepsilon_x^2\varepsilon_y^2 f_{i,j}^k,\\ \left(\varepsilon_y^2-\frac{r_2}{2}\delta_y^2\right)u_{i,j}^{k+1}=V_{i,j}.\end{cases} \quad (4\text{-}82)$$

其中，$f_{i,j}^k=f(x_i,y_j,t_k)$．注意，上述格式均需加上式（4-80）中的初边值条件才是完整的计算格式. 当然，实际计算中，需要将格式中的算子具体化. 经过比较烦琐但实际没有难度的计算与整理，可以写出式（4-82）的具体计算格式：

$$\begin{cases}\left(\dfrac{1}{12}-\dfrac{r_1}{2}\right)V_{i-1,j}+\left(\dfrac{10}{12}+r_1\right)V_{i,j}+\left(\dfrac{1}{12}-\dfrac{r_1}{2}\right)V_{i+1,j}=\text{RHS}\\ \left(\dfrac{1}{12}-\dfrac{r_2}{2}\right)u_{i,j-1}^{k+1}+\left(\dfrac{10}{12}+r_2\right)u_{i,j}^{k+1}+\left(\dfrac{1}{12}-\dfrac{r_2}{2}\right)u_{i,j+1}^{k+1}=V_{i,j}\end{cases}\tag{4-83}$$

其中，$1\leqslant i\leqslant m-1,\ 1\leqslant j\leqslant n-1,\ 1\leqslant k\leqslant l-1$，且

$$\begin{cases}V_{0,j}=\left(\dfrac{1}{12}-\dfrac{r_2}{2}\right)u_{0,j-1}^{k+1}+\left(\dfrac{10}{12}+r_2\right)u_{0,j}^{k+1}+\left(\dfrac{1}{12}-\dfrac{r_2}{2}\right)u_{0,j+1}^{k+1},\\ V_{m,j}=\left(\dfrac{1}{12}-\dfrac{r_2}{2}\right)u_{m,j-1}^{k+1}+\left(\dfrac{10}{12}+r_2\right)u_{m,j}^{k+1}+\left(\dfrac{1}{12}-\dfrac{r_2}{2}\right)u_{m,j+1}^{k+1},\end{cases}\tag{4-84}$$

及

$$\begin{aligned}\text{RHS}=&\frac{r_1}{24}[u_{i-1,j-1}^{k-1}-2u_{i,j-1}^{k-1}+u_{i+1,j-1}^{k-1}+10(u_{i-1,j}^{k-1}-2u_{ij}^{k-1}+u_{i+1,j}^{k-1})+u_{i-1,j+1}^{k-1}-2u_{i,j+1}^{k-1}+u_{i+1,j+1}^{k-1}]+\\&\frac{r_2}{24}[u_{i-1,j-1}^{k-1}-2u_{i-1,j}^{k-1}+u_{i-1,j+1}^{k-1}+10(u_{i,j-1}^{k-1}-2u_{ij}^{k-1}+u_{i,j+1}^{k-1})+u_{i+1,j-1}^{k-1}-2u_{i+1,j}^{k-1}+u_{i+1,j+1}^{k-1}]-\\&\frac{1}{144}[u_{i-1,j-1}^{k-1}+10u_{i,j-1}^{k-1}+u_{i+1,j-1}^{k-1}+10(u_{i-1,j}^{k-1}+10u_{ij}^{k-1}+u_{i+1,j}^{k-1})+u_{i-1,j+1}^{k-1}+10u_{i,j+1}^{k-1}+u_{i+1,j+1}^{k-1}]+\\&\frac{2}{144}[u_{i-1,j-1}^{k}+10u_{i,j-1}^{k}+u_{i+1,j-1}^{k}+10(u_{i-1,j}^{k}+10u_{ij}^{k}+u_{i+1,j}^{k})+u_{i-1,j+1}^{k}+10u_{i,j+1}^{k}+u_{i+1,j+1}^{k}]+\\&\frac{\Delta t^2}{144}[f_{i-1,j-1}^{k}+10f_{i,j-1}^{k}+f_{i+1,j-1}^{k}+10(f_{i-1,j}^{k}+10f_{ij}^{k}+f_{i+1,j}^{k})+f_{i-1,j+1}^{k}+10f_{i,j+1}^{k}+f_{i+1,j+1}^{k}]\end{aligned}\tag{4-85}$$

总的说来，求解二维双曲型方程初边值问题式（4-53）的紧交替方向隐式方法是先设计出关于时间二阶、关于空间四阶的紧差分方法，其本质是先将关于空间的二阶偏导数设成新的函数，然后利用新函数对二阶偏导数进行更精细的逼近，使空间误差阶从原来的二阶提升到四阶. 接着，通过添加辅助项（既要实现分解的功能，又不能降低原来的精度）使所得的紧差分格式能够实现分解，从而实现交替方向用追赶法求解三对角的线性方程组.

## 三、紧交替方向隐格式的稳定性、收敛性分析

由于原紧差分格式的式（4-80）的局部截断误差为$O(\Delta t^2+\Delta x^4+\Delta y^4)$，添加的辅助项为$\frac{r_1r_2}{4}\delta_x^2\delta_y^2u_{i,j}^{k+1}$，与本章第五节交替方向隐格式一致，而且在本章第五节交替方向隐格式的局部截断误差的计算中已经说明了添加的辅助项是$O(\Delta t^2)$的，故对紧交替方向隐格式的式（4-82）就有以下局部截断误差：

$$\text{LTE}=O(\Delta x^4+\Delta y^4+\Delta t^2)\tag{4-86}$$

由此知数值格式的式（4-81）是与原方程相容的.

下面再讨论数值格式的式（4-81）的稳定性，仅在齐次方程、零边界条件下进行讨论. 引入中间变量$v_{i,j}^k=u_{i,j}^{k-1}$，将三层格式的式（4-81）写成两层格式，即

$$\begin{cases}\left(\varepsilon_x^2-\dfrac{r_1}{2}\delta_x^2\right)\left(\varepsilon_y^2-\dfrac{r_2}{2}\delta_y^2\right)u_{i,j}^{k+1}=\left(\dfrac{r_1}{2}\varepsilon_y^2\delta_x^2+\dfrac{r_2}{2}\varepsilon_x^2\delta_y^2-\varepsilon_x^2\varepsilon_y^2\right)v_{i,j}^k+2\varepsilon_x^2\varepsilon_y^2u_{i,j}^k,\\ v_{i,j}^{k+1}=u_{i,j}^k.\end{cases}\tag{4-87}$$

取定频率 $\omega_1$，$\omega_2$，仍设 $u_{i,j}^k = v_1^k(\omega_1,\omega_2)\mathrm{e}^{\mathrm{i}(\omega_1 x_i+\omega_2 y_j)}$，$v_{i,j}^k = v_2^k(\omega_1,\omega_2)\mathrm{e}^{\mathrm{i}(\omega_1 x_i+\omega_2 y_j)}$，则

$$\varepsilon_x^2 u_{i,j}^k = \frac{1}{12}v^k(\omega_1,\omega_2)\left(\mathrm{e}^{\mathrm{i}\left(\omega_1(x_i-\Delta x)+\omega_2 y_j\right)}+10\mathrm{e}^{\mathrm{i}\left(\omega_1 x_i+\omega_2 y_j\right)}+\mathrm{e}^{\mathrm{i}\left(\omega_1(x_i+\Delta x)+\omega_2 y_j\right)}\right)$$

$$=\frac{1}{12}v^k(\omega_1,\omega_2)\mathrm{e}^{\mathrm{i}\left(\omega_1 x_i+\omega_2 y_j\right)}\left(\mathrm{e}^{-\mathrm{i}\omega_1\Delta x}+10+\mathrm{e}^{\mathrm{i}\omega_1\Delta x}\right)=\frac{1}{12}\left(10+2\cos(\omega_1\Delta x)\right)u_{i,j}^k \tag{4-88}$$

同理，

$$\varepsilon_y^2 u_{i,j}^k = \frac{1}{12}\left(10+2\cos(\omega_2\Delta y)\right)u_{i,j}^k \tag{4-89}$$

且

$$\varepsilon_x^2\varepsilon_y^2 u_{i,j}^k = \frac{1}{144}\left(10+2\cos(\omega_1\Delta x)\right)\left(10+2\cos(\omega_2\Delta y)\right)u_{i,j}^k \tag{4-90}$$

将式（4-88）～式（4-90）及式（4-70）～式（4-72）一并代入式（4-87）第一式，得

$$\left(\frac{10+2\cos(\omega_1\Delta x)}{12}-\frac{r_1}{2}(-4\sin^2\frac{\omega_1\Delta x}{2})\right)\left(\frac{10+2\cos(\omega_2\Delta y)}{12}-\frac{r_2}{2}(-4\sin^2\frac{\omega_2\Delta y}{2})\right)u_{i,j}^{k+1}$$

$$=\left[\frac{r_1}{2}\cdot\frac{10+2\cos(\omega_2\Delta y)}{12}(-4\sin^2\frac{\omega_1\Delta x}{2})+\frac{r_2}{2}\cdot\frac{10+2\cos(\omega_1\Delta x)}{12}(-4\sin^2\frac{\omega_2\Delta y}{2})-\right.$$

$$\left.\frac{10+2\cos(\omega_1\Delta x)}{12}\cdot\frac{10+2\cos(\omega_2\Delta y)}{12}\right]v_{i,j}^{k+1}+2\frac{10+2\cos(\omega_1\Delta x)}{12}\cdot\frac{10+2\cos(\omega_2\Delta y)}{12}u_{i,j}^{k+1}$$

再记 $\alpha=\dfrac{\omega_1\Delta x}{2}$，$\beta=\dfrac{\omega_2\Delta y}{2}$，$A=\dfrac{1}{12}\left(10+2\cos 2\alpha\right)$，$B=\dfrac{1}{12}\left(10+2\cos 2\beta\right)$，则式（4-87）可写成

$$\begin{pmatrix}(A+2r_1\sin^2\alpha)(B+2r_2\sin^2\beta) & 0\\ 0 & 1\end{pmatrix}\begin{pmatrix}u_{i,j}^{k+1}\\ v_{i,j}^{k+1}\end{pmatrix}=\begin{pmatrix}2AB & -2Br_1\sin^2\alpha-2Ar_2\sin^2\beta-AB\\ 1 & 0\end{pmatrix}\begin{pmatrix}u_{i,j}^k\\ v_{i,j}^k\end{pmatrix}$$

即有 $\begin{pmatrix}v_1^{k+1}(\omega_1,\omega_2)\\ v_2^{k+1}(\omega_1,\omega_2)\end{pmatrix}=G(\omega_1,\omega_2,\tau)\begin{pmatrix}v_1^k(\omega_1,\omega_2)\\ v_2^k(\omega_1,\omega_2)\end{pmatrix}$，其中增长矩阵为

$$G(\omega_1,\omega_2,\tau)=\begin{pmatrix}(A+2r_1\sin^2\alpha)(B+2r_2\sin^2\beta) & 0\\ 0 & 1\end{pmatrix}^{-1}\begin{pmatrix}2AB & -2Br_1\sin^2\alpha-2Ar_2\sin^2\beta-AB\\ 1 & 0\end{pmatrix}$$

$$=\begin{pmatrix}\dfrac{2AB}{(A+2r_1\sin^2\alpha)(B+2r_2\sin^2\beta)} & \dfrac{-2Br_1\sin^2\alpha-2Ar_2\sin^2\beta-AB}{(A+2r_1\sin^2\alpha)(B+2r_2\sin^2\beta)}\\ 1 & 0\end{pmatrix}$$

易见，增长矩阵 $G(\omega_1,\omega_2,\tau)$ 的特征值为

$$\lambda_{1,2}=\frac{AB+i\sqrt{(A+2r_1\sin^2\alpha)(B+2r_2\sin^2\beta)(2Br_1\sin^2\alpha+2Ar_2\sin^2\beta+AB)-A^2B^2}}{(A+2r_1\sin^2\alpha)(B+2r_2\sin^2\beta)}$$

从而，当 $A,B$ 不同时为 1（即 $\alpha,\beta$ 不同时为 $2\pi$ 的整数倍）时，增长矩阵 $G(\omega_1,\omega_2,\tau)$ 有一对共轭复根，且 $\left|\lambda_{1,2}\right|=\dfrac{2Br_1\sin^2\alpha+2Ar_2\sin^2\beta+AB}{(A+2r_1\sin^2\alpha)(B+2r_2\sin^2\beta)}\leqslant 1$. 由定理 4.1.6（可推广到二维情况）知数值格式稳定. 而当 $A,B$ 同时为 1 时，此时 $\sin\alpha=\sin\beta=0$，从而增长矩阵 $G(\omega_1,\omega_2,\tau)=\begin{pmatrix}2 & -1\\ 1 & 0\end{pmatrix}$ 是 $k$ 阶稳定的，因此

由定理 4.2.1 知数值格式收敛. 综上，无论$\alpha,\beta$怎么选取，也就是无论$\omega_1,\omega_2$怎么选取，上述交替方向隐格式无条件稳定. 结合前面的相容性可知，交替方向隐格式的式（4-81）及其导出的具体格式的式（4-82）关于时间是二阶收敛、关于空间是四阶收敛的. 下面的数值算例也验证了这一点.

## 四、二维抛物型方程紧交替方向隐格式的稳定性

这里，补充对第三章第七节中紧交替方向隐格式的式（3-168）稳定性的讨论. 在齐次方程、零边界条件下，格式的式（3-168）即为

$$\left(\varepsilon_x^2-\frac{r_1}{2}\delta_x^2\right)\left(\varepsilon_y^2-\frac{r_2}{2}\delta_y^2\right)u_{i,j}^{k+1}=\left(\varepsilon_x^2+\frac{r_1}{2}\delta_x^2\right)\left(\varepsilon_y^2+\frac{r_2}{2}\delta_y^2\right)u_{i,j}^{k}$$

仿前分析，令$u_{i,j}^k=v^k(\omega_1,\omega_2)\mathrm{e}^{\mathrm{i}(\omega_1 x_i+\omega_2 y_j)}$，则有

$$\left(\frac{10+2\cos(\omega_1\Delta x)}{12}-\frac{r_1}{2}(-4\sin^2\frac{\omega_1\Delta x}{2})\right)\left(\frac{10+2\cos(\omega_2\Delta y)}{12}-\frac{r_2}{2}(-4\sin^2\frac{\omega_2\Delta y}{2})\right)v^{k+1}(\omega_1,\omega_2)$$
$$=\left(\frac{10+2\cos(\omega_1\Delta x)}{12}+\frac{r_1}{2}(-4\sin^2\frac{\omega_1\Delta x}{2})\right)\left(\frac{10+2\cos(\omega_2\Delta y)}{12}+\frac{r_2}{2}(-4\sin^2\frac{\omega_2\Delta y}{2})\right)v^{k}(\omega_1,\omega_2)$$

于是，

$$(A+2r_1\sin^2\alpha)(B+2r_2\sin^2\beta)v^{k+1}(\omega_1,\omega_2)=(A-2r_1\sin^2\alpha)(B-2r_2\sin^2\beta)v^{k}(\omega_1,\omega_2)$$

从而得到增长因子为

$$G(\omega_1,\omega_2,\tau)=\frac{(A-2r_1\sin^2\alpha)(B-2r_2\sin^2\beta)}{(A+2r_1\sin^2\alpha)(B+2r_2\sin^2\beta)}$$

显然，对任意网比$r_1,r_2$，都有$|G(\omega_1,\omega_2,\tau)|\leqslant 1$，于是由定理 4.1.2（推广到二维情况）知紧交替方向隐格式的式（3-168）无条件稳定.

## 五、数值算例

**例 4.6.1** 用紧交替方向隐格式的式（4-82）求解二维双曲型方程初边值问题：

$$\begin{cases}\dfrac{\partial^2 u}{\partial t^2}-\left(\dfrac{\partial^2 u}{\partial x^2}+\dfrac{\partial^2 u}{\partial y^2}\right)=\dfrac{4t}{(1+x^2+y^2)^2}\left(1-\dfrac{2(x^2+y^2)}{1+x^2+y^2}\right),\ \ 0<x,y<1,\ 0<t\leqslant 1,\\ u(x,y,0)=0,\ \dfrac{\partial u}{\partial t}(x,y,0)=\dfrac{1}{1+x^2+y^2},\ \ 0\leqslant x,y\leqslant 1,\\ u(0,y,t)=\dfrac{t}{1+y^2},\ u(1,y,t)=\dfrac{t}{2+y^2},\ \ 0\leqslant y\leqslant 1,0<t\leqslant 1,\\ u(x,0,t)=\dfrac{t}{1+x^2},\ u(x,1,t)=\dfrac{t}{2+x^2},\ 0<x<1,0<t\leqslant 1.\end{cases}$$

已知此问题的精确解$u(x,y,t)=\dfrac{t}{1+x^2+y^2}$. 分别取步长为$\Delta x=\dfrac{1}{10},\Delta y=\dfrac{1}{20},\Delta t=\dfrac{1}{40}$和$\Delta x=\dfrac{1}{20}$，$\Delta y=\dfrac{1}{40},\Delta t=\dfrac{1}{160}$，给出在节点$(0.2i,0.25j,1.00)$，$i=1,2,3,4,\ j=1,2,3$处的数值解及误差.

**解：** 程序见 Egch4_sec6_01.c. 计算结果列表如下（表 4-7 和表 4-8）.

表 4-7 $\Delta x=\frac{1}{10}, \Delta y=\frac{1}{20}, \Delta t=\frac{1}{40}$

| $(x_i,y_j,t_k)$ | 数值解 $u_{i,j}^k$ | 误差 $\lvert u_{i,j}^k-u(x_i,y_j,t_k)\rvert$ |
|---|---|---|
| (0.20,0.25,1.00) | 0.907020 | 9.6333 e–6 |
| (0.20,0.50, 1.00) | 0.775190 | 3.5054 e–6 |
| (0.20,0.75, 1.00) | 0.624026 | 1.4835 e–6 |
| (0.40,0.25, 1.00) | 0.817987 | 9.2807 e–6 |
| (0.40,0.50, 1.00) | 0.709212 | 8.1686 e–6 |
| (0.40,0.75, 1.00) | 0.580548 | 3.4859 e–6 |
| (0.60,0.25, 1.00) | 0.702984 | 3.9590 e–6 |
| (0.60,0.50, 1.00) | 0.621110 | 8.1896 e–6 |
| (0.60,0.75, 1.00) | 0.520150 | 6.4035 e–6 |
| (0.80,0.25, 1.00) | 0.587372 | 3.1231 e–7 |
| (0.80,0.50, 1.00) | 0.529096 | 4.5144 e–6 |
| (0.80,0.75, 1.00) | 0.454025 | 4.7775 e–6 |

表 4-8 $\Delta x=\frac{1}{20}, \Delta y=\frac{1}{40}, \Delta t=\frac{1}{160}$

| $(x_i,y_j,t_k)$ | 数值解 $u_{i,j}^k$ | 误差 $\lvert u_{i,j}^k-u(x_i,y_j,t_k)\rvert$ |
|---|---|---|
| (0.20,0.25,1.00) | 0.907029 | 5.9072 e–7 |
| (0.20,0.50, 1.00) | 0.775194 | 2.1502 e–7 |
| (0.20,0.75, 1.00) | 0.624025 | 9.0173 e–8 |
| (0.40,0.25, 1.00) | 0.817995 | 5.7014 e–7 |
| (0.40,0.50, 1.00) | 0.709219 | 5.0240 e–7 |
| (0.40,0.75, 1.00) | 0.580551 | 2.1443 e–7 |
| (0.60,0.25, 1.00) | 0.702987 | 2.4655 e–7 |
| (0.60,0.50, 1.00) | 0.621118 | 5.0433 e–7 |
| (0.60,0.75, 1.00) | 0.520156 | 3.9168 e–7 |
| (0.80,0.25, 1.00) | 0.587372 | 1.8630 e–8 |
| (0.80,0.50, 1.00) | 0.529100 | 2.7666 e–7 |
| (0.80,0.75, 1.00) | 0.454029 | 2.9281 e–7 |

从两张表中的数值结果可见，若时间步长减为原来的 1/4、空间步长（包括 $x$ 方向和 $y$ 方向）同时减半，则误差约减为原来误差的 1/16，从而数值结果验证了紧交替方向隐格式的式（4-82）是一个关于时间二阶、关于空间四阶收敛的数值格式.

# 本章参考文献


[1] 陆金甫，关治. 偏微分方程数值解法. 第 2 版. 北京：清华大学出版社，2004.

[2] J W Thomas. Numerical Partial Differential Equations, Finite Difference Methods. 北京：世界图书出版公司，1997.

[3] 李立康，於崇华，朱政华. 微分方程数值解法. 上海：复旦大学出版社，2007.

[4] 李荣华. 偏微分方程数值解法. 第 2 版. 北京：高等教育出版社，2010.

# 本章要求及小结

1．掌握一阶双曲型方程初（边）值问题的几种常用的显式方法，如迎风格式、Lax-Friedrichs 格式、Lax-Wendroff 格式及 Beam-Warming 格式，能相应地设计对应的隐格式，并且会用傅里叶分析的方法确定各种格式的增长因子. 知道双曲型方程传播方向对数值格式的影响. 能对以上方法进行 CFL 条件的推导及稳定性分析. 尝试设计其他的数值方法并作理论分析.

2．掌握二阶双曲型方程初边值问题的显式方法和隐式方法，会通过增长矩阵特征值的情况判断数值格式的稳定性，从而进一步明确隐式方法在稳定性方面的优势.

3．掌握二阶双曲型方程紧差分方法的算法原理.

4．理解如何用算子分析法通过添加一些辅助项实现对二维双曲型方程初边值问题的某些交替方向隐格式的分解，以达到在不降低原来格式的精度的意义下，将原来复杂的计算格式分解为简单的计算格式，而且知道对格式的分解式未必是唯一的. 对同一格式的不同分解会导致计算过程不同，但最终计算结果是相同的. 能用傅里叶分析法确定交替方向隐格式的增长矩阵.

5．程序调试正确以后，通过对网格加密一倍，观察数值结果的变化，从而在数值上初步判断数值方法的收敛阶数.

6．考察教材中是如何对现有的数值方法逐步进行改进的，学会这些逐步改进的思想会有助于你设计出更好的算法.

# 习　题　四

1．证明一阶双曲型方程初边值问题：

$$\begin{cases} \dfrac{\partial u(x,t)}{\partial t}+a\dfrac{\partial u(x,t)}{\partial x}=0,\ x_a\leqslant x\leqslant x_b,\ t>0,\ a>0\text{为常数} \\ u(x,0)=\varphi(x),\quad x_a\leqslant x\leqslant x_b \\ u(x_a,t)=\psi(t),\quad t>0 \end{cases}$$

的精确解为

$$u(x,t)=\begin{cases} \psi\left(\dfrac{1}{a}(x_a-x)+t\right),\ t>\dfrac{1}{a}(x-x_a) \\ \varphi(x-at),\qquad 0<t\leqslant\dfrac{1}{a}(x-x_a) \end{cases}.$$

2．分别用迎风显格式、迎风隐格式求解对流方程初边值问题：

$$\begin{cases} \dfrac{\partial u}{\partial t}-2\dfrac{\partial u}{\partial x}=0,\quad 0<x<1,\ 0<t\leqslant 1, \\ u(x,0)=1+\sin(2\pi x),\quad 0\leqslant x\leqslant 1, \\ u(1,t)=1.0,\quad 0<t\leqslant 1. \end{cases}$$

取时间步长和空间步长为 $\tau=0.01,\ h=0.05$，分别作出数值解在时刻 $t_1=0.04,\ t_2=0.2,\ t_3=0.8$ 时的图像并与精确解进行比较.

3．分别用迎风显格式、迎风隐格式求解对流方程初边值问题：

$$\begin{cases}\dfrac{\partial u}{\partial t}+2\dfrac{\partial u}{\partial x}=0, & 0<x<1,\ 0<t\leqslant 1,\\ u(x,0)=1+\sin(2\pi x), & 0\leqslant x\leqslant 1,\\ u(0,t)=1.0, & 0<t\leqslant 1.\end{cases}$$

取时间步长和空间步长为 $\tau=0.01,\ h=0.05$，分别作出数值解在时刻 $t_1=0.04,\ t_2=0.2,\ t_3=0.8$ 时的图像并与精确解进行比较.

4．证明对流方程初边值问题：

$$\begin{cases}\dfrac{\partial u}{\partial t}+\dfrac{\partial u}{\partial x}=0, & -1<x<2,\ t>0,\\ u(x,0)=\varphi(x)=\begin{cases}0, & -1\leqslant x<0,\\ 1, & 0\leqslant x\leqslant 1,\\ 0, & 1<x\leqslant 2,\end{cases}\\ u(-1,t)=u(2,t), & t>0.\end{cases}$$

的精确解为 $u(x,t)=\begin{cases}\varphi(3+x-t), & t>x+1,\\ \varphi(x-t), & 0<t\leqslant x+1.\end{cases}$ 另外，分别用 Lax-Friedrichs 格式、Lax-Wendroff 格式和 Beam-Warming 格式数值求解该方程. 要求取空间步长 $h=0.15$、时间步长 $\tau=0.01$ 进行计算，给出在时刻 $t_1=0,\ t_2=0.05,\ t_3=1.0$ 时的数值解，并与精确解进行误差比较（不用画图）.

5．建立以下一阶对流方程初边值问题：

$$\begin{cases}\dfrac{\partial u}{\partial t}+a\dfrac{\partial u}{\partial x}=0, & x_a<x<x_b,\ 0<t\leqslant T,\\ u(x,0)=\varphi(x), & x_a\leqslant x\leqslant x_b,\\ u(x_a,t)=u(x_b,t), & 0<t\leqslant T.\end{cases}$$

的 Crank-Nicolson 格式，分析其局部截断误差及误差传播的增长因子，并证明该格式是无条件稳定的.

6．用二阶显格式求解二阶双曲型方程初边值问题：

$$\begin{cases}\dfrac{\partial^2 u}{\partial t^2}-\dfrac{\partial^2 u}{\partial x^2}=\dfrac{2t(1-2x^2-3x^4)}{(1+x^2)^4}, & -1<x<1,\ 0<t\leqslant 2,\\ u(x,0)=0,\ \dfrac{\partial u}{\partial t}(x,0)=\dfrac{1}{1+x^2}, & -1\leqslant x\leqslant 1,\\ u(-1,t)=u(1,t)=\dfrac{t}{2}, & 0<t\leqslant 2.\end{cases}$$

已知此问题的精确解为 $u(x,t)=\dfrac{t}{1+x^2}$. 分别取步长 $\tau_1=\dfrac{1}{50},\ h_1=\dfrac{1}{20}$ 和 $\tau_2=\dfrac{1}{100},\ h_2=\dfrac{1}{40}$，给出在节点 $(0.2,1+0.2i),\ i=0,1,\cdots,5$ 处的数值解及误差.

7．用二阶隐格式求解二阶双曲型方程初边值问题：

$$\begin{cases}\dfrac{\partial^2 u}{\partial t^2}-\dfrac{\partial^2 u}{\partial x^2}=\dfrac{2t(1-2x^2-3x^4)}{(1+x^2)^4}, & -1<x<1,\ 0<t\leqslant 2,\\ u(x,0)=0,\ \dfrac{\partial u}{\partial t}(x,0)=\dfrac{1}{1+x^2}, & -1\leqslant x\leqslant 1,\\ u(-1,t)=u(1,t)=\dfrac{t}{2}, & 0<t\leqslant 2.\end{cases}$$

已知此问题的精确解为 $u(x,t)=\dfrac{t}{1+x^2}$ . 分别取步长 $\tau_1=\dfrac{1}{50},\ h_1=\dfrac{1}{50}$ 和 $\tau_2=\dfrac{1}{100},\ h_2=\dfrac{1}{100}$ ，给出在节点 $(0.2,1+0.2i),\ i=0,1,\cdots,5$ 处的数值解及误差.

8．用紧差分格式求解二阶双曲型方程初边值问题：

$$\begin{cases}\dfrac{\partial^2 u}{\partial t^2}-\dfrac{\partial^2 u}{\partial x^2}=\dfrac{2t(1-2x^2-3x^4)}{(1+x^2)^4}, & -1<x<1,\ 0<t\leqslant 2,\\ u(x,0)=0,\ \dfrac{\partial u}{\partial t}(x,0)=\dfrac{1}{1+x^2}, & -1\leqslant x\leqslant 1,\\ u(-1,t)=u(1,t)=\dfrac{t}{2}, & 0<t\leqslant 2.\end{cases}$$

已知此问题的精确解为 $u(x,t)=\dfrac{t}{1+x^2}$ . 分别取步长 $\tau_1=\dfrac{1}{20},\ h_1=\dfrac{1}{20}$ 和 $\tau_2=\dfrac{1}{80},\ h_2=\dfrac{1}{40}$ ，给出在节点 $(0.2,1+0.2i),\ i=0,1,\cdots,5$ 处的数值解及误差.

9．进一步研究二维双曲型方程初边值问题其他的交替方向隐格式. 设想，在隐格式的式（4-59）的基础上不仅左端添加了辅助项 $\dfrac{r_1r_2}{4}\delta_x^2\delta_y^2u_{i,j}^{k+1}$ ，右端也添加一个辅助项为 $-\dfrac{r_1r_2}{4}\delta_x^2\delta_y^2u_{i,j}^{k-1}$ ，这样就可以构造一个新的交替方向隐格式

$$\left(1-\frac{r_1}{2}\delta_x^2-\frac{r_2}{2}\delta_y^2+\frac{r_1r_2}{4}\delta_x^2\delta_y^2\right)u_{i,j}^{k+1}=\left(\frac{r_1}{2}\delta_x^2+\frac{r_2}{2}\delta_y^2-1-\frac{r_1r_2}{4}\delta_x^2\delta_y^2u_{i,j}^{k-1}\right)u_{i,j}^{k-1}+2u_{i,j}^k+f(x_i,y_j,t_k)\Delta t^2$$

实现分解

$$\left(1-\frac{r_1}{2}\delta_x^2\right)\left(1-\frac{r_2}{2}\delta_y^2\right)u_{i,j}^{k+1}=2u_{i,j}^k+f(x_i,y_j,t_k)\Delta t^2-\left(1-\frac{r_1}{2}\delta_x^2\right)\left(1-\frac{r_2}{2}\delta_y^2\right)u_{i,j}^{k-1} \tag{1}$$

a. 试分析格式（1）的局部截断误差.

b. 试分析格式（1）的稳定性（仅需对 $f\equiv 0$ 进行讨论）.

c. 试证明基于格式（1）可以进行以下具体分解：引入中间变量 $V_{i,j}$ ，可将格式（1）分解为

$$\begin{cases}\left(1-\dfrac{r_1}{2}\delta_x^2\right)V_{i,j}=2u_{i,j}^k+f(x_i,y_j,t_k)\Delta t^2\\ \left(1-\dfrac{r_2}{2}\delta_y^2\right)u_{i,j}^{k+1}=V_{i,j}-\left(1-\dfrac{r_2}{2}\delta_y^2\right)u_{i,j}^{k-1}\end{cases} \tag{2}$$

10．用交替方向隐格式（2）计算二维双曲型方程初边值问题：

$$\begin{cases}\dfrac{\partial^2 u}{\partial t^2}-\left(\dfrac{\partial^2 u}{\partial x^2}+\dfrac{\partial^2 u}{\partial y^2}\right)=\dfrac{4t}{(1+x^2+y^2)^2}\left(1-\dfrac{2(x^2+y^2)}{1+x^2+y^2}\right), & 0<x,y<1,\ 0<t\leqslant 1,\\ u(x,y,0)=0,\ \dfrac{\partial u}{\partial t}(x,y,0)=\dfrac{1}{1+x^2+y^2}, & 0\leqslant x,y\leqslant 1,\\ u(0,y,t)=\dfrac{t}{1+y^2},\ u(1,y,t)=\dfrac{t}{2+y^2}, & 0\leqslant y\leqslant 1,\ 0<t\leqslant 1,\\ u(x,0,t)=\dfrac{t}{1+x^2},\ u(x,1,t)=\dfrac{t}{2+x^2}, & 0<x<1,\ 0<t\leqslant 1.\end{cases}$$

已知此问题的精确解为 $u(x,y,t)=\dfrac{t}{1+x^2+y^2}$ . 分别取步长为 $\Delta x=\dfrac{1}{10},\ \Delta y=\dfrac{1}{20},\ \Delta t=\dfrac{1}{40}$ 和 $\Delta x=\dfrac{1}{20}$,

$\Delta y=\dfrac{1}{40}$, $\Delta t=\dfrac{1}{80}$，给出在节点$(0.2i,0.25j,1.00)$, $i=1,2,3,4$, $j=1,2,3$ 处的数值解及误差.

11．继续研究二维双曲型方程初边值问题其他的交替方向隐格式. 设想，在隐格式的式（4-59）的基础上不仅左端添加了辅助项$\dfrac{r_1r_2}{4}\delta_x^2\delta_y^2u_{i,j}^{k+1}$，右端添加两个辅助项，分别为$-\dfrac{r_1r_2}{4}\delta_x^2\delta_y^2u_{i,j}^{k-1}$，$\dfrac{r_1r_2}{2}\delta_x^2\delta_y^2u_{i,j}^{k}$，这样就又可以构造一个新的交替方向隐格式

$$\left(1-\frac{r_1}{2}\delta_x^2-\frac{r_2}{2}\delta_y^2+\frac{r_1r_2}{4}\delta_x^2\delta_y^2\right)u_{i,j}^{k+1}=\left(\frac{r_1}{2}\delta_x^2+\frac{r_2}{2}\delta_y^2-1-\frac{r_1r_2}{4}\delta_x^2\delta_y^2\right)u_{ij}^{k-1}+$$
$$2u_{i,j}^{k}+f(x_i,y_j,t_k)\Delta t^2+\frac{r_1r_2}{2}\delta_x^2\delta_y^2u_{i,j}^{k}$$

实现分解

$$\left(1-\frac{r_1}{2}\delta_x^2\right)\left(1-\frac{r_2}{2}\delta_y^2\right)u_{i,j}^{k+1}=-\left(1-\frac{r_1}{2}\delta_x^2\right)\left(1-\frac{r_2}{2}\delta_y^2\right)u_{i,j}^{k-1}+\quad 2u_{ij}^{k}+f(x_i,y_j,t_k)\Delta t^2+\frac{r_1r_2}{2}\delta_x^2\delta_y^2u_{i,j}^{k}\tag{3}$$

a. 试分析格式（3）的局部截断误差.

b. 试分析格式（3）的稳定性（仅需对 $f\equiv 0$ 进行讨论）.

c. 试证明基于格式（3）可以进行以下具体分解：引入中间变量$V_{i,j}$，可将格式（3）分解为

$$\begin{cases}\left(1-\dfrac{r_1}{2}\delta_x^2\right)V_{i,j}=2u_{i,j}^{k}+f(x_i,y_j,t_k)\Delta t^2+\dfrac{r_1r_2}{2}\delta_x^2\delta_y^2u_{i,j}^{k}\\ \left(1-\dfrac{r_2}{2}\delta_y^2\right)u_{i,j}^{k+1}=V_{i,j}-\left(1-\dfrac{r_2}{2}\delta_y^2\right)u_{i,j}^{k-1}\end{cases}\tag{4}$$

d. 验证：格式（3）还可以变形为

$$\left(1-\frac{r_1}{2}\delta_x^2\right)\left(1-\frac{r_2}{2}\delta_y^2\right)(u_{i,j}^{k+1}-2u_{i,j}^{k}+u_{i,j}^{k-1})=(r_1\delta_x^2+r_2\delta_y^2)u_{i,j}^{k}+f(x_i,y_j,t_k)\Delta t^2\tag{5}$$

e. 试证明基于格式（5），引入中间变量$V_{i,j}$和$S_{i,j}$，格式（5）可以分解为

$$\begin{cases}\left(1-\dfrac{r_1}{2}\delta_x^2\right)V_{i,j}=(r_1\delta_x^2+r_2\delta_y^2)u_{i,j}^{k}+f(x_i,y_j,t_k)\Delta t^2,\\ \left(1-\dfrac{r_2}{2}\delta_y^2\right)S_{i,j}=V_{i,j},\\ u_{i,j}^{k+1}=S_{i,j}+2u_{i,j}^{k}-u_{i,j}^{k-1}.\end{cases}\tag{6}$$

注：格式（6）是文献[5]中描述的二维双曲型方程初边值问题的交替方向隐方法.

12. 用交替方向隐格式（4）计算二维双曲型方程初边值问题：

$$\begin{cases}\dfrac{\partial^2u}{\partial t^2}-\left(\dfrac{\partial^2u}{\partial x^2}+\dfrac{\partial^2u}{\partial y^2}\right)=\dfrac{4t}{(1+x^2+y^2)^2}\left(1-\dfrac{2(x^2+y^2)}{1+x^2+y^2}\right),\quad 0<x,y<1,\ 0<t\leqslant 1,\\ u(x,y,0)=0,\ \dfrac{\partial u}{\partial t}(x,y,0)=\dfrac{1}{1+x^2+y^2},\quad 0\leqslant x,y\leqslant 1,\\ u(0,y,t)=\dfrac{t}{1+y^2},\ u(1,y,t)=\dfrac{t}{2+y^2},\quad 0\leqslant y\leqslant 1,\ 0<t\leqslant 1,\\ u(x,0,t)=\dfrac{t}{1+x^2},\ u(x,1,t)=\dfrac{t}{2+x^2},\ 0<x<1,\ 0<t\leqslant 1.\end{cases}$$

已知此问题的精确解为 $u(x,y,t)=\dfrac{t}{1+x^2+y^2}$. 分别取步长为 $\Delta x=\dfrac{1}{10}, \Delta y=\dfrac{1}{20}, \Delta t=\dfrac{1}{40}$ 和 $\Delta x=\dfrac{1}{20}, \Delta y=\dfrac{1}{40}, \Delta t=\dfrac{1}{80}$，给出在节点 $(0.2i,0.25j,1.00)$, $i=1,2,3,4$, $j=1,2,3$ 处的数值解及误差.

13. 用交替方向隐格式（6）计算二维双曲型方程初边值问题：

$$\begin{cases}\dfrac{\partial^2 u}{\partial t^2}-\left(\dfrac{\partial^2 u}{\partial x^2}+\dfrac{\partial^2 u}{\partial y^2}\right)=\dfrac{4t}{(1+x^2+y^2)^2}\left(1-\dfrac{2(x^2+y^2)}{1+x^2+y^2}\right), & 0<x,y<1,\ 0<t\leqslant 1,\\ u(x,y,0)=0,\ \dfrac{\partial u}{\partial t}(x,y,0)=\dfrac{1}{1+x^2+y^2}, & 0\leqslant x,y\leqslant 1,\\ u(0,y,t)=\dfrac{t}{1+y^2},\ u(1,y,t)=\dfrac{t}{2+y^2}, & 0\leqslant y\leqslant 1,\ 0<t\leqslant 1,\\ u(x,0,t)=\dfrac{t}{1+x^2},\ u(x,1,t)=\dfrac{t}{2+x^2}, & 0<x<1,\ 0<t\leqslant 1.\end{cases}$$

已知此问题的精确解为 $u(x,y,t)=\dfrac{t}{1+x^2+y^2}$. 分别取步长为 $\Delta x=\dfrac{1}{10}, \Delta y=\dfrac{1}{20}, \Delta t=\dfrac{1}{40}$ 和 $\Delta x=\dfrac{1}{20}, \Delta y=\dfrac{1}{40}, \Delta t=\dfrac{1}{80}$，给出在节点 $(0.2i,0.25j,1.00)$, $i=1,2,3,4$, $j=1,2,3$ 处的数值解及误差. 比较两种格式（4）和格式（6）的数值计算结果，它们应该是完全相同的.

14. 将上述交替方向隐格式（2）、（4）、（6）分别修改为对应的紧交替方向隐格式，并将这些格式用于计算二维双曲型方程初边值问题：

$$\begin{cases}\dfrac{\partial^2 u}{\partial t^2}-\left(\dfrac{\partial^2 u}{\partial x^2}+\dfrac{\partial^2 u}{\partial y^2}\right)=\dfrac{4t}{(1+x^2+y^2)^2}\left(1-\dfrac{2(x^2+y^2)}{1+x^2+y^2}\right), & 0<x,y<1,\ 0<t\leqslant 1,\\ u(x,y,0)=0,\ \dfrac{\partial u}{\partial t}(x,y,0)=\dfrac{1}{1+x^2+y^2}, & 0\leqslant x,y\leqslant 1,\\ u(0,y,t)=\dfrac{t}{1+y^2},\ u(1,y,t)=\dfrac{t}{2+y^2}, & 0\leqslant y\leqslant 1,\ 0<t\leqslant 1,\\ u(x,0,t)=\dfrac{t}{1+x^2},\ u(x,1,t)=\dfrac{t}{2+x^2}, & 0<x<1,\ 0<t\leqslant 1.\end{cases}$$

已知此问题的精确解为 $u(x,y,t)=\dfrac{t}{1+x^2+y^2}$. 分别取步长为 $\Delta x=\dfrac{1}{10}, \Delta y=\dfrac{1}{20}, \Delta t=\dfrac{1}{40}$ 和 $\Delta x=\dfrac{1}{20}, \Delta y=\dfrac{1}{40}, \Delta t=\dfrac{1}{160}$，给出在节点 $(0.2i,0.25j,1.00)$, $i=1,2,3,4$, $j=1,2,3$ 处的数值解及误差. 通过两次不同步长得到的误差，验证这些紧格式关于时间是二阶收敛的，关于空间是四阶收敛的（即细步长下的误差约是粗步长下误差的 1/16）.

# 第五章 椭圆型偏微分方程的有限差分法

本章主要研究以下经典的二维椭圆型方程（也称为泊松 Poisson 方程）：

$$-\Delta u=-\left(\frac{\partial^2 u(x,y)}{\partial x^2}+\frac{\partial^2 u(x,y)}{\partial y^2}\right)=f(x,y)$$

当 $f=0$ 时就是著名的拉普拉斯（Laplace）方程. 椭圆型方程在流体力学、弹性力学、电磁学、几何学和变分法中都有应用. 为简单起见，假设所要讨论的为矩形区域 $\Omega=\{(x,y)\,|\,a\leqslant x\leqslant b,\quad c\leqslant y\leqslant d\}$. 考虑以下 Poisson 方程的边值问题：

$$\begin{cases}-\left(\dfrac{\partial^2 u(x,y)}{\partial x^2}+\dfrac{\partial^2 u(x,y)}{\partial y^2}\right)=f(x,y), & (x,y)\in\mathring{\Omega}\\ u(x,y)=\varphi(x,y), & (x,y)\in\partial\Omega=\Gamma\end{cases}\tag{5-1}$$

固定边界的无厚薄膜，受外力作用后达到平衡状态时的位移函数 $u$ 满足上述方程. 一般情况下，式(5-1)是很难直接用解析的方法求出精确解的，所以如何用数值方法高效地求解椭圆型方程成为本章的重点.

## 第一节 五点菱形差分方法

### 一、五点菱形格式

仍然采用有限差分法的经典套路进行分析.

第一步，对矩形区域进行剖分，即在 $x$ 方向对 $[a,b]$ 进行步长为 $\Delta x$ 的等距剖分，分成 $m$ 份，得到 $m+1$ 个节点 $x_i=a+i\cdot\Delta x,\ i=0,1,\cdots,m$，其中，$\Delta x=(b-a)/m$. 同样，在 $y$ 方向对 $[c,d]$ 进行步长为 $\Delta y$ 的等距剖分，分成 $n$ 份，得到 $n+1$ 个节点 $y_j=c+j\cdot\Delta y,\quad j=0,1,\cdots,n$，其中，$\Delta y=(d-c)/n$. 然后用两族平行线 $x=x_i,\quad y=y_j$ 将区域 $\Omega$ 分成 $mn$ 个小矩形，从而得到节点 $(x_i,y_j)$，如图 5-1 所示. 特别地，× 表示的是边界节点，其他则是内节点.

第二步，将原方程弱化，使之仅在离散节点处成立，即

$$\begin{cases}-\left.\left(\dfrac{\partial^2 u}{\partial x^2}+\dfrac{\partial^2 u}{\partial y^2}\right)\right|_{(x_i,y_j)}=f(x_i,y_j), & (x_i,y_j)\in\mathring{\Omega},\\ u(x_s,y_t)=\varphi(x_s,y_t), & (x_s,y_t)\in\Gamma.\end{cases}$$

其中，$1\leqslant i\leqslant m-1,\ 1\leqslant j\leqslant n-1$；$s=0$ 或 $m$ 且 $0\leqslant t\leqslant n$；$t=0$ 或 $n$ 且 $0\leqslant s\leqslant m$. 也就是，$(x_i,y_j)$ 为内节点，$(x_s,y_t)$ 为边界节点.

第三步，用差商近似代替微商，建立数值格式. 显然，

$$\frac{\partial^2 u}{\partial x^2}(x_i,y_j)=\frac{u(x_{i-1},y_j)-2u(x_i,y_j)+u(x_{i+1},y_j)}{\Delta x^2}+O(\Delta x^2),$$

$$\frac{\partial^2 u}{\partial y^2}(x_i,y_j)=\frac{u(x_i,y_{j-1})-2\,u(x_i,y_j)+u(x_i,y_{j+1})}{\Delta y^2}+O(\Delta y^2).$$

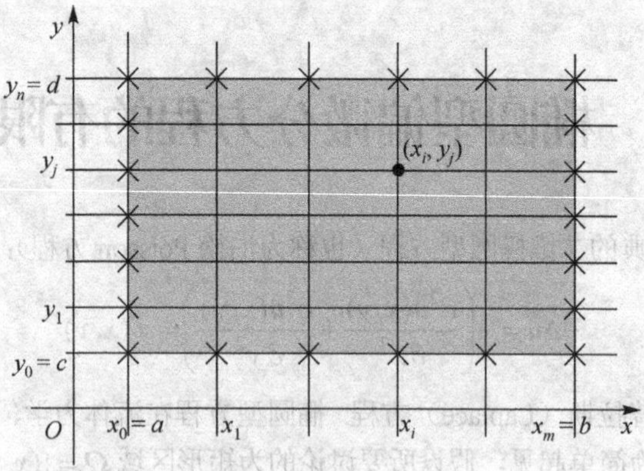


图 5-1　矩形区域剖分

于是将上面两式代入离散节点处的方程，可得

$$\begin{cases} -\left(\dfrac{u(x_{i-1},y_j)-2u(x_i,y_j)+u(x_{i+1},y_j)}{\Delta x^2}+\dfrac{u(x_i,y_{j-1})-2\,u(x_i,y_j)+u(x_i,y_{j+1})}{\Delta y^2}\right) \\ =f(x_i,y_j)+C_1(\Delta x)^2+C_2(\Delta y)^2,\ 1\leqslant i\leqslant m-1,\ 1\leqslant j\leqslant n-1. \\ u_{s,t}=\varphi(x_s,y_t),\quad s=0,m \text{ 且 } 0\leqslant t\leqslant n;\quad t=0,n \text{ 且 } 0\leqslant s\leqslant m. \end{cases} \tag{5-2}$$

于是，用数值解 $u_{i,j}$ 代替精确解 $u(x_i,y_j)$ 并忽略高阶小项可得数值格式：

$$\begin{cases} -\left(\dfrac{u_{i-1,j}-2\,u_{i,j}+u_{i+1,j}}{(\Delta x)^2}+\dfrac{u_{i,j-1}-2\,u_{i,j}+u_{i,j+1}}{(\Delta y)^2}\right)=f(x_i,y_j), \\ \qquad 1\leqslant i\leqslant m-1,\ 1\leqslant j\leqslant n-1, \\ u_{s,t}=\varphi(x_s,y_t),\quad s=0,m \text{ 且 } 0\leqslant t\leqslant n,\quad t=0,n \text{ 且 } 0\leqslant s\leqslant m. \end{cases}$$

易见此格式的局部截断误差为 $O(\Delta x^2+\Delta y^2)$．整理此格式得

$$\begin{cases} -\dfrac{u_{i-1,j}}{\Delta x^2}-\dfrac{u_{i+1,j}}{\Delta x^2}+2\left(\dfrac{1}{\Delta x^2}+\dfrac{1}{\Delta y^2}\right)u_{i,j}-\dfrac{u_{i,j-1}}{\Delta y^2}-\dfrac{u_{i,j+1}}{\Delta y^2}=f(x_i,y_j), \\ \qquad 1\leqslant i\leqslant m-1,\ 1\leqslant j\leqslant n-1, \\ u_{s,t}=\varphi(x_s,y_t),\quad s=0,m \text{ 且 } 0\leqslant t\leqslant n;\quad t=0,n \text{ 且 } 0\leqslant s\leqslant m. \end{cases} \tag{5-3}$$

此格式每一步计算要涉及到 5 个点，除中心点外其余 4 个点正好位于一个菱形的 4 个顶点，所以这个格式也称为五点菱形差分格式，简称五点格式.

第四步，差分格式的求解. 注意到上述差分格式无法写成线性方程组 $\boldsymbol{Ax}=\boldsymbol{b}$ 的简单形式，只能写成

$$-\frac{1}{\Delta y^2}\begin{pmatrix} 1 & & & & \\ & 1 & & 0 & \\ & & \ddots & & \\ & 0 & & 1 & \\ & & & & 1 \end{pmatrix}\begin{pmatrix} u_{1,j-1} \\ u_{2,j-1} \\ \vdots \\ u_{m-2,j-1} \\ u_{m-1,j-1} \end{pmatrix}-\frac{1}{\Delta y^2}\begin{pmatrix} 1 & & & & \\ & 1 & & 0 & \\ & & \ddots & & \\ & 0 & & 1 & \\ & & & & 1 \end{pmatrix}\begin{pmatrix} u_{1,j+1} \\ u_{2,j+1} \\ \vdots \\ u_{m-2,j+1} \\ u_{m-1,j+1} \end{pmatrix}+$$

$$\begin{pmatrix} 2\left(\frac{1}{\Delta x^2}+\frac{1}{\Delta y^2}\right) & -\frac{1}{\Delta x^2} & & & 0 \\ -\frac{1}{\Delta x^2} & 2\left(\frac{1}{\Delta x^2}+\frac{1}{\Delta y^2}\right) & -\frac{1}{\Delta x^2} & & \\ & \ddots & \ddots & \ddots & \\ & & -\frac{1}{\Delta x^2} & 2\left(\frac{1}{\Delta x^2}+\frac{1}{\Delta y^2}\right) & -\frac{1}{\Delta x^2} \\ 0 & & & -\frac{1}{\Delta x^2} & 2\left(\frac{1}{\Delta x^2}+\frac{1}{\Delta y^2}\right) \end{pmatrix} \begin{pmatrix} u_{1,j} \\ u_{2,j} \\ \vdots \\ u_{m-2,j} \\ u_{m-1,j} \end{pmatrix}$$

$$= \begin{pmatrix} f(x_1,y_j)+\frac{1}{\Delta x^2}u_{0,j} \\ f(x_2,y_j) \\ \vdots \\ f(x_{m-2},y_j) \\ f(x_{m-1},y_j)+\frac{1}{\Delta x^2}u_{m,j} \end{pmatrix}$$

为此记

$$\boldsymbol{u}_j=(u_{1,j},u_{2,j},\cdots,u_{m-1,j})^{\mathrm{T}}, \quad 0\leqslant j\leqslant n \tag{5-4}$$

且设

$$2\left(\frac{1}{\Delta x^2}+\frac{1}{\Delta y^2}\right)=\alpha, \quad \frac{1}{\Delta x^2}=\beta, \quad \frac{1}{\Delta y^2}=\gamma \tag{5-5}$$

则原数值格式实为

$$\begin{pmatrix} -\gamma & & & \\ & -\gamma & & \\ & & \ddots & \\ & & & -\gamma \end{pmatrix} \begin{pmatrix} u_{1,j-1} \\ u_{2,j-1} \\ \vdots \\ u_{m-1,j-1} \end{pmatrix} + \begin{pmatrix} \alpha & -\beta & & \\ -\beta & \alpha & -\beta & \\ & & \ddots & \\ & & -\beta & \alpha \end{pmatrix} \begin{pmatrix} u_{1,j} \\ u_{2,j} \\ \vdots \\ u_{m-1,j} \end{pmatrix}$$

$$+\begin{pmatrix} -\gamma & & & \\ & -\gamma & & \\ & & \ddots & \\ & & & -\gamma \end{pmatrix} \begin{pmatrix} u_{1,j+1} \\ u_{2,j+1} \\ \vdots \\ u_{m-1,j+1} \end{pmatrix} = \begin{pmatrix} f(x_1,y_j)+\beta u_{0,j} \\ f(x_2,y_j) \\ \vdots \\ f(x_{m-2},y_j) \\ f(x_{m-1},y_j)+\beta u_{m,j} \end{pmatrix}, \quad 1\leqslant j\leqslant n-1$$

上式可以简写为 $A(\boldsymbol{u}_{j-1}+\boldsymbol{u}_{j+1})+B\boldsymbol{u}_j=\boldsymbol{f}_j$，$j=1,2,\cdots,n-1$. 其中，$A=-\gamma I$，且 $I$ 为 $m-1$ 阶单位矩阵：

$$B=\begin{pmatrix} \alpha & -\beta & & & 0 \\ -\beta & \alpha & -\beta & & \\ & \ddots & \ddots & \ddots & \\ & & -\beta & \alpha & -\beta \\ 0 & & & -\beta & \alpha \end{pmatrix} \text{且} \quad \boldsymbol{f}_j=\begin{pmatrix} f(x_1,y_j)+\beta u_{0,j} \\ f(x_2,y_j) \\ \vdots \\ f(x_{m-2},y_j) \\ f(x_{m-1},y_j)+\beta u_{m,j} \end{pmatrix}.$$

为解出此方程组，将未知量 $\boldsymbol{u}_j$ 按下标拉长成一个列向量，并写成块矩阵形式，得

$$\begin{pmatrix} B & A & & & \\ A & B & A & & \\ & \ddots & \ddots & \ddots & \\ & & A & B & A \\ & & & A & B \end{pmatrix} \begin{pmatrix} \boldsymbol{u}_1 \\ \boldsymbol{u}_2 \\ \vdots \\ \boldsymbol{u}_{n-2} \\ \boldsymbol{u}_{n-1} \end{pmatrix} = \begin{pmatrix} \boldsymbol{f}_1 - A\boldsymbol{u}_0 \\ \boldsymbol{f}_2 \\ \vdots \\ \boldsymbol{f}_{n-2} \\ \boldsymbol{f}_{n-1} - A\boldsymbol{u}_n \end{pmatrix} \tag{5-6}$$

式（5-6）式可以具体写出来，参见本章最后的横版单页公式. 此线性方程组的特点是：系数矩阵对称、正定，且绝大多数都是零元素，每一行中最多只有 5 个非零元素，所以它是稀疏矩阵. 对于阶数不高的线性方程组的求解，直接法非常有效，而对于阶数高、系数矩阵稀疏的线性方程组，若采用直接法求解，就要存储大量零元素. 为减少运算量、节约内存，通常用迭代法（见附录 C）求解. 之前我们在二维抛物型、双曲型方程的初边值问题中都曾遇到过这一类线性方程组，因为存在求解上的困难，后来就直接借助新的思路用交替方向隐式方法去处理数值逼近，从而回避了上述问题的求解. 但事实上，式（5-6）这种类型的方程还是可以用迭代法来处理的. 比起之前二维抛物型、双曲型方程初边值问题的某些数值格式来，由于少了时间变量，所以处理起来就更简单些，因此在这里我们详细说明迭代求解的过程.

根据附录 C 中的 3 种迭代方法，可以得到以下求解式（5-6）的迭代格式. 为了更好地获得这些迭代格式，利用式（5-6）的具体形式（5-7）（见本章最后横版单页公式）更容易得到具体的迭代格式.

**1．Jacobi 迭代**

$$u_{i,j}^{(k+1)} = \frac{1}{\alpha}\left[ f(x_i, y_j) + \beta u_{i-1,j}^{(k)} + \gamma u_{i,j-1}^{(k)} + \beta u_{i+1,j}^{(k)} + \gamma u_{i,j+1}^{(k)} \right]，即$$

$$u_{i,j}^{(k+1)} = \frac{1}{2\left(\dfrac{1}{(\Delta x)^2} + \dfrac{1}{(\Delta y)^2}\right)} \left[ f(x_i, y_j) + \frac{1}{(\Delta x)^2} u_{i-1,j}^{(k)} + \frac{1}{(\Delta y)^2} u_{i,j-1}^{(k)} + \frac{1}{(\Delta x)^2} u_{i+1,j}^{(k)} + \frac{1}{(\Delta y)^2} u_{i,j+1}^{(k)} \right]$$

**2．Gauss-Seidel 迭代**

$$u_{i,j}^{(k+1)} = \frac{1}{\alpha}\left[ f(x_i, y_j) + \beta u_{i-1,j}^{(k+1)} + \gamma u_{i,j-1}^{(k+1)} + \beta u_{i+1,j}^{(k)} + \gamma u_{i,j+1}^{(k)} \right]，即$$

$$u_{i,j}^{(k+1)} = \frac{1}{2\left(\dfrac{1}{(\Delta x)^2} + \dfrac{1}{(\Delta y)^2}\right)} \left[ f(x_i, y_j) + \frac{1}{(\Delta x)^2} u_{i-1,j}^{(k+1)} + \frac{1}{(\Delta y)^2} u_{i,j-1}^{(k+1)} + \frac{1}{(\Delta x)^2} u_{i+1,j}^{(k)} + \frac{1}{(\Delta y)^2} u_{i,j+1}^{(k)} \right]$$

**3．SOR 迭代**

$$\tilde{u}_{i,j}^{(k+1)} = \frac{1}{\alpha}\left[ f(x_i, y_j) + \beta u_{i-1,j}^{(k+1)} + \gamma u_{i,j-1}^{(k+1)} + \beta u_{i+1,j}^{(k)} + \gamma u_{i,j+1}^{(k)} \right] \quad 并且 \quad u_{i,j}^{(k+1)} = (1-\omega) u_{i,j}^{(k)} + \omega \tilde{u}_{i,j}^{(k+1)}$$

即

$$\tilde{u}_{i,j}^{(k+1)} = \frac{1}{2\left(\dfrac{1}{(\Delta x)^2} + \dfrac{1}{(\Delta y)^2}\right)} \left[ f(x_i, y_j) + \frac{1}{(\Delta x)^2} u_{i-1,j}^{(k+1)} + \frac{1}{(\Delta y)^2} u_{i,j-1}^{(k+1)} + \frac{1}{(\Delta x)^2} u_{i+1,j}^{(k)} + \frac{1}{(\Delta y)^2} u_{i,j+1}^{(k)} \right]$$

且

$$u_{i,j}^{(k+1)} = (1-\omega) u_{i,j}^{(k)} + \omega \tilde{u}_{i,j}^{(k+1)}, \quad 0 < \omega < 2$$

以上迭代格式中，$1 \leqslant i \leqslant m-1$，$1 \leqslant j \leqslant n-1$，且加括号的上标 $k$ 表示迭代次数.

## 二、五点菱形格式的收敛性分析

接下来考察五点菱形格式（5-3）的收敛性. 将式（5-3）减去式（5-2），得到误差$e_{i,j}=u_{i,j}-u(x_i,y_j)$满足以下方程：

$$\begin{cases}-\dfrac{e_{i-1,j}-2e_{i,j}+e_{i+1,j}}{\Delta x^2}-\dfrac{e_{i,j-1}-2e_{i,j}+e_{i,j+1}}{\Delta y^2}=C_1(\Delta x)^2+C_2(\Delta y)^2,\\ \qquad 1\leqslant i\leqslant m-1, 1\leqslant j\leqslant n-1,\\ e_{s,t}=0,\quad s=0,m \text{ 且 } 0\leqslant t\leqslant n;\quad t=0,n \text{ 且 } 0\leqslant s\leqslant m.\end{cases}$$

再利用式（3-127）的记号，也就是

$$\begin{cases}-\dfrac{\delta_x^2 e_{i,j}}{\Delta x^2}-\dfrac{\delta_y^2 e_{i,j}}{\Delta y^2}=C_1(\Delta x)^2+C_2(\Delta y)^2,\ (x_i,y_j)\in\mathring{\Omega},\\ e_{s,t}=0,\quad (x_s,y_t)\in\Gamma.\end{cases}\tag{5-8}$$

为了估计误差$e_{i,j}$，不妨先研究更一般的情况，即设矩形区域$\Omega$上的网格函数$v_{i,j}$满足以下方程：

$$\begin{cases}-\dfrac{\delta_x^2 v_{i,j}}{(\Delta x)^2}-\dfrac{\delta_y^2 v_{i,j}}{(\Delta y)^2}=R(x_i,y_j),\ (x_i,y_j)\in\mathring{\Omega},\\ v_{s,t}=\psi(x_s,y_t),\quad (x_s,y_t)\in\Gamma,\end{cases}\tag{5-9}$$

其中，函数$R(x,y)$, $\psi(x,y)$分别是$\Omega$、$\Gamma$上的连续函数. 为了得到$v_{i,j}$的估计，需要用到以下定理.

**定理 5.1.1**　（极值原理）设网格函数$v_{i,j}$满足式（5-9），且定义离散$L_h$算子为

$$L_h v_{i,j}=-\frac{\delta_x^2 v_{i,j}}{\Delta x^2}-\frac{\delta_y^2 v_{i,j}}{\Delta y^2}\tag{5-10}$$

（1）若对内节点$(x_i,y_j)\in\mathring{\Omega}$有$L_h v_{i,j}\leqslant 0$，则$v_{i,j}$的最大值在边界点而不是内节点处取得.

（2）若对内节点$(x_i,y_j)\in\mathring{\Omega}$有$L_h v_{i,j}\geqslant 0$，则$v_{i,j}$的最小值在边界点而不是内节点处取得.

（3）证明：仅对（1）进行证明，（2）的证明与（1）相仿，故略. 用反证法. 假设$v_{i,j}$的最大值$M$在某个内节点$(x_k,y_l)$, $1\leqslant k\leqslant m-1, 1\leqslant l\leqslant n-1$而不是边界点处取得，即有

$$\begin{cases}v_{k,l}=M,\\ v_{i,j}\leqslant M,\quad \forall(x_i,y_j)\in\mathring{\Omega},\\ v_{i,j}<M,\quad \forall(x_i,y_j)\in\Gamma.\end{cases}\tag{5-11}$$

于是，$L_h v_{k,l}=-\dfrac{\delta_x^2 v_{k,l}}{(\Delta x)^2}-\dfrac{\delta_y^2 v_{k,l}}{(\Delta y)^2}=-\dfrac{v_{k-1,l}-2v_{k,l}+v_{k+1,l}}{(\Delta x)^2}-\dfrac{v_{k,l-1}-2v_{k,l}+v_{k,l+1}}{(\Delta y)^2}$，也就是

$$L_h v_{k,l}=-\frac{v_{k-1,l}+v_{k+1,l}}{(\Delta x)^2}-\frac{v_{k,l-1}+v_{k,l+1}}{(\Delta y)^2}-2\left(\frac{1}{(\Delta x)^2}+\frac{1}{(\Delta y)^2}\right)M\tag{5-12}$$

若与内节点$(x_k,y_l)$相邻的 4 个节点$(x_{k-1},y_l)$, $(x_{k+1},y_l)$, $(x_k,y_{l-1})$, $(x_k,y_{l+1})$中至少有一个节点为边界节点，则利用式（5-11）中第三式立即可得$L_h v_{k,l}>0$，这就与已知条件矛盾，从而假设不成立. 若与内节点$(x_k,y_l)$相邻的四个节点仍然都是内节点，由式（5-12）及式（5-11）中的第二式就有

$$L_h v_{k,l} \geqslant -\frac{M+M}{(\Delta x)^2} - \frac{M+M}{(\Delta y)^2} - 2\left(\frac{1}{(\Delta x)^2} + \frac{1}{(\Delta y)^2}\right)M = 0$$

将其与已知条件联立，就有 $L_h v_{k,l} \equiv 0$ ，从而推知此时必有 $v_{k-1,l} = v_{k+1,l} = v_{k,l-1} = v_{k,l+1} = M$ .

不妨假设与内节点 $(x_k, y_l)$ 相邻的 4 个节点中最靠近边界的那个节点为 $(x_{k-1}, y_l)$ ，记 $k' = k-1$ ，就有

$$\begin{cases} v_{k',l} = M, \\ v_{i,j} \leqslant M, \quad \forall (x_i, y_j) \in \mathring{\Omega}, \\ v_{i,j} < M, \quad \forall (x_i, y_j) \in \Gamma. \end{cases}$$

然后将上述关于内节点 $(x_k, y_l)$ 的结论用到新的内节点 $(x_{k'}, y_l)$ 上，即若内节点 $(x_{k'}, y_l)$ 的 4 个相邻节点中有边界节点，则导出矛盾；若没有边界节点，则可推知在这 4 个相邻节点处网格函数的值都是 $M$ . 此时，相当于将原来以内节点 $(x_k, y_l)$ 为中心的讨论平移到了离边界更近的左侧内节点 $(x_{k'}, y_l)$ 上，接着进行这样的讨论，总会出现在某个内节点 $(x_p, y_q)$ 处网格函数 $v_{p,q} = M$ ，但与 $(x_p, y_q)$ 相邻的节点中一定有边界节点，这时就可推知 $L_h v_{p,q} > 0$ 导出矛盾. 定理证毕.

上述极值原理说明，如果在内节点 $(x_i, y_j) \in \mathring{\Omega}$ 处网格函数 $v_{i,j}$ 经过算子 $L_h$ 作用后不变号，则它的最值一定在边界点处取得.

再回到前面的分析，继续讨论式（5-9）中的网格函数 $v_{i,j}$ ，希望得到其值的估计式. 式（5-9）的第一式可以写成 $L_h v_{i,j} = R(x_i, y_j)$ ，由于右端函数 $R(x, y)$ 在各个内节点的符号不定，所以得不到关于最值的相关结论. 为了获得 $v_{i,j}$ 的估计式，也就是 $v_{i,j}$ 的最值，可以设常数

$$K = \max_{(x_i, y_j) \in \mathring{\Omega}} |R(x_i, y_j)| \tag{5-13}$$

则对所有的 $(x_i, y_j) \in \mathring{\Omega}$ ，就有 $L_h v_{i,j} \leqslant K$ . 于是一个基本想法是：能否找到某个网格函数 $w_{i,j}$ ，使之满足

$$L_h w_{i,j} = K \tag{5-14}$$

相应地就有 $L_h(v_{i,j} - w_{i,j}) \leqslant 0$ . 这样一来，网格函数 $v_{i,j} - w_{i,j}$ 经过算子 $L_h$ 作用后小于等于 0 不变号，则由极值原理知，它的最大值一定在边界点而不是在内节点处取得，也就是有

$$\max_{(x_i, y_j) \in \mathring{\Omega}} (v_{i,j} - w_{i,j}) \leqslant \max_{(x_i, y_j) \in \Gamma} (v_{i,j} - w_{i,j}) \tag{5-15}$$

从而可以通过网格函数在边界上的值得到 $v_{i,j}$ 的估计式. 经过这样的分析，解决问题的核心就落在找网格函数 $w_{i,j}$ 上. 事实上，我们可以将网格函数 $w_{i,j}$ 看作是由一个可微函数 $w(x, y)$ 生成的，即 $w_{i,j} = w(x_i, y_j)$ ，而这个可微函数 $w(x, y)$ 满足

$$-\frac{\partial^2 w(x,y)}{\partial x^2} - \frac{\partial^2 w(x,y)}{\partial y^2} = K \tag{5-16}$$

于是问题转化为寻找可微函数 $w(x, y)$ . 由于式（式 z5-16）右端是个常数，所以可以假设 $w(x, y)$ 是一个简单的二次函数，形如 $w(x,y) = C_1(x-\lambda)^2 + C_2(y-\mu)^2$ ，它关于 $x$ 是二次的，关于 $y$ 也是二次的，且 $x, y$ 独立，这里 $C_1, C_2, \lambda, \mu$ 均为待定常数. 由于 $w(x, y)$ 满足式（5-16），直接计算可得待定常数 $C_1, C_2$ 满足

$$C_1 + C_2 = -\frac{K}{2} \tag{5-17}$$

注意到 $w(x, y)$ 本身是一个简单二次函数，所以

$$-\frac{\partial^2 w}{\partial x^2}\bigg|_{(x_i,y_j)} = -\frac{\delta_x^2 w(x_i,y_j)}{\Delta x^2},\quad -\frac{\partial^2 w}{\partial y^2}\bigg|_{(x_i,y_j)} = -\frac{\delta_y^2 w(x_i,y_j)}{\Delta y^2}$$

从而$-\frac{\delta_x^2 w(x_i,y_j)}{\Delta x^2}-\frac{\delta_y^2 w(x_i,y_j)}{\Delta y^2}=K$，再令网格函数$w_{i,j}=w(x_i,y_j)$，就有式(5-14)成立，从而式(5-15)也成立，即有

$$\max_{(x_i,y_j)\in\mathring{\Omega}}(v_{i,j}-w_{i,j})\leqslant \max_{(x_i,y_j)\in\Gamma}(v_{i,j}-w_{i,j})\leqslant \max_{(x_i,y_j)\in\Gamma}\psi(x_i,y_j)+\max_{(x_i,y_j)\in\Gamma}(-w_{i,j}) \tag{5-18}$$

为了估计$v_{i,j}$必须先估计$w_{i,j}$. 注意到$w_{i,j}=w(x_i,y_j)=C_1(x_i-\lambda)^2+C_2(y_j-\mu)^2$，不妨取比较简单的$C_1=C_2=-\frac{K}{4}$, $\lambda=\frac{a+b}{2}$, $\mu=\frac{c+d}{2}$，则在内节点$(x_i,y_j)$处有

$$-\frac{K}{4}\left((\frac{b-a}{2})^2+(\frac{d-c}{2})^2\right)\leqslant w_{i,j}=-\frac{K}{4}\left((x_i-\frac{a+b}{2})^2+(y_j-\frac{c+d}{2})^2\right)\leqslant 0$$

于是由式（5-18）知，

$$\begin{aligned}\max_{(x_i,y_j)\in\mathring{\Omega}} v_{i,j} &\leqslant \max_{(x_i,y_j)\in\mathring{\Omega}}(v_{i,j}-w_{i,j})\leqslant \max_{(x_i,y_j)\in\Gamma}\psi(x_i,y_j)+\max_{(x_i,y_j)\in\Gamma}|w_{i,j}| \\ &\leqslant \max_{(x_i,y_j)\in\Gamma}|\psi(x_i,y_j)|+\frac{K}{4}\left(\left(\frac{b-a}{2}\right)^2+\left(\frac{d-c}{2}\right)^2\right)\end{aligned} \tag{5-19}$$

这样，我们就得到内节点处$v_{i,j}$的估计式了. 同样，由式（5-9）还可以知道

$$\begin{cases} L_h(-v_{i,j})=-R(x_i,y_j),\ (x_i,y_j)\in\mathring{\Omega}, \\ -v_{s,t}=-\psi(x_s,y_t),\quad (x_s,y_t)\in\Gamma. \end{cases} \tag{5-20}$$

这样，将上述讨论过程用于$-v_{i,j}$，利用式（5-19）及$K=\max\limits_{(x_i,y_j)\in\mathring{\Omega}}|-R(x_i,y_j)|$可得

$$\max_{(x_i,y_j)\in\mathring{\Omega}}(-v_{i,j})(\max_{(x_i,y_j)\in\Gamma}|-\psi(x_i,y_j)|+\frac{K}{4}\left(\left(\frac{b-a}{2}\right)^2+\left(\frac{d-c}{2}\right)^2\right):=B$$

即$-\min\limits_{(x_i,y_j)\in\mathring{\Omega}}(v_{i,j})\leqslant B$，也就是$\min\limits_{(x_i,y_j)\in\mathring{\Omega}}(v_{i,j})\geqslant -B$，从而由式（5-19）有

$$-B\leqslant \min_{(x_i,y_j)\in\mathring{\Omega}}(v_{i,j})\leqslant v_{i,j}((x_i,y_j)\in\mathring{\Omega})\leqslant \max_{(x_i,y_j)\in\mathring{\Omega}}(v_{i,j})\leqslant B$$

即对$\forall(x_i,y_j)\in\mathring{\Omega}$得

$$|v_{i,j}|\leqslant B=\max_{(x_s,y_t)\in\Gamma}|\psi(x_s,y_t)|+\frac{(b-a)^2+(d-c)^2}{16}\max_{(x_k,y_l)\in\mathring{\Omega}}|R(x_k,y_l)| \tag{5-21}$$

综上，我们有以下估值定理：

**定理 5.1.2** 设网格函数$v_{i,j}$满足式（5-9），则其取值范围为式（5-21）.

**定理 5.1.3** 若存在常数$C>0$使得 Poisson 方程（5-1）的精确解$u(x,y)$满足$\max\limits_{(x,y)\in\mathring{\Omega}}\left\{\frac{\partial^4 u(x,y)}{\partial x^4},\frac{\partial^4 u(x,y)}{\partial y^4}\right\}\leqslant C$，则五点菱形格式的式（5-3）是二阶收敛的.

**证明**：注意到误差$e_{i,j}$也是网格函数且满足式（5-8），则由定理 5.1.2 知：

$$|e_{i,j}| \leqslant C(\Delta x^2 + \Delta y^2).$$

从而定理得证.

事实上，利用定理 5.1.2 很容易证明数值格式（5-3）是唯一可解的（课后习题）. 此外，此格式关于边值的小扰动也是稳定的，即若另有数值解$v_{i,j}$满足

$$\begin{cases} -\dfrac{v_{i-1,j}}{(\Delta x)^2} - \dfrac{v_{i+1,j}}{(\Delta x)^2} + 2\left(\dfrac{1}{(\Delta x)^2} + \dfrac{1}{(\Delta y)^2}\right) v_{i,j} - \dfrac{v_{i,j-1}}{(\Delta y)^2} - \dfrac{v_{i,j+1}}{(\Delta y)^2} = f(x_i, y_j), \quad (x_i, y_j) \in \mathring{\Omega}, \\ v_{s,t} = \varphi(x_s, y_t) + \delta\varphi, \quad (x_s, y_t) \in \Gamma. \end{cases} \tag{5-22}$$

则当边值扰动$\delta\varphi$很小时，可以证明$|u_{i,j} - v_{i,j}|$也很小. 提示：只需要将式（5-3）与式（5-22）相减，并对网格函数$u_{i,j} - v_{i,j}$应用定理 5.1.2 即可.

## 三、数值算例

**例 5.1.1** 用五点菱形格式求解椭圆型方程边值问题[1]：

$$\begin{cases} -\left(\dfrac{\partial^2 u}{\partial^2 x} + \dfrac{\partial^2 u}{\partial^2 y}\right) = (\pi^2 - 1)\mathrm{e}^x \sin(\pi y), \quad 0 < x < 2, \ 0 < y < 1, \\ u(0, y) = \sin(\pi y), \quad u(2, y) = \mathrm{e}^2 \sin(\pi y), \quad 0 \leqslant y \leqslant 1, \\ u(x, 0) = u(x, 1) = 0, \quad 0 < x < 2. \end{cases}$$

已知此问题的精确解为$u(x,y) = \mathrm{e}^x \sin(\pi y)$. 分别取第一种步长$\Delta x = \Delta y = \dfrac{1}{32}$和第二种步长$\Delta x = \Delta y = \dfrac{1}{64}$，输出 6 个节点$(0.5i, 0.25)$和$(0.5i, 0.5)$，$i = 1,2,3$处的数值解，并给出误差，要求在各节点处最大误差的迭代误差限为$0.5 \times 10^{-10}$.

**解**：在这里我们选用 Gauss-Seidel 迭代，迭代初值均取为 0，程序见 Egch5_sec1_01.c. 计算结果列表如下（表 5-1）.

**表 5-1 五点菱形格式的计算结果**

| $(x_i, y_j)$ | 第一种步长数值解$u_{ij}$ | 误差$\lvert u_{ij} - u(x_i, y_j)\rvert$ | 第二种步长数值解$u_{ij}$ | 误差$\lvert u_{ij} - u(x_i, y_j)\rvert$ |
|---|---|---|---|---|
| (0.50,0.25) | 1.166702 | 8.7958 e–4 | 1.166042 | 2.1984 e–4 |
| (1.00,0.25) | 1.923620 | 1.5048 e–3 | 1.922492 | 3.7612 e–4 |
| (1.50,0.25) | 3.170908 | 1.8751 e–3 | 3.169502 | 4.6879 e–4 |
| (0.50,0.50) | 1.649965 | 1.2439 e–3 | 1.649032 | 3.1090 e–4 |
| (1.00,0.50) | 2.720410 | 2.1281 e–3 | 2.718814 | 5.3191 e–4 |
| (1.50,0.50) | 4.484341 | 2.6518 e–3 | 4.482352 | 6.6297 e–4 |

从表中可见，当步长减半时，误差约减为原来的 1/4，从而数值格式是二阶收敛的.

# 第二节 九点紧差分方法

本节主要讨论如何将五点差分格式的精度加以提高，即从二阶精度提高到四阶精度. 根据前面的经验，一种很有效的方法就是紧差分方法，思路是通过引入中间函数，对二阶偏导数作更精细的数值逼近.

## 一、九点紧差分格式

同前一节一样，对矩形求解区域进行一致剖分，并将原方程弱化使之仅在离散节点处成立. 然后，在用差商代替微商之前，很重要的一步是引入中间函数. 现在令

$$\frac{\partial^2 u}{\partial x^2}=v(x,y),\quad \frac{\partial^2 u}{\partial y^2}=w(x,y) \tag{5-23}$$

则原方程在离散节点处满足

$$-(v+w)\big|_{(x_i,y_j)}=f(x_i,y_j) \tag{5-24}$$

又显然，当 $\max\limits_{(x,y)\in\mathring{\Omega}}\left\{\left|\frac{\partial^6 u(x,y)}{\partial x^6}\right|,\left|\frac{\partial^6 u(x,y)}{\partial y^6}\right|\right\}$ 有界时，

$$\left.\frac{\partial^2 u}{\partial x^2}\right|_{(x_i,y_j)}=\frac{u(x_{i-1},y_j)-2u(x_i,y_j)+u(x_{i+1},y_j)}{\Delta x^2}-\frac{\Delta x^2}{12}\left.\frac{\partial^4 u}{\partial x^4}\right|_{(x_i,y_j)}+C_1(\Delta x)^4$$

从而，

$$\begin{aligned}v(x_i,y_j)=\left.\frac{\partial^2 u}{\partial x^2}\right|_{(x_i,y_j)}&=\frac{\delta_x^2 u(x_i,y_j)}{\Delta x^2}-\frac{\Delta x^2}{12}\left.\frac{\partial^2 v}{\partial x^2}\right|_{(x_i,y_j)}+C_1(\Delta x)^4\\&=\frac{\delta_x^2 u(x_i,y_j)}{\Delta x^2}-\frac{\Delta x^2}{12}\left(\frac{v(x_{i-1},y_j)-2v(x_i,y_j)+v(x_{i+1},y_j)}{\Delta x^2}\right)+C_2(\Delta x)^4\end{aligned}$$

也就是

$$v(x_i,y_j)=\frac{\delta_x^2 u(x_i,y_j)}{\Delta x^2}-\frac{1}{12}\left(v(x_{i-1},y_j)+10v(x_i,y_j)+v(x_{i+1},y_j)\right)+C_2(\Delta x)^4$$

再由式（3-157）知，上式即为

$$\varepsilon_x^2 v(x_i,y_j)=\frac{\delta_x^2 u(x_i,y_j)}{\Delta x^2}+C_2(\Delta x)^4 \tag{5-25}$$

同理，

$$\varepsilon_y^2 w(x_i,y_j)=\frac{\delta_y^2 u(x_i,y_j)}{\Delta y^2}+C_3(\Delta y)^4 \tag{5-26}$$

此外，将算子 $\varepsilon_x^2\varepsilon_y^2$ 作用到式（5-24）上，则有

$$-\varepsilon_x^2\varepsilon_y^2(v+w)\big|_{(x_i,y_j)}=\varepsilon_x^2\varepsilon_y^2 f(x_i,y_j) \tag{5-27}$$

然后，将式（5-25）、式（5-26）一起代入式（5-27），则有

$$-\frac{\varepsilon_y^2\delta_x^2 u(x_i,y_j)}{\Delta x^2}-\frac{\varepsilon_x^2\delta_y^2 u(x_i,y_j)}{\Delta y^2}=\varepsilon_x^2\varepsilon_y^2 f(x_i,y_j)+C_2(\Delta x)^4+C_3(\Delta y)^4 \tag{5-28}$$

于是，用数值解 $u_{i,j}$ 代替精确解 $u(x_i,y_j)$ 并且忽略高阶小项，可得以下紧差分格式：

$$\begin{cases}-\dfrac{\varepsilon_y^2\delta_x^2 u_{i,j}}{\Delta x^2}-\dfrac{\varepsilon_x^2\delta_y^2 u_{i,j}}{\Delta y^2}=\varepsilon_x^2\varepsilon_y^2 f(x_i,y_j),\quad 1\leqslant i\leqslant m-1,\ 1\leqslant j\leqslant n-1,\\ u_{s,t}=\varphi(x_s,y_t),\quad s=0,m\ \text{且}\ 0\leqslant t\leqslant n;\quad t=0,n\ \text{且}\ 0\leqslant s\leqslant m.\end{cases} \tag{5-29}$$

易见此格式的局部截断误差为$O(\Delta x^4+\Delta y^4)$．为计算方便，将式（5-29）中第一式整理化简，并利用记号$\dfrac{1}{\Delta x^2}=\beta$，$\dfrac{1}{\Delta y^2}=\gamma$，可得

$$(\beta+\gamma)u_{i-1,j-1}+(10\gamma-2\beta)u_{i,j-1}+(\beta+\gamma)u_{i+1,j-1}+(10\beta-2\gamma)u_{i-1,j}-20(\beta+\gamma)u_{i,j}+$$
$$(10\beta-2\gamma)u_{i+1,j}+(\beta+\gamma)u_{i-1,j+1}+(10\gamma-2\beta)u_{i,j+1}+(\beta+\gamma)u_{i+1,j+1}=-12\varepsilon_x^2\varepsilon_y^2 f(x_i,y_j)$$

此紧格式每一步计算要涉及到 9 个点，所以式（5-29）也称为九点紧差分格式．

注意到上述差分格式无法直接写成线性方程组$\boldsymbol{Ax}=\boldsymbol{b}$的简单形式，只能写成

$$\begin{pmatrix}\eta_2 & \xi & & & \\ \xi & \eta_2 & \xi & 0 & \\ & & \ddots & & \\ & 0 & \xi & \eta_2 & \xi \\ & & & \xi & \eta_2\end{pmatrix}\begin{pmatrix}u_{1,j-1}\\ u_{2,j-1}\\ \vdots \\ u_{m-2,j-1}\\ u_{m-1,j-1}\end{pmatrix}+\begin{pmatrix}-20\xi & \eta_1 & & 0 & \\ \eta_1 & -20\xi & \eta_1 & & \\ & \ddots & \ddots & \ddots & \\ & & \eta_1 & -20\xi & \eta_1 \\ & 0 & & \eta_1 & -20\xi\end{pmatrix}\begin{pmatrix}u_{1,j}\\ u_{2,j}\\ \vdots \\ u_{m-2,j}\\ u_{m-1,j}\end{pmatrix}+$$

$$\begin{pmatrix}\eta_2 & \xi & & & \\ \xi & \eta_2 & \xi & 0 & \\ & & \ddots & & \\ & 0 & \xi & \eta_2 & \xi \\ & & & \xi & \eta_2\end{pmatrix}\begin{pmatrix}u_{1,j+1}\\ u_{2,j+1}\\ \vdots \\ u_{m-2,j+1}\\ u_{m-1,j+1}\end{pmatrix}=\begin{pmatrix}-12\varepsilon_x^2\varepsilon_y^2 f(x_1,y_j)-\xi(u_{0,j-1}+u_{0,j+1})-\eta_1 u_{0,j}\\ -12\varepsilon_x^2\varepsilon_y^2 f(x_2,y_j)\\ \vdots \\ -12\varepsilon_x^2\varepsilon_y^2 f(x_{m-2},y_j)\\ -12\varepsilon_x^2\varepsilon_y^2 f(x_{m-1},y_j)-\xi(u_{m,j-1}+u_{m,j+1})-\eta_1 u_{m,j}\end{pmatrix}\tag{5-30}$$

其中，

$$\xi=\beta+\gamma,\quad \eta_1=10\beta-2\gamma,\quad \eta_2=10\gamma-2\beta\tag{5-31}$$

为此仍记

$$\boldsymbol{u}_j=(u_{1,j},u_{2,j},\cdots,u_{m-1,j})^{\mathrm{T}},\quad 0\leqslant j\leqslant n\tag{5-32}$$

则原数值格式可以简写为$C(\boldsymbol{u}_{j-1}+\boldsymbol{u}_{j+1})+D\boldsymbol{u}_j=\boldsymbol{f}_j$，$j=1,2,\cdots,n-1$．其中，

$$C=\begin{pmatrix}\eta_2 & \xi & & & \\ \xi & \eta_2 & \xi & 0 & \\ & & \ddots & & \\ & 0 & \xi & \eta_2 & \xi \\ & & & \xi & \eta_2\end{pmatrix},\quad D=\begin{pmatrix}-20\xi & \eta_1 & & 0 & \\ \eta_1 & -20\xi & \eta_1 & & \\ & \ddots & \ddots & \ddots & \\ & & \eta_1 & -20\xi & \eta_1 \\ & 0 & & \eta_1 & -20\xi\end{pmatrix}$$

且

$$\boldsymbol{f}_j=\begin{pmatrix}-12\varepsilon_x^2\varepsilon_y^2 f(x_1,y_j)-\xi(u_{0,j-1}+u_{0,j+1})-\eta_1 u_{0,j}\\ -12\varepsilon_x^2\varepsilon_y^2 f(x_2,y_j)\\ \vdots \\ -12\varepsilon_x^2\varepsilon_y^2 f(x_{m-2},y_j)\\ -12\varepsilon_x^2\varepsilon_y^2 f(x_{m-1},y_j)-\xi(u_{m,j-1}+u_{m,j+1})-\eta_1 u_{m,j}\end{pmatrix}.$$

为解出此方程组，将未知量$\boldsymbol{u}_j$按下标拉长成一个列向量，并写成块矩阵形式，得

$$\begin{pmatrix} D & C & & & \\ C & D & C & & \\ & \ddots & \ddots & \ddots & \\ & & C & D & C \\ & & & C & D \end{pmatrix}\begin{pmatrix} \boldsymbol{u}_1 \\ \boldsymbol{u}_2 \\ \vdots \\ \boldsymbol{u}_{n-2} \\ \boldsymbol{u}_{n-1} \end{pmatrix}=\begin{pmatrix} \boldsymbol{f}_1-C\boldsymbol{u}_0 \\ \boldsymbol{f}_2 \\ \vdots \\ \boldsymbol{f}_{n-2} \\ \boldsymbol{f}_{n-1}-C\boldsymbol{u}_n \end{pmatrix} \tag{5-33}$$

式（5-33）可以具体写出来，参见本章最后的横版页式（5-34）. 由上一节的经验知，此线性方程组可用迭代法求解. 为了更好地获得这些迭代格式，利用式（5-33）的具体形式（5-34）更容易得到迭代格式. 式（5-34）的 Gauss-Seidel 迭代公式为

$$u_{i,j}^{(k+1)}=\frac{1}{-20\xi}[-12\varepsilon_x^2\varepsilon_y^2 f(x_i,y_j)-\xi(u_{i-1,j-1}^{(k+1)}+u_{i-1,j+1}^{(k)}+u_{i+1,j-1}^{(k+1)}+u_{i+1,j+1}^{(k)})-$$
$$\eta_1(u_{i-1,j}^{(k+1)}+u_{i+1,j}^{(k)})-\eta_2(u_{i,j-1}^{(k+1)}+u_{i,j+1}^{(k)})] \tag{5-35}$$

以上迭代格式中，$1\leqslant i\leqslant m-1$，$1\leqslant j\leqslant n-1$，且加括号的上标 $k$ 表示迭代次数.

## 二、九点紧差分格式的收敛性分析

对于九点紧差分格式（5-29），有以下收敛定理.

**定理 5.2.1** 若 Poisson 方程（5-1）的精确解 $u(x,y)$ 满足 $\max\limits_{(x,y)\in\mathring{\Omega}}\left\{\left|\dfrac{\partial^6 u(x,y)}{\partial x^6}\right|,\left|\dfrac{\partial^6 u(x,y)}{\partial y^6}\right|\right\}$ 有界，则九点紧差分格式（5-29）是四阶收敛的.

定理 5.2.1 的证明较复杂，主要是利用椭圆型方程理论中的能量估计借助 Sobolev 空间的范数来实现的，只是此处为了证明差分格式的收敛性，将上述结论推广应用到离散空间. 为此，同一阶椭圆型方程边值问题（这是一个常微分方程问题，参见第二章第六节）一样，首先需要引入一些记号，这些记号本质上是 $W_k^p$ 空间的离散形式，而且是第二章第六节一维问题中相应记号的一个推广.

设有一个相应于矩形求解域 $\Omega=[a,b]\times[c,d]$ 上网格剖分为 $x_i=a+i\cdot\Delta x,\ 0\leqslant i\leqslant m$，和 $y_j=c+j\cdot\Delta y,\ \ 0\leqslant j\leqslant n$ 的函数空间，这个函数空间中的元素都只在离散的网格节点 $(x_i,y_j)$ 处有定义. 记其中的一个子空间为

$$V_h=\{v\,|\,v_{i,j},\text{且}v_{0,j}=v_{m,j}=v_{i,0}=v_{i,n}=0,\ \ 0\leqslant i\leqslant m,0\leqslant j\leqslant n\} \tag{5-36}$$

对 $v\in V_h$ 引入以下记号（分别相当于离散形式的 $L^\infty,L^2,H^1$ 范数）：

$$\|v\|_\infty=\max_{0\leqslant i\leqslant m,0\leqslant j\leqslant n}|v_{i,j}| \tag{5-37}$$

$$\|v\|=\sqrt{\Delta x\Delta y\sum_{i=0}^{m}\sum_{j=0}^{n}v_{i,j}^{\ 2}}=\sqrt{\Delta x\Delta y\sum_{i=1}^{m-1}\sum_{j=1}^{n-1}v_{i,j}^{\ 2}} \tag{5-38}$$

$$|v|_1=\sqrt{\Delta x\Delta y\sum_{i=0}^{m-1}\sum_{j=0}^{n}\left(\frac{v_{i+1,j}-v_{i,j}}{\Delta x}\right)^2+\Delta x\Delta y\sum_{j=0}^{n-1}\sum_{i=0}^{m}\left(\frac{v_{i,j+1}-v_{i,j}}{\Delta y}\right)^2}$$
$$=\sqrt{\Delta x\Delta y\sum_{i=0}^{m-1}\sum_{j=1}^{n-1}\left(\frac{v_{i+1,j}-v_{i,j}}{\Delta x}\right)^2+\Delta x\Delta y\sum_{j=0}^{n-1}\sum_{i=1}^{m-1}\left(\frac{v_{i,j+1}-v_{i,j}}{\Delta y}\right)^2} \tag{5-39}$$

则有以下引理成立.

**引理 5.2.1** 对 $v\in V_h$，存在不依赖于 $\Delta x,\Delta y$ 的常数 $C_1,C_2>0$，使得下面的式子成立：

（1）
$$\|v\|_\infty \leqslant C_1 |v|_1 \tag{5-40}$$

（2）
$$\|v\| \leqslant C_2 |v|_1 \tag{5-41}$$

（3）对固定的某个 $j(0\leqslant j\leqslant n)$ 及任一网格函数 $p$：

$$\sum_{i=1}^{m-1} v_{i,j}\delta_x^2 p_{i,j} = \sum_{i=1}^{m-1} v_{i,j}(p_{i-1,j}-2p_{i,j}+p_{i+1,j}) = -\sum_{i=0}^{m-1}(v_{i+1,j}-v_{i,j})(p_{i+1,j}-p_{i,j}) \tag{5-42}$$

**证明**：此证明与第二章第六节中引理 2.6.1 的证明相仿. 但为了清楚起见，还是一一写出.

一方面，对固定的某个 $j,\ 0\leqslant j\leqslant n$，有

$$v_{k,j} = \left(v_{k,j}-v_{k-1,j}\right)+\left(v_{k-1,j}-v_{k-2,j}\right)+\cdots+\left(v_{1,j}-v_{0,j}\right) = \sum_{i=0}^{k-1}(v_{i+1,j}-v_{i,j}),\ 1\leqslant k\leqslant m$$

从而由 Cauchy-Schwartz 不等式得

$$v_{k,j}^2 = \left(\sum_{i=0}^{k-1} 1\cdot(v_{i+1,j}-v_{i,j})\right)^2 \leqslant \left(\sum_{i=0}^{k-1}1^2\right)\left(\sum_{i=0}^{k-1}(v_{i+1,j}-v_{i,j})^2\right) \leqslant m\sum_{i=0}^{k-1}(v_{i+1,j}-v_{i,j})^2 \tag{5-43}$$

另一方面，

$$-v_{k,j} = (v_{m,j}-v_{m-1,j})+(v_{m-1,j}-v_{m-2,j})+\cdots+\left(v_{k+1,j}-v_{k,j}\right) = \sum_{i=k}^{m-1}(v_{i+1,j}-v_{i,j}),\ 0\leqslant k\leqslant m-1$$

从而

$$v_{k,j}^2 = \left(\sum_{i=k}^{m-1}(v_{i+1,j}-v_{i,j})\right)^2 \leqslant \left(\sum_{i=k}^{m-1}1^2\right)\left(\sum_{i=k}^{m-1}(v_{i+1,j}-v_{i,j})^2\right) \leqslant m\sum_{i=k}^{m-1}(v_{i+1,j}-v_{i,j})^2 \tag{5-44}$$

将式（5-43）和式（5-44）相加，得 $2{v_{k,j}}^2 \leqslant m\sum\limits_{i=0}^{m-1}(v_{i+1,j}-v_{i,j})^2$，注意到 $m\cdot\Delta x=b-a$，就有

$${v_{k,j}}^2 \leqslant \frac{(b-a)\Delta x}{2}\sum_{i=0}^{m-1}\left(\frac{v_{i+1,j}-v_{i,j}}{\Delta x}\right)^2,\ 1\leqslant k\leqslant m-1,\ 0\leqslant j\leqslant n \tag{5-45}$$

也就有

$$\max_{1\leqslant k\leqslant m-1,\,1\leqslant j\leqslant n-1}|v_{k,j}|^2 \leqslant \frac{(b-a)\Delta x\Delta y}{2}\sum_{i=0}^{m-1}\left(\frac{v_{i+1,j}-v_{i,j}}{\Delta x}\right)^2$$

将上式两端同乘以 $\Delta y$ 并关于下标 $j$ 从 0 加到 $n-1$，得

$$n\cdot\Delta y \max_{1\leqslant k\leqslant m-1,1\leqslant j\leqslant n-1}|v_{k,j}|^2 \leqslant \frac{(b-a)\Delta x}{2}\sum_{j=0}^{n-1}\sum_{i=0}^{m-1}\left(\frac{v_{i+1,j}-v_{i,j}}{\Delta x}\right)^2$$

再利用 $n\cdot\Delta y=d-c$ 即得 $$\max_{1\leqslant k\leqslant m-1,1\leqslant j\leqslant n-1}|v_{k,j}|^2 \leqslant \frac{(b-a)\Delta x\Delta y}{2(d-c)}\sum_{j=0}^{n-1}\sum_{i=0}^{m-1}\left(\frac{v_{i+1,j}-v_{i,j}}{\Delta x}\right)^2$$

同理可得 $$\max_{1\leqslant i\leqslant m-1,1\leqslant k\leqslant n-1}|v_{i,k}|^2 \leqslant \frac{(d-c)\Delta x\Delta y}{2(b-a)}\sum_{i=0}^{m-1}\sum_{j=0}^{n-1}\left(\frac{v_{i,j+1}-v_{i,j}}{\Delta y}\right)^2$$

再将上面两式相加，就有

$$\max_{1\leqslant i\leqslant m-1,1\leqslant j\leqslant n-1}|v_{i,j}|^2\leqslant\frac{(b-a)\Delta x\Delta y}{4(d-c)}\sum_{j=0}^{n-1}\sum_{i=0}^{m-1}\left(\frac{v_{i+1,j}-v_{i,j}}{\Delta x}\right)^2+\frac{(d-c)\Delta x\Delta y}{4(b-a)}\sum_{i=0}^{m-1}\sum_{j=0}^{n-1}\left(\frac{v_{i,j+1}-v_{i,j}}{\Delta y}\right)^2$$

$$\leqslant\max\left\{\frac{(b-a)}{4(d-c)},\frac{(d-c)}{4(b-a)}\right\}\cdot\Delta x\Delta y\left\{\sum_{i=0}^{m-1}\sum_{j=1}^{n-1}\left(\frac{v_{i+1,j}-v_{i,j}}{\Delta x}\right)^2+\sum_{i=1}^{m-1}\sum_{j=0}^{n-1}\left(\frac{v_{i,j+1}-v_{i,j}}{\Delta y}\right)^2\right\}$$

也就是存在不依赖于$\Delta x,\Delta y$的常数$C_1$使得式（5-40）成立. 此外，对式（5-45）两端同时乘以$\Delta y$并关于下标$j$从1加到$n-1$，就得

$$\Delta y\sum_{j=1}^{n-1}{v_{k,j}}^2\leqslant\frac{(b-a)\Delta x\Delta y}{2}\sum_{j=1}^{n-1}\sum_{i=0}^{m-1}\left(\frac{v_{i+1,j}-v_{i,j}}{\Delta x}\right)^2,\quad 1\leqslant k\leqslant m-1$$

上式两端再同时乘以$\Delta x$再关于下标$k$从1加到$m-1$，就得

$$\Delta x\Delta y\sum_{k=1}^{m-1}\sum_{j=1}^{n-1}{v_{k,j}}^2\leqslant m\cdot\frac{(b-a)\Delta x^2\Delta y}{2}\sum_{j=1}^{n-1}\sum_{i=0}^{m-1}\left(\frac{v_{i+1,j}-v_{i,j}}{\Delta x}\right)^2=\frac{(b-a)^2\Delta x\Delta y}{2}\sum_{j=1}^{n-1}\sum_{i=0}^{m-1}\left(\frac{v_{i+1,j}-v_{i,j}}{\Delta x}\right)^2$$

同理，

$$\Delta x\Delta y\sum_{k=1}^{m-1}\sum_{j=1}^{n-1}{v_{k,j}}^2\leqslant\frac{(d-c)^2\Delta x\Delta y}{2}\sum_{i=1}^{m-1}\sum_{j=0}^{n-1}\left(\frac{v_{i,j+1}-v_{i,j}}{\Delta y}\right)^2$$

再将上面两式相加得

$$2\Delta x\Delta y\sum_{i=1}^{m-1}\sum_{j=1}^{n-1}{v_{i,j}}^2\leqslant\frac{(b-a)^2\Delta x\Delta y}{2}\sum_{j=1}^{n-1}\sum_{i=0}^{m-1}\left(\frac{v_{i+1,j}-v_{i,j}}{\Delta x}\right)^2+\frac{(d-c)^2\Delta x\Delta y}{2}\sum_{i=1}^{m-1}\sum_{j=0}^{n-1}\left(\frac{v_{i,j+1}-v_{i,j}}{\Delta y}\right)^2$$

从而

$$\Delta x\Delta y\sum_{i=1}^{m-1}\sum_{j=1}^{n-1}{v_{i,j}}^2\leqslant\frac{(b-a)^2+(d-c)^2}{4}\Delta x\Delta y\left\{\sum_{j=1}^{n-1}\sum_{i=0}^{m-1}\left(\frac{v_{i+1,j}-v_{i,j}}{\Delta x}\right)^2+\sum_{i=1}^{m-1}\sum_{j=0}^{n-1}\left(\frac{v_{i,j+1}-v_{i,j}}{\Delta y}\right)^2\right\}$$

也就是式（5-41）成立. 最后，易见

$$\begin{aligned}\sum_{i=1}^{m-1}v_{i,j}(p_{i-1,j}-2p_{i,j}+p_{i+1,j})&=\sum_{i=1}^{m-1}v_{i,j}(p_{i+1,j}-p_{i,j})-\sum_{i=1}^{m-1}v_{i,j}(p_{i,j}-p_{i-1,j})\\&=\sum_{i=1}^{m-1}v_{i,j}(p_{i+1,j}-p_{i,j})-\sum_{i=0}^{m-2}v_{i+1,j}(p_{i+1,j}-p_{i,j})\\&=\sum_{i=0}^{m-1}(v_{i,j}-v_{i+1,j})(p_{i+1,j}-p_{i,j})-v_{0,j}(p_{1,j}-p_{0,j})+v_{m,j}(p_{m,j}-p_{m-1,j})\\&=-\sum_{i=0}^{m-1}(v_{i+1,j}-v_{i,j})(p_{i+1,j}-p_{i,j})\end{aligned}$$

也就是式（5-42）成立，从而引理5.2.1证毕.

**引理 5.2.2**　设$v\in V_h$，则

$$\sum_{i=1}^{m-1}\sum_{j=1}^{n-1}\left(-\frac{\varepsilon_y^2\delta_x^2v_{i,j}}{\Delta x^2}-\frac{\varepsilon_x^2\delta_y^2v_{i,j}}{\Delta y^2}\right)v_{i,j}\geqslant\frac{2}{3}\left\{\sum_{i=0}^{m-1}\sum_{j=1}^{n-1}\left(\frac{v_{i+1,j}-v_{i,j}}{\Delta x}\right)^2+\sum_{i=1}^{m-1}\sum_{j=0}^{n-1}\left(\frac{v_{i,j+1}-v_{i,j}}{\Delta y}\right)^2\right\}\tag{5-46}$$

**证明**：由式（5-42）类似地有

$$\sum_{j=1}^{n-1} v_{i,j}\delta_y^2 p_{i,j} = \sum_{j=1}^{n-1} v_{i,j}(p_{i,j-1} - 2p_{i,j} + p_{i,j+1}) = -\sum_{j=0}^{n-1}(v_{i,j+1} - v_{i,j})(p_{i,j+1} - p_{i,j})$$

于是，

$$\sum_{i=1}^{m-1}\sum_{j=1}^{n-1}\left(-\frac{\varepsilon_y^2\delta_x^2 v_{i,j}}{\Delta x^2} - \frac{\varepsilon_x^2\delta_y^2 v_{i,j}}{\Delta y^2}\right)v_{i,j} = -\frac{1}{\Delta x^2}\sum_{i=1}^{m-1}\sum_{j=1}^{n-1} v_{i,j}\delta_x^2(\varepsilon_y^2 v_{i,j}) - \frac{1}{\Delta y^2}\sum_{i=1}^{m-1}\sum_{j=1}^{n-1} v_{i,j}\delta_y^2(\varepsilon_x^2 v_{i,j})$$

$$= -\frac{1}{\Delta x^2}\sum_{j=1}^{n-1}\left(\sum_{i=1}^{m-1} v_{i,j}\delta_x^2(\varepsilon_y^2 v_{i,j})\right) - \frac{1}{\Delta y^2}\sum_{i=1}^{m-1}\left(\sum_{j=1}^{n-1} v_{i,j}\delta_y^2(\varepsilon_x^2 v_{i,j})\right)$$

$$= \frac{1}{\Delta x^2}\sum_{j=1}^{n-1}\left(\sum_{i=0}^{m-1}(v_{i+1,j} - v_{i,j})\cdot\varepsilon_y^2(v_{i+1,j} - v_{i,j})\right) + \frac{1}{\Delta y^2}\sum_{i=1}^{m-1}\left(\sum_{j=0}^{n-1}(v_{i,j+1} - v_{i,j})\cdot\varepsilon_x^2(v_{i,j+1} - v_{i,j})\right)$$

$$:= T_1 + T_2 \tag{5-47}$$

再记 $p_{i,j} = v_{i+1,j} - v_{i,j}$，则 $p_{i,0} = p_{i,n} = 0$ 且

$$T_1 = \frac{1}{\Delta x^2}\sum_{j=1}^{n-1}\left(\sum_{i=0}^{m-1}(v_{i+1,j} - v_{i,j})\cdot\varepsilon_y^2(v_{i+1,j} - v_{i,j})\right) = \frac{1}{\Delta x^2}\sum_{i=0}^{m-1}\left(\sum_{j=1}^{n-1} p_{i,j}\varepsilon_y^2 p_{i,j}\right)$$

$$= \frac{1}{12\Delta x^2}\sum_{i=0}^{m-1}\sum_{j=1}^{n-1}\left(p_{i,j}(p_{i,j-1} + 10p_{i,j} + p_{i,j+1})\right)$$

$$\geqslant \frac{1}{24\Delta x^2}\sum_{i=0}^{m-1}\sum_{j=1}^{n-1}\left(-p_{i,j}^2 - p_{i,j-1}^2 + 20p_{i,j}^2 - p_{i,j}^2 - p_{i,j+1}^2\right)$$

$$= \frac{1}{24\Delta x^2}\sum_{i=0}^{m-1}\sum_{j=1}^{n-1}\left(18p_{i,j}^2 - p_{i,j-1}^2 - p_{i,j+1}^2\right) = \frac{1}{24\Delta x^2}\sum_{i=0}^{m-1}\left(\sum_{j=1}^{n-1} 18p_{i,j}^2 - \sum_{j=0}^{n-2} p_{i,j}^2 - \sum_{j=2}^{n} p_{i,j}^2\right)$$

$$= \frac{1}{24\Delta x^2}\sum_{i=0}^{m-1}\left(\sum_{j=1}^{n-1} 18p_{i,j}^2 - \sum_{j=1}^{n-2} p_{i,j}^2 - \sum_{j=2}^{n-1} p_{i,j}^2\right) \qquad (\because p_{i,0} = p_{i,n} = 0)$$

$$= \frac{1}{24\Delta x^2}\sum_{i=0}^{m-1}\left(\sum_{j=1}^{n-1} 16p_{i,j}^2 + p_{i,n-1}^2 + p_{i,1}^2\right) \geqslant \frac{2}{3\Delta x^2}\sum_{i=0}^{m-1}\sum_{j=1}^{n-1} p_{i,j}^2$$

$$= \frac{2}{3}\sum_{i=0}^{m-1}\sum_{j=1}^{n-1}\left(\frac{v_{i+1,j} - v_{i,j}}{\Delta x}\right)^2 \tag{5-48}$$

同理，

$$T_2 \geqslant \frac{2}{3}\sum_{i=1}^{m-1}\sum_{j=0}^{n-1}\left(\frac{v_{i,j+1} - v_{i,j}}{\Delta y}\right)^2 \tag{5-49}$$

从而由式（5-47）～式（5-49）得

$$\sum_{i=1}^{m-1}\sum_{j=1}^{n-1}\left(-\frac{\varepsilon_y^2\delta_x^2 v_{i,j}}{\Delta x^2} - \frac{\varepsilon_x^2\delta_y^2 v_{i,j}}{\Delta y^2}\right)v_{i,j} \geqslant \frac{2}{3}\left\{\sum_{i=0}^{m-1}\sum_{j=1}^{n-1}\left(\frac{v_{i+1,j} - v_{i,j}}{\Delta x}\right)^2 + \sum_{i=1}^{m-1}\sum_{j=0}^{n-1}\left(\frac{v_{i,j+1} - v_{i,j}}{\Delta y}\right)^2\right\}$$

引理 5.2.2 证毕.

**引理 5.2.3** 设$v\in V_h$，且满足以下方程：

$$\begin{cases}-\dfrac{\varepsilon_y^2\delta_x^2 v_{i,j}}{\Delta x^2}-\dfrac{\varepsilon_x^2\delta_y^2 v_{i,j}}{\Delta y^2}=R(x_i,y_j),\quad 1\leqslant i\leqslant m-1,\ 1\leqslant j\leqslant n-1\\ v_{s,t}=0,\quad s=0,m \text{ 且 } 0\leqslant t\leqslant n;\quad t=0,n \text{ 且 } 0\leqslant s\leqslant m\end{cases}\tag{5-50}$$

其中，$R$ 为定义在$\Omega$上的连续函数，则存在不依赖于$\Delta x,\Delta y$的常数$C>0$，使得

$$|v|_1\leqslant C\max_{1\leqslant i\leqslant m-1,1\leqslant j\leqslant n-1}|R(x_i,y_j)|\tag{5-51}$$

**证明**：对方程（5-50）中的第一式两边同乘以$v_{i,j}$，然后关于下标$i$从 1 加到$m-1$并且关于下标$j$从 1 加到$n-1$，就有

$$\begin{aligned}\sum_{i=1}^{m-1}\sum_{j=1}^{n-1}\left(-\frac{\varepsilon_y^2\delta_x^2 v_{i,j}}{\Delta x^2}-\frac{\varepsilon_x^2\delta_y^2 v_{i,j}}{\Delta y^2}\right)v_{i,j}&=\sum_{i=1}^{m-1}\sum_{j=1}^{n-1}R(x_i,y_j)v_{i,j}\\ &\leqslant C_\varepsilon\sum_{i=1}^{m-1}\sum_{j=1}^{n-1}v_{i,j}^2+\frac{1}{4C_\varepsilon}\sum_{i=1}^{m-1}\sum_{j=1}^{n-1}R^2(x_i,y_j)\end{aligned}$$

其中，正的常数$C_\varepsilon$待定. 再利用式（5-46）就有

$$\frac{2}{3}\left\{\sum_{i=0}^{m-1}\sum_{j=1}^{n-1}\left(\frac{v_{i+1,j}-v_{i,j}}{\Delta x}\right)^2+\sum_{i=1}^{m-1}\sum_{j=0}^{n-1}\left(\frac{v_{i,j+1}-v_{i,j}}{\Delta y}\right)^2\right\}\leqslant C_\varepsilon\sum_{i=1}^{m-1}\sum_{j=1}^{n-1}v_{i,j}^2+\frac{1}{4C_\varepsilon}\sum_{i=1}^{m-1}\sum_{j=1}^{n-1}R^2(x_i,y_j)$$

从而由式（5-41）就得到

$$\frac{2}{3}|v|_1^2\leqslant C_\varepsilon\|v\|^2+\frac{\Delta x\Delta y}{4C_\varepsilon}\sum_{i=1}^{m-1}\sum_{j=1}^{n-1}R^2(x_i,y_j)\leqslant C_2^2C_\varepsilon|v|_1^2+\frac{\Delta x\Delta y}{4C_\varepsilon}\sum_{i=1}^{m-1}\sum_{j=1}^{n-1}R^2(x_i,y_j)$$

不妨取$C_2^2C_\varepsilon=\dfrac{1}{3}$，也就是取$C_\varepsilon=\dfrac{1}{3C_2^2}$，上式即为

$$|v|_1^2\leqslant\frac{9C_2^2}{4}\Delta x\Delta y\sum_{i=1}^{m-1}\sum_{j=1}^{n-1}R^2(x_i,y_j)\leqslant\frac{9C_2^2(b-a)(d-c)}{4}\max_{1\leqslant i\leqslant m-1,1\leqslant j\leqslant n-1}R^2(x_i,y_j)$$

从而式（5-51）成立.

有了以上引理，就可以证明定理 5. 2. 1 了. 设误差$e_{i,j}=u_{i,j}-u(x_i,y_j)$，将式（5-29）减去式（5-28）并联合边值条件知，网格函数$e_{i,j}\in V_h$满足以下方程：

$$\begin{cases}-\dfrac{\varepsilon_y^2\delta_x^2 e_{i,j}}{\Delta x^2}-\dfrac{\varepsilon_x^2\delta_y^2 e_{i,j}}{\Delta y^2}=C_2(\Delta x)^4+C_3(\Delta y)^4,\quad 1\leqslant i\leqslant m-1,\ 1\leqslant j\leqslant n-1\\ e_{s,t}=0,\quad s=0,m \text{ 且 } 0\leqslant t\leqslant n;\quad t=0,n \text{ 且 } 0\leqslant s\leqslant m\end{cases}$$

利用引理 5.1.3，就有$|e|_1\leqslant C(\Delta x^4+\Delta y^4)$. 再由式（5-40）就得

$$\max_{0\leqslant i\leqslant m,0\leqslant j\leqslant n}|u_{i,j}-u(x_i,y_j)|=\|e\|_\infty\leqslant C|e|_1\leqslant C(\Delta x^4+\Delta y^4)$$

也就是说，九点紧差分格式（5-29）是四阶收敛的.

## 三、数值算例

**例 5.2.1** 用九点紧差分格式求解椭圆型方程边值问题[1]：

$$\begin{cases} -\left(\dfrac{\partial^2 u}{\partial^2 x}+\dfrac{\partial^2 u}{\partial^2 y}\right)=(\pi^2-1)\mathrm{e}^x\sin(\pi y), \quad 0<x<2,\ 0<y<1 \\ u(0,y)=\sin(\pi y), \qquad u(2,y)=\mathrm{e}^2\sin(\pi y), \quad 0\leqslant y\leqslant 1 \\ u(x,0)=u(x,1)=0, \quad 0<x<2 \end{cases}$$

已知此问题的精确解为 $u(x,y)=\mathrm{e}^x\sin(\pi y)$．分别取第一种步长 $\Delta x=\Delta y=\dfrac{1}{16}$ 和第二种步长 $\Delta x=\Delta y=\dfrac{1}{32}$，输出 6 个节点 $(0.5i,0.25)$ 和 $(0.5i,0.5)$, $i=1,2,3$ 处的数值解，并给出误差，要求在各节点处最大误差的迭代误差限为 $0.5\times10^{-10}$．

**解**：用 Gauss-Seidel 迭代，迭代初值均取为 0，程序见 Egch5_sec2_01.c. 计算结果列表如下（表 5-2）．

表 5-2 九点紧差分格式的计算结果

| $(x_i,y_j)$ | 第一种步长 数值解 $u_{ij}$ | 误差 $\lvert u_{ij}-u(x_i,y_j)\rvert$ | 第二种步长 数值解 $u_{ij}$ | 误差 $\lvert u_{ij}-u(x_i,y_j)\rvert$ |
|---|---|---|---|---|
| (0.50,0.25) | 1.165829 | 6.7140 e–6 | 1.165822 | 4.1552 e–7 |
| (1.00,0.25) | 1.922127 | 1.1487 e–5 | 1.922116 | 7.1227 e–7 |
| (1.50,0.25) | 3.169047 | 1.4319 e–5 | 3.169034 | 8.9066 e–7 |
| (0.50,0.50) | 1.648731 | 9.4951 e–6 | 1.648722 | 5.8773 e–7 |
| (1.00,0.50) | 2.718298 | 1.6245 e–5 | 2.718283 | 1.0074 e–6 |
| (1.50,0.50) | 4.481709 | 2.0250 e–5 | 4.481690 | 1.2597 e–6 |

从数值结果可见，当步长减半时，误差约减为原来的 1/16，从而数值格式是四阶收敛的.

# 第三节 混合边界条件下的差分方法

本节主要研究混合边界条件（即带导数的边界条件）下的椭圆型方程的解法. 我们将考察如下椭圆型方程混合边值问题：

$$\begin{cases} -\left(\dfrac{\partial^2 u(x,y)}{\partial x^2}+\dfrac{\partial^2 u(x,y)}{\partial y^2}\right)=f(x,y), \quad (x,y)\in\mathring{\Omega} \\ \dfrac{\partial u(x,y)}{\partial \boldsymbol{n}}+\lambda(x,y)u=\mu(x,y), \quad (x,y)\in\partial\Omega=\Gamma \end{cases}$$

其中，矩形域 $\Omega=\{\,(x,y)\,|\,a\leqslant x\leqslant b, c\leqslant y\leqslant d\,\}$，$f(x,y)$ 为 $\Omega$ 上的连续函数，$\boldsymbol{n}$ 是 $\Gamma$ 上的单位法向量，从而 $\dfrac{\partial u(x,y)}{\partial \boldsymbol{n}}$ 表示方向导数，$\lambda(x,y),\mu(x,y)$ 为 $\Gamma$ 上的连续函数且 $\lambda(x,y)$ 非负. 对于矩形域 $\Omega$ 而言，其边界上的法向量没有统一的表达式，需要对四条边界线段分别讨论. 易见，在左边界 $\boldsymbol{n}_1=(-1,0)$，从而边界条件实为 $\left.\left(-\dfrac{\partial u}{\partial x}+\lambda(x,y)u\right)\right|_{(a,y)}=\mu_1(a,y)$；在右边界 $\boldsymbol{n}_2=(1,0)$，边界条件就是 $\left.\left(\dfrac{\partial u}{\partial x}+\lambda(x,y)u\right)\right|_{(b,y)}$

$=\mu_2(b,y)$；在下边界 $\boldsymbol{n}_3=(0,-1)$，边界条件为 $\left(-\dfrac{\partial u}{\partial y}+\lambda(x,y)u\right)\Big|_{(x,c)}=\mu_3(x,c)$；最后，在上边界 $\boldsymbol{n}_4=(0,1)$，边界条件为 $\left(\dfrac{\partial u}{\partial y}+\lambda(x,y)u\right)\Big|_{(x,d)}=\mu_4(x,d)$. 于是，上述椭圆型方程的混合边界问题可以具体写成以下形式：

$$\begin{cases}-\left(\dfrac{\partial^2 u(x,y)}{\partial x^2}+\dfrac{\partial^2 u(x,y)}{\partial y^2}\right)=f(x,y), & (x,y)\in(a,b)\times(c,d),\\ \left(\dfrac{\partial u(x,y)}{\partial x}-\lambda(x,y)u\right)\Big|_{(a,y)}=\varphi_1(y), & c\leqslant y\leqslant d,\\ \left(\dfrac{\partial u(x,y)}{\partial x}+\lambda(x,y)u\right)\Big|_{(b,y)}=\varphi_2(y), & c\leqslant y\leqslant d,\\ \left(\dfrac{\partial u(x,y)}{\partial y}-\lambda(x,y)u\right)\Big|_{(x,c)}=\psi_1(x), & a\leqslant x\leqslant b,\\ \left(\dfrac{\partial u(x,y)}{\partial y}+\lambda(x,y)u\right)\Big|_{(x,d)}=\psi_2(x), & a\leqslant x\leqslant b.\end{cases}$$

以下就对上述方程进行差分格式设计并进行数值算例实现.

## 一、二阶差分格式

同前面两小节一样，首先对矩形区域 $\Omega$ 进行等距剖分，得到网各节点 $(x_i,y_j)$，且 $x_i=a+i\cdot\Delta x(0\leqslant i\leqslant m),\ \Delta x=\dfrac{b-a}{m};\ y_j=c+j\cdot\Delta y(0\leqslant j\leqslant n),\ \Delta y=\dfrac{d-c}{n}$. 将方程弱化使之仅在节点处成立，从而有

$$\begin{cases}-\left(\dfrac{\partial^2 u(x,y)}{\partial x^2}+\dfrac{\partial^2 u(x,y)}{\partial y^2}\right)\Big|_{(x_i,y_j)}=f(x_i,y_j), & 1\leqslant i\leqslant m-1,1\leqslant j\leqslant n-1,\\ \dfrac{\partial u(x,y)}{\partial x}\Big|_{(x_0,y_j)}-\lambda(x_0,y_j)u(x_0,y_j)=\varphi_1(y_j), & 0\leqslant j\leqslant n,\\ \dfrac{\partial u(x,y)}{\partial x}\Big|_{(x_m,y_j)}+\lambda(x_m,y_j)u(x_m,y_j)=\varphi_2(y_j), & 0\leqslant j\leqslant n,\\ \dfrac{\partial u(x,y)}{\partial y}\Big|_{(x_i,y_0)}-\lambda(x_i,y_0)u(x_i,y_0)=\psi_1(x_i), & 0\leqslant i\leqslant m,\\ \dfrac{\partial u(x,y)}{\partial y}\Big|_{(x_i,y_n)}+\lambda(x_i,y_n)u(x_i,y_n)=\psi_2(x_i), & 0\leqslant i\leqslant m.\end{cases}$$

将上式中的一阶、二阶偏导数分别用关于一阶导数的中心差商和关于二阶导数的中心差商来近似，就得

$$\begin{cases}-\left(\dfrac{u(x_{i-1},y_j)-2u(x_i,y_j)+u(x_{i+1},y_j)}{\Delta x^2}+\dfrac{u(x_i,y_{j-1})-2\,u(x_i,y_j)+u(x_i,y_{j+1})}{\Delta y^2}\right)\\ =f(x_i,y_j)+O(\Delta x^2+\Delta y^2),\quad 1\leqslant i\leqslant m-1,\ 1\leqslant j\leqslant n-1,\\ \dfrac{u(x_1,y_j)-u(x_{-1},y_j)}{2\Delta x}-\lambda(x_0,y_j)u(x_0,y_j)=\varphi_1(y_j)+O(\Delta x^2),\qquad 0\leqslant j\leqslant n,\\ \dfrac{u(x_{m+1},y_j)-u(x_{m-1},y_j)}{2\Delta x}+\lambda(x_m,y_j)u(x_m,y_j)=\varphi_2(y_j)+O(\Delta x^2),\qquad 0\leqslant j\leqslant n,\\ \dfrac{u(x_i,y_1)-u(x_i,y_{-1})}{2\Delta y}-\lambda(x_i,y_0)u(x_i,y_0)=\psi_1(x_i)+O(\Delta y^2),\qquad 0\leqslant i\leqslant m,\\ \dfrac{u(x_i,y_{n+1})-u(x_i,y_{n-1})}{2\Delta y}+\lambda(x_i,y_n)u(x_i,y_n)=\psi_2(x_i)+O(\Delta y^2),\qquad 0\leqslant i\leqslant m.\end{cases}$$

然后用数值解$u_{i,j}$代替精确解$u(x_i,y_j)$并忽略高阶小项，就得到以下数值格式：

$$\begin{cases}-\left(\dfrac{u_{i-1,j}-2u_{i,j}+u_{i+1,j}}{\Delta x^2}+\dfrac{u_{i,j-1}-2\,u_{i,j}+u_{i,j+1}}{\Delta y^2}\right)=f_{i,j},\\ 1\leqslant i\leqslant m-1,\ 1\leqslant j\leqslant n-1, & (0)\\ u_{1,j}-u_{-1,j}=2\Delta x(\varphi_1(y_j)+\lambda_{0,j}u_{0,j}),\qquad 0\leqslant j\leqslant n, & (1)\\ u_{m+1,j}-u_{m-1,j}=2\Delta x(\varphi_2(y_j)-\lambda_{m,j}\,u_{m,j}),\qquad 0\leqslant j\leqslant n, & (2)\\ u_{i,1}-u_{i,-1}=2\Delta y(\psi_1(x_i)+\lambda_{i,0}u_{i,0}),\qquad 0\leqslant i\leqslant m, & (3)\\ u_{i,n+1}-u_{i,n-1}=2\Delta y(\psi_2(x_i)-\lambda_{i,n}\,u_{i,n}),\qquad 0\leqslant i\leqslant m. & (4)\end{cases}\tag{5-52}$$

其中，$\lambda_{i,j}=\lambda(x_i,y_j)$，$f_{i,j}=f(x_i,y_j)$. 易见，此格式的局部截断误差为$O(\Delta x^2+\Delta y^2)$，且其中下标越界的情况需要进一步处理. 由于函数的连续性，不妨认为式（5-52）中的方程（0）对$i=0$也成立，即有

$$-\left(\frac{u_{-1,j}-2u_{0,j}+u_{1,j}}{\Delta x^2}+\frac{u_{0,j-1}-2\,u_{0,j}+u_{0,j+1}}{\Delta y^2}\right)=f_{i,j},\quad 1\leqslant j\leqslant n-1$$

再从方程（1）中解出$u_{-1,j}=u_{1,j}-2\Delta x(\varphi_1(y_j)+\lambda_{0,j}u_{0,j})$代入上式，就有

$$-\frac{2u_{1,j}-2(1+\Delta x\lambda_{0,j})u_{0,j}}{\Delta x^2}-\frac{u_{0,j-1}-2\,u_{0,j}+u_{0,j+1}}{\Delta y^2}=f_{i,j}-\frac{2}{\Delta x}\varphi_1(y_j),\quad 1\leqslant j\leqslant n-1\tag{5-53}$$

同样，分别设方程（0）对$i=m, j=0, j=n$成立，再分别从方程（2）、（3）、（4）中解出$u_{m+1,j},u_{i,-1},u_{i,n+1}$代入前面刚得到的方程，就能处理掉越界下标，得到以下格式：

$$\begin{cases}-\dfrac{u_{i-1,j}-2u_{i,j}+u_{i+1,j}}{\Delta x^2}-\dfrac{u_{i,j-1}-2\,u_{i,j}+u_{i,j+1}}{\Delta y^2}=f_{i,j},\ 1\leqslant i\leqslant m-1,\ 1\leqslant j\leqslant n-1, & (0')\\ -\dfrac{2u_{1,j}-2(1+\Delta x\lambda_{0,j})u_{0,j}}{\Delta x^2}-\dfrac{u_{0,j-1}-2\,u_{0,j}+u_{0,j+1}}{\Delta y^2}=f_{0,j}-\dfrac{2}{\Delta x}\varphi_1(y_j),\quad 1\leqslant j\leqslant n-1, & (1')\\ -\dfrac{2u_{m-1,j}-2(1+\Delta x\lambda_{m,j})u_{m,j}}{\Delta x^2}-\dfrac{u_{m,j-1}-2\,u_{m,j}+u_{m,j+1}}{\Delta y^2}=f_{m,j}+\dfrac{2}{\Delta x}\varphi_2(y_j),\quad 1\leqslant j\leqslant n-1, & (2')\\ -\dfrac{u_{i-1,0}-2u_{i,0}+u_{i+1,0}}{\Delta x^2}-\dfrac{2u_{i,1}-2(1+\Delta y\lambda_{i,0})\,u_{i,0}}{\Delta y^2}=f_{i,0}-\dfrac{2}{\Delta y}\psi_1(x_i),\quad 1\leqslant i\leqslant m-1, & (3')\\ -\dfrac{u_{i-1,n}-2u_{i,n}+u_{i+1,n}}{\Delta x^2}-\dfrac{2u_{i,n-1}-2(1+\Delta y\lambda_{i,n})\,u_{i,n}}{\Delta y^2}=f_{i,n}+\dfrac{2}{\Delta y}\psi_2(x_i),\quad 1\leqslant i\leqslant m-1. & (4')\end{cases}$$

至此，我们共有$(m+1)(n+1)$个待求量$u_{i,j}$，$0\leqslant i\leqslant m, 0\leqslant j\leqslant n$，而现有$(m-1)(n-1)$个关于内节点的方程，$2(n-1)$个关于左、右边界上的节点（不含端点）的方程及$2(m-1)$个关于上、下边界上的节点（也不含端点）的方程，还需要补充

$$(m+1)(n+1)-(m-1)(n-1)-2(n-1)-2(m-1)=4$$

个方程，也就是关于矩形区域 $\Omega$ 的 4 个顶点的方程. 为此，设方程（0）对$i=0, j=0$成立，即

$$-\frac{u_{-1,0}-2u_{0,0}+u_{1,0}}{\Delta x^2}-\frac{u_{0,-1}-2u_{0,0}+u_{0,1}}{\Delta y^2}=f_{0,0}$$

然后再从（1）和（3）中分别解出$u_{-1,0}=u_{1,0}-2\Delta x(\varphi_1(y_0)+\lambda_{0,0}u_{0,0})$和$u_{0,-1}=u_{0,1}-2\Delta y(\psi_1(x_0)+\lambda_{0,0}u_{0,0})$代入上式就得到 $\Omega$ 左下顶点处的方程：

$$-\frac{2u_{1,0}-2(1+\Delta x\lambda_{0,0})u_{0,0}}{\Delta x^2}-\frac{2u_{0,1}-2(1+\Delta y\lambda_{0,0})u_{0,0}}{\Delta y^2}=f_{0,0}-\frac{2}{\Delta x}\varphi_1(y_0)-\frac{2}{\Delta y}\psi_1(x_0)$$

上式可以化简为

$$-\frac{2u_{1,0}}{\Delta x^2}+\left[\frac{2(1+\Delta x\lambda_{0,0})}{\Delta x^2}+\frac{2(1+\Delta y\lambda_{0,0})}{\Delta y^2}\right]u_{0,0}-\frac{2u_{0,1}}{\Delta y^2}=f_{0,0}-\frac{2}{\Delta x}\varphi_1(y_0)-\frac{2}{\Delta y}\psi_1(x_0)$$

同样，设方程（0）分别对$i=m, j=0$、$i=0, j=n$和$i=m, j=n$成立，然后再从（2）和（3）中解出$u_{m+1,0}, u_{m,-1}$、$u_{-1,n}, u_{0,n+1}$和$u_{m+1,n}, u_{m,n+1}$分别代入刚才得到的 3 个方程，就得到 $\Omega$ 的右下顶点、左上顶点和右上顶点处的方程. 这样，我们就有了完整的处理带导数边界条件的椭圆型方程的数值格式：

$$\begin{cases}
-\dfrac{u_{i,j-1}}{\Delta y^2}-\dfrac{u_{i-1,j}}{\Delta x^2}+2\left[\dfrac{1}{\Delta x^2}+\dfrac{1}{\Delta y^2}\right]u_{i,j}-\dfrac{u_{i+1,j}}{\Delta x^2}-\dfrac{u_{i,j+1}}{\Delta y^2}=f_{i,j},\ 1\leqslant i\leqslant m-1,\ 1\leqslant j\leqslant n-1, & (0')\\
-\dfrac{u_{0,j-1}}{\Delta y^2}+\left[\dfrac{2(1+\Delta x\lambda_{0,j})}{\Delta x^2}+\dfrac{2}{\Delta y^2}\right]u_{0,j}-\dfrac{2u_{1,j}}{\Delta x^2}-\dfrac{u_{0,j+1}}{\Delta y^2}=f_{0,j}-\dfrac{2}{\Delta x}\varphi_1(y_j),\quad 1\leqslant j\leqslant n-1, & (1')\\
-\dfrac{u_{m,j-1}}{\Delta y^2}-\dfrac{2u_{m-1,j}}{\Delta x^2}+\left[\dfrac{2(1+\Delta x\lambda_{m,j})}{\Delta x^2}+\dfrac{2}{\Delta y^2}\right]u_{m,j}-\dfrac{u_{m,j+1}}{\Delta y^2}=f_{m,j}+\dfrac{2}{\Delta x}\varphi_2(y_j),\quad 1\leqslant j\leqslant n-1, & (2')\\
-\dfrac{u_{i-1,0}}{\Delta x^2}+\left[\dfrac{2}{\Delta x^2}+\dfrac{2(1+\Delta y\lambda_{i,0})}{\Delta y^2}\right]u_{i,0}-\dfrac{u_{i+1,0}}{\Delta x^2}-\dfrac{2u_{i,1}}{\Delta y^2}=f_{i,0}-\dfrac{2}{\Delta y}\psi_1(x_i),\quad 1\leqslant i\leqslant m-1, & (3')\\
-\dfrac{u_{i-1,n}}{\Delta x^2}-\dfrac{2u_{i,n-1}}{\Delta y^2}+\left[\dfrac{2}{\Delta x^2}+\dfrac{2(1+\Delta y\lambda_{i,n})}{\Delta y^2}\right]u_{i,n}-\dfrac{u_{i+1,n}}{\Delta x^2}=f_{i,n}+\dfrac{2}{\Delta y}\psi_2(x_i),\quad 1\leqslant i\leqslant m-1, & (4')\\
\left[\dfrac{2(1+\Delta x\lambda_{0,0})}{\Delta x^2}+\dfrac{2(1+\Delta y\lambda_{0,0})}{\Delta y^2}\right]u_{0,0}-\dfrac{2u_{1,0}}{\Delta x^2}-\dfrac{2u_{0,1}}{\Delta y^2}=f_{0,0}-\dfrac{2}{\Delta x}\varphi_1(y_0)-\dfrac{2}{\Delta y}\psi_1(x_0), & (5')\\
-\dfrac{2u_{m-1,0}}{\Delta x^2}+\left[\dfrac{2(1+\Delta x\lambda_{m,0})}{\Delta x^2}+\dfrac{2(1+\Delta y\lambda_{m,0})}{\Delta y^2}\right]u_{m,0}-\dfrac{2u_{m,1}}{\Delta y^2}=f_{m,0}+\dfrac{2}{\Delta x}\varphi_2(y_0)-\dfrac{2}{\Delta y}\psi_1(x_m), & (6')\\
-\dfrac{2u_{0,n-1}}{\Delta y^2}+\left[\dfrac{2(1+\Delta x\lambda_{0,n})}{\Delta x^2}+\dfrac{2(1+\Delta y\lambda_{0,n})}{\Delta y^2}\right]u_{0,n}-\dfrac{2u_{1,n}}{\Delta x^2}=f_{0,n}-\dfrac{2}{\Delta x}\varphi_1(y_n)+\dfrac{2}{\Delta y}\psi_2(x_0), & (7')\\
-\dfrac{2u_{m,n-1}}{\Delta y^2}-\dfrac{2u_{m-1,n}}{\Delta x^2}+\left[\dfrac{2(1+\Delta x\lambda_{m,n})}{\Delta x^2}+\dfrac{2(1+\Delta y\lambda_{m,n})}{\Delta y^2}\right]u_{m,n}=f_{m,n}+\dfrac{2}{\Delta x}\varphi_2(y_n)+\dfrac{2}{\Delta y}\psi_2(x_m). & (8')
\end{cases}$$

为简单起见，记$\beta=\dfrac{1}{\Delta x^2}$，$\gamma=\dfrac{1}{\Delta y^2}$，$\alpha=2\left(\dfrac{1}{\Delta x^2}+\dfrac{1}{\Delta y^2}\right)$，$\xi=\dfrac{2}{\Delta x}$，$\eta=\dfrac{2}{\Delta y}$，则有

$$
\begin{cases}
-\gamma u_{i,j-1}-\beta u_{i-1,j}+\alpha u_{i,j}-\beta u_{i+1,j}-\gamma u_{i,j+1}=f_{i,j},\ 1\leqslant i\leqslant m-1,\ 1\leqslant j\leqslant n-1, & (0')\\
-\gamma u_{0,j-1}+\left[\alpha+\xi\lambda_{0,j}\right]u_{0,j}-2\beta u_{1,j}-\gamma u_{0,j+1}=f_{0,j}-\xi\varphi_1(y_j),\quad 1\leqslant j\leqslant n-1, & (1')\\
-\gamma u_{m,j-1}-2\beta u_{m-1,j}+\left[\alpha+\xi\lambda_{m,j}\right]u_{m,j}-\gamma u_{m,j+1}=f_{m,j}+\xi\varphi_2(y_j),\quad 1\leqslant j\leqslant n-1, & (2')\\
-\beta u_{i-1,0}+\left[\alpha+\eta\lambda_{i,0}\right]u_{i,0}-\beta u_{i+1,0}-2\gamma u_{i,1}=f_{i,0}-\eta\psi_1(x_i),\quad 1\leqslant i\leqslant m-1, & (3')\\
-2\gamma u_{i,n-1}-\beta u_{i-1,n}+\left[\alpha+\eta\lambda_{i,n}\right]u_{i,n}-\beta u_{i+1,n}=f_{i,n}+\eta\psi_2(x_i),\quad 1\leqslant i\leqslant m-1, & (4')\\
\left[\alpha+(\xi+\eta)\lambda_{0,0}\right]u_{0,0}-2\beta u_{1,0}-2\gamma u_{0,1}=f_{0,0}-\xi\varphi_1(y_0)-\eta\psi_1(x_0), & (5')\\
-2\beta u_{m-1,0}+\left[\alpha+(\xi+\eta)\lambda_{m,0}\right]u_{m,0}-2\gamma u_{m,1}=f_{m,0}+\xi\varphi_2(y_0)-\eta\psi_1(x_m), & (6')\\
-2\gamma u_{0,n-1}+\left[\alpha+(\xi+\eta)\lambda_{0,n}\right]u_{0,n}-2\beta u_{1,n}=f_{0,n}-\xi\varphi_1(y_n)+\eta\psi_2(x_0), & (7')\\
-2\gamma u_{m,n-1}-2\beta u_{m-1,n}+\left[\alpha+(\xi+\eta)\lambda_{m,n}\right]u_{m,n}=f_{m,n}+\xi\varphi_2(y_n)+\eta\psi_2(x_m), & (8')
\end{cases}
\tag{5-54}
$$

为实际计算方便，可将上述方程组（5-54）写成矩阵形式.

首先，方程组（5-54）中的（3′）、（5′）、（6′）可以写成

$$
\begin{pmatrix}
\alpha+(\xi+\eta)\lambda_{0,0} & -2\beta & & & & \\
-\beta & \alpha+\eta\lambda_{1,0} & -\beta & & & \\
& -\beta & \alpha+\eta\lambda_{2,0} & -\beta & & \\
& & \ddots & \ddots & \ddots & \\
& & -\beta & \alpha+\eta\lambda_{m-2,0} & -\beta & \\
& & & -\beta & \alpha+\eta\lambda_{m-1,0} & -\beta \\
& & & & -2\beta & \alpha+(\xi+\eta)\lambda_{m,0}
\end{pmatrix}
\begin{pmatrix} u_{0,0}\\ u_{1,0}\\ u_{2,0}\\ \vdots\\ u_{m-2,0}\\ u_{m-1,0}\\ u_{m,0}\end{pmatrix}
+
\begin{pmatrix}
-2\gamma & & & & & \\
& -2\gamma & & & & \\
& & -2\gamma & & & \\
& & \ddots & \ddots & \ddots & \\
& & & -2\gamma & & \\
& & & & -2\gamma & \\
& & & & & -2\gamma
\end{pmatrix}
\begin{pmatrix} u_{0,1}\\ u_{1,1}\\ u_{2,1}\\ \vdots\\ u_{m-2,1}\\ u_{m-1,1}\\ u_{m,1}\end{pmatrix}
=
\begin{pmatrix} f_{0,0}-\eta\psi_1(x_0)-\xi\varphi_1(y_0)\\ f_{1,0}-\eta\psi_1(x_1)\\ f_{2,0}-\eta\psi_1(x_2)\\ \vdots\\ f_{m-2,0}-\eta\psi_1(x_{m-2})\\ f_{m-1,0}-\eta\psi_1(x_{m-1})\\ f_{m,0}-\eta\psi_1(x_m)+\xi\varphi_2(y_0)\end{pmatrix}
\tag{5-55}
$$

上面的式子可以简记为

$$
\boldsymbol{C}\boldsymbol{u}_0+2\boldsymbol{A}\boldsymbol{u}_1=\boldsymbol{f}_0 \tag{5-56}
$$

其中，$A=-\gamma I$，$I$ 为 $m+1$ 阶单位矩阵，且 $C$ 为式（5-55）最左端的三对角矩阵，$\boldsymbol{f}_0$ 为式（5-55）右端的向量，$\boldsymbol{u}_j=(u_{0,j},u_{1,j},\cdots,u_{m-1,j},u_{m,j})^{\mathrm{T}}$，$0\leqslant j\leqslant n$. 接着，方程组（5-54）中的（0′）、（1′）、（2′）可以写成

$$
\begin{pmatrix}
-\gamma & & & & & \\
& -\gamma & & & & \\
& & -\gamma & & & \\
& & \ddots & \ddots & \ddots & \\
& & & -\gamma & & \\
& & & & -\gamma & \\
& & & & & -\gamma
\end{pmatrix}
\begin{pmatrix} u_{0,j-1}\\ u_{1,j-1}\\ u_{2,j-1}\\ \vdots\\ u_{m-2,j-1}\\ u_{m-1,j-1}\\ u_{m,j-1}\end{pmatrix}
+
$$

$$\begin{pmatrix} \alpha+\xi\lambda_{0,j} & -2\beta & & & & & \\ -\beta & \alpha & -\beta & & & & \\ & -\beta & \alpha & -\beta & & & \\ & & \ddots & \ddots & \ddots & & \\ & & & -\beta & \alpha & -\beta & \\ & & & & -\beta & \alpha & -\beta \\ & & & & & -2\beta & \alpha+\xi\lambda_{m,j} \end{pmatrix}\begin{pmatrix} u_{0,j} \\ u_{1,j} \\ u_{2,j} \\ \vdots \\ u_{m-2,j} \\ u_{m-1,j} \\ u_{m,j} \end{pmatrix}+$$

$$\begin{pmatrix} -\gamma & & & & & & \\ & -\gamma & & & & & \\ & & -\gamma & & & & \\ & & \ddots & \ddots & \ddots & & \\ & & & & -\gamma & & \\ & & & & & -\gamma & \\ & & & & & & -\gamma \end{pmatrix}\begin{pmatrix} u_{0,j+1} \\ u_{1,j+1} \\ u_{2,j+1} \\ \vdots \\ u_{m-2,j+1} \\ u_{m-1,j+1} \\ u_{m,j+1} \end{pmatrix}=\begin{pmatrix} f_{0,j}-\xi\varphi_1(y_j) \\ f_{1,j} \\ f_{2,j} \\ \vdots \\ f_{m-2,j} \\ f_{m-1,j} \\ f_{m,j}+\xi\varphi_2(y_j) \end{pmatrix},\quad 1\leqslant j\leqslant n-1 \qquad (5\text{-}57)$$

这个式子可以简记为

$$A\boldsymbol{u}_{j-1}+B_j\boldsymbol{u}_j+A\boldsymbol{u}_{j+1}=\boldsymbol{f}_j,\quad 1\leqslant j\leqslant n-1 \qquad (5\text{-}58)$$

其中，$B_j$ 为式（5-57）中的三对角矩阵，$\boldsymbol{f}_j$ 为式（5-57）右端的向量. 最后，方程组（4′）、（7′）、（8′）可以写成

$$\begin{pmatrix} -2\gamma & & & & & & \\ & -2\gamma & & & & & \\ & & -2\gamma & & & & \\ & & \ddots & \ddots & \ddots & & \\ & & & & -2\gamma & & \\ & & & & & -2\gamma & \\ & & & & & & -2\gamma \end{pmatrix}\begin{pmatrix} u_{0,n-1} \\ u_{1,n-1} \\ u_{2,n-1} \\ \vdots \\ u_{m-2,n-1} \\ u_{m-1,n-1} \\ u_{m,n-1} \end{pmatrix}+$$

$$\begin{pmatrix} \alpha+(\xi+\eta)\lambda_{0,n} & -2\beta & & & & & \\ -\beta & \alpha+\eta\lambda_{1,n} & -\beta & & & & \\ & -\beta & \alpha+\eta\lambda_{2,n} & -\beta & & & \\ & & \ddots & \ddots & \ddots & & \\ & & & -\beta & \alpha+\eta\lambda_{m-2,n} & -\beta & \\ & & & & -\beta & \alpha+\eta\lambda_{m-1,n} & -\beta \\ & & & & & -2\beta & \alpha+(\xi+\eta)\lambda_{m,n} \end{pmatrix}$$

$$\begin{pmatrix} u_{0,n} \\ u_{1,n} \\ u_{2,n} \\ \vdots \\ u_{m-2,n} \\ u_{m-1,n} \\ u_{m,n} \end{pmatrix}=\begin{pmatrix} f_{0,n}+\eta\psi_2(x_0)-\xi\varphi_1(y_n) \\ f_{1,n}+\eta\psi_2(x_1) \\ f_{2,n}+\eta\psi_2(x_2) \\ \vdots \\ f_{m-2,n}+\eta\psi_2(x_{m-2}) \\ f_{m-1,n}+\eta\psi_2(x_{m-1}) \\ f_{m,n}+\eta\psi_2(x_m)+\xi\varphi_2(y_n) \end{pmatrix} \qquad (5\text{-}59)$$

这个式子可以简记为

$$2A\boldsymbol{u}_{n-1}+D\boldsymbol{u}_n=\boldsymbol{f}_n \tag{5-60}$$

其中，$D$ 为式（5-59）中的三对角矩阵，$\boldsymbol{f}_n$ 为（5-59）右端的向量. 于是，由式（5-56）、式（5-58）和式（5-60）可知数值格式的式（5-54）写成块三对角矩阵形式即为

$$\begin{pmatrix} C & 2A & & & & & \\ A & B_1 & A & & & & \\ & A & B_2 & A & & & \\ & & \ddots & \ddots & \ddots & & \\ & & & A & B_{m-2} & A & \\ & & & & A & B_{m-1} & A \\ & & & & & 2A & D \end{pmatrix}\begin{pmatrix} \boldsymbol{u}_0 \\ \boldsymbol{u}_1 \\ \boldsymbol{u}_2 \\ \vdots \\ \boldsymbol{u}_{m-2} \\ \boldsymbol{u}_{m-1} \\ \boldsymbol{u}_m \end{pmatrix}=\begin{pmatrix} \boldsymbol{f}_0 \\ \boldsymbol{f}_1 \\ \boldsymbol{f}_2 \\ \vdots \\ \boldsymbol{f}_{m-2} \\ \boldsymbol{f}_{m-1} \\ \boldsymbol{f}_m \end{pmatrix} \tag{5-61}$$

求解式（5-61）时仍可用 Gauss-Seidel 迭代法.

## 二、差分格式的收敛性分析

差分格式（5-54）或式（5-61）是二阶收敛的，其证明过程较为复杂，此处略过.

## 三、数值算例

**例 5.3.1** 用差分格式（5-54）求解椭圆型方程混合边值问题：

$$\begin{cases} -\left(\dfrac{\partial^2 u}{\partial^2 x}+\dfrac{\partial^2 u}{\partial^2 y}\right)=(\pi^2-1)\mathrm{e}^x\sin(\pi y), & 0<x<2,\ 0<y<1, \\ \left.\left(\dfrac{\partial u(x,y)}{\partial x}-(x^2+y^2)u\right)\right|_{(0,y)}=(1-y^2)\sin(\pi y), & 0\leqslant y\leqslant 1, \\ \left.\left(\dfrac{\partial u(x,y)}{\partial x}+(x^2+y^2)u\right)\right|_{(2,y)}=(5+y^2)\mathrm{e}^2\sin(\pi y), & 0\leqslant y\leqslant 1, \\ \left.\left(\dfrac{\partial u(x,y)}{\partial y}-(x^2+y^2)u\right)\right|_{(x,c)}=\pi\mathrm{e}^x, & 0\leqslant x\leqslant 1, \\ \left.\left(\dfrac{\partial u(x,y)}{\partial y}+(x^2+y^2)u\right)\right|_{(x,d)}=-\pi\mathrm{e}^x, & 0\leqslant x\leqslant 1. \end{cases}$$

已知此问题的精确解为 $u(x,y)=\mathrm{e}^x\sin(\pi y)$ . 分别取第一种步长 $\Delta x=\Delta y=\dfrac{1}{16}$ 和第二种步长 $\Delta x=\Delta y=\dfrac{1}{32}$ ，输出 6 个节点 $(0.5i,0.25)$ 和 $(0.5i,0.5)$, $i=1,2,3$ 处的数值解，并给出误差，要求在各节点处最大误差的迭代误差限为 $0.5\times10^{-10}$ .

**解：**用 Gauss-Seidel 迭代，迭代初值均取为 0，程序见 Egch5_sec3_01.c. 计算结果列表如下（表 5-3）.

**表 5-3 差分格式的式（5-54）的计算结果**

| $(x_i,y_j)$ | 第一种步长 数值解 $u_{ij}$ | 误差 $\|u_{ij}-u(x_i,y_j)\|$ | 第二种步长 数值解 $u_{ij}$ | 误差 $\|u_{ij}-u(x_i,y_j)\|$ |
|---|---|---|---|---|
| (0.50,0.25) | 1.152179 | 1.3643 e–2 | 1.162412 | 3.4097 e–3 |

续表

| $(x_i,y_j)$ | 第一种步长数值解 $u_{ij}$ | 误差 $\lvert u_{ij}-u(x_i,y_j)\rvert$ | 第二种步长数值解 $u_{ij}$ | 误差 $\lvert u_{ij}-u(x_i,y_j)\rvert$ |
|---|---|---|---|---|
| (1.00,0.25) | 1.911016 | 1.1100 e–2 | 1.919341 | 2.7745 e–3 |
| (1.50,0.25) | 3.162159 | 6.8738 e–3 | 3.167313 | 1.7193 e–3 |
| (0.50,0.50) | 1.638607 | 1.0115 e–2 | 1.646193 | 2.5286 e–3 |
| (1.00,0.50) | 2.711255 | 7.0265 e–3 | 2.716524 | 1.7575 e–3 |
| (1.50,0.50) | 4.479936 | 1.7526 e–3 | 4.481249 | 4.3972 e–4 |

从数值结果可见，当步长减半时，误差约减为原来的 1/4，从而数值格式是二阶收敛的.

## 本章参考文献

[1] 孙志忠. 偏微分方程数值解法. 北京：科学出版社，2005.

## 本章要求及小结

1．掌握椭圆型方程边值问题的五点菱形差分方法的设计思路，知道这个格式无法写成简单的线性方程组的形式，只能写成较为复杂的块三对角矩阵形式. 掌握常用的迭代法用于求解系数矩阵为稀疏矩阵的线性方程组.

2．掌握椭圆型方程边值问题的九点紧差分方法的设计思路，本质上是通过引入中间变量，进一步提高局部截断误差的精度. 掌握用迭代法求解九点紧差分格式.

3．掌握椭圆型方程五点菱形格式的极值原理.

4．了解用于证明九点紧差分格式收敛的能量估计方法.

5．在数值格式写出以后，学会用矩阵将其表示出来.

6．程序调试正确以后，通过对网格加密 1 倍，观察数值结果的变化，从而从数值上初步判断数值方法的阶数.

## 习 题 五

1．证明数值格式（5-3）唯一可解.

2．用五点菱形格式（5-3）求解椭圆型方程边值问题：

$$\begin{cases} -\left(\dfrac{\partial^2 u}{\partial^2 x}+\dfrac{\partial^2 u}{\partial^2 y}\right)=\dfrac{4y^2-2x^2}{(x^2+2y^2)^2}, \quad 1<x<2,\ 0<y<3, \\ u(1,y)=\ln(1+2y^2), \quad u(2,y)=\ln(4+2y^2), \quad 0\leqslant y\leqslant 1, \\ u(x,0)=2\ln x, \quad u(x,3)=\ln(18+x^2), \quad 1<x<2. \end{cases}$$

已知此问题的精确解为 $u(x,y)=\ln(x^2+2y^2)$. 分别取第一种剖分数 $m=20,\ n=30$ 和第二种剖分数 $m=40,\ n=60$，输出 10 个节点 $(1.25,0.5i)$ 和 $(1.75,0.5i),\ i=1,2,3,4,5$ 处的数值解，并给出误差，要求在各节点处最大误差的迭代误差限为 $0.5\times10^{-10}$.

3．用九点紧差分格式（5-29）求解椭圆型方程边值问题：

$$\begin{cases} -\left(\dfrac{\partial^2 u}{\partial^2 x}+\dfrac{\partial^2 u}{\partial^2 y}\right)=\dfrac{4y^2-2x^2}{(x^2+2y^2)^2}, & 1<x<2,\ 0<y<3, \\ u(1,y)=\ln(1+2y^2), \quad u(2,y)=\ln(4+2y^2), & 0\leqslant y\leqslant 1, \\ u(x,0)=2\ln x, \quad u(x,3)=\ln(18+x^2), & 1<x<2. \end{cases}$$

已知此问题的精确解为 $u(x,y)=\ln(x^2+2y^2)$．分别取第一种剖分数 $m=20,\ n=30$ 和第二种剖分数 $m=40,\ n=60$，输出 10 个节点 $(1.25, 0.5i)$ 和 $(1.75, 0.5i),\ i=1,2,3,4,5$ 处的数值解，并给出误差，要求在各节点处最大误差的迭代误差限为 $0.5\times10^{-10}$．

4．用二阶格式的式（5-54）求解椭圆型方程混合边值问题：

$$\begin{cases} -\left(\dfrac{\partial^2 u}{\partial^2 x}+\dfrac{\partial^2 u}{\partial^2 y}\right)=\dfrac{4y^2-2x^2}{(x^2+2y^2)^2}, & 1<x<2,\ 0<y<3, \\ \left.\left(\dfrac{\partial u(x,y)}{\partial x}-u\right)\right|_{(1,y)}=\dfrac{2}{1+2y^2}-\ln(1+2y^2), & 0\leqslant y\leqslant 3, \\ \left.\left(\dfrac{\partial u(x,y)}{\partial x}+u\right)\right|_{(2,y)}=\dfrac{2}{2+y^2}+\ln(4+2y^2), & 0\leqslant y\leqslant 3, \\ \left.\left(\dfrac{\partial u(x,y)}{\partial y}-u\right)\right|_{(x,0)}=-2\ln x, & 1\leqslant x\leqslant 2, \\ \left.\left(\dfrac{\partial u(x,y)}{\partial y}+u\right)\right|_{(x,3)}=\dfrac{12}{18+x^2}+\ln(18+x^2), & 1\leqslant x\leqslant 2. \end{cases}$$

已知此问题的精确解为 $u(x,y)=\ln(x^2+2y^2)$．分别取第一种剖分数 $m=20,\ n=30$ 和第二种剖分数 $m=40,\ n=60$，输出 10 个节点 $(1.25, 0.5i)$ 和 $(1.75, 0.5i),\ i=1,2,3,4,5$ 处的数值解，并给出误差，要求在各节点处最大误差的迭代误差限为 $0.5\times10^{-10}$．

5．考虑以下双调和方程的边值问题：

$$\begin{cases} \Delta^2 u(x,y)=\Delta\big(\Delta u(x,y)\big)=\dfrac{\partial^4 u}{\partial x^4}+2\dfrac{\partial^4 u}{\partial x^2\partial y^2}+\dfrac{\partial^4 u}{\partial y^4}=f(x,y), \quad (x,y)\in\mathring{\Omega}, \\ u(x,y)=\varphi(x,y),\ \Delta u(x,y)=\psi(x,y),\ (x,y)\in\partial\Omega=\Gamma. \end{cases}$$

其中，$f(x,y)$ 是定义在 $\Omega$ 上的连续函数，$\varphi(x,y),\psi(x,y)$ 是定义在 $\partial\Omega$ 上的连续函数. 试通过引入中间变量的方法，将原四阶方程降阶为二阶方程组，并设计数值格式.

式（5-6）可以写成：

$$\begin{pmatrix}
\alpha & -\beta & & & -\gamma & & & & & & & & & & & & \\
-\beta & \alpha & -\beta & & & -\gamma & & & & & & & & & & & \\
 & & \ddots & & & & \ddots & & & & & & & & & & \\
 & & -\beta & \alpha & & & & -\gamma & & & & & & & & & \\
-\gamma & & & & \alpha & -\beta & & & -\gamma & & & & & & & & \\
 & -\gamma & & & -\beta & \alpha & -\beta & & & -\gamma & & & & & & & \\
 & & \ddots & & & & \ddots & & & & \ddots & & & & & & \\
 & & & -\gamma & & & -\beta & \alpha & & & & -\gamma & & & & & \\
 & & & & & \ddots & & & \ddots & & & & \ddots & & & & \\
 & & & & & -\gamma & & & & \alpha & -\beta & & & -\gamma & & & \\
 & & & & & & -\gamma & & & -\beta & \alpha & -\beta & & & -\gamma & & \\
 & & & & & & & \ddots & & & & \ddots & & & & \ddots & \\
 & & & & & & & & -\gamma & & & -\beta & \alpha & & & & -\gamma \\
 & & & & & & & & & -\gamma & & & & \alpha & -\beta & & \\
 & & & & & & & & & & -\gamma & & & -\beta & \alpha & -\beta & \\
 & & & & & & & & & & & \ddots & & & & \ddots & \\
 & & & & & & & & & & & & -\gamma & & & -\beta & \alpha
\end{pmatrix}
\begin{pmatrix}
u_{1,1} \\ u_{2,1} \\ \vdots \\ u_{m-1,1} \\ u_{1,2} \\ u_{2,2} \\ \vdots \\ u_{m-1,2} \\ \vdots \\ u_{1,n-2} \\ u_{2,n-2} \\ \vdots \\ u_{m-1,n-2} \\ u_{1,n-1} \\ u_{2,n-1} \\ \vdots \\ u_{m-1,n-1}
\end{pmatrix}
=
\begin{pmatrix}
f(x_1,y_1)+\beta u_{0,1}+\gamma u_{1,0} \\
f(x_2,y_1)+\gamma u_{2,0} \\
\vdots \\
f(x_{m-2},y_1)+\gamma u_{m-2,0} \\
f(x_{m-1},y_1)+\beta u_{m,1}+\gamma u_{m-1,0} \\
f(x_1,y_2)+\beta u_{0,2} \\
f(x_2,y_2) \\
\vdots \\
f(x_{m-2},y_2) \\
f(x_{m-1},y_2)+\beta u_{m,2} \\
\vdots \\
f(x_1,y_{n-2})+\beta u_{0,n-2} \\
f(x_2,y_{n-2}) \\
\vdots \\
f(x_{m-2},y_{n-2}) \\
f(x_{m-1},y_{n-2})+\beta u_{m,n-2} \\
f(x_1,y_{n-1})+\beta u_{0,n-1}+\gamma u_{1,n} \\
f(x_2,y_{n-1})+\gamma u_{2,n} \\
\vdots \\
f(x_{m-2},y_{n-1})+\gamma u_{m-2,n} \\
f(x_{m-1},y_{n-1})+\beta u_{m,n-1}+\gamma u_{m-1,n}
\end{pmatrix}
\tag{5-7}$$

式（5-33）可以写成：

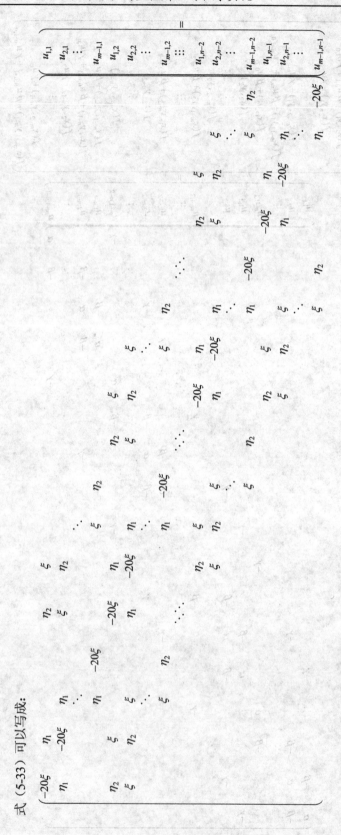

$$
\begin{pmatrix}
-20\xi & \eta_1 & & & \eta_2 & \xi & & & & & & & & & & & \\
\eta_1 & -20\xi & \eta_1 & & \xi & \eta_2 & & & & & & & & & & & \\
 & & \ddots & & & & \ddots & & & & & & & & & & \\
 & & \eta_1 & -20\xi & & & \xi & \eta_2 & & & & & & & & & \\
\eta_2 & \xi & & & -20\xi & \eta_1 & & & \eta_2 & \xi & & & & & & & \\
\xi & \eta_2 & \xi & & \eta_1 & -20\xi & \eta_1 & & \xi & \eta_2 & \xi & & & & & & \\
 & & \ddots & & & & \ddots & & & & \ddots & & & & & & \\
 & & \xi & \eta_2 & & & \eta_1 & -20\xi & & & \xi & \eta_2 & & & & & \\
 & & & & \ddots & & & & \ddots & & & & \ddots & & & & \\
 & & & & & \eta_2 & \xi & & & -20\xi & \eta_1 & & & \eta_2 & \xi & & \\
 & & & & & \xi & \eta_2 & \xi & & \eta_1 & -20\xi & \eta_1 & & \xi & \eta_2 & \xi & \\
 & & & & & & & \ddots & & & & \ddots & & & & \ddots & \\
 & & & & & & & \xi & \eta_2 & & & \eta_1 & -20\xi & & & \xi & \eta_2 \\
 & & & & & & & & & \eta_2 & \xi & & & -20\xi & \eta_1 & & \\
 & & & & & & & & & \xi & \eta_2 & \xi & & \eta_1 & -20\xi & \eta_1 & \\
 & & & & & & & & & & & \ddots & & & & \ddots & \\
 & & & & & & & & & & & \xi & \eta_2 & & & \eta_1 & -20\xi
\end{pmatrix}
\begin{pmatrix}
u_{1,1} \\ u_{2,1} \\ \vdots \\ u_{m-1,1} \\ u_{1,2} \\ u_{2,2} \\ \vdots \\ u_{m-1,2} \\ \vdots \\ u_{1,n-2} \\ u_{2,n-2} \\ \vdots \\ u_{m-1,n-2} \\ u_{1,n-1} \\ u_{2,n-1} \\ \vdots \\ u_{m-1,n-1}
\end{pmatrix}
=
$$

$$
\begin{pmatrix}
-12\varepsilon_x^2\varepsilon_y^2 f(x_1,y_1)-\xi(u_{0,0}+u_{0,2})-\eta_1 u_{0,1}-\eta_2 u_{1,0}-\xi u_{2,0}\\
-12\varepsilon_x^2\varepsilon_y^2 f(x_2,y_1)-\xi u_{1,0}-\eta_2 u_{2,0}-\xi u_{3,0}\\
\vdots\\
-12\varepsilon_x^2\varepsilon_y^2 f(x_{m-2},y_1)-\xi u_{m-3,0}-\eta_2 u_{m-2,0}-\xi u_{m-1,0}\\
-12\varepsilon_x^2\varepsilon_y^2 f(x_{m-1},y_1)-\xi(u_{m,0}+u_{m,2})-\eta_1 u_{m,1}-\xi u_{m-2,0}+\eta_2 u_{m-1,0}\\
-12\varepsilon_x^2\varepsilon_y^2 f(x_1,y_2)-\xi(u_{0,1}+u_{0,3})-\eta_1 u_{0,2}\\
-12\varepsilon_x^2\varepsilon_y^2 f(x_2,y_2)\\
\vdots\\
-12\varepsilon_x^2\varepsilon_y^2 f(x_{m-2},y_2)\\
-12\varepsilon_x^2\varepsilon_y^2 f(x_{m-1},y_2)-\xi(u_{m,1}+u_{m,3})-\eta_1 u_{m,2}\\
\vdots\\
-12\varepsilon_x^2\varepsilon_y^2 f(x_1,y_{n-2})-\xi(u_{0,n-3}+u_{0,n-1})-\eta_1 u_{0,n-2}\\
-12\varepsilon_x^2\varepsilon_y^2 f(x_2,y_{n-2})\\
\vdots\\
-12\varepsilon_x^2\varepsilon_y^2 f(x_{m-2},y_{n-2})\\
-12\varepsilon_x^2\varepsilon_y^2 f(x_{m-1},y_{n-2})-\xi(u_{m,n-3}+u_{m,n-1})-\eta_1 u_{m,n-2}\\
-12\varepsilon_x^2\varepsilon_y^2 f(x_1,y_{n-1})-\xi(u_{0,n-2}+u_{0,n})-\eta_1 u_{0,n-1}-\eta_2 u_{1,n}-\xi u_{2,n}\\
-12\varepsilon_x^2\varepsilon_y^2 f(x_2,y_{n-1})-\xi(u_{1,n}+u_{3,n})-\eta_2 u_{2,n}\\
\vdots\\
-12\varepsilon_x^2\varepsilon_y^2 f(x_{m-2},y_{n-1})-\xi(u_{m-3,n}+u_{m-1,n})-\eta_2 u_{m-2,n}\\
-12\varepsilon_x^2\varepsilon_y^2 f(x_{m-1},y_{n-1})-\xi(u_{m,n-2}+u_{m,n})-\eta_1 u_{m,n-1}-\xi u_{m-2,n}-\eta_2 u_{m-1,n}
\end{pmatrix}
\tag{5-34}
$$

# 第六章　有限元法简介

自然科学与工程领域中很多问题的数学模型都是以微分方程或积分方程的形式给出的，而我们已经知道这些方程的精确解通常是很难得到的，要想了解这些方程的性态就不得不借助于数值方法. 虽然数值方法在形式上可能千差万别，但实质却是类似的，即将连续情形下的原问题（通常是无限维的）通过一些数值计算上的方法和技巧，离散为一个有限维的问题，从而得到只有有限个未知量的离散系统，它可以是线性的，也可以是非线性的，然后再通过合适的算法来求解. 之前我们学习的差分法就是其中入门较容易的一种数值方法，它在求解常微分方程、抛物型方程和双曲型方程的定解问题方面都比较简单，但在处理椭圆型方程的边值问题时，无论是在格式的设计、理论误差分析还是在编程实践上都显得复杂、深奥. 而解决椭圆型方程边值问题最有效的方法就是本章要介绍的有限单元法，简称有限元法.

有限元法是 20 世纪 50 年代初由工程师们在求解结构力学问题（如梁、板问题等）中提出来的，基本做法是将复杂的结构体分成有限小块，俗称单元，先在每个结构性质相对简单的小单元上作分析，最后进行总的合成，这也是有限元法名称的由来. 在 20 世纪 60 年代中期，以中科院冯康先生为代表的中国学者与西方学者独立并行地研究了有限元法的数学理论，发现其理论基础主要是 20 世纪初数学理论中的变分法和 Sobolev 空间理论. 与常用的有限差分法相比较，有限元法还是有不少优势的. 比如，有限元法从数学物理问题的变分原理出发，从整体来描述原问题，而差分法则是局部描述原问题；有限元法对求解区域的剖分离散可以是多样的，如对二维平面区域可以使用三角形剖分，也可以使用矩形剖分，剖分后的小单元甚至可以是曲边的，而差分法则局限于处理矩形区域，而且只进行矩形剖分；有限元法最后得到的数值结果是分片的，数值解在剖分区域内的每一点都有定义，而差分法最后得到的数值解只在孤立的节点有定义.

我们可以把有限元法想象成一个黑箱[1]，将一个微分方程边值问题输入这个黑箱，输出的则是一个算法，算法转化成计算机语言代码得到的最终结果是逼近原问题的数值解. 作为数学及其相关专业的学生，需要明白这个黑箱的工作原理. 当然，从本教材的难度、深度和广度来讲，我们只对有限元法作一个简单的介绍，不准备牵扯太多的细节，有兴趣的读者可以参考专业的书籍更深入地学习研究.

## 第一节　一 个 引 例

我们将在这一小节通过一个简单的模型问题来初步了解有限元法的基本思想、理论工具及实际操作的方法.

### 一、常微分方程两点边值问题的等价形式

考察下面的模型问题——常微分方程两点 Dirichlet 边值问题：

$$\begin{cases}-u''(x)=f(x), & x\in(0,1)\\ u(0)=u(1)=0\end{cases}\tag{6-1}$$

实际上它是一个一维的椭圆型方程边值问题. 我们将看到，这个边值问题与一个变分公式：

$$\text{求}\, u\in V\text{，使得}\ (u',v')=(f,v),\quad \forall v\in V\tag{6-2}$$

以及一个泛函（从一个集合到实数集的映射）的极小问题：

$$求u\in V，使得J(u)\leqslant J(v),\quad \forall v\in V,\ 即\ J(u)=\min_{v\in V}J(v) \tag{6-3}$$

相互等价. 其中，

$$V=\{v|v在[0,1]连续, v'在[0,1]上分片连续、有界，且v(0)=v(1)=0\} \tag{6-4}$$

$$(v,w)=\int_0^1 v(x)w(x)\mathrm{d}x,\ J(v)=\frac{1}{2}(v',v')-(f,v),\quad \forall v,w\in V \tag{6-5}$$

**定理 6.1.1** 若 $f(x)$ 在[0,1]连续，记作 $f(x)\in C^0([0,1])$ 且 $u(x)$ 的二阶导数也在[0,1]连续，记作 $u(x)\in C^2([0,1])$，则式（6-1）、式（6-2）和式（6-3）是相互等价的.

首先，证明式（6-1）⇒式（6-2）. 在式（6-1）第一式的方程两边同乘以任一函数 $v(x)\in V$ 并关于 $x$ 从 0 到 1 积分，就有

$$\int_0^1 f(x)v(x)\mathrm{d}x=-\int_0^1 v(x)\mathrm{d}u'(x)=-u'(x)v(x)\Big|_0^1+\int_0^1 u'(x)v'(x)\mathrm{d}x$$

再利用 $v(x)\in V$，从而 $v(0)=v(1)=0$，就有式(6-2)成立. 接下来证明式(6-2)⇒式(6-3). 任取 $v(x)\in V$，由于式（6-2）的解 $u(x)\in V$，从而 $w(x):=u(x)-v(x)\in V$，也就可以简记为 $v=u-w$，从而

$$\begin{aligned}J(v)&=\frac{1}{2}(u'-w',u'-w')-(f,u-w)\\&=\frac{1}{2}(u',u')-(u',w')+\frac{1}{2}(w',w')-(f,u)+(f,w)\\&=J(u)-\left[(u',w')-(f,w)\right]+\frac{1}{2}(w',w')\end{aligned}$$

再由式（6-2）知 $(u',w')=(f,w)$，故 $J(v)=J(u)+\dfrac{1}{2}(w',w')\geqslant J(u)$，即式（6-3）成立. 由于从式（6-3）⇒式（6-1）直接证明有困难，不妨从式（6-3）⇒式（6-2），再证式（6-2）⇒式（6-1）.

为此先处理式（6-3）⇒式（6-2）. 任取 $v(x)\in V$，且设 $\varepsilon$ 为一个任意的实参数，易见：

$$j(\varepsilon):=J(u+\varepsilon v)=\frac{1}{2}(u',u')-(f,u)+\varepsilon\left[(u',v')-(f,v)\right]+\frac{\varepsilon^2}{2}(v',v')$$

由于泛函 $J(v)$ 在 $u$ 取到极小，也就是关于 $\varepsilon$ 的一元函数 $j(\varepsilon)$ 在 $\varepsilon=0$ 处取到极值，又 $j(\varepsilon)$ 可导，故由一元函数极值的必要条件知 $j'(0)=J'(u+\varepsilon v)\big|_{\varepsilon=0}=0$，即

$$0=J'(u+\varepsilon v)\big|_{\varepsilon=0}=(u',v')-(f,v)+\varepsilon(v',v')\big|_{\varepsilon=0}=(u',v')-(f,v)$$

故式（6-2）成立. 最后再证式（6-2）⇒式（6-1）. 在正则性假设 $f\in C^0([0,1]),\ u\in C^2([0,1])$ 的条件下，对任意 $v(x)\in V$ 就有

$$\begin{aligned}\int_0^1 f(x)v(x)\mathrm{d}x&=\int_0^1 u'(x)v'(x)\mathrm{d}x=\int_0^1 u'(x)\mathrm{d}v(x)\\&=u'(x)v(x)\Big|_0^1-\int_0^1 u''(x)v(x)\mathrm{d}x\end{aligned}$$

从而 $\int_0^1\left(u''(x)+f\right)v(x)\mathrm{d}x=0$，再由 $v(x)$ 的任意性知（课后习题），在（0,1）内恒有 $u''(x)+f(x)=0$，从而式（6-1）成立，证毕.

## 二、模型问题的有限元法

由于连续情形下的模型问题式（6-1）与变分公式（6-2）等价，从而对问题式（6-1）的讨论可以转化为对式（6-2）进行讨论. 有限元方法就是直接从式（6-2）进行理论与数值分析的. 具体操作是这样的：令$V_h$为$V$一个有限维子空间，通常是分片连续多项式函数空间，先对变分公式（6-2）进行离散化，即

$$求u_h \in V_h，使得\ (u_h', v_h') = (f, v_h),\quad \forall v_h \in V_h \tag{6-6}$$

即在$V$的子空间$V_h$中寻找一个形式上满足式（6-6）的解$u_h$，称为原问题式（6-1）的数值解. 为此，需要对求解区间[0,1]进行剖分，为简单起见，仍取等距剖分. 将[0,1]区间分成$m$份，得到$m+1$个节点$x_i = ih,\ i = 0, 1, \cdots, m$和$m$个单元$[x_i, x_{i+1}],\ i = 0, 1, \cdots, m-1$. 其中，$h = 1/m$. 然后不妨取$V_h$为分片连续一次多项式函数空间，即$V_h$中的元素$v(x)$在每个单元即子区间$[x_{i-1}, x_i]$上都是线性函数、在每个节点处连续，且$v(0) = v(1) = 0$. 这样的函数图像显示就是一条始于原点终于（1,0）点的折线段. 要准确地描述出这些分片连续的函数，只要确定函数在各节点上的取值即可. 为此引入$V_h$中的基函数：

$$\varphi_i(x) = \begin{cases} \dfrac{x - x_{i-1}}{h}, & x_{i-1} \leqslant x \leqslant x_i \\ \dfrac{x_{i+1} - x}{h}, & x_i < x \leqslant x_{i+1} \\ 0, & 其他 \end{cases} = \begin{cases} 1 - \dfrac{|x - x_i|}{h}, & x_{i-1} \leqslant x \leqslant x_{i+1}, \\ 0, & 其他 \end{cases} \quad 1 \leqslant i \leqslant m-1 \tag{6-7}$$

且

$$\varphi_0(x) = \begin{cases} \dfrac{x_1 - x}{h}, & x \in [x_0, x_1] \\ 0, & 其他 \end{cases},\quad \varphi_m(x) = \begin{cases} \dfrac{x - x_{m-1}}{h}, & x \in [x_{m-1}, x_m] \\ 0, & 其他. \end{cases} \tag{6-8}$$

其中，$\varphi_i(x) \in V_h$均定义在[0,1]上. 易见，$\varphi_i(x_j) = \begin{cases} 1, & i = j \\ 0, & i \neq j \end{cases}$，也就是说基函数$\varphi_i(x)$在节点$x_i$处取值为1，在其他节点取值为0并且$\varphi_i(x)(0 \leqslant i \leqslant m)$张成了一个$m+1$维空间$V_h$. 这样，$V_h$中的函数$v_h(x)$就可以表示为基函数$\varphi_i(x)$的一个线性组合，即 $v_h(x) = \sum_{i=0}^{m} v_i \varphi_i(x)$，其中，折线段$v_h(x)$的确定依赖于系数$v_i$，也就是$v_h(x_i)$. 以上即为有限元方法实际操作的前两步：第一步，确定变分公式；第二步，构造有限元空间. 接下来的第三步，是将变分公式（6-6）具体写出来，得到一个离散系统，进行数值求解. 具体地，设待求的$u_h \in V_h$形式为$u_h(x) = \sum_{i=0}^{m} u_i \varphi_i(x)$，由于式（6-6）对所有的$v_h \in V_h$成立，只要使式（6-6）对所有$V_h$中的基函数$\varphi_j(x),\ 0 \leqslant j \leqslant m$成立即可，因为$V_h$ 由$\varphi_j(x)$张成. 这样，就有

$$\left( \sum_{i=0}^{m} u_i \varphi_i'(x),\ \varphi_j'(x) \right) = \left( f, \varphi_j(x) \right),\quad 0 \leqslant j \leqslant m$$

即

$$\sum_{i=0}^{m} u_i \left( \varphi_i'(x),\ \varphi_j'(x) \right) = \left( f, \varphi_j(x) \right),\quad 0 \leqslant j \leqslant m \tag{6-9}$$

对$0 \leqslant j \leqslant m$，若记

$$a_{i,j} = \left( \varphi_i'(x),\ \varphi_j'(x) \right) = \int_0^1 \varphi_i'(x) \varphi_j'(x) \mathrm{d}x,\quad b_j = \left( f, \varphi_j(x) \right) = \int_0^1 f(x) \varphi_j(x) \mathrm{d}x \tag{6-10}$$

则式（6-9）就成为$\sum_{i=0}^{m}u_i a_{i,j}=\sum_{i=0}^{m}u_i a_{j,i}=b_j(0\leqslant j\leqslant m)$，也就是

$$\sum_{j=0}^{m}a_{i,j}u_j=b_i,\quad 0\leqslant i\leqslant m \tag{6-11}$$

上式可以写成离散系统——线性方程组的形式：$\boldsymbol{Au}=\boldsymbol{b}$，其中，$m+1$阶对称方阵$A$中的元素为$a_{i,j}$，$0\leqslant i,j\leqslant m$，向量$\boldsymbol{u}=(u_0,u_1,\cdots,u_m)^{\mathrm{T}}$，$\boldsymbol{b}=(b_0,b_1,\cdots,b_m)^{\mathrm{T}}$. 可以证明线性方程组（6-11）的系数矩阵$A$是正定的，这是因为一方面有$\boldsymbol{u}^{\mathrm{T}}A\boldsymbol{u}=(u_h',u_h')\geqslant 0$，即$A$是半正定的；另一方面当$\boldsymbol{u}\neq\boldsymbol{0}$时，必有$\boldsymbol{u}^{\mathrm{T}}A\boldsymbol{u}>0$，否则，$0=\boldsymbol{u}^{\mathrm{T}}A\boldsymbol{u}=(u_h',u_h')$就有$u_h'\equiv 0$从而$u_h$恒为常数，再由边界条件知$u_h$恒为 0，从而$\boldsymbol{u}\equiv 0$得到矛盾. 此外，$A$还是三对角矩阵，因为当节点$x_i$和$x_j$不相邻时，即$|i-j|>1$时，在以$x_k$和$x_{k+1}$为端点的单元内，$\varphi_i(x)$和$\varphi_j(x)$至少有一个恒为零，从而$a_{i,j}=\sum_{k=0}^{m-1}\int_{x_k}^{x_{k+1}}\varphi_i'(x)\varphi_j'(x)\mathrm{d}x=0\ (|i-j|>1)$.

此外，直接计算可知$a_{i,i}=\dfrac{2}{h}$，$a_{i-1,i}=a_{i,i-1}=-\dfrac{1}{h}(1\leqslant i\leqslant m)$，$a_{0,0}=a_{m,m}=\dfrac{1}{h}$. 一般情况下式（6-11）中右端项$b_i$的计算需要用到数值积分，数值积分公式的选取依赖于有限元空间的选取及整个数值格式的精度，通常情况下用四阶精度的两点高斯公式就够了，即

$$\int_a^b g(x)\mathrm{d}x\approx\frac{b-a}{2}\left(g\left(\frac{a+b}{2}-\frac{b-a}{2\sqrt{3}}\right)+g\left(\frac{a+b}{2}+\frac{b-a}{2\sqrt{3}}\right)\right) \tag{6-12}$$

## 三、有限元法的编程

在编程实现的过程中，可以按照上述分析直接将系数矩阵中各元素$a_{i,j}$的值输入，并用数值积分（作为一个子程序）计算出方程组（6-11）右端向量中各元素$b_i$. 这种操作固然有效，但是，有限元法的主要思想却没有得到体现，也就是先化整为零，在每个小单元上考虑，再装配组合，化零为整，我们需要体现这一过程，这也为后面进一步研究二维椭圆型方程边值问题做准备.

原则上线性方程组（6-11）的系数矩阵（在结构问题中称为刚度矩阵）$A$的计算可以利用小的剖分单元上的单元刚度矩阵来合成，线性方程组右端的向量（称为总荷载）$\boldsymbol{b}$的计算也是利用小的剖分单元上的单元荷载来合成的. 首先，在每个小单元上单独考虑单元刚度矩阵及单元荷载. 具体过程如下：记小单元为$e_i=[x_i,x_{i+1}]$，$i=0,1,\cdots,m-1$. 其中第$i$个单元的左、右节点$x_i,x_{i+1}$的整体编号是$i$和$i+1$，其局部编号则是 0 和 1，然后在每个小单元上考虑这个独立的单元对整个系统式（6-9）的"贡献"，不妨考虑在第$k$个单元$e_k=[x_k,x_{k+1}]$上的情况. 首先讨论这个单元上的单元刚度矩阵. 注意到式(6-9)的左端可以写成$\int_0^1\left(\sum_{i=0}^{m}u_i\varphi_i'(x)\right)\varphi_j'(x)\mathrm{d}x=\sum_{k=0}^{m-1}\int_{x_k}^{x_{k+1}}\left(\sum_{i=0}^{m}u_i\varphi_i'(x)\right)\varphi_j'(x)\mathrm{d}x$，因此，单元$e_k$对它的的贡献就是$S_k:=\int_{x_k}^{x_{k+1}}\left(\sum_{i=0}^{m}u_i\varphi_i'(x)\right)\varphi_j'(x)\mathrm{d}x=\int_{x_k}^{x_{k+1}}\left(u_k\varphi_k'(x)+u_{k+1}\varphi_{k+1}'(x)\right)\varphi_j'(x)\mathrm{d}x$，而且只有当$j=k$和$j=k+1$时才有实质的贡献，其他情况$S_k$均为零，从而可以认为对整个式（6-9）左端无实质贡献. 于是，单元$e_k$对整个式（6-9）左端作出如下贡献：

$$\begin{pmatrix}\int_{x_k}^{x_{k+1}}\varphi_k'(x)\varphi_k'(x)\mathrm{d}x & \int_{x_k}^{x_{k+1}}\varphi_{k+1}'(x)\varphi_k'(x)\mathrm{d}x\\ \int_{x_k}^{x_{k+1}}\varphi_k'(x)\varphi_{k+1}'(x)\mathrm{d}x & \int_{x_k}^{x_{k+1}}\varphi_k'(x)\varphi_{k+1}'(x)\mathrm{d}x\end{pmatrix}\begin{pmatrix}u_k\\ u_{k+1}\end{pmatrix}$$

实际计算可知 $\int_{x_k}^{x_{k+1}}\varphi_k'(x)\varphi_{k+1}'(x)\mathrm{d}x=-\frac{1}{h}$，$\int_{e_k}\varphi_k'^2(x)\mathrm{d}x=\int_{e_k}\varphi_{k+1}'^2(x)\mathrm{d}x=\frac{1}{h}$. 从而得第 $k$ 个单元上的单元刚度矩阵为 $\frac{1}{h}\begin{pmatrix}1 & -1\\ -1 & 1\end{pmatrix}$. 然后考虑第 $k$ 个单元上的单元荷载. 注意到式（6-9）的右端可以写成 $\int_0^1 f(x)\varphi_j(x)\mathrm{d}x=\sum_{k=0}^{m-1}\int_{x_k}^{x_{k+1}}f(x)\varphi_j(x)\mathrm{d}x$，因此单元 $e_k$ 对它的贡献就是 $\int_{x_k}^{x_{k+1}}f(x)\varphi_j(x)\mathrm{d}x$，而且也只有当 $j=k$ 和 $j=k+1$ 时才有实质的贡献. 于是，单元 $e_k$ 对整个式（6-9）右端作出如下贡献：$\begin{pmatrix}\int_{x_k}^{x_{k+1}}f(x)\varphi_k(x)\mathrm{d}x\\ \int_{x_k}^{x_{k+1}}f(x)\varphi_{k+1}(x)\mathrm{d}x\end{pmatrix}$，里面的积分一般要借助数值积分式（6-12）. 这样得到第 $k$ 个单元上的单元荷载为 $\begin{pmatrix}\int_{x_0}^{x_1}f(x)\varphi_0(x)\mathrm{d}x\\ \int_{x_0}^{x_1}f(x)\varphi_1(x)\mathrm{d}x\end{pmatrix}$. 对其他单元进行相同的分析，就可得到下面的表格（表 6-1）.

表 6-1 单元刚度矩阵与单元荷载

| 单　元 | $e_0$ | $e_1$ | $e_2$ | … | $e_k$ | … | $e_{m-1}$ |
|---|---|---|---|---|---|---|---|
| 整体编号 | 0　1 | 1　2 | 2　3 | | $k$　$k+1$ | | $m-1$　$m$ |
| 局部编号 | 0　1 | 0　1 | 0　1 | | 0　1 | | 0　1 |
| 单元刚度矩阵（$*1/h$） | $\begin{pmatrix}1 & -1\\ -1 & 1\end{pmatrix}$ | $\begin{pmatrix}1 & -1\\ -1 & 1\end{pmatrix}$ | $\begin{pmatrix}1 & -1\\ -1 & 1\end{pmatrix}$ | | $\begin{pmatrix}1 & -1\\ -1 & 1\end{pmatrix}$ | | $\begin{pmatrix}1 & -1\\ -1 & 1\end{pmatrix}$ |
| 单元荷载 | $\begin{pmatrix}f_0^0\\ f_1^0\end{pmatrix}$ | $\begin{pmatrix}f_0^1\\ f_1^1\end{pmatrix}$ | $\begin{pmatrix}f_0^2\\ f_1^2\end{pmatrix}$ | | $\begin{pmatrix}f_0^k\\ f_1^k\end{pmatrix}$ | | $\begin{pmatrix}f_0^{m-1}\\ f_1^{m-1}\end{pmatrix}$ |

其中，$\begin{pmatrix}f_0^k\\ f_1^k\end{pmatrix}=\begin{pmatrix}\int_{x_k}^{x_{k+1}}f(x)\varphi_k(x)\mathrm{d}x\\ \int_{x_k}^{x_{k+1}}f(x)\varphi_{k+1}(x)\mathrm{d}x\end{pmatrix}$，$0\leqslant k\leqslant m-1$. 最后将单元刚度矩阵及单元荷载合成，如图 6-1 所示，按照节点的整体编号合成为对应的总刚度矩阵 $A$ 及总荷载 $\boldsymbol{b}$.

| 整体编号 | 0 | 1 | 2 | 3 | … | $i$ | … | $m-1$ | $m$ | 荷载 |
|---|---|---|---|---|---|---|---|---|---|---|
| 0 | $\frac{1}{h}\begin{pmatrix}1 & -1\\ -1 & 1\end{pmatrix}$ | | | | | | | | | $\begin{pmatrix}f_0^0\\ f_1^0\end{pmatrix}$ |
| 1 | | $\frac{1}{h}\begin{pmatrix}1 & -1\\ -1 & 1\end{pmatrix}$ | | | | | | | | $\begin{pmatrix}f_0^1\\ f_1^1\end{pmatrix}$ |
| 2 | | | $\frac{1}{h}\begin{pmatrix}1 & -1\\ -1 & 1\end{pmatrix}$ | | | | | | | $\begin{pmatrix}f_0^2\\ f_1^2\end{pmatrix}$ |
| 3 | | | | | | | | | | |
| ⋮ | | | | | $\frac{1}{h}\begin{pmatrix}1 & -1\\ -1 & 1\end{pmatrix}$ | | | | | $\begin{pmatrix}\vdots\\ f_1^{i-1}\end{pmatrix}$ |
| $i$ | | | | | | $\frac{1}{h}\begin{pmatrix}1 & -1\\ -1 & 1\end{pmatrix}$ | | | | $\begin{pmatrix}f_0^i\\ \vdots\end{pmatrix}$ |
| ⋮ | | | | | | | | | | $\begin{pmatrix}\vdots\\ f_1^{m-2}\end{pmatrix}$ |
| $m-1$ | | | | | | | | $\frac{1}{h}\begin{pmatrix}1 & -1\\ -1 & 1\end{pmatrix}$ | | $\begin{pmatrix}f_0^{m-1}\\ f_1^{m-1}\end{pmatrix}$ |
| $m$ | | | | | | | | | | |

图 6-1 单元刚度矩阵合成为总刚度矩阵，单元荷载合成为总荷载

易见，合成的总刚度矩阵为

$$A=\frac{1}{h}\begin{pmatrix} 1 & -1 & & & & & \\ -1 & 2 & -1 & & & 0 & \\ & -1 & 2 & -1 & & & \\ & & \ddots & \ddots & \ddots & & \\ & & & -1 & 2 & -1 & \\ & 0 & & & -1 & 2 & -1 \\ & & & & & -1 & 1 \end{pmatrix} \tag{6-13}$$

及总荷载为

$$\boldsymbol{b}=\begin{pmatrix} \int_{x_0}^{x_1} f(x)\varphi_0(x)\mathrm{d}x \\ \int_{x_0}^{x_1} f(x)\varphi_1(x)\mathrm{d}x+\int_{x_1}^{x_2} f(x)\varphi_1(x)\mathrm{d}x \\ \int_{x_1}^{x_2} f(x)\varphi_2(x)\mathrm{d}x+\int_{x_2}^{x_3} f(x)\varphi_2(x)\mathrm{d}x \\ \vdots \\ \int_{x_{m-3}}^{x_{m-2}} f(x)\varphi_{m-2}(x)\mathrm{d}x+\int_{x_{m-2}}^{x_{m-1}} f(x)\varphi_{m-2}(x)\mathrm{d}x \\ \int_{x_{m-2}}^{x_{m-1}} f(x)\varphi_{m-1}(x)\mathrm{d}x+\int_{x_{m-1}}^{x_m} f(x)\varphi_{m-1}(x)\mathrm{d}x \\ \int_{x_{m-1}}^{x_m} f(x)\varphi_m(x)\mathrm{d}x \end{pmatrix}=\begin{pmatrix} \int_{x_0}^{x_1} f(x)\varphi_0(x)\mathrm{d}x \\ \int_{x_0}^{x_2} f(x)\varphi_1(x)\mathrm{d}x \\ \int_{x_1}^{x_3} f(x)\varphi_2(x)\mathrm{d}x \\ \vdots \\ \int_{x_{m-3}}^{x_{m-1}} f(x)\varphi_{m-2}(x)\mathrm{d}x \\ \int_{x_{m-2}}^{x_m} f(x)\varphi_{m-1}(x)\mathrm{d}x \\ \int_{x_{m-1}}^{x_m} f(x)\varphi_m(x)\mathrm{d}x \end{pmatrix} \tag{6-14}$$

其结果与上文用式（6-10）直接计算的结果完全一致.

注意，在实际计算中，由于 $u_h\in V_h$ 边界条件已知，所以待求量 $\boldsymbol{u}=(u_0,u_1,\cdots,u_m)^{\mathrm{T}}$ 中已知 $u_0=u_m=0$，只需求出其他 $u_i$，$1\leqslant i\leqslant m-1$，为此修改原线性方程组 $A\boldsymbol{u}=\boldsymbol{b}$ 为

$$\begin{pmatrix} 1 & 0 & & & & & \\ 0 & 2 & -1 & & & 0 & \\ & -1 & 2 & -1 & & & \\ & & \ddots & \ddots & \ddots & & \\ & & & -1 & 2 & -1 & \\ & 0 & & & -1 & 2 & 0 \\ & & & & & 0 & 1 \end{pmatrix}\begin{pmatrix} u_0 \\ u_1 \\ u_2 \\ \vdots \\ u_{m-2} \\ u_{m-1} \\ u_m \end{pmatrix}=\begin{pmatrix} 0 \\ h\int_{x_0}^{x_2} f(x)\varphi_1(x)\mathrm{d}x \\ h\int_{x_1}^{x_3} f(x)\varphi_2(x)\mathrm{d}x \\ \vdots \\ h\int_{x_{m-3}}^{x_{m-1}} f(x)\varphi_{m-2}(x)\mathrm{d}x \\ h\int_{x_{m-2}}^{x_m} f(x)\varphi_{m-1}(x)\mathrm{d}x \\ 0 \end{pmatrix}, \tag{6-15}$$

即第 0 行和第 0 列只留 $a_{0,0}=1$，其余元素均为零；第 $m$ 行和第 $m$ 列也只留 $a_{mm}=1$，其余元素也均为 0;

最后将右端向量的第一个和最后一个分量都改为 0 即可. 实质上，除去已知的$u_0=u_m=0$，则式（6-15）可以看成是 $m$-1 阶的线性方程组. 修改上述系数矩阵而不直接去除$u_0$和$u_m$就是为了编程时下标从 0 开始算起，这样用 C 语言编程就不容易出错了. 因此，最终通过求解线性方程组（6-15）就得到所有的$u_i$，$0\leqslant i\leqslant m$，进而由$u_h(x)=\sum_{i=0}^{m}u_i\varphi_i(x)$得到定义在整个区间[0,1]上的数值解.

## 四、有限元法的收敛性分析

至此，我们忽略了对原问题式（6-1）及其与之等价的变分公式（6-2）、泛函极小问题式（6-3）和有限元逼近问题式（6-6）解的存在、唯一性的讨论，这些理论将在本章第二节具体展开. 这样，我们对原问题式（6-1）进行有限元数值逼近，得到了数值解$u_h$. 为了衡量精确解与有限元数值解之间的误差，需要引入一个“距离”的概念——范数，即由内积

$$(v,w)=\int_0^1 v(x)w(x)\mathrm{d}x \tag{6-16}$$

诱导的范数

$$\|v\|=\sqrt{\int_0^1 v^2(x)\mathrm{d}x} \tag{6-17}$$

可以证明内积及其诱导的范数之间存在以下 Cauchy-Schwarz 不等式关系（课后习题）：

$$|(v,w)|\leqslant\|v\|\|w\| \tag{6-18}$$

**定理 6.1.2** 设常微分方程两点边值问题式（6-1）也就是式（6-2）的精确解为$u(x)$，其有限元离散后得到的离散问题式（6-6）的数值解为$u_h(x)$，又记 $u_I(x)$为$u(x)$关于节点$x_i$，$0\leqslant i\leqslant m$的分片线性插值函数，则存在不依赖于步长$h$的常数$C>0$，使得

（1）
$$\|(u-u_h)'\|=\min_{v_h\in V_h}\|(u-v_h)'\| \tag{6-19}$$

（2）
$$\|u-u_I\|\leqslant\frac{h^2}{8}\max_{0\leqslant x\leqslant 1}|u''| \tag{6-20}$$

（3）
$$\|(u-u_I)'\|\leqslant Ch\max_{0\leqslant x\leqslant 1}|u''| \tag{6-21}$$

（4）
$$\|(u-u_h)'\|\leqslant Ch\max_{0\leqslant x\leqslant 1}|u''| \tag{6-22}$$

（5）
$$\|u-u_h\|\leqslant Ch\max_{0\leqslant x\leqslant 1}|u''| \tag{6-23}$$

**证明**：由式（6-2）、式（6-6）及$V_h\subset V$知

$$((u-u_h)',w_h')=0,\quad \forall w_h\in V_h \tag{6-24}$$

于是利用式（6-24）和式（6-18），对$\forall v_h\in V_h$就得

$$\begin{aligned}\|(u-u_h)'\|^2&=((u-u_h)',(u-u_h)')=((u-u_h)',(u-v_h+v_h-u_h)')\\&=((u-u_h)',(u-v_h)')\leqslant\|(u-u_h)'\|\|(u-v_h)'\|\end{aligned}$$

从而得到$\|(u-u_h)'\|\leqslant\|(u-v_h)'\|$，再由$u_h\in V_h$就得式（6-19）. 式（6-19）说明$u$与$u_h$导数间的“距离”可以由$u$与$V_h$中的元素$v_h$导数间的最短“距离”来测量. 而比较容易想到的与$u$有直接关联且属于$V_h$的函数就是$u(x)$关于节点$x_i$，$0\leqslant i\leqslant m$的分片线性插值函数，因此有必要考察$u-u_I$. 显然，在

单个区间 $[x_i,x_{i+1}]$ 内 $u_I(x)$ 为 $u(x)$ 的线性插值，由插值函数的拉格朗日余项定理[2]知，存在 $\xi_i\in(x_i,x_{i+1})$，使得

$$(u(x)-u_I(x))\big|_{x\in[x_i,x_{i+1}]}=\frac{u''(\xi_i)}{2!}(x-x_i)(x-x_{i+1}) \tag{6-25}$$

于是，

$$\left|u(x)-u_I(x)\right|\big|_{x\in[x_i,x_{i+1}]}=\frac{|u''(\xi_i)|}{2!}(x-x_i)(x_{i+1}-x)\big|_{x\in[x_i,x_{i+1}]}\leqslant\frac{h^2}{8}|u''(\xi_i)| \tag{6-26}$$

其中最后一个不等式是利用 $ab\leqslant\dfrac{(a+b)^2}{4}$ 而得到的. 从而，

$$\|u-u_I\|^2\leqslant\sum_{i=0}^{m-1}\int_{x_i}^{x_{i+1}}\left(\frac{h^2}{8}|u''(\xi_i)|\right)^2\mathrm{d}x\leqslant\sum_{i=0}^{m-1}h\left(\frac{h^2}{8}\max_{0\leqslant x\leqslant1}|u''|\right)^2=\left(\frac{h^2}{8}\max_{0\leqslant x\leqslant1}|u''|\right)^2$$

即式（6-20）成立. 此外，注意到 $(u-u_I)(x_i)=0,\ 0\leqslant i\leqslant m$，于是

$$\int_{x_i}^{x_{i+1}}(u-u_I)'^2\mathrm{d}x=\int_{x_i}^{x_{i+1}}(u-u_I)'\mathrm{d}(u-u_I)=(u-u_I)(u-u_I)'\Big|_{x_i}^{x_{i+1}}-\int_{x_i}^{x_{i+1}}(u-u_I)\mathrm{d}(u-u_I)'$$

$$=0-\int_{x_i}^{x_{i+1}}(u-u_I)(u-u_I)''\mathrm{d}x=-\int_{x_i}^{x_{i+1}}(u-u_I)u''\mathrm{d}x$$

再利用式（6-18）、式（6-26），就有

$$\int_{x_i}^{x_{i+1}}(u-u_I)'^2\mathrm{d}x\leqslant\sqrt{\int_{x_i}^{x_{i+1}}(u-u_I)^2\mathrm{d}x\int_{x_i}^{x_{i+1}}u''^2\mathrm{d}x}\leqslant\sqrt{h\max_{x_i\leqslant x\leqslant x_{i+1}}|u-u_I|^2\cdot h\max_{x_i\leqslant x\leqslant x_{i+1}}|u''|^2}$$

$$\leqslant h\cdot\frac{h^2}{8}|u''(\xi_i)|\cdot\max_{x_i\leqslant x\leqslant x_{i+1}}|u''|\leqslant\frac{h^3}{8}\max_{0\leqslant x\leqslant1}|u''|^2$$

将上式关于 $i$ 从 0 加到 $m-1$，就有

$$\|(u-u_I)'\|^2=\sum_{i=0}^{m-1}\int_{x_i}^{x_{i+1}}(u-u_I)'^2\mathrm{d}x\leqslant\sum_{i=0}^{m-1}\frac{h^3}{8}\max_{0\leqslant x\leqslant1}|u''|^2=\frac{h^2}{8}\max_{0\leqslant x\leqslant1}|u''|^2$$

也就是式（6-21）成立. 这样，再利用 $u_I\in V_h$ 并在式（6-19）中取 $v_h=u_I$ 就得式（6-22）. 最后，由 $(u-u_h)(0)=0$ 知 $u-u_h=\int_0^x(u-u_h)'(s)\mathrm{d}s=\int_0^x(u-u_h)'(s)\cdot1\,\mathrm{d}s$，从而得

$$|u-u_h|\leqslant\sqrt{\int_0^x(u-u_h)'^2(s)\mathrm{d}s\int_0^x1^2\mathrm{d}s}\leqslant\sqrt{\int_0^1(u-u_h)'^2(s)\mathrm{d}s\int_0^11^2\mathrm{d}s}=\|(u-u_h)'\|$$

这个不等式的成立强烈地依赖条件 $(u-u_h)(0)=0$，否则不成立. 这样，再由式（6-22）就有 $\|u-u_h\|^2=\int_0^1(u-u_h)^2\mathrm{d}x\leqslant\max\limits_{0\leqslant x\leqslant1}|u-u_h|^2\leqslant\|(u-u_h)'\|^2\leqslant Ch^2\max\limits_{0\leqslant x\leqslant1}|u''|^2$，即式（6-23）成立. 证毕.

由定理 6.1.2 知，当网格剖分的步长 $h\to0$ 时，有限元解 $u_h(x)$ 收敛到原问题的精确解 $u(x)$.

## 五、数值算例

**例 6.1.1**　用有限元方法求解常微分方程两点边值问题：

$$\begin{cases}-u''=\left((16\pi^2-4)\sin(4\pi x)-16\pi\cos(4\pi x)\right)\mathrm{e}^{2x}, & 0<x<1\\ u(0)=u(1)=0\end{cases}$$

已知此问题的精确解为 $u(x)=\mathrm{e}^{2x}\sin(4\pi x)$．分别取第一种步长 $h=\frac{1}{16}$ 和第二种步长 $h=\frac{1}{32}$，输出在节点 $x=\frac{i}{8}$，$1\leqslant i\leqslant 7$ 处的数值解，并给出误差.

**解**：程序见 Egch6_sec1_01.c. 计算结果列表如下（表 6-2）.

表 6-2　有限元方法的计算结果

| $x_i$ | 第一种步长<br>数值解 $u_i$ | 误差 $\|u_i-u(x_i)\|$ | 第二种步长<br>数值解 $u_i$ | 误差 $\|u_i-u(x_i)\|$ |
|---|---|---|---|---|
| 0.125 | 1.284629 | 6.0386 e-4 | 1.284062 | 3.6750 e-5 |
| 0.250 | 0.000729 | 7.2911 e-4 | 0.000044 | 4.4014 e-5 |
| 0.375 | −2.116903 | 9.6762 e-5 | −2.116995 | 5.3512 e-6 |
| 0.500 | 0.000253 | 2.5350 e-4 | 0.000015 | 1.5303 e-5 |
| 0.625 | 3.492002 | 1.6593 e-3 | 3.490444 | 1.0098 e-4 |
| 0.750 | 0.001764 | 1.7641 e-3 | 0.000106 | 1.0650 e-4 |
| 0.875 | −5.754793 | 1.9041 e-4 | −5.754616 | 1.2827 e-5 |
| 第一种步长 | $\|u-u_h\|=0.139331$，　$\|(u-u_h)'\|=7.796860$ | | | |
| 第二种步长 | $\|u-u_h\|=0.035184$，　$\|(u-u_h)'\|=3.909623$ | | | |

从表中可见，当步长减半时，误差 $\|u-u_h\|$ 约减为原来的 1/4，从而说明 $u_h$ 二阶收敛到精确解 $u$ 的，这与式（6-23）不符，从而说明估计式（6-23）比较粗糙；此外，当步长减半时，误差 $\|(u-u_h)'\|$ 约减为原来的 1/2，这说明 $u_h$ 的一阶导数一阶收敛到 $u$ 的导数，与式（6-22）吻合. 实际上，我们可以通过更精细的估计并统一用式（6-17）定义的范数来表示，得到以下关于一维线性插值的结论（课后习题）：

$$\|(u-u_I)'\|\leqslant Ch\|u''\| \tag{6-27}$$

$$\|u-u_I\|\leqslant Ch^2\|u''\| \tag{6-28}$$

及数值解与精确解之间的误差（课后习题）：

$$\|(u-u_h)'\|\leqslant Ch\|u''\| \tag{6-29}$$

$$\|u-u_h\|\leqslant Ch^2\|u''\| \tag{6-30}$$

从而理论结果与数值结果一致.

# 第二节　变分原理与弱解

事实上，从式（6-2）和式（6-3）的形式来看，式（6-4）所定义的空间 $V$ 不需要那么强的正则性要求，即可以在一个包含更多函数类的空间中寻找原问题的解，这样的解我们称为弱解或者广义解. 具体地，对问题式（6-1）及其等价形式式（6-2）和式（6-3），需要引入以下 Sobolev 函数空间：

$$L^2([0,1])=\{v\,|\,v \text{ 定义在}[0,1]\text{上，且 } \int_0^1 v^2(x)\mathrm{d}x<\infty\} \tag{6-31}$$

在 $L^2([0,1])$ 上可以定义内积：

$$(v,w)=\int_0^1 v(x)w(x)\mathrm{d}x \tag{6-32}$$

从而诱导出以下 $L^2$ 范数：

$$\|v\|=\sqrt{\int_0^1 v^2(x)\mathrm{d}x} \tag{6-33}$$

此外，对问题式（6-1）还需要定义一个对导数有要求的空间：

$$H_0^1([0,1])=\{v|v,v'(x)\in L^2([0,1])\text{且}v(0)=v(1)=0\}$$

在这样的框架下，前面所描述的一维椭圆型方程边值问题式（6-1）就可以放在上述 Sobolev 空间中进行讨论了，从而有以下描述：

$$\text{求}u(x)\in H_0^1([0,1])\text{，使得}a(u,v)=(f,v)\quad \forall v(x)\in H_0^1([0,1]) \tag{6-34}$$

$$\text{求}u(x)\in H_0^1([0,1])\text{，使得}J(u)=\min_{v\in H_0^1([0,1])}J(v) \tag{6-35}$$

其中，$a(u,v)=\int_0^1 u'(x)v'(x)\mathrm{d}x$，$J(v)=\frac{1}{2}a(v,v)-(f,v)$. 这里，式（6-34）被称为原问题式（6-1）的弱公式或变分公式，其解称为原问题的弱解. 此外，与式（6-2）和式（6-3）等价一样，式（6-34）与式（6-35）也是等价的. 注意，之所以对原问题在 Sobolev 空间中进行讨论，一方面是因为弱解所在的空间比经典解的空间更大，弱解的存在性比经典解的存在性更容易讨论，所以在偏微分方程的理论研究过程中，通常先证明弱解的存在性，然后再通过一些技巧证明其正则性达到要求，从而得到经典解的存在性；另一方面，整个有限元方法的理论出发点就是从弱公式开始的，有限元的离散依赖于 Sobolev 空间的选取，而且最终的误差分析也是用 Sobolev 空间自身的范数来刻画的.

前一小节只是举了一个具体而简单的一维例子，简要地说明了有限元法的理论思想与实际操作步骤，其中省略了对解的存在唯一性的讨论. 一般来说，在用有限元法解决椭圆型问题的过程中，我们需要一些抽象的理论基础，本节将以二维椭圆型方程的边值问题

$$\begin{cases}-\Delta u=-\left(\dfrac{\partial^2 u(x,y)}{\partial x^2}+\dfrac{\partial^2 u(x,y)}{\partial y^2}\right)=f(x,y), & (x,y)\in\mathring{\Omega}\\ u(x,y)=0, & (x,y)\in\partial\Omega=\Gamma\end{cases} \tag{6-36}$$

为例，介绍相关的理论知识. 这里，为简便起见，设 $\Omega$ 为矩形区域$[x_a,x_b]\times[y_c,y_d]$.

## 一、原问题的等价变分形式

将式（6-36）中的第一式两边同乘以函数$v(x,y)$（一般称为试验函数）并在$\Omega$上积分，得

$$-\iint_\Omega\left(\frac{\partial^2 u(x,y)}{\partial x^2}+\frac{\partial^2 u(x,y)}{\partial y^2}\right)v(x,y)\mathrm{d}x\mathrm{d}y=\iint_\Omega f(x,y)v(x,y)\mathrm{d}x\mathrm{d}y \tag{6-37}$$

先考察

$$\begin{aligned}-\iint_\Omega\frac{\partial^2 u(x,y)}{\partial x^2}v(x,y)\mathrm{d}x\mathrm{d}y&=\iint_\Omega\frac{\partial}{\partial x}\left(-\frac{\partial u(x,y)}{\partial x}v(x,y)\right)\mathrm{d}x\mathrm{d}y+\iint_\Omega\frac{\partial u(x,y)}{\partial x}\frac{\partial v(x,y)}{\partial x}\mathrm{d}x\mathrm{d}y\\&=\int_{\partial\Omega}\left(-\frac{\partial u(x,y)}{\partial x}v(x,y)\right)\mathrm{d}y+\iint_\Omega\frac{\partial u(x,y)}{\partial x}\frac{\partial v(x,y)}{\partial x}\mathrm{d}x\mathrm{d}y\end{aligned}$$

其中最后一步用到了格林公式. 若$v(x,y)|_{\partial\Omega}=0$，则

$$-\iint_\Omega\frac{\partial^2 u(x,y)}{\partial x^2}v(x,y)\mathrm{d}x\mathrm{d}y=\iint_\Omega\frac{\partial u(x,y)}{\partial x}\frac{\partial v(x,y)}{\partial x}\mathrm{d}x\mathrm{d}y$$

同理，
$$-\iint_{\Omega}\frac{\partial^2 u(x,y)}{\partial y^2}v(x,y)\mathrm{d}x\mathrm{d}y=\iint_{\Omega}\frac{\partial u(x,y)}{\partial y}\frac{\partial v(x,y)}{\partial y}\mathrm{d}x\mathrm{d}y$$

于是，当$v(x,y)|_{\partial\Omega}=0$时，式（6-37）就成为

$$\iint_{\Omega}\left(\frac{\partial u(x,y)}{\partial x}\frac{\partial v(x,y)}{\partial x}+\frac{\partial u(x,y)}{\partial y}\frac{\partial v(x,y)}{\partial y}\right)\mathrm{d}x\mathrm{d}y=\iint_{\Omega}f(x,y)v(x,y)\mathrm{d}x\mathrm{d}y$$

利用梯度记号“∇”和向量的数量积“·”，上式可以写成

$$\iint_{\Omega}\nabla u\cdot\nabla v\ \mathrm{d}x\mathrm{d}y=\iint_{\Omega}f(x,y)v(x,y)\mathrm{d}x\mathrm{d}y \tag{6-38}$$

若记

$$a(u,v)=\iint_{\Omega}\nabla u\cdot\nabla v\ \mathrm{d}x\mathrm{d}y,\ (f,v)=\iint_{\Omega}f(x,y)v(x,y)\mathrm{d}x\mathrm{d}y \tag{6-39}$$

则可得式（6-36）的变分公式为

$$\text{求}\,u(x,y)\in H_0^1(\Omega)\text{，使得}\,a(u,v)=(f,v)\quad\forall v(x,y)\in H_0^1(\Omega) \tag{6-40}$$

及其等价的泛函极小问题：

$$\text{求}\,u(x,y)\in H_0^1(\Omega)\text{，使得}\,J(u)=\min_{v\in H_0^1(\Omega)}J(v) \tag{6-41}$$

这里，
$$H_0^1(\Omega)=\{v(x,y)\big|v,\frac{\partial v}{\partial x},\frac{\partial v}{\partial y}\in L^2(\Omega)\text{且}\,v|_{\partial\Omega}=0\} \tag{6-42}$$

且

$$L^2(\Omega)=\{v\big|v\ \text{定义在}\,\Omega\,\text{上，}\iint_{\Omega}v^2(x,y)\mathrm{d}x\mathrm{d}y<\infty\}\text{，}\ J(v)=\frac{1}{2}a(v,v)-(f,v) \tag{6-43}$$

与第一节相仿，我们有以下结论：

**定理 6.2.1** 若 $f\in L^2(\Omega),\ u\in C^2(\Omega)$，则式（6-36）、式（6-40）和式（6-41）是相互等价的.

**证明**：与定理 6.1.1 的证明完全类似，故略.

## 二、Lax-Milgram 定理

事实上，由于问题式（6-36）、式（6-40）和式（6-41）等价，所以对椭圆型方程边值问题式（6-36）解的研究可以转化为对其变分公式（6-40）的弱解的研究. 显然，在一般情况下，我们无法得到弱解的精确解析表达式，所以仍需要利用数值方法来研究. 有限元法正是建立在变分公式（6-40）的基础上的，所以首先需要在理论上研究问题式（6-40）解的存在性、唯一性等. 因此，下面的 Lax-Milgram 定理尤为重要，它为数值计算弱解提供了理论支撑.

**定理 6.2.2**（Lax-Milgram 定理[1]）

设$V$是一个 Hilbert 空间，其上的内积为$\langle\cdot,\cdot\rangle$，从而诱导出范数$\|\cdot\|$. 另设$a(\cdot,\cdot)$是$V\times V\to\mathrm{R}$上的连续双线性型且 $V$–椭圆，即存在常数$M>0$，使得

连续：
$$|a(v,w)|\leqslant M\|v\|\|w\|,\quad\forall v,w\in V \tag{6-44}$$

且对$\forall\alpha,\beta\in\mathrm{R},\ \ v_1,v_2,w_1,w_2,v,w\in V$，都有

双线性：
$$\begin{aligned}a(\alpha v_1+\beta v_2,w)&=\alpha\,a(v_1,w)+\beta\,a(v_2,w)\\a(v,\alpha w_1+\beta w_2)&=\alpha\,a(v,w_1)+\beta\,a(v,w_2)\end{aligned} \tag{6-45}$$

和 $V$–椭圆：存在常数 $C>0$，使得

$$|a(v,v)| \geqslant C\|v\|^2 \tag{6-46}$$

此外，设 $F$ 是 $V$ 上的连续线性泛函，即 $F \in V'$（$V$ 的对偶空间）且存在常数 $C_1>0$：

$$|F(v)| \leqslant C_1\|v\| \tag{6-47}$$

则问题：

$$\text{求} u \in V，\text{使得} a(u,v)=F(v), \quad \forall v \in V \tag{6-48}$$

存在唯一解.

下面利用 Lax-Milgram 定理来讨论变分问题式（6-40）解的存在唯一性. 取 $V=H_0^1(\Omega)$，可以证明 $V$ 是一个 Hilbert 空间，其上的内积为 $\langle v,w\rangle=\iint_\Omega(\nabla v\cdot\nabla w+vw)\mathrm{d}x\mathrm{d}y$，记其诱导出的范数（也称为能量范数）为 $\|v\|_{1,\Omega}=\sqrt{\iint_\Omega(|\nabla v|^2+v^2)\mathrm{d}x\mathrm{d}y}$，则对于由式（6-39）定义的 $a(\cdot,\cdot)$，显然可知 $a(\cdot,\cdot)$ 是双线性的，且

$$a(u,v)=\Omega\iint_\Omega\nabla u\cdot\nabla v\ \mathrm{d}x\mathrm{d}y \leqslant \left(\iint_\Omega|\nabla u|^2\mathrm{d}x\mathrm{d}y\right)^{1/2}\left(\iint_\Omega|\nabla v|^2\mathrm{d}x\mathrm{d}y\right)^{1/2} \leqslant \|u\|_{1,\Omega}\|v\|_{1,\Omega}$$

此外，对于 $\forall v \in V$，由于 $v|_{\partial\Omega}=0$，可以证明（庞加莱 Poincaré 不等式[1]，课后习题）存在常数 $C>0$ 使得

$$a(v,v)=\iint_\Omega|\nabla v|^2\ \ \mathrm{d}x\mathrm{d}y \geqslant C\|v\|_{1,\Omega}{}^2 \tag{6-49}$$

以上说明 $a(\cdot,\cdot)$ 是连续双线性型且是 $V$–椭圆的. 最后，由于 $f \in L^2(\Omega)$ 就有

$$(f,v)=\iint_\Omega f(x,y)v(x,y)\mathrm{d}x\mathrm{d}y \leqslant \left(\iint_\Omega f^2\,\mathrm{d}x\mathrm{d}y\right)^{1/2}\left(\iint_\Omega v^2\mathrm{d}x\mathrm{d}y\right)^{1/2} \leqslant C\|v\|_{1,\Omega}$$

从而说明 $F(v):=(f,v)$ 中 $F$ 是 $V$ 上的连续线性泛函，因此利用 Lax-Milgram 定理知，变分问题式（6-40）的解存在且唯一，从而与之等价的极小问题式（6-41）的解也存在且唯一.

对变分问题式（6-40）进行有限元数值逼近，可以这样进行：设 $\tau_h$ 是对应 $\Omega$ 的一个剖分，与有限差分法不同的是，这里的剖分不仅可以用矩形剖分，也可以采用三角形剖分. 设 $V_h \subset V=H_0^1(\Omega)$ 是相应的分片多项式函数空间，则式（6-40）的有限元数值方法就是：

$$\text{求} u_h(x,y) \in V_h，\text{使得} a(u_h,v_h)=(f,v_h) \quad \forall v_h(x,y) \in V_h, \tag{6-50}$$

显然，仿照对式（6-40）的讨论，由 Lax-Milgram 定理知，离散问题（6-50）的解也存在且唯一，这就为有限元分析及求解做好了准备. 在下面的小节里，我们将重点介绍有限元空间的构造及对离散问题式（6-50）的求解. 关于数值解的误差分析，由于涉及的知识比较多，包括插值误差估计、Sobolev 嵌入定理、从一般单元仿射变换至标准单元后的范数关系、$L^2$ 模估计时的对偶技巧等，这里就不具体展开了，有兴趣的读者可以选择有限元方法的专著研读. 以下只给出当取 $V_h \subset V=H_0^1(\Omega)$ 为分片连续一次多项式函数空间时的误差结果.

**定理 6.2.3** 设 $u, u_h$ 分别是连续问题式（6-40）和离散问题式（6-50）的解，则对于剖分细度 $h=\max\limits_{e\in\tau_h}(\mathrm{diam}(e))$，$\|u-u_h\|_{1,\Omega}$，$\|u-u_h\|$ 分别是一阶、二阶收敛的. 其中，$\mathrm{diam}(e)$ 表示剖分 $\tau_h$ 中单元 $e$ 的直径.

# 第三节 有限元空间的构造

## 一、对区域$\Omega$ 的剖分

对矩形区域$\Omega=[x_a,x_b]\times[y_c,y_d]$进行三角剖分，其中 $x$ 方向剖分 $m$ 份，$y$ 方向剖分 $n$ 份，共得到$(m+1)(n+1)$ 个节点及$2mn$ 个三角形单元. 图 6-2 所示是$m=5, n=4$ 的剖分情况，节点编号用数字表示，单元用带圈的数字来表示. 为了实现后面的程序编写，必须明确单元上的局部编号与整体编号，如图 6-3 所示. 通过设置剖分数，可以建立单元上整体编号与局部编号之间的关系，可设置二维数组lnd[ ][ ]，第一个参数为单元编号，第二个参数为局部节点编号，如 lnd[3][0]=8 等，表示第 3 个单元第 0 号局部节点的整体节点编号为 8，而 lnd[2][1]=2 则表示第 2 个单元第 1 号局部节点的整体节点编号为 2. 可以通过循环设置所有的节点.

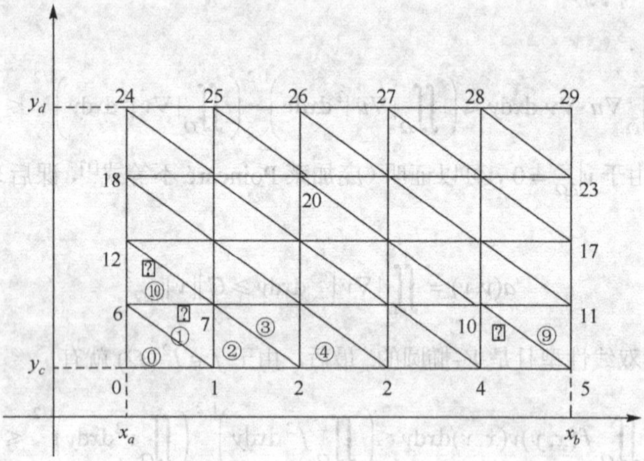


图 6-2 三角形剖分

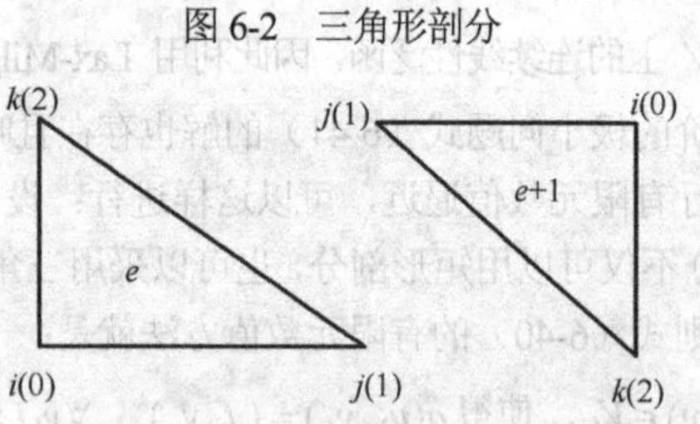


图 6-3 三角形单元的整体编号$i,j,k$ 与局部编号 0,1,2

## 二、三角形一次元

前面提到，可以选取 $V_h\subset V=H_0^1(\Omega)$ 为分片连续的一次多项式函数空间，也就是在每个单元 $e$ 上，$V_h$ 中的函数都是一次多项式，且要保证整体连续. 因此对于相邻的两个三角形单元，它们有一条公共边，只要保证分片一次多项式在这条公共边的两个端点（也是剖分节点）处函数值相同即可保证函数整体连续. 这样，分片一次多项式在每个单元上的表达式就可以由它在 3 个顶点处的值唯一确定. 下面，在节点$P_i,P_j,P_k$（对应整体编号为$i,j,k$）的单元 $e$ 上考虑数值解$u_h$ 的表达式，不妨用基函数来表示为$u_h(x,y)\big|_e=u_i\lambda_0(x,y)+u_j\lambda_1(x,y)+u_k\lambda_2(x,y)$，其中$\lambda_0,\lambda_1,\lambda_2$为待定基函数，满足以下性质:

$$\lambda_0(P_i)=1,\ \lambda_0(P_j)=0,\ \lambda_0(P_k)=0 \tag{6-51}$$

$$\lambda_1(P_i)=0,\ \lambda_1(P_j)=1,\ \lambda_1(P_k)=0 \tag{6-52}$$

$$\lambda_2(P_i)=0,\ \lambda_2(P_j)=0,\ \lambda_2(P_k)=1 \tag{6-53}$$

且它们都是一次函数. 这样，数值解 $u_h$ 在单元 $e$ 上的表达式完全由它在 3 个顶点 $P_i,P_j,P_k$ 处的值 $u_i,u_j,u_k$ 决定，$u_i,u_j,u_k$ 可以看作精确解 $u$ 在整体编号为 $i,j,k$ 的节点处的近似. 一旦把所有 $u_i$，$i=0,1,\cdots,(m+1)(n+1)-1$ 求出来（边界节点除外，因为 $u_h\in V_h$ 从而边界节点处 $u_h$ 的值为零），则数值解 $u_h$ 的表达式也就确定了. 所以现在的基本问题是对离散问题式（6-50）建立 $u_i$，$i=0,1,\cdots,(m+1)(n+1)-1$ 的关系式.

## 三、一次元的基函数与面积坐标

由于基函数在单元 $e$ 上是一次多项式，不妨设 $\lambda_0(x,y)\big|_e=ax+by+c$，其中 $a,b,c$ 为待定系数，且单元 $e$ 上 $s$ 号节点 $P_s$ 的坐标为 $(x_s,y_s)$，$s=i,j,k$，则由条件式（6-51）可知，应有

$$\begin{cases}ax_i+by_i+c=1,\\ ax_j+by_j+c=0,\\ ax_k+by_k+c=0,\end{cases}\text{即}\begin{pmatrix}x_i & y_i & 1\\ x_j & y_j & 1\\ x_k & y_k & 1\end{pmatrix}\begin{pmatrix}a\\ b\\ c\end{pmatrix}=\begin{pmatrix}1\\ 0\\ 0\end{pmatrix}$$

从而解出

$$a=\frac{\begin{vmatrix}1 & y_i & 1\\ 0 & y_j & 1\\ 0 & y_k & 1\end{vmatrix}}{\begin{vmatrix}x_i & y_i & 1\\ x_j & y_j & 1\\ x_k & y_k & 1\end{vmatrix}}=\frac{y_j-y_k}{\begin{vmatrix}x_i & y_i & 1\\ x_j & y_j & 1\\ x_k & y_k & 1\end{vmatrix}},\quad b=\frac{\begin{vmatrix}x_i & 1 & 1\\ x_j & 0 & 1\\ x_k & 0 & 1\end{vmatrix}}{\begin{vmatrix}x_i & y_i & 1\\ x_j & y_j & 1\\ x_k & y_k & 1\end{vmatrix}}=\frac{x_k-x_j}{\begin{vmatrix}x_i & y_i & 1\\ x_j & y_j & 1\\ x_k & y_k & 1\end{vmatrix}},$$

$$c=\frac{\begin{vmatrix}x_i & y_i & 1\\ x_j & y_j & 0\\ x_k & y_k & 0\end{vmatrix}}{\begin{vmatrix}x_i & y_i & 1\\ x_j & y_j & 1\\ x_k & y_k & 1\end{vmatrix}}=\frac{x_jy_k-x_ky_j}{\begin{vmatrix}x_i & y_i & 1\\ x_j & y_j & 1\\ x_k & y_k & 1\end{vmatrix}}$$

代入可得

$$\lambda_0(x,y)\big|_e=\frac{x(y_j-y_k)+y(x_k-x_j)+(x_jy_k-x_ky_j)}{\begin{vmatrix}x_i & y_i & 1\\ x_j & y_j & 1\\ x_k & y_k & 1\end{vmatrix}}=\frac{\begin{vmatrix}x & y & 1\\ x_j & y_j & 1\\ x_k & y_k & 1\end{vmatrix}}{\begin{vmatrix}x_i & y_i & 1\\ x_j & y_j & 1\\ x_k & y_k & 1\end{vmatrix}}$$

可以证明以 $P_i,P_j,P_k$（逆时针排列）为顶点的三角形单元 $e$ 的面积 $S_e=\dfrac{1}{2}\begin{vmatrix}x_i & y_i & 1\\ x_j & y_j & 1\\ x_k & y_k & 1\end{vmatrix}$（课后习题）.

于是，若 $\Delta P_iP_jP_k$ 内有一点 $P$ 的坐标为 $(x,y)$，见图 6-4，则

$$\lambda_0(x,y)\big|_e=\frac{\begin{vmatrix}x & y & 1\\ x_j & y_j & 1\\ x_k & y_k & 1\end{vmatrix}}{\begin{vmatrix}x_i & y_i & 1\\ x_j & y_j & 1\\ x_k & y_k & 1\end{vmatrix}}=\frac{2S_{\Delta PP_jP_k}}{2S_{\Delta P_iP_jP_k}}=\frac{S_{\Delta PP_jP_k}}{S_e} \qquad (6\text{-}54)$$

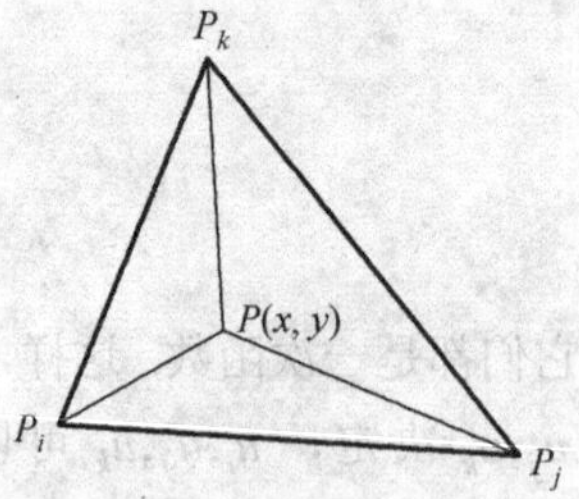


图 6-4　三角形单元

同理，

$$\lambda_1(x,y)\big|_e=\frac{\begin{vmatrix}x_i & y_i & 1\\ x & y & 1\\ x_k & y_k & 1\end{vmatrix}}{\begin{vmatrix}x_i & y_i & 1\\ x_j & y_j & 1\\ x_k & y_k & 1\end{vmatrix}}=\frac{S_{\Delta P_iPP_k}}{S_e},\quad \lambda_2(x,y)\big|_e=\frac{\begin{vmatrix}x_i & y_i & 1\\ x_j & y_j & 1\\ x & y & 1\end{vmatrix}}{\begin{vmatrix}x_i & y_i & 1\\ x_j & y_j & 1\\ x_k & y_k & 1\end{vmatrix}}=\frac{S_{\Delta P_iP_jP}}{S_e} \qquad (6\text{-}55)$$

注意到 $S_e=S_{\Delta P_iP_jP_k}=S_{\Delta PP_jP_k}+S_{\Delta P_iPP_k}+S_{\Delta P_iP_jP}$，显然有

$$\lambda_0+\lambda_1+\lambda_2=1 \qquad (6\text{-}56)$$

也就是说 $\lambda_0,\lambda_1,\lambda_2$ 不是相互独立的. 换言之，$\Delta P_iP_jP_k$ 内任一点 $P(x,y)$，必然可以唯一对应一组坐标 $(\lambda_0,\lambda_1)$，基函数 $\lambda_0,\lambda_1,\lambda_2$ 被称为重心坐标，由于它们又都是三角形的面积比，所以它们也称为面积坐标. 面积坐标在有限元分析中很重要，它是从一般单元变化到标准单元的工具，也是进行 Sobolev 空间范数估计的有效手段. 事实上，由式（6-54）、式（6-55）可以反解出直角坐标 $(x,y)$ 与重心坐标之间的对应关系式：

$$\begin{cases}x=x_i\lambda_0+x_j\lambda_1+x_k\lambda_2\\ y=y_i\lambda_0+y_j\lambda_1+y_k\lambda_2\end{cases}\quad 或 \quad \begin{cases}x=(x_i-x_k)\lambda_0+(x_j-x_k)\lambda_1+x_k\\ y=(y_i-y_k)\lambda_0+(y_j-y_k)\lambda_1+y_k\end{cases} \qquad (6\text{-}57)$$

从而可以实现将一般的三角形单元 $\Delta P_iP_jP_k$ 变换成标准单元 $\hat{e}$，如图 6-5 所示.

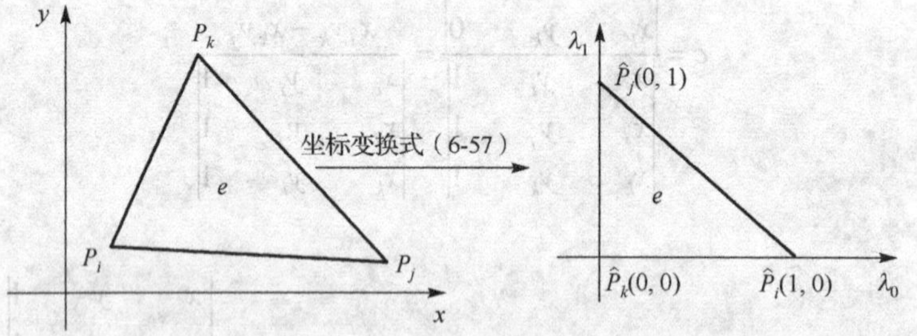


图 6-5　利用仿射坐标变换从一般单元变到标准单元

## 四、三角形二次元及其基函数

我们除了可以选取 $V_h$ 为分片连续的一次多项式函数空间外，也可以选取 $V_h$ 为分片连续的二次多项式函数空间，也就是在每个单元 $e$ 上，$V_h$ 中的函数都是二次多项式，且要保证整体连续. 因此在每个单元 $e$ 上，$V_h$ 中的分片二次多项式函数 $v(x,y)$ 就形如 $v|_e=Ax^2+Bxy+Cy^2+Dx+Ey+F$，其中 $A,B,C,D,E,F$ 均为待定常数，从而需要有 6 个条件来唯一确定这个表达式. 与一次元相仿，要确定这

6 个常数，我们可以取三角形单元 $e$ 的 3 个顶点及 3 条边的中点值作为条件（这些条件称为自由度），即分片二次多项式在每个单元上的表达式就可以由它在这个单元 3 个顶点和 3 条边的中点处的值唯一确定，这样也可以保证函数的整体连续性. 事实上，在相邻的两个三角形单元上的公共边上，位置变量 $x$ 和 $y$ 有一个直线方程的线性约束，从而 $v(x,y)$ 在这条边上成为一个只关于自变量 $x$ 的二次函数，这个函数在 3 个不同的点（两个顶点和一个中点）上取值相同，说明 $v(x,y)$ 在公共边上的表达式是唯一确定的，也就是说，这个分片二次多项式在相邻两个单元上虽然整体表达式不相同，但在其公共边上表达式相同，这就保证了函数在 $\Omega$ 上整体连续，从而实现 $V_h \subset V = H_0^1(\Omega)$.

对于以上的三角形二次元，由于涉及到三角形单元的中点，所以尽管三角形剖分情况不变，即共有 $2mn$ 个三角形单元，但整体节点数变为 $(2m+1)(2n+1)$ 个，且节点的编号将随之发生改变. 例如，图 6-2 将改变成为图 6-6.

接下来，在单元 $e$ 上考虑数值解 $u_h \in V_h$ 的表达式，其中 $e$ 的 3 个顶点为 $P_i, P_j, P_k$（对应整体编号为 $i, j, k$），3 条边的中点为 $P_{jk}, P_{ki}, P_{ij}$（对应整体编号为 $\dfrac{j+k}{2}, \dfrac{k+i}{2}, \dfrac{i+j}{2}$），如图 6-7 所示.

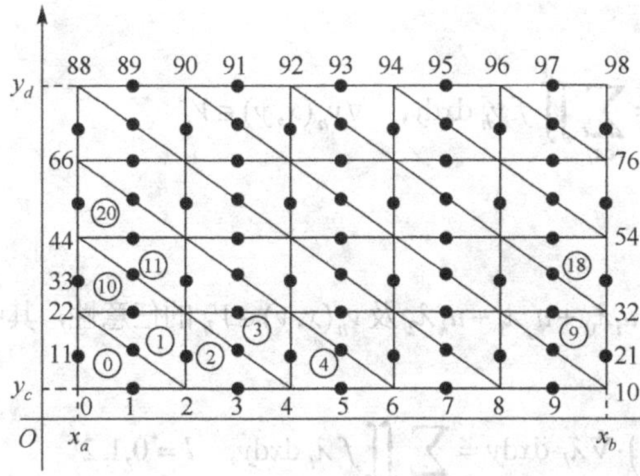


图 6-6 三角形剖分及二次元节点图（各顶点也包含在内）

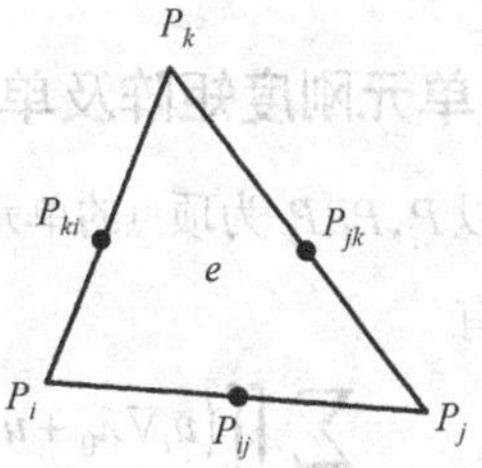


图 6-7 三角形二次元

$u_h$ 在单元 $e$ 上的表达式不妨用基函数表示为

$$u_h(x,y)\big|_e = u_i\varphi_0(x,y) + u_j\varphi_1(x,y) + u_k\varphi_2(x,y) + u_{jk}\psi_0(x,y) + u_{ki}\psi_1(x,y) + u_{ij}\psi_2(x,y)$$

其中 $\varphi_0, \varphi_1, \varphi_2, \psi_0, \psi_1, \psi_2$ 为待定基函数，满足以下性质：

$$\begin{gathered}
\varphi_0(P_i)=1,\ \varphi_0(P_j)=0,\ \varphi_0(P_k)=0,\ \varphi_0(P_{jk})=0,\ \varphi_0(P_{ki})=0,\ \varphi_0(P_{ij})=0,\\
\varphi_1(P_i)=0,\ \varphi_1(P_j)=1,\ \varphi_1(P_k)=0,\ \varphi_1(P_{jk})=0,\ \varphi_1(P_{ki})=0,\ \varphi_1(P_{ij})=0,\\
\varphi_2(P_i)=0,\ \varphi_2(P_j)=0,\ \varphi_2(P_k)=1,\ \varphi_2(P_{jk})=0,\ \varphi_2(P_{ki})=0,\ \varphi_2(P_{ij})=0,\\
\psi_0(P_i)=0,\ \psi_0(P_j)=0,\ \psi_0(P_k)=0,\ \psi_0(P_{jk})=1,\ \psi_0(P_{ki})=0,\ \psi_0(P_{ij})=0,\\
\psi_1(P_i)=0,\ \psi_1(P_j)=0,\ \psi_1(P_k)=0,\ \psi_1(P_{jk})=0,\ \psi_1(P_{ki})=1,\ \psi_1(P_{ij})=0,\\
\psi_2(P_i)=0,\ \psi_2(P_j)=0,\ \psi_2(P_k)=0,\ \psi_2(P_{jk})=0,\ \psi_2(P_{ki})=0,\ \psi_2(P_{ij})=1.
\end{gathered}$$

利用重心坐标，很容易将上述基函数表示出来，即有分别对应于三角形单元 3 个顶点 $P_i, P_j, P_k$ 的基函数：

$$\varphi_0(x,y) = \lambda_0(2\lambda_0 - 1),\quad \varphi_1(x,y) = \lambda_1(2\lambda_1 - 1),\quad \varphi_2(x,y) = \lambda_2(2\lambda_2 - 1) \tag{6-58}$$

及对应于三角形 3 条边中点 $P_{jk}, P_{ki}, P_{ij}$ 的基函数：

$$\psi_0 = 4\lambda_1\lambda_2,\quad \psi_1 = 4\lambda_2\lambda_0,\quad \psi_2 = 4\lambda_0\lambda_1 \tag{6-59}$$

至此，数值解 $u_h$ 在单元 $e$ 上的表达式就确定为：

$$u_h(x,y)\big|_e = u_i\lambda_0(2\lambda_0-1)+u_j\lambda_1(2\lambda_1-1)+u_k\lambda_2(2\lambda_2-1)+4u_{jk}\lambda_1\lambda_2+4u_{ki}\lambda_2\lambda_0+4u_{ij}\lambda_0\lambda_1$$

综上，有限元空间 $X_h$ 由一个三元组 $(e,V_h,\Sigma)$ 确定. 具体地，设 $\tau_h$ 是区域 $\Omega$ 的一个剖分，$e$ 是剖分 $\tau_h$ 中的单元，参数 $h$ 定义为所有单元的最大直径，即 $h=\max\limits_{e\in\tau_h}\left(\text{diam}(e)\right)$；$V_h$ 是选定的分片多项式函数空间；$\Sigma$ 是每个 $e$ 上用于唯一确定 $V_h$ 内的多项式函数所需要的条件.

另外，更多的有限元空间（如矩形双线性元、Hermite 三角元等）就不一一举例了.

## 第四节　有限元法的实现

本节以三角形一次有限元来数值求解二维椭圆型方程的边值问题式(6-36)，也就是取 $V_h\subset H_0^1(\Omega)$ 为分片连续的一次多项式函数空间，求解离散的变分问题式（6-50），即

求 $u_h(x,y)\in V_h$，使得

$$\iint_\Omega \nabla u_h\cdot\nabla v_h\,\mathrm{d}x\mathrm{d}y=\iint_\Omega f\,v_h\,\mathrm{d}x\mathrm{d}y\quad \forall v_h(x,y)\in V_h$$

也就是，

$$\sum_{e\in\tau_h}\iint_e \nabla u_h\cdot\nabla v_h\,\mathrm{d}x\mathrm{d}y=\sum_{e\in\tau_h}\iint_e f\,v_h\,\mathrm{d}x\mathrm{d}y,\quad \forall v_h(x,y)\in V_h \tag{6-60}$$

### 一、单元刚度矩阵及单元荷载

考虑以 $P_i,P_j,P_k$ 为顶点的单元 $e$. 因 $u_h\big|_e=u_i\lambda_0+u_j\lambda_1+u_k\lambda_2$ 及 $v_h(x,y)\in V_h$ 的任意性，其中 $u_i,u_j,u_k$ 待定，则有

$$\sum_{e\in\tau_h}\iint_e\left(u_i\nabla\lambda_0+u_j\nabla\lambda_1+u_k\nabla\lambda_2\right)\cdot\nabla\lambda_l\,\mathrm{d}x\mathrm{d}y=\sum_{e\in\tau_h}\iint_e f\,\lambda_l\,\mathrm{d}x\mathrm{d}y,\quad l=0,1,2$$

注意，这里的 $\lambda_0,\lambda_1,\lambda_2$ 都是相应于具体单元 $e$ 的. 这样很容易得到单元 $e$ 上相应于 $u_i,u_j,u_k$ 的单元刚度矩阵及单元荷载分别为

$$\begin{pmatrix}\iint_e\nabla\lambda_0\cdot\nabla\lambda_0\mathrm{d}x\mathrm{d}y & \iint_e\nabla\lambda_1\cdot\nabla\lambda_0\mathrm{d}x\mathrm{d}y & \iint_e\nabla\lambda_2\cdot\nabla\lambda_0\mathrm{d}x\mathrm{d}y\\ \iint_e\nabla\lambda_0\cdot\nabla\lambda_1\mathrm{d}x\mathrm{d}y & \iint_e\nabla\lambda_1\cdot\nabla\lambda_1\mathrm{d}x\mathrm{d}y & \iint_e\nabla\lambda_2\cdot\nabla\lambda_1\mathrm{d}x\mathrm{d}y\\ \iint_e\nabla\lambda_0\cdot\nabla\lambda_2\mathrm{d}x\mathrm{d}y & \iint_e\nabla\lambda_1\cdot\nabla\lambda_2\mathrm{d}x\mathrm{d}y & \iint_e\nabla\lambda_2\cdot\nabla\lambda_2\mathrm{d}x\mathrm{d}y\end{pmatrix},\quad \begin{pmatrix}\iint_e f\lambda_0\mathrm{d}x\mathrm{d}y\\ \iint_e f\lambda_1\mathrm{d}x\mathrm{d}y\\ \iint_e f\lambda_2\mathrm{d}x\mathrm{d}y\end{pmatrix}$$

在实际单元刚度矩阵的计算中，由于 $\lambda_0,\lambda_1,\lambda_2$ 都是一次多项式，所以 $\nabla\lambda_l(l=0,1,2)$ 均为常向量，易得

$$\nabla\lambda_0=\frac{1}{2S_e}\begin{pmatrix}y_j-y_k\\ x_k-x_j\end{pmatrix},\quad \nabla\lambda_1=\frac{1}{2S_e}\begin{pmatrix}y_k-y_i\\ x_i-x_k\end{pmatrix},\quad \nabla\lambda_2=\frac{1}{2S_e}\begin{pmatrix}y_i-y_j\\ x_j-x_i\end{pmatrix}$$

从而单位刚度矩阵可以改写为

$$\frac{1}{4S_e}\begin{pmatrix}(y_j-y_k)^2 & (y_k-y_i)(y_j-y_k) & (y_i-y_j)(y_j-y_k)\\ (y_j-y_k)(y_k-y_i) & (y_k-y_i)^2 & (y_i-y_j)(y_k-y_i)\\ (y_j-y_k)(y_i-y_j) & (y_k-y_i)(y_i-y_j) & (y_i-y_j)^2\end{pmatrix}+$$

$$\frac{1}{4S_e}\begin{pmatrix}(x_k-x_j)^2 & (x_i-x_k)(x_k-x_j) & (x_j-x_i)(x_k-x_j)\\(x_k-x_j)(x_i-x_k) & (x_i-x_k)^2 & (x_j-x_i)(x_i-x_k)\\(x_k-x_j)(x_j-x_i) & (x_i-x_k)(x_j-x_i) & (x_j-x_i)^2\end{pmatrix} \tag{6-61}$$

至于单元荷载的计算，通常情况下需要借助于数值积分. 常用的二维 Hammer 数值积分公式[3]（在标准单元 $\hat{e}$ 上）为

$$\iint_{\hat{e}} g(\lambda_0,\lambda_1,\lambda_2)\mathrm{d}\lambda_0\mathrm{d}\lambda_1=\int_0^1\mathrm{d}\lambda_0\int_0^{1-\lambda_0}g(\lambda_0,\lambda_1,1-\lambda_0-\lambda_1)\mathrm{d}\lambda_1=\frac{1}{2}g\left(\frac{1}{3},\frac{1}{3},\frac{1}{3}\right)+O(h^2) \tag{6-62}$$

或

$$\iint_{\hat{e}} g(\lambda_0,\lambda_1,\lambda_2)\mathrm{d}\lambda_0\mathrm{d}\lambda_1=\frac{1}{6}\left(g(0,\frac{1}{2},\frac{1}{2},)+g\left(\frac{1}{2},0,\frac{1}{2}\right)+g\left(\frac{1}{2},\frac{1}{2},0\right)\right)+O(h^3) \tag{6-63}$$

因此在计算单元荷载时，先要将一般单元 $e$ 上的积分通过坐标变换式（6-57）变到标准单元 $\hat{e}$ 上，从而有（课后习题）

$$\iint_e p(x,y)\mathrm{d}x\mathrm{d}y=2S_e\iint_{\hat{e}}p(x_i\lambda_0+x_j\lambda_1+x_k\lambda_2,y_i\lambda_0+y_j\lambda_1+y_k\lambda_2)\mathrm{d}\lambda_0\mathrm{d}\lambda_1$$

再利用 Hammer 积分式（6-62）或式（6-63）并忽略高阶小项得到

$$\iint_e p(x,y)\mathrm{d}x\mathrm{d}y\approx S_e\cdot p(G)\text{，误差为}O(h^2)\text{，其中}G\text{为单元}e\text{的重心} \tag{6-64}$$

或者
$$\iint_e p(x,y)\mathrm{d}x\mathrm{d}y\approx\frac{S_e}{3}\left(p(P_{jk})+p(P_{ki})+p(P_{ij})\right)\text{，误差为}O(h^3) \tag{6-65}$$

其中，$P_{jk},P_{ki},P_{ij}$ 为单元 $e$ 的 3 条边的中点. 更高精度的 Hammer 积分需要借助更多的积分点，详情可参考文献[3]. 这样，由式（6-64）或式（6-65）单元荷载可近似为

$$\frac{S_e f(G)}{3}\begin{pmatrix}1\\1\\1\end{pmatrix}\quad\text{或}\quad\frac{S_e}{6}\begin{pmatrix}f(P_{ki})+f(P_{ij})\\f(P_{ij})+f(P_{jk})\\f(P_{jk})+f(P_{ki})\end{pmatrix} \tag{6-66}$$

注：如果 $V_h$ 为分片连续二次多项式函数空间，则单元刚度矩阵将会是 6×6 阶的矩阵，其计算将会复杂一些.

## 二、总刚度矩阵和总荷载的合成

为简单起见，以图 6-2 的剖分为例进行单元刚度矩阵的合成. 易知，总刚度矩阵 $A$ 是一个 30（$(m+1)(n+1)$）阶的方阵. 在进行总刚度矩阵 $A$ 的合成之前，要初始化 $A$，让其元素均为零. 接下来不妨考察第⑩号单元的单元刚度矩阵在总刚度矩阵 $A$ 中的位置. 由于第⑩号单元的 3 个顶点的整体编号为 6,7,12，局部编号为 0,1,2，易见其相应于 $u_6,u_7,u_{12}$ 单元刚度矩阵为

$$\frac{1}{4S_e}\begin{pmatrix}(y_7-y_{12})^2 & (y_{12}-y_6)(y_7-y_{12}) & (y_6-y_7)(y_7-y_{12})\\(y_7-y_{12})(y_{12}-y_6) & (y_{12}-y_6)^2 & (y_6-y_7)(y_{12}-y_6)\\(y_7-y_{12})(y_6-y_7) & (y_{12}-y_6)(y_6-y_7) & (y_6-y_7)^2\end{pmatrix}+$$

$$\frac{1}{4S_e}\begin{pmatrix}(x_{12}-x_7)^2 & (x_6-x_{12})(x_{12}-x_7) & (x_7-x_6)(x_{12}-x_7)\\(x_{12}-x_7)(x_6-x_{12}) & (x_6-x_{12})^2 & (x_7-x_6)(x_6-x_{12})\\(x_{12}-x_7)(x_7-x_6) & (x_6-x_{12})(x_7-x_6) & (x_7-x_6)^2\end{pmatrix}$$

其中，$S_e=\dfrac{(x_b-x_a)(y_d-y_c)}{2mn}$. 在实际编程中上述三阶单元刚度矩阵的元素可以存储在一个二维数组 $ea$ 中，如，令 $\mathrm{ea}[1][0]=\dfrac{(y_7-y_{12})(y_{12}-y_6)+(x_{12}-x_7)(x_6-x_{12})}{4S_e}$，$\mathrm{ea}[2][2]=\dfrac{(y_6-y_7)^2+(x_7-x_6)^2}{4S_e}$ 等. 然后再将数组 $ea$ 合成至总刚度矩阵 $A$ 中，其中 ea[1][0] 在 $A$ 中的位置是 $A$[7][6]，ea[2][2] 在 $A$ 中的位置是 $A$[12][12]，ea[1][2] 在 $A$ 中的位置是 $A$[7][12] 等，这里用到了局部编号与整体编号之间的对应关系. 这样将 ea 中的 9 个元素都存到 $A$ 中相应的位置. 同样处理第⑪号单元，但由于第⑪号单元的顶点中也有整体编号为 7 和 12 分别对应局部编号为 2 和 1 的节点，因此这个单元上的单元刚度矩阵中 $ea$[2][1] 在 $A$ 中的位置也是 $A$[7][12]，它需要与已有的 $A$[7][12] 的值相加，从而实现总刚度矩阵的合成. 最后，对所有的单元都进行上述过程，则可最终得到总刚度矩阵 $A$.

类似地，进行总荷载的合成. 易知，总荷载矩阵 rhs（表示右端项 right-hand-side）是一个 30（$(m+1)(n+1)$）维的列向量. 在进行总荷载矩阵 rhs 的合成之前，也要初始化，让其元素均为零. 同样，考察第⑩号单元的单元荷载在总单元荷载中的位置. 不妨取单元荷载为式（6-66）中精度较高的那个，即相应于 $u_6,u_7,u_{12}$ 的单元荷载为

$$\frac{S_e}{6}\begin{pmatrix} f(P_{12,6})+f(P_{6,7}) \\ f(P_{6,7})+f(P_{7,12}) \\ f(P_{7,12})+f(P_{12,6}) \end{pmatrix}=\frac{S_e}{6}\begin{pmatrix} f(\frac{x_{12}+x_6}{2},\frac{y_{12}+y_6}{2})+f(\frac{x_6+x_7}{2},\frac{y_6+y_7}{2}) \\ f(\frac{x_6+x_7}{2},\frac{y_6+y_7}{2})+f(\frac{x_7+x_{12}}{2},\frac{y_7+y_{12}}{2}) \\ f(\frac{x_7+x_{12}}{2},\frac{y_7+y_{12}}{2})+f(\frac{x_{12}+x_6}{2},\frac{y_{12}+y_6}{2}) \end{pmatrix}$$

在实际编程中上述列向量可以存储在一个一维数组 $g$ 中，这样，$g$[0] 在总荷载 rhs 中的位置是 rhs[6]，$g$[1] 的位置是 rhs[7]，$g$[2] 的位置是 rhs[12]. 再处理第⑪号单元. 由于第⑪号单元的顶点中也有整体编号为 7 和 12 分别对应局部编号为 2 和 1 的节点，因此这个单元上的单元荷载中 $g$[2] 在 $A$ 中的位置也是 rhs[7]，它需要与已有的 rhs[7] 的值相加，$g$[1] 在 $A$ 中的位置也是 rhs[12]，它需要与已有的 rhs[12] 的值相加，从而实现总荷载的合成. 最后，对所有的单元都进行上述过程，则可最终得到总荷载矩阵 rhs.

综上，可得原离散问题的矩阵表示为

$$Au=\mathrm{rhs}\text{，其中 } u=(u_0,u_1,\cdots,u_{28},u_{29})^{\mathrm{T}} \tag{6-67}$$

## 三、边界条件的处理

在进行线性方程组（6-67）的求解之前，还需要对边界条件进行处理. 由于原问题的边界条件是 $u(x,y)\big|_{\partial\Omega}=0$，且有限元空间要求 $V_h\subset H_0^1(\Omega)$，这样就限制了 $u_h(P)=0$，其中 $P$ 为边界节点，也就是要求 $u_l=0$（$l\in\Lambda=\{$所有边界节点的整体编号$\}$）. 这样，只要修改系数矩阵 $A$，令其第 $l$ 行和第 $l$ 列元素均为零，但 $A[l][l]=1$，$l\in\Lambda$，得到新的系数矩阵记为 $\tilde{A}$. 再令右端项 $\mathrm{rhs}[l]=0$，$l\in\Lambda$，得到新的右端项记为 $b$. 做了以上修改以后再去求解 $\tilde{A}u=b$，即可得 $u_0,u_1,\cdots,u_{28},u_{29}$，从而得到数值解 $u_h$.

事实上连续双线性型 $a(\cdot,\cdot)$ 的对称性就确定了有限元离散后的总刚度矩阵 $A$ 是对称的，$a(\cdot,\cdot)$ 的 $V$–椭圆性就保证了这个刚度矩阵还是正定的，即使做了边界条件处理后仍然是对称正定的，从而离散后的线性系统是唯一可解的，可以利用高斯消去法求解.

## 四、数值算例

**例 6.4.1**　用三角形一次有限元求解椭圆型方程边值问题：

$$\begin{cases} -\left(\dfrac{\partial^2 u(x,y)}{\partial x^2}+\dfrac{\partial^2 u(x,y)}{\partial y^2}\right)=2(x+y-x^2-y^2), & (x,y)\in\mathring{\Omega} \\ u|_{\partial\Omega}=0 \end{cases}$$

其中，$\Omega=[0,1]\times[0,1]$．已知此问题的精确解为$u(x,y)=xy(1-x)(1-y)$．分别取第一种剖分$m=n=16$和第二种剖分$m=n=32$，输出在节点$(x,y)=(0.125i,\ 0.5),\ 1\leqslant i\leqslant 7$处的数值解，并给出误差.

**解**：程序见 Egch6_sec4_01.c. 计算结果列表如下（表 6-3）.

表 6-3　三角形一次有限元法的计算结果

| $x_i$ | 第一种步长数值解 $u_i$ | 误差$\lvert u_i-u(x_i)\rvert$ | 第二种步长数值解 $u_i$ | 误差$\lvert u_i-u(x_i)\rvert$ |
|---|---|---|---|---|
| 0.125 | 0.027253 | 9.0703 e-5 | 0.027321 | 2.2726 e-5 |
| 0.250 | 0.046726 | 1.4885 e-4 | 0.046838 | 3.7299 e-5 |
| 0.375 | 0.058413 | 1.8101 e-4 | 0.058548 | 4.5356 e-5 |
| 0.500 | 0.062309 | 1.9127 e-4 | 0.062452 | 4.7926 e-5 |
| 0.625 | 0.058413 | 1.8101 e-4 | 0.058548 | 4.5356 e-5 |
| 0.750 | 0.046726 | 1.4885 e-4 | 0.046838 | 3.7299 e-5 |
| 0.875 | 0.027253 | 9.0703 e-5 | 0.027321 | 2.2726 e-5 |
| 第一种步长 | $\lVert u-u_h\rVert$=0.00039064 | | $\lVert u-u_h\rVert_{1,\Omega}$=0.01518861 | |
| 第二种步长 | $\lVert u-u_h\rVert$=0.00009800 | | $\lVert u-u_h\rVert_{1,\Omega}$=0.00760401 | |

从表中可知，数值结果与定理 6.2.3 一致.

在处理椭圆型方程时，尽管有限元方法在编程方面比有限差分法烦琐，但现有很多成熟的软件直接可以使用，而且最重要的是，在进行误差分析时，有限元方法比起差分法来占有绝对的优势，它有一套完整成熟的数学理论.

# 第五节　抛物型方程初边值问题的有限元方法

本节我们用有限元法联合差分法来数值求解抛物型方程的初边值问题：

$$\begin{cases} \dfrac{\partial u}{\partial t}-a\dfrac{\partial^2 u}{\partial x^2}=f(x,t), \quad 0<x<1,\ 0<t\leqslant T, \\ u(x,0)=\psi(x), \quad 0\leqslant x\leqslant 1, \\ u(0,t)=u(1,t)=0, \quad 0<t\leqslant T. \end{cases} \tag{6-68}$$

其中常数$a>0$.

## 一、原方程的变分形式

将式（6-68）中第一式方程的两边同乘以函数$v(x)$并在区间[0,1]上积分，即得

$$\int_0^1\frac{\partial u(x,t)}{\partial t}v(x)\mathrm{d}x-a\int_0^1\frac{\partial^2 u(x,t)}{\partial x^2}v(x)\mathrm{d}x=\int_0^1 f(x,t)v(x)\mathrm{d}x$$

若取$v(x)\in H_0^1([0,1])$从而$v(0)=v(1)=0$，再利用分部积分，上式就成为

$$\int_0^1\frac{\partial u(x,t)}{\partial t}v(x)\mathrm{d}x+a\int_0^1\frac{\partial u(x,t)}{\partial x}v'(x)\mathrm{d}x=\int_0^1 f(x,t)v(x)\mathrm{d}x$$

同样，由式（6-68）中第二式可得 $\int_0^1 u(x,0)v(x)\mathrm{d}x = \int_0^1 \psi(x)v(x)\mathrm{d}x$. 这样，就得到原问题的变分形式：

在任意时刻 $t\in(0,T]$，求函数 $u(x,t)\in H_0^1([0,1])$（指的是在固定的时刻 $t$, 关于 $x$ 的函数 $u(x,t)\in H_0^1([0,1])$），使得

$$\int_0^1 \frac{\partial u(x,t)}{\partial t}v(x)\mathrm{d}x + a\int_0^1 \frac{\partial u(x,t)}{\partial x}v'(x)\mathrm{d}x = \int_0^1 f(x,t)v(x)\mathrm{d}x,\quad \forall v\in H_0^1([0,1]) \tag{6-69}$$

$$\int_0^1 u(x,0)v(x)\mathrm{d}x = \int_0^1 \psi(x)v(x)\mathrm{d}x,\quad \forall v\in H_0^1([0,1]) \tag{6-70}$$

## 二、用有限元法进行空间半离散

首先对空间区域进行剖分离散. 为简单起见，对 $[0,1]$ 进行等距剖分，步长为 $h$，节点坐标为 $x_i = ih,\ 0\leqslant i\leqslant m$ 且 $h=\dfrac{1}{m}$. 设 $V_h$ 为 $H_0^1([0,1])$ 中的分片连续线性函数空间，其基函数为 $\phi_0(x),\phi_1(x),\cdots,\phi_m(x)\in V_h$，其定义为式（6-7）和式（6-8），易见有 $\varphi_i(x_j)=\begin{cases}1, & i=j,\\ 0, & i\neq j.\end{cases}$ 现假设数值解具有可分离变量的性质，即 $u_h(x,t)=\sum_{i=0}^{m}\alpha_i(t)\phi_i(x)$，则原来的连续型问题式（6-69）和式（6-70）可以相应地离散为：

$$\int_0^1 \frac{\partial u_h(x,t)}{\partial t}v_h(x)\mathrm{d}x + a\int_0^1 \frac{\partial u_h(x,t)}{\partial x}v_h{}'(x)\mathrm{d}x = \int_0^1 f(x,t)v_h(x)\mathrm{d}x,$$

$$\int_0^1 u_h(x,0)v_h(x)\mathrm{d}x = \int_0^1 \psi(x)v_h(x)\mathrm{d}x,\qquad \forall v_h\in V_h.$$

此即

$$\sum_{i=0}^{m}\alpha_i'(t)\int_0^1 \varphi_i(x)\varphi_j(x)\mathrm{d}x + a\sum_{i=0}^{m}\alpha_i(t)\int_0^1 \varphi_i'(x)\varphi_j'(x)\mathrm{d}x = \int_0^1 f(x,t)\varphi_j(x)\mathrm{d}x, \tag{6-71}$$

$$\sum_{i=0}^{m}\alpha_i(0)\int_0^1 \varphi_i(x)\varphi_j(x)\mathrm{d}x = \int_0^1 \psi(x)\varphi_j(x)\mathrm{d}x,\qquad j=0,\ 1,\ 2,\ \cdots,\ m. \tag{6-72}$$

若引入记号

$$a_{i,j}=\int_0^1 \varphi_i(x)\varphi_j(x)\mathrm{d}x,\quad b_{i,j}=\int_0^1 \varphi_i'(x)\varphi_j'(x)\mathrm{d}x,\quad c_j=\int_0^1 \psi(x)\varphi_j(x)\mathrm{d}x$$
$$F_j(t)=\int_0^1 f(x,t)\varphi_j(x)\mathrm{d}x,\qquad j=0,1,\ 2,\ \cdots,\ m \tag{6-73}$$

则有 $a_{i,j}=a_{j,i}$, $b_{i,j}=b_{j,i}$, 且式（6-71）和式（6-72）可以简写为

$$\begin{cases} A\boldsymbol{\alpha}'(t)+aB\boldsymbol{\alpha}(t)=\boldsymbol{F}(t),\\ A\boldsymbol{\alpha}(0)=\boldsymbol{C}.\end{cases} \tag{6-74}$$

其中 $m+1$ 方阵 $A,B$ 定义为 $A=(a_{i,j}), B=(b_{i,j})$，且向量 $\boldsymbol{C},\boldsymbol{F}(t),\boldsymbol{\alpha}(t)$ 分别定义为

$$C=\begin{pmatrix}c_0\\c_1\\\vdots\\c_{m-1}\\c_m\end{pmatrix},\quad F(t)=\begin{pmatrix}F_0(t)\\F_1(t)\\\vdots\\F_{m-1}(t)\\F_m(t)\end{pmatrix},\quad \alpha(t)=\begin{pmatrix}\alpha_0(t)\\\alpha_1(t)\\\vdots\\\alpha_{m-1}(t)\\\alpha_m(t)\end{pmatrix}$$

在结构力学中，$A$ 称为总质量矩阵，$B$ 称为总刚度矩阵，$F(t)$ 称为总荷载.

## 三、用差分法进行时间全离散

前面经过有限元法离散后得到的离散结构式（6-74）只是在空间上作了离散，时间变量依然是连续的，这种离散称为半离散，所以还需要对时间变量进行离散，这样最后得到的离散形式称为全离散. 此处采用差分离散，即关于时间的导数用差商近似代替. 故需要对时间区域进行剖分，仍采用等距剖分，对时间区间 $[0,T]$ 进行等距剖分，设时间步长为 $\tau$，节点坐标为 $t_k=k\tau$，$0\leqslant k\leqslant n$ 且 $\tau=\dfrac{T}{n}$. 对于半离散方程系统式（6-74），在离散节点上应有 $A\alpha'(t_\beta)+aB\alpha(t_\beta)=F(t_\beta)$. 特别地，（1）若取 $\beta=k$，$\alpha'(t_k)=\dfrac{\alpha(t_{k+1})-\alpha(t_k)}{\tau}+O(\tau)$，用数值解 $\vec{\alpha}^k=(\alpha_0^k,\alpha_1^k,\cdots,\alpha_m^k)^{\mathrm T}$ 代替精确解 $\vec{\alpha}(t_k)$ 并忽略高阶小项，则得向前欧拉方法：$A\dfrac{\alpha^{k+1}-\alpha^k}{\tau}+aB\alpha^k=F(t_k)$，且局部截断误差为 $O(\tau)$.（2）若取 $\beta=k+\dfrac{1}{2}$，其中，$t_{k+\frac12}=\dfrac{t_k+t_{k+1}}{2}$ 且 $\alpha'(t_{k+\frac12})=\dfrac{\alpha(t_{k+1})-\alpha(t_k)}{\tau}+O(\tau^2)$，再用数值解 $\alpha^k=(\alpha_0^k,\alpha_1^k,\cdots,\alpha_m^k)^{\mathrm T}$ 代替精确解 $\vec{\alpha}(t_k)$ 并忽略高阶小项，则得 Crank-Nicolson 方法：$A\dfrac{\alpha^{k+1}-\alpha^k}{\tau}+aB\dfrac{\alpha^{k+1}+\alpha^k}{2}=F\left(\dfrac{t_k+t_{k+1}}{2}\right)$，且局部截断误差为 $O(\tau^2)$.（3）若取 $\beta=k+1$，$\alpha'(t_{k+1})=\dfrac{\alpha(t_{k+1})-\alpha(t_k)}{\tau}+O(\tau)$，用数值解 $\alpha^k=(\alpha_0^k,\alpha_1^k,\cdots,\alpha_m^k)^{\mathrm T}$ 代替精确解 $\alpha(t_k)$ 并忽略高阶小项，则得向后欧拉方法：$A\dfrac{\alpha^{k+1}-\alpha^k}{\tau}+aB\alpha^{k+1}=F(t_{k+1})$，且局部截断误差为 $O(\tau)$. 整理以后可得以下全离散格式：对 $k=0,1,\cdots,n-1$,

$$(A+\theta a\tau B)\alpha^{k+1}=(A-(1-\theta)a\tau B)\alpha^k+\tau F((1-\theta)t_k+\theta t_{k+1})\tag{6-75}$$

取 $\theta=0,\dfrac{1}{2},1$ 分别对应向前欧拉有限元格式、Crank-Nicolson 有限元格式和向后欧拉有限元格式. 由式（6-74）第二式，上述格式都可以取初始值

$$\alpha^0=\alpha(0)=A^{-1}C\tag{6-76}$$

然后用追赶法求解式（6-75）即可.

## 四、相关量的数值计算

（1）$a_{i,j}$ 的计算. 直接计算可得总质量矩阵 $A=(a_{ij})=\dfrac{h}{6}\begin{pmatrix}2&1&&&0\\1&4&1&&\\&\ddots&\ddots&\ddots&\\&&1&4&1\\0&&&1&2\end{pmatrix}_{(m+1)\times(m+1)}$

（2）$b_{i,j}$ 的计算. 直接计算可得总刚度矩阵 $B=(b_{ij})=\frac{1}{h}\begin{pmatrix} 1 & -1 & & & 0 \\ -1 & 2 & -1 & & \\ & \ddots & \ddots & \ddots & \\ & & -1 & 2 & -1 \\ 0 & & & -1 & 1 \end{pmatrix}_{(m+1)\times(m+1)}$

（3）$c_j$ 与 $F_j(t)$ 的计算. 可以利用数值积分公式（6-12）近似计算得到.

（4）边界条件的处理. 由于对连续问题有边界条件 $u(0,t)=u(1,t)=0$，离散情形下则为 $u_h(0,t)=u_h(1,t)=0$，从而利用 $u_h(x_i,t)=\sum_{j=0}^{m}\alpha_j(t)\varphi_j(x)\Big|_{x=x_i}=\alpha_i(t)$ 得到 $\alpha_0(t)=\alpha_m(t)=0$，即有 $\alpha_0(t_k)=\alpha_m(t_k)=0,\ k=1,2,\cdots,n,$ 因此可以取边界条件为 $\alpha_0^k=\alpha_m^k=0,\ k=1,2,\cdots,n.$

## 五、编程时的一些说明

（1）关于初始值. 上文中初始值取成式（6-76），因此在实际计算中需要求解一个三对角线性方程组，计算比较复杂. 事实上还可以这样考虑，由于初始条件为 $u(x,0)=\psi(x)$，所以 $u_h(x_i,0)=\sum_{j=0}^{m}\alpha_j(0)\varphi_j(x_i)=\alpha_i(0)\approx\psi(x)$，则不妨将 $\alpha_i^0$ 取成 $\psi(x_i),\ i=0,1,\cdots,m$ 从而简化初始值的计算.

（2）关于线性方程组的系数矩阵. 原则上线性方程组（6-75）中的矩阵 $A,B$ 和向量 $\boldsymbol{F}$ 的计算都可以利用小的剖分单元上的单元质量矩阵、单元刚度矩阵和单元荷载来合成. 具体操作可以参照本章第一节内容.

（3）数值格式的式（6-75）是一个时间渐进格式，在第 0 个时间层，初始信息为 $\boldsymbol{\alpha}^0$，可以用式（6-76）来计算，也可以直接取 $\alpha_i^0$ 为 $\psi(x_i),\ i=0,1,\cdots,m$，然后用式（6-75）计算第 1 个时间层上的信息 $\boldsymbol{\alpha}^1$，但是在计算 $\boldsymbol{\alpha}^1$ 时，由于边界信息已知，即 $\alpha_0^1=\alpha_m^1=0$，所以需要修改线性方程组（6-75）左边的系数矩阵 $A+\theta a\tau B$，使它的第 0 行元素和第 0 列元素除了第 0 行第 0 列这一个元素取成 1 以外其他元素都取成 0. 同样，第 $m$ 行元素和第 $m$ 列元素除了第 $m$ 行第 $m$ 列一个元素取成 1 以外其他元素也都取成 0. 最后修改式（6-75）右边的列向量 $(A-(1-\theta)a\tau B)\boldsymbol{\alpha}^k+\tau\boldsymbol{F}((1-\theta)t_k+\theta t_{k+1})$，使之第 0 个元素及第 $m$ 个元素均为 0，这样线性方程组（6-75）求解完以后可以保证边界条件 $\alpha_0^1=\alpha_m^1=0$ 成立，这样得到完整的第 1 个时间层上的信息 $\boldsymbol{\alpha}^1$. 然后按照同样的方法继续计算后面第 $2,3,\cdots,n$ 个时间层上的信息. 最终，可以得到数值解在第 $k,\ k=0,1,\cdots,n$ 个时间层上的近似式：$u_h(x,t_k)=\sum_{j=0}^{m}\alpha_j(t_k)\varphi_j(x)\approx\sum_{j=0}^{m}\alpha_j^k\varphi_j(x)$. 显然有限元离散后 $x$ 方向每个位置都有数值解，但差分离散后 $t$ 方向只在节点处有信息.

## 六、数值算例

**例 6.5.1** 用有限元法求解抛物型方程的初边值问题：

$$\begin{cases} \dfrac{\partial u}{\partial t}-2\dfrac{\partial^2 u}{\partial x^2}=0, & 0<x<\pi,\ 0<t\leqslant 1, \\ u(x,0)=5\sin(2x)-30\sin(3x), & 0\leqslant x\leqslant \pi, \\ u(0,t)=u(1,t)=0, & 0<t\leqslant 1. \end{cases}$$

已知其精确解为 $u(x,t)=5\mathrm{e}^{-8t}\sin(2x)-30\mathrm{e}^{-18t}\sin(3x)$. 分别取第一种剖分数 $m=n=16$ 和第二种剖分

数 $m=n=32$，输出在节点 $\left(\frac{i\pi}{8},\frac{1}{2}\right)$, $i=1,2,\cdots,7$ 处的数值解并给出误差.

**解**：程序见 Egch6_sec5_01.c, 其中关于时间的差分采用了 Crank-Nicolson 格式，计算结果列表如下（表 6-4）.

表 6-4　有限元法的计算结果

| $(x_i,t_k)$ | $m=n=16$ 时 $\alpha_i^k$ | 误差 $\left\|\alpha_i^k-u(x_i,t_k)\right\|$ | $m=n=32$ 时 $\alpha_i^k$ | 误差 $\left\|\alpha_i^k-u(x_i,t_k)\right\|$ |
|---|---|---|---|---|
| (π/8, 1/2) | 0.055488 | 5.8471e–3 | 0.060101 | 1.2341e–3 |
| (2π/8, 1/2) | 0.078932 | 1.0029e–2 | 0.086607 | 2.3533e–3 |
| (3π/8, 1/2) | 0.056490 | 9.6821e–3 | 0.063613 | 2.5593e–3 |
| (4π/8, 1/2) | 0.000767 | 2.9351e–3 | 0.002688 | 1.0143e–3 |
| (5π/8, 1/2) | –0.055903 | 7.4356e–3 | –0.061556 | 1.7830e–3 |
| (6π/8, 1/2) | –0.080017 | 1.4179e–2 | –0.090408 | 3.7876e–3 |
| (7π/8, 1/2) | –0.056905 | 1.1271e–2 | –0.065068 | 3.1082e–3 |

# 本章参考文献


[1] S C Brenner, L R Scott. The Mathematical Theory of Finite Element Methods. New York：Springer-Verlag，1994.

[2] 李庆扬，王能超，易大义. 数值分析（第 4 版）. 北京：清华大学出版社，2001.

[3] 李开泰，黄艾香，黄庆怀. 有限元方法及其应用. 北京：科学出版社，2006.


# 本章要求及小结

1．了解有限元法的产生背景，知道它与差分法的差异.

2．掌握常微分方程两点边值问题的几种等价形式；知道有限元法是从变分公式入手分析的；知道有限元法的基本操作步骤；理解有限元法的误差是用范数来衡量的.

3．掌握二阶椭圆型偏微分方程零边值问题的几种等价形式；知道变分原理及弱解的概念.

4. 知道有限元空间的三个要素——剖分、函数空间及确定函数空间的条件；掌握简单的三角形一次元、了解三角形二次元.

5．学会将变分公式用矩阵表示出来；掌握一些简单的理论证明.

6．程序调试正确以后，通过对网格加密一倍，观察数值结果的变化，从而从数值上初步判断数值方法的阶数.

# 习　题　六

1．设 $w(x)$ 为[0,1]上的连续函数. 若有 $\int_0^1 w(x)v(x)\mathrm{d}x=0,\ \forall v\in V$，其中 $V$ 由式（6-4）定义. 证明：$w(x)\equiv 0,\ x\in[0,1]$.

2．证明 Cauchy-Schwarz 不等式：$|(v,w)|\leqslant\|v\|\|w\|$.

提示：对 $\forall t\in(-\infty,+\infty)$, 考察 $(v-tw,\ v-tw)$.

3．证明关于一维线性插值的结论式（6-27）和式（6-28）.

4．证明：原方程（6-1）的精确解$u(x)$与其有限元解$u_h(x)$之间有更精确的误差估计式（6-29）和式（6-30）.

5．用有限元法求解常微分方程边值问题：

$$\begin{cases} -u''(x) = -(x+2)\mathrm{e}^x, & x \in (0,1), \\ u(0) = u(1) = 0. \end{cases}$$

已知此问题的精确解为$u(x) = x(\mathrm{e}^x - \mathrm{e})$．要求：有限元子空间取为分片连续一次函数空间. 分别取第一种步长$h = \dfrac{1}{20}$和第二种步长$h = \dfrac{1}{40}$，输出在节点$x = \dfrac{i}{5}$, $1 \leqslant i \leqslant 4$处的数值解，并给出误差.

6．设$\Omega = [x_a, x_b] \times [y_c, y_d]$且$v \in H_0^1(\Omega)$．证明 Poincaré 不等式：存在常数$C > 0$，使得$\iint_\Omega |\nabla v|^2 \ \mathrm{d}x\mathrm{d}y \geqslant C \iint_\Omega |v|^2 \ \mathrm{d}x\mathrm{d}y$.

7．设平面$\Delta ABC$的三个顶点$A$、$B$、$C$的坐标分别是$A(x_0, y_0), B(x_1, y_1), C(x_2, y_2)$，并且$A$、$B$、$C$按逆时针排列，证明：$\Delta ABC$的面积$S_{\Delta ABC} = \dfrac{1}{2}\begin{vmatrix} x_0 & y_0 & 1 \\ x_1 & y_1 & 1 \\ x_2 & y_2 & 1 \end{vmatrix}$.

8．将一般三角形单元$e$（3 个顶点分别为$P_i(x_i, y_i), P_j(x_j, y_j), P_k(x_k, y_k)$）上的积分通过坐标变换式（6-57）变到标准单元$\hat{e}$上，证明：对任意定义在$e$上的二元函数$p(x, y)$，有

$$\iint_e p(x,y)\mathrm{d}x\mathrm{d}y = 2S_e \iint_{\hat{e}} p(x_i\lambda_0 + x_j\lambda_1 + x_k\lambda_2, y_i\lambda_0 + y_j\lambda_1 + y_k\lambda_2)\mathrm{d}\lambda_0\mathrm{d}\lambda_1.$$

9．用三角形一次有限元求解椭圆型方程边值问题：

$$\begin{cases} -\left(\dfrac{\partial^2 u(x,y)}{\partial x^2} + \dfrac{\partial^2 u(x,y)}{\partial y^2}\right) = (\pi^2 + 1)\sin x \sin(\pi y), & (x,y) \in \mathring{\Omega} \\ u\big|_{\partial\Omega} = 0 \end{cases}$$

其中，$\Omega = [0, \pi] \times [0, 1]$．已知此问题的精确解为$u(x, y) = \sin x \sin(\pi y)$．分别取第一种剖分$m = n = 16$和第二种剖分$m = n = 32$，输出在节点$(x, y) = (0.125\pi i, 0.5)$, $1 \leqslant i \leqslant 7$处的数值解，并给出误差.

10．用有限元方法求解抛物型方程的初边值问题：

$$\begin{cases} \dfrac{\partial u}{\partial t} - \dfrac{\partial^2 u}{\partial x^2} = 0, & 0 < x < 1, \ 0 < t \leqslant 1, \\ u(x, 0) = \sin(\pi x), & 0 \leqslant x \leqslant 1, \\ u(0, t) = u(1, t) = 0, & 0 < t \leqslant 1. \end{cases}$$

已知其精确解为$u(x, t) = \sin(\pi x)\mathrm{e}^{-\pi^2 t}$．分别取第一种剖分数$m = n = 16$和第二种剖分数$m = n = 32$，输出在节点$\left(\dfrac{i}{8}, 1\right)$, $i = 1, 2, \cdots, 7$处的数值解并与精确解进行比较.

# 附录 A　二阶线性偏微分方程的变换与分类

只含两个自变量的二阶线性偏微分方程的一般形式为

$$a_{11}u_{xx}+2a_{12}u_{xy}+a_{22}u_{yy}+b_1u_x+b_2u_y+cu=f \tag{A-1}$$

其中 $a_{11},a_{12},a_{22},b_1,b_2,c,u,f$ 都是自变量 $x,y$ 的已知函数，假设它们的二阶偏导数在某平面区域 $D$ 内都连续，且 $a_{11},a_{12},a_{22}$ 不全为 0. 对上述方程，我们可以通过函数变换的方法将其变成更简单的形式.

事实上，假设在平面区域 $D$ 内一点 $(x,y)$ 的某一邻域内，函数变换 $\xi=\xi(x,y),\eta=\eta(x,y)$ 连续且有二阶连续偏导数，关于这个变换的雅可比（Jacobi）行列式为

$$\frac{\partial(\xi,\eta)}{\partial(x,y)}=\begin{vmatrix}\xi_x & \xi_y\\ \eta_x & \eta_y\end{vmatrix}=\xi_x\eta_y-\xi_y\eta_x\neq 0$$

则由隐函数存在定理，存在连续且二阶偏导数也连续的逆变换

$$x=x(\xi,\eta),\quad y=y(\xi,\eta). \tag{A-2}$$

于是经过简单计算就有

$$u_x=u_\xi\xi_x+u_\eta\eta_x\,,\quad u_y=u_\xi\xi_y+u_\eta\eta_y,$$

$$u_{xx}=u_{\xi\xi}\xi_x^2+2u_{\xi\eta}\xi_x\eta_x+u_{\eta\eta}\eta_x^2+u_\xi\xi_{xx}+u_\eta\eta_{xx},$$

$$u_{yy}=u_{\xi\xi}\xi_y^2+2u_{\xi\eta}\xi_y\eta_y+u_{\eta\eta}\eta_y^2+u_\xi\xi_{yy}+u_\eta\eta_{yy},$$

$$u_{xy}=u_{\xi\xi}\xi_x\xi_y+u_{\xi\eta}(\xi_x\eta_y+\xi_y\eta_x)+u_{\eta\eta}\eta_x\eta_y+u_\xi\xi_{xy}+u_\eta\eta_{xy}.$$

将以上各式代入式（A-1），可得

$$a_{11}\left(u_{\xi\xi}\xi_x^2+2u_{\xi\eta}\xi_x\eta_x+u_{\eta\eta}\eta_x^2+u_\xi\xi_{xx}+u_\eta\eta_{xx}\right)+2a_{12}(u_{\xi\xi}\xi_x\xi_y+u_{\xi\eta}(\xi_x\eta_y+\xi_y\eta_x)+u_{\eta\eta}\eta_x\eta_y+u_\xi\xi_{xy}+u_\eta\eta_{xy})$$
$$+a_{22}\left(u_{\xi\xi}\xi_y^2+2u_{\xi\eta}\xi_y\eta_y+u_{\eta\eta}\eta_y^2+u_\xi\xi_{yy}+u_\eta\eta_{yy}\right)+b_1(u_\xi\xi_x+u_\eta\eta_x)+b_2(u_\xi\xi_y+u_\eta\eta_y)+cu=f$$

整理后得

$$(a_{11}\xi_x^2+2a_{12}\xi_x\xi_y+a_{22}\xi_y^2)u_{\xi\xi}+2(a_{11}\xi_x\eta_x+a_{12}(\xi_x\eta_y+\xi_y\eta_x)+a_{22}\xi_y\eta_y)u_{\xi\eta}+$$
$$(a_{11}\eta_x^2+2a_{12}\eta_x\eta_y+a_{22}\eta_y^2)u_{\eta\eta}+(a_{11}\xi_{xx}+2a_{12}\xi_{xy}+a_{22}\xi_{yy})u_\xi+$$
$$(a_{11}\eta_{xx}+2a_{12}\eta_{xy}+a_{22}\eta_{yy})u_\eta+cu=f$$

可以将上式简记成

$$A_{11}u_{\xi\xi}+2A_{12}u_{\xi\eta}+A_{22}u_{\eta\eta}+B_1u_\xi+B_2u_\eta+Cu=F \tag{A-3}$$

此时，

$$\begin{aligned}A_{12}^2-A_{11}A_{22}&=(a_{11}\xi_x\eta_x+a_{12}(\xi_x\eta_y+\xi_y\eta_x)+a_{22}\xi_y\eta_y)^2-\\&\quad(a_{11}\xi_x^2+2a_{12}\xi_x\xi_y+a_{22}\xi_y^2)(a_{11}\eta_x^2+2a_{12}\eta_x\eta_y+a_{22}\eta_y^2)\\&=(a_{12}^2-a_{11}a_{22})(\xi_x\eta_y-\xi_y\eta_x)^2\end{aligned}$$

这表明在可逆变换式（A-2）下 $A_{12}^2-A_{11}A_{22}$ 与 $a_{12}^2-a_{11}a_{22}$ 保持相同的正负号，这也说明 $A_{12}^2-A_{11}A_{22}$ 或 $a_{12}^2-a_{11}a_{22}$ 的符号是原方程的本质特点，不会因选取不同的变换而改变. 至此，我们利用变换式（A-2）已经将式（A-1）转化成式（A-3）了，而形式上式（A-3）并不比式（A-1）显得更简单，要获取方程的简单形式，一个合理的想法是希望变换后的式（A-3）中某些系数（如 $A_{11}, A_{12}, B_1$ 等，确切地说这些不是数而是函数）为零，最好是二阶偏导数前的系数为零，这就需要通过合理选取初始的函数变换 $\xi=\xi(x,y)$ 与 $\eta=\eta(x,y)$ 来实现.

注意到 $u_{\xi\xi}, u_{\eta\eta}$ 前的系数形式相同，均为 $a_{11}\omega_x^2+2a_{12}\omega_x\omega_y+a_{22}\omega_y^2$ 形. 若有满足 $a_{11}\omega_x^2+2a_{12}\omega_x\omega_y+a_{22}\omega_y^2=0$ 成立的函数 $\xi=\xi(x,y)$ 或 $\eta=\eta(x,y)$，则式（A-3）形式可简化. 为此，改写 $a_{11}\omega_x^2+2a_{12}\omega_x\omega_y+a_{22}\omega_y^2=0$ 为 $a_{11}\left(\dfrac{\omega_x}{\omega_y}\right)^2+2a_{12}\left(\dfrac{\omega_x}{\omega_y}\right)+a_{22}=0$，此即

$$a_{11}\left(-\frac{\omega_x}{\omega_y}\right)^2-2a_{12}\left(-\frac{\omega_x}{\omega_y}\right)+a_{22}=0 \tag{A-4}$$

联想到由 $\omega=\omega(x,y)\equiv C$ 所确定的隐函数 $y=y(x)$ 满足 $\omega_x+\omega_y\cdot y'=0$，从而 $\dfrac{\mathrm{d}y}{\mathrm{d}x}=-\dfrac{\omega_x}{\omega_y}$. 于是，有以下结论：

**定理 A.1** 在平面区域 $D$ 内一点 $P(x,y)$ 的某一邻域内，$\omega(x,y)\equiv C$ 是一阶常微分方程

$$a_{11}\left(\frac{\mathrm{d}y}{\mathrm{d}x}\right)^2-2a_{12}\frac{\mathrm{d}y}{\mathrm{d}x}+a_{22}=0 \tag{A-5}$$

的通解等价于函数 $\omega(x,y)$ 是偏微分方程 $a_{11}\omega_x^2+2a_{12}\omega_x\omega_y+a_{22}\omega_y^2=0$ 的解.

根据定理 A.1，要想将新方程（A-3）化简，就归结为求常微分方程（A-5）的通解，也就是求这个方程的积分曲线. 鉴于这个方程的重要性，我们将式（A-5）称为原方程（A-1）的特征方程. 特征方程可以看成一个未知数为 $\dfrac{\mathrm{d}y}{\mathrm{d}x}$ 的一元二次代数方程，其解为

$$\frac{\mathrm{d}y}{\mathrm{d}x}=\frac{a_{12}\pm\sqrt{a_{12}^2-a_{11}a_{22}}}{a_{11}}$$

若在点 $P$ 的邻域内 $\Delta=a_{12}^2-a_{11}a_{22}>0$ 时（从而 $A_{12}^2-A_{11}A_{22}>0$），则称原方程（A-1）为双曲型方程，它最终可以通过函数变换化为 $u_{\xi\eta}=\Phi(\xi,\eta,u,u_\xi,u_\eta)$ 或者双曲型方程的标准型 $u_{ss}-u_{tt}=\Psi(s,t,u,u_s,u_t)$，具体操作后面统一叙述. 同样，若 $\Delta=a_{12}^2-a_{11}a_{22}=0$ 时（从而 $A_{12}^2-A_{11}A_{22}=0$），则称原方程（A-1）为抛物型方程，它最终可以通过函数变换化为标准型 $u_{\eta\eta}=\Phi(\xi,\eta,u,u_\xi,u_\eta)$. 若 $\Delta=a_{12}^2-a_{11}a_{22}<0$ 时（从而 $A_{12}^2-A_{11}A_{22}<0$），则称原方程（A-1）为椭圆型方程，它最终可以通过函数变换化为标准型 $u_{\xi\xi}+u_{\eta\eta}=\Phi(\xi,\eta,u,u_\xi,u_\eta)$.

下面分 3 种情况讨论将方程（A-3）化为标准型的具体过程.

（1）当 $\Delta=a_{12}^2-a_{11}a_{22}>0$ 时，式（A-5）有两个相异实根，即

$$\frac{\mathrm{d}y}{\mathrm{d}x}=\frac{a_{12}+\sqrt{a_{12}^2-a_{11}a_{22}}}{a_{11}},\quad \frac{\mathrm{d}y}{\mathrm{d}x}=\frac{a_{12}-\sqrt{a_{12}^2-a_{11}a_{22}}}{a_{11}}$$

求解这两个一阶常微分方程，设其通解分别为 $\omega_1(x,y)\equiv C_1$ 和 $\omega_2(x,y)\equiv C_2$，则只要取变换函数

$\xi=\omega_1(x,y),\ \eta=\omega_2(x,y)$，就有 $A_{11}=A_{22}=0$，这样式(A-3)简化为 $u_{\xi\eta}=\dfrac{1}{2A_{12}}(F-B_1u_\xi-B_2u_\eta-Cu)$，或者在此基础上更进一步，再作可逆的函数变换 $s=\xi+\eta,\ t=\xi-\eta$，则可得双曲型方程的标准型 $u_{ss}-u_{tt}=\Psi(s,t,u,u_s,u_t)$.

（2）当 $\Delta=a_{12}^2-a_{11}a_{22}=0$ 时，式（A-5）有两个相等实根，即 $\dfrac{\mathrm{d}y}{\mathrm{d}x}=\dfrac{a_{12}}{a_{11}}$，求解这个一阶常微分方程，设其通解为 $\omega_1(x,y)\equiv C_1$，则只要取变换函数 $\xi=\omega_1(x,y)$，$\eta$ 取成与 $\xi$ 线性无关的函数即可，此时就有 $A_{11}=0$，且有

$$A_{12}=a_{11}\xi_x\eta_x+a_{12}(\xi_x\eta_y+\xi_y\eta_x)+a_{22}\xi_y\eta_y=a_{11}\xi_x\eta_x+a_{12}(\xi_x\eta_y+\xi_y\eta_x)+\frac{a_{12}^2}{a_{11}}\xi_y\eta_y$$
$$=\frac{1}{a_{11}}(a_{11}^2\xi_x\eta_x+a_{11}a_{12}(\xi_x\eta_y+\xi_y\eta_x)+a_{12}^2\xi_y\eta_y)=\frac{1}{a_{11}}(a_{11}\xi_x+a_{12}\xi_y)(a_{11}\eta_x+a_{12}\eta_y)=0$$

这样式（A-3）简化为抛物型方程的标准型 $u_{\eta\eta}=\dfrac{1}{A_{22}}(F-B_1u_\xi-B_2u_\eta-Cu)$.

（3）当 $\Delta=a_{12}^2-a_{11}a_{22}<0$ 时，式（A-5）有一对共轭的复根，即

$$\frac{\mathrm{d}y}{\mathrm{d}x}=\frac{a_{12}+\mathrm{i}\sqrt{a_{11}a_{22}-a_{12}^2}}{a_{11}},$$
$$\frac{\mathrm{d}y}{\mathrm{d}x}=\frac{a_{12}-\mathrm{i}\sqrt{a_{11}a_{22}-a_{12}^2}}{a_{11}}$$

解这两个共轭的复函数一阶常微分方程，得到一对共轭的复函数通解，设为 $\omega(x,y)=\omega_1(x,y)\pm i\omega_2(x,y)\equiv C$. 由定理 A.1，也就是 $\omega(x,y)$ 满足方程 $a_{11}\omega_x^2+2a_{12}\omega_x\omega_y+a_{22}\omega_y^2=0$，即

$$a_{11}(\omega_{1x}\pm\mathrm{i}\omega_{2x})^2+2a_{12}(\omega_{1x}\pm\mathrm{i}\omega_{2x})(\omega_{1y}\pm\mathrm{i}\omega_{2y})+a_{22}(\omega_{1y}\pm\mathrm{i}\omega_{2y})^2=0$$

分离实虚部，得两个方程

$$a_{11}\omega_{1x}^2+2a_{12}\omega_{1x}\omega_{1y}+a_{22}\omega_{1y}^2=a_{11}\omega_{2x}^2+2a_{12}\omega_{2x}\omega_{2y}+a_{22}\omega_{2y}^2,$$
$$a_{11}\omega_{1x}\omega_{2x}+a_{12}(\omega_{1x}\omega_{2y}+\omega_{1y}\omega_{2x})+a_{22}\omega_{1y}\omega_{2y}=0.$$

此时再作变换函数 $\xi=\mathrm{Re}\,\omega=\omega_1(x,y)$，$\eta=\mathrm{Im}\,\omega=\omega_2(x,y)$，则

$$a_{11}\xi_x^2+2a_{12}\xi_x\xi_y+a_{22}\xi_y^2=a_{11}\eta_x^2+2a_{12}\eta_x\eta_y+a_{22}\eta_y^2$$

且
$$a_{11}\xi_x\eta_x+a_{12}(\xi_x\eta_y+\xi_y\eta_x)+a_{22}\xi_y\eta_y=0.9$$

这样式（A-3）简化为椭圆型方程的标准型 $u_{\xi\xi}+u_{\eta\eta}=\dfrac{1}{A_{11}}\left(F-B_1u_\xi-B_2u_\eta-Cu\right)$.

综上，若在区域 $D$ 内某点 $(x,y)$ 处满足 $a_{12}^2-a_{11}a_{22}>0$( 或 $=0$, 或$<0$)，则称原二阶线性偏方程 $a_{11}u_{xx}+2a_{12}u_{xy}+a_{22}u_{yy}+b_1u_x+b_2u_y+cu=f$ 在该点处是双曲型的（或是抛物型的，或是椭圆型的），而且可以通过函数变换化成标准型 $u_{ss}-u_{tt}=\Psi_1(s,t,u,u_s,u_t)$（或是 $u_{tt}=\Psi_2(s,t,u,u_s,u_t)$，或是 $u_{ss}+u_{tt}=\Psi_3(s,t,u,u_s,u_t)$）. 另外，由于这些方程通常描述了物理与工程技术中不同的自然现象，所以它们不仅在二阶偏导数项系数的代数方面有差异，而且在定解条件与性态方面也有本质区别.

为了让大家有直观的感受，我们举几个实例来具体实现将一般的二阶线性偏微分方程变形到标准型.

**例 A.1** 将方程 $y^2u_{xx}-x^2u_{yy}=0$ 化为标准型.

**解：** $\Delta=a_{12}^2-a_{11}a_{22}=0-(-y^2x^2)=x^2y^2>0$（除去平面直角坐标系中的坐标轴）. 易见特征方程为 $y^2\left(\dfrac{\mathrm{d}y}{\mathrm{d}x}\right)^2-x^2=0$，它有两个实根 $\dfrac{\mathrm{d}y}{\mathrm{d}x}=\pm\dfrac{x}{y}$，用变量分离的方法求解这两个方程可得两族积分曲线 $y^2=x^2+C_1,\ y^2=-x^2+C_2$，作变换 $\xi=y^2-x^2,\ \eta=y^2+x^2$，则通过直接计算得

$$u_{xx}=2(u_\eta-u_\xi)+4x^2(u_{\xi\xi}+u_{\eta\eta}-2u_{\xi\eta}),\quad u_{yy}=2(u_\xi+u_\eta)+4y^2(u_{\xi\xi}+u_{\eta\eta}+2u_{\xi\eta})$$

代入原方程后得到 $-2u_\xi(x^2+y^2)+2u_\eta(y^2-x^2)-16x^2y^2u_{\xi\eta}=0$，即 $\eta u_\xi-\xi u_\eta+2(\eta^2-\xi^2)u_{\xi\eta}=0$ 或者 $u_{\xi\eta}=\dfrac{\eta u_\xi-\xi u_\eta}{2(\xi^2-\eta^2)}$. 若要化为标准型，只需要再作最后的变换 $s=\xi+\eta,\ t=\xi-\eta$，则

$$u_{\xi\eta}=(u_s+u_t)_\eta=(u_s+u_t)_s+(u_s+u_t)_t\cdot(-1)=u_{ss}-u_{tt}$$

且
$$\frac{\eta u_\xi-\xi u_\eta}{2(\xi^2-\eta^2)}=\frac{\frac{1}{2}(s-t)(u_s+u_t)-\frac{1}{2}(s+t)(u_s-u_t)}{2st}=\frac{su_t-tu_s}{2st}$$

从而得到原双曲型方程的标准型 $u_{ss}-u_{tt}=\dfrac{1}{2}\left(\dfrac{u_t}{t}-\dfrac{u_s}{s}\right)$.

**例 A.2** 将方程 $x^2u_{xx}+2xyu_{xy}+y^2u_{yy}=0$ 化为标准型.

**解：** $\Delta=a_{12}^2-a_{11}a_{22}=x^2y^2-x^2y^2=0$. 易见特征方程为 $x^2\left(\dfrac{\mathrm{d}y}{\mathrm{d}x}\right)^2-2xy\left(\dfrac{\mathrm{d}y}{\mathrm{d}x}\right)+y^2=0$，它有两个相等的实根 $\dfrac{\mathrm{d}y}{\mathrm{d}x}=\dfrac{y}{x}$，解得积分曲线为 $\ln|y|=\ln|x|+\ln|C|$，即 $\dfrac{y}{x}=C$. 再作变换 $\xi=\dfrac{y}{x},\ \eta=y$，则通过直接计算得

$$u_{xx}=\frac{y^2}{x^4}u_{\xi\xi}+\frac{2y}{x^3}u_\xi,\quad u_{xy}=-\frac{y}{x^3}u_{\xi\xi}-\frac{y}{x^2}u_{\xi\eta}-\frac{1}{x^2}u_\xi,\quad u_{yy}=\frac{1}{x^2}u_{\xi\xi}+\frac{2}{x}u_{\xi\eta}+u_{\eta\eta}$$

代入原方程后化简可得 $u_{\eta\eta}=0$，这就是原抛物型方程的标准型.

注：本题中 $\eta$ 中的选取可以是多样的，如取 $\eta=x$ 也能得到同样的结果.

**例 A.3** 将方程 $y^2u_{xx}+x^2u_{yy}=0$ 化为标准型.

**解：** $\Delta=a_{12}^2-a_{11}a_{22}=0-y^2x^2=-x^2y^2<0$（除去平面直角坐标系中的坐标轴）. 易见特征方程为 $y^2\left(\dfrac{\mathrm{d}y}{\mathrm{d}x}\right)^2+x^2=0$，它有一对共轭复根 $\dfrac{\mathrm{d}y}{\mathrm{d}x}=\pm\mathrm{i}\dfrac{x}{y}$，用变量分离的方法求解这两个方程可得两族积分曲线 $y^2-\mathrm{i}x^2=C_1,\ y^2+\mathrm{i}x^2=C_2$，于是作变换 $\xi=y^2,\ \eta=x^2$，则直接计算得 $u_{xx}=2u_\eta+4x^2u_{\eta\eta}$，$u_{yy}=2u_\xi+4y^2u_{\xi\xi}$，代入原方程并化简可得原椭圆型方程的标准型 $u_{\xi\xi}+u_{\eta\eta}=-\dfrac{x^2u_\xi+y^2u_\eta}{2x^2y^2}=-\dfrac{1}{2}\left(\dfrac{u_\xi}{\xi}+\dfrac{u_\eta}{\eta}\right)$.

当然，有时需要对$\Delta = a_{12}^2 - a_{11}a_{22}$的符号进行讨论，如方程$yu_{xx} + u_{yy} = 0$，易见$\Delta = -y$符号不定，所以当$y > 0$时方程是椭圆型的，利用上述方法令$\xi = \frac{2}{3}y^{\frac{3}{2}}$，$\eta = x$，则可得椭圆域$\{(x,y)|y > 0\}$内标准型$u_{\xi\xi} + u_{\eta\eta} = -\frac{1}{3\xi}u_{\xi}$. 而当$y < 0$时方程是双曲型的，令$\xi = x - \frac{2}{3}(-y)^{\frac{3}{2}}$，$\eta = x + \frac{2}{3}(-y)^{\frac{3}{2}}$，则可得双曲域$\{(x,y)|y < 0\}$内简化型$u_{\xi\eta} = \frac{1}{6(\xi - \eta)}(u_{\xi} - u_{\eta})$. 然后可再进一步化为标准型. 而$y = 0$时方程就退化了，故不进行讨论.

# 附录 B 四阶龙格－库塔方法的推导

$$y'(x)=f(x,y)=f$$

$$y''(x)=\frac{\mathrm{d}f}{\mathrm{d}x}(x,y(x))=f_x+f_y\cdot y'=f_x+f_y\cdot f$$

$$\begin{aligned}y'''(x)&=\frac{\mathrm{d}}{\mathrm{d}x}(f_x+f\cdot f_y)=f_{xx}+f_{xy}\cdot y'+(f_x+f_y\cdot f)\cdot f_y+f\cdot(f_{yx}+f_{yy}\cdot y')\\&=f_{xx}+2ff_{xy}+f_xf_y+ff_y^2+f^2f_{yy}\end{aligned}$$

$$\begin{aligned}y^{(4)}(x)&=\frac{\mathrm{d}}{\mathrm{d}x}(f_{xx}+2ff_{xy}+f_xf_y+ff_y^2+f^2f_{yy})\\&=f_{xxx}+f_{xxy}f+2(f_x+f_yf)f_{xy}+2f(f_{xxy}+f_{xyy}f)+(f_{xx}+f_{xy}f)f_y+f_x(f_{xy}+f_{yy}f)\\&\quad+(f_x+f_yf)f_y^2+f\cdot 2f_y(f_{xy}+f_{yy}f)+2f(f_x+f_yf)f_{yy}+f^2(f_{xyy}+f_{yyy}f)\\&=f_{xxx}+3ff_{xxy}+3f_xf_{xy}+5ff_{xy}f_y+3f^2f_{xyy}+3ff_xf_{yy}+4f^2f_yf_{yy}\\&\quad+f_{xx}f_y+f^3f_{yyy}+f_xf_y^2+ff_y^3\end{aligned}$$

于是，二阶泰勒级数方法数值计算公式实为

$$y_{i+1}=y_i+hf+\frac{h^2}{2!}(f_x+ff_y)$$

三阶泰勒级数方法数值计算公式实为

$$y_{i+1}=y_i+hf+\frac{h^2}{2!}(f_x+ff_y)+\frac{h^3}{3!}[f_{xx}+2ff_{xy}+f_xf_y+ff_y^2+f^2f_{yy}]$$

四阶泰勒级数方法数值计算公式实为

$$\begin{aligned}y_{i+1}=y_i&+hf+\frac{h^2}{2!}(f_x+ff_y)+\frac{h^3}{3!}[f_{xx}+2ff_{xy}+f_xf_y+ff_y^2+f^2f_{yy}]\\&+\frac{h^4}{4!}[f_{xxx}+3ff_{xxy}+3f_xf_{xy}+5ff_{xy}f_y+3f^2f_{xyy}+3ff_xf_{yy}+4f^2f_yf_{yy}\\&+f_{xx}f_y+f^3f_{yyy}+f_xf_y^2+ff_y^3]\end{aligned}$$

四阶龙格-库塔公式是常用的公式，每步都要计算四次 $f$ 的值. 它的一般形式是

$$\begin{cases}y_{i+1}=y_i+\lambda_1k_1+\lambda_2k_2+\lambda_3k_3+\lambda_4k_4\\k_1=hf(x_i,y_i)\\k_2=hf\left(x_i+\alpha_1h,\ y_i+\beta_1k_1\right)\\k_3=hf\left(x_i+\alpha_2h,\ y_i+\gamma_1k_1+\gamma_2k_2\right)\\k_4=hf\left(x_i+\alpha_3h,\ y_i+\mu_1k_1+\mu_2k_2+\mu_3k_3\right)\end{cases}$$

$$\begin{aligned}k_2=h\Big(&f+\alpha_1hf_x+\beta_1hff_y+\frac{1}{2}\alpha_1^2h^2f_{xx}+\alpha_1\beta_1h^2ff_{xy}+\frac{1}{2}\beta_1^2h^2f^2f_{yy}\\&+\frac{1}{6}\alpha_1^3h^3f_{xxx}+\frac{1}{2}\alpha_1^2\beta_1h^3ff_{xxy}+\frac{1}{2}\alpha_1\beta_1^2h^3f^2f_{xyy}+\frac{1}{6}\beta_1^3h^3f^3f_{yyy})\Big)+O(h^5)\end{aligned}$$

$$k_3 = h\Big( f + \alpha_2 h f_x + (\gamma_1 k_1 + \gamma_2 k_2) f_y + \frac{1}{2}\alpha_2{}^2 h^2 f_{xx} + \alpha_2 h(\gamma_1 k_1 + \gamma_2 k_2) f_{xy}$$
$$+ \frac{1}{2}(\gamma_1 k_1 + \gamma_2 k_2)^2 f_{yy} + \frac{1}{6}\alpha_2{}^3 h^3 f_{xxx} + \frac{1}{2}\alpha_2{}^2 h^2 (\gamma_1 k_1 + \gamma_2 k_2) f_{xxy} + \frac{1}{2}\alpha_2 h(\gamma_1 k_1 + \gamma_2 k_2)^2 f_{xyy}$$
$$+ \frac{1}{6}(\gamma_1 k_1 + \gamma_2 k_2)^3 f_{yyy} \Big) + O(h^5)$$

将 $k_1, k_2$ 的表达式代入后合并同类项整理可得

$$k_3 = h\Big( f + \alpha_2 h f_x + (\gamma_1 + \gamma_2) h f f_y + \alpha_1 \gamma_2 h^2 f_x f_y + \beta_1 \gamma_2 h^2 f f_y{}^2 + \frac{1}{2}\alpha_2{}^2 h^2 f_{xx}$$
$$+ \alpha_2 (\gamma_1 + \gamma_2) h^2 f f_{xy} + \frac{1}{2}(\gamma_1 + \gamma_2)^2 h^2 f^2 f_{yy} + \frac{1}{2}\alpha_1{}^2 \gamma_2 h^3 f_{xx} f_y + (\alpha_1 + \alpha_2)\beta_1 \gamma_2 h^3 f f_y f_{xy}$$
$$+ (\frac{1}{2}\beta_1{}^2 \gamma_2 + (\gamma_1 + \gamma_2)\beta_1 \gamma_2) h^3 f^2 f_y f_{yy} + \alpha_1 \alpha_2 \gamma_2 h^3 f_x f_{xy} + (\gamma_1 + \gamma_2)\alpha_1 \gamma_2 h^3 f f_x f_{yy}$$
$$+ \frac{1}{6}\alpha_2{}^3 h^3 f_{xxx} + \frac{1}{2}\alpha_2{}^2 h^3 (\gamma_1 + \gamma_2) f f_{xxy} + \frac{1}{2}\alpha_2 h^3 (\gamma_1 + \gamma_2)^2 f^2 f_{xyy}$$
$$+ \frac{1}{6}(\gamma_1 + \gamma_2)^3 h^3 f^3 f_{yyy} \Big) + O(h^5)$$

$$k_4 = h\Big( f + \alpha_3 h f_x + (\mu_1 k_1 + \mu_2 k_2 + \mu_3 k_3) f_y + \frac{1}{2}\alpha_3{}^2 h^2 f_{xx} + \alpha_3 h (\mu_1 k_1 + \mu_2 k_2 + \mu_3 k_3) f_{xy}$$
$$+ \frac{1}{2}(\mu_1 k_1 + \mu_2 k_2 + \mu_3 k_3)^2 f_{yy} + \frac{1}{6}\alpha_3{}^3 h^3 f_{xxx} + \frac{1}{2}\alpha_3{}^2 h^2 (\mu_1 k_1 + \mu_2 k_2 + \mu_3 k_3) f_{xxy}$$
$$+ \frac{1}{2}\alpha_3 h (\mu_1 k_1 + \mu_2 k_2 + \mu_3 k_3)^2 f_{xyy} + \frac{1}{6}(\mu_1 k_1 + \mu_2 k_2 + \mu_3 k_3)^3 f_{yyy} \Big) + O(h^5)$$

再将 $k_1, k_2, k_3$ 的表达式代入后合并同类项化简可得

$$k_4 = h\Big( f + \alpha_3 h f_x + (\mu_1 + \mu_2 + \mu_3) h f f_y + (\alpha_1 \mu_2 + \alpha_2 \mu_3) h^2 f_x f_y + \frac{1}{2}\alpha_3{}^2 h^2 f_{xx}$$
$$+ (\beta_1 \mu_2 + (\gamma_1 + \gamma_2)\mu_3) h^2 f f_y^2 + \alpha_3 (\mu_1 + \mu_2 + \mu_3) h^2 f f_{xy} + \frac{1}{2}(\alpha_1^2 \mu_2 + \alpha_2^2 \mu_3) h^3 f_{xx} f_y$$
$$+ ((\alpha_1 + \alpha_3)\beta_1 \mu_2 + (\alpha_2 + \alpha_3)(\gamma_1 + \gamma_2)\mu_3) h^3 f f_{xy} f_y + \alpha_1 \gamma_2 \mu_3 h^3 f_x f_y^2 + \beta_1 \gamma_2 \mu_3 h^3 f f_y^3$$
$$+ \alpha_3 (\alpha_1 \mu_2 + \alpha_2 \mu_3) h^3 f_x f_{xy} + \frac{1}{2}(\mu_1 + \mu_2 + \mu_3)^2 h^2 f^2 f_{yy}$$
$$+ \left[ \frac{1}{2}(\beta_1^2 \mu_2 + (\gamma_1 + \gamma_2)^2 \mu_3) + (\mu_1 + \mu_2 + \mu_3)(\beta_1 \mu_2 + (\gamma_1 + \gamma_2)\mu_3) \right] h^3 f^2 f_y f_{yy}$$
$$+ (\mu_1 + \mu_2 + \mu_3)(\alpha_1 \mu_2 + \alpha_2 \mu_3) h^3 f f_x f_{yy} + \frac{1}{6}\alpha_3^3 h^3 f_{xxx}$$
$$+ \frac{1}{2}\alpha_3^2 (\mu_1 + \mu_2 + \mu_3) h^3 f f_{xxy} + \frac{1}{2}\alpha_3 (\mu_1 + \mu_2 + \mu_3)^2 h^3 f^2 f_{xyy}$$
$$+ \frac{1}{6}(\mu_1 + \mu_2 + \mu_3)^3 h^3 f^3 f_{yyy} \Big) + O(h^5)$$

最后将 $k_1, k_2, k_3$ 和 $k_4$ 一起代入四阶龙格-库塔公式可得

$$y_{i+1} = y_i + \lambda_1 h f + \lambda_2 h\left( f + \alpha_1 h f_x + \beta_1 h f f_y + \frac{1}{2}\alpha_1^2 h^2 f_{xx} + \alpha_1\beta_1 h^2 f f_{xy} + \frac{1}{2}\beta_1^2 h^2 f^2 f_{yy}\right.$$
$$\left. + \frac{1}{6}\alpha_1^3 h^3 f_{xxx} + \frac{1}{2}\alpha_1^2\beta_1 h^3 f f_{xxy} + \frac{1}{2}\alpha_1\beta_1^2 h^3 f^2 f_{xyy} + \frac{1}{6}\beta_1^3 h^3 f^3 f_{yyy}\right)$$
$$+\lambda_3 h\left( f + \alpha_2 h f_x + (\gamma_1+\gamma_2) h f f_y + \alpha_1\gamma_2 h^2 f_x f_y + \beta_1\gamma_2 h^2 f f_y^2 + \frac{1}{2}\alpha_2^2 h^2 f_{xx}\right.$$
$$+\alpha_2(\gamma_1+\gamma_2) h^2 f f_{xy} + \frac{1}{2}(\gamma_1+\gamma_2)^2 h^2 f^2 f_{yy} + \frac{1}{2}\alpha_1^2\gamma_2 h^3 f_{xx} f_y + (\alpha_1+\alpha_2)\beta_1\gamma_2 h^3 f f_y f_{xy}$$
$$+\left(\frac{1}{2}\beta_1^2\gamma_2 + (\gamma_1+\gamma_2)\beta_1\gamma_2\right) h^3 f^2 f_y f_{yy} + \alpha_1\alpha_2\gamma_2 h^3 f_x f_{xy} + (\gamma_1+\gamma_2)\alpha_1\gamma_2 h^3 f f_x f_{yy}$$
$$\left.+\frac{1}{6}\alpha_2^3 h^3 f_{xxx} + \frac{1}{2}\alpha_2^2 h^3(\gamma_1+\gamma_2) f f_{xxy} + \frac{1}{2}\alpha_2 h^3(\gamma_1+\gamma_2)^2 f^2 f_{xyy} + \frac{1}{6}(\gamma_1+\gamma_2)^3 h^3 f^3 f_{yyy}\right)$$
$$+\lambda_4 h\left( f + \alpha_3 h f_x + (\mu_1+\mu_2+\mu_3) h f f_y + (\alpha_1\mu_2+\alpha_2\mu_3) h^2 f_x f_y + \frac{1}{2}\alpha_3^2 h^2 f_{xx}\right.$$
$$+(\beta_1\mu_2 + (\gamma_1+\gamma_2)\mu_3) h^2 f f_y^2 + \alpha_3(\mu_1+\mu_2+\mu_3) h^2 f f_{xy} + \frac{1}{2}(\alpha_1^2\mu_2 + \alpha_2^2\mu_3) h^3 f_{xx} f_y$$
$$+((\alpha_1+\alpha_3)\beta_1\mu_2 + (\alpha_2+\alpha_3)(\gamma_1+\gamma_2)\mu_3) h^3 f f_{xy} f_y + \alpha_1\gamma_2\mu_3 h^3 f_x f_y^2 + \beta_1\gamma_2\mu_3 h^3 f f_y^3$$
$$+\alpha_3(\alpha_1\mu_2+\alpha_2\mu_3) h^3 f_x f_{xy} + \frac{1}{2}(\mu_1+\mu_2+\mu_3)^2 h^2 f^2 f_{yy}$$
$$+\left[\frac{1}{2}(\beta_1^2\mu_2 + (\gamma_1+\gamma_2)^2\mu_3) + (\mu_1+\mu_2+\mu_3)(\beta_1\mu_2 + (\gamma_1+\gamma_2)\mu_3)\right] h^3 f^2 f_y f_{yy}$$
$$+(\mu_1+\mu_2+\mu_3)(\alpha_1\mu_2+\alpha_2\mu_3) h^3 f f_x f_{yy} + \frac{1}{6}\alpha_3^3 h^3 f_{xxx}$$
$$+\frac{1}{2}\alpha_3^2(\mu_1+\mu_2+\mu_3) h^3 f f_{xxy} + \frac{1}{2}\alpha_3(\mu_1+\mu_2+\mu_3)^2 h^3 f^2 f_{xyy}$$
$$\left.+\frac{1}{6}(\mu_1+\mu_2+\mu_3)^3 h^3 f^3 f_{yyy}\right) + O(h^5)$$

整理得

$$y_{i+1} = y_i + (\lambda_1+\lambda_2+\lambda_3+\lambda_4) h f + (\alpha_1\lambda_2 + \alpha_2\lambda_3 + \alpha_3\lambda_4) h^2 f_x$$
$$+[\beta_1\lambda_2 + (\gamma_1+\gamma_2)\lambda_3 + (\mu_1+\mu_2+\mu_3)\lambda_4] h^2 f f_y + \frac{1}{2}(\alpha_1^2\lambda_2 + \alpha_2^2\lambda_3 + \alpha_3^2\lambda_4) h^3 f_{xx}$$
$$+(\alpha_1\beta_1\lambda_2 + \alpha_2(\gamma_1+\gamma_2)\lambda_3 + \alpha_3(\mu_1+\mu_2+\mu_3)\lambda_4) h^3 f f_{xy}$$
$$+(\alpha_1\gamma_2\lambda_3 + (\alpha_1\mu_2+\alpha_2\mu_3)\lambda_4) h^3 f_x f_y + (\beta_1\gamma_2\lambda_3 + (\beta_1\mu_2 + (\gamma_1+\gamma_2)\mu_3)\lambda_4) h^3 f f_y^2$$
$$+\frac{1}{2}(\beta_1^2\lambda_2 + (\gamma_1+\gamma_2)^2\lambda_3 + (\mu_1+\mu_2+\mu_3)^2\lambda_4) h^3 f^2 f_{yy}$$
$$+\frac{1}{6}(\alpha_1^3\lambda_2 + \alpha_2^3\lambda_3 + \alpha_3^3\lambda_4) h^4 f_{xxx}$$
$$+\frac{1}{2}(\alpha_1^2\beta_1\lambda_2 + \alpha_2^2(\gamma_1+\gamma_2)\lambda_3 + \alpha_3^2(\mu_1+\mu_2+\mu_3)\lambda_4) h^4 f f_{xxy}$$
$$+(\alpha_1\alpha_2\gamma_2\lambda_3 + \alpha_3(\alpha_1\mu_2+\alpha_2\mu_3)\lambda_4) h^4 f_x f_{xy}$$
$$+[(\alpha_1+\alpha_2)\beta_1\gamma_2\lambda_3 + ((\alpha_1+\alpha_3)\beta_1\mu_2 + (\alpha_2+\alpha_3)(\gamma_1+\gamma_2)\mu_3)\lambda_4] h^4 f f_y f_{xy}$$
$$+\frac{1}{2}(\alpha_1\beta_1^2\lambda_2 + \alpha_2(\gamma_1+\gamma_2)^2\lambda_3 + \alpha_3(\mu_1+\mu_2+\mu_3)^2\lambda_4) h^4 f^2 f_{xyy}$$

$$+(\alpha_1\gamma_2(\gamma_1+\gamma_2)\lambda_3+(\alpha_1\mu_2+\alpha_2\mu_3)(\mu_1+\mu_2+\mu_3)\lambda_4)h^4 f f_x f_{yy}+[\frac{1}{2}(\beta_1^2(\gamma_2\lambda_3+\mu_2\lambda_4)$$
$$+(\gamma_1+\gamma_2)^2\mu_3\lambda_4)+(\beta_1\gamma_2(\gamma_1+\gamma_2)\lambda_3+(\beta_1\mu_2+(\gamma_1+\gamma_2)\mu_3)(\mu_1+\mu_2+\mu_3)\lambda_4]h^4 f^2 f_y f_{yy}$$
$$+\frac{1}{2}(\alpha_1^2\gamma_2\lambda_3+(\alpha_1^2\mu_2+\alpha_2^2\mu_3)\lambda_4)h^4 f_{xx} f_y$$
$$+\frac{1}{6}(\beta_1^3\lambda_2+(\gamma_1+\gamma_2)^3\lambda_3+(\mu_1+\mu_2+\mu_3)^3\lambda_4)h^4 f^3 f_{yyy}$$
$$+\alpha_1\gamma_2\mu_3\lambda_4 h^4 f_x f_y^2+\beta_1\gamma_2\mu_3\lambda_4 h^4 f f_y^3+O(h^5)$$

将上式与四阶泰勒级数方法相比较，若要获得四阶龙格-库塔格式，则应成立

$$\begin{cases}
\lambda_1+\lambda_2+\lambda_3+\lambda_4=1\\
\alpha_1\lambda_2+\alpha_2\lambda_3+\alpha_3\lambda_4=\frac{1}{2}\\
\beta_1\lambda_2+(\gamma_1+\gamma_2)\lambda_3+(\mu_1+\mu_2+\mu_3)\lambda_4=\frac{1}{2}\\
\frac{1}{2}(\alpha_1^2\lambda_2+\alpha_2^2\lambda_3+\alpha_3^2\lambda_4)=\frac{1}{6}\\
\alpha_1\beta_1\lambda_2+\alpha_2(\gamma_1+\gamma_2)\lambda_3+\alpha_3(\mu_1+\mu_2+\mu_3)\lambda_4=\frac{1}{3}\\
\alpha_1\gamma_2\lambda_3+(\alpha_1\mu_2+\alpha_2\mu_3)\lambda_4=\frac{1}{6}\\
\beta_1\gamma_2\lambda_3+(\beta_1\mu_2+(\gamma_1+\gamma_2)\mu_3)\lambda_4=\frac{1}{6}\\
\frac{1}{2}(\beta_1^2\lambda_2+(\gamma_1+\gamma_2)^2\lambda_3+(\mu_1+\mu_2+\mu_3)^2\lambda_4)=\frac{1}{6}\\
\frac{1}{6}(\alpha_1^3\lambda_2+\alpha_2^3\lambda_3+\alpha_3^3\lambda_4)=\frac{1}{24}\\
\frac{1}{2}(\alpha_1^2\beta_1\lambda_2+\alpha_2^2(\gamma_1+\gamma_2)\lambda_3+\alpha_3^2(\mu_1+\mu_2+\mu_3)\lambda_4)=\frac{1}{8}\\
\alpha_1\alpha_2\gamma_2\lambda_3+\alpha_3(\alpha_1\mu_2+\alpha_2\mu_3)\lambda_4=\frac{1}{8}\\
(\alpha_1+\alpha_2)\beta_1\gamma_2\lambda_3+((\alpha_1+\alpha_3)\beta_1\mu_2+(\alpha_2+\alpha_3)(\gamma_1+\gamma_2)\mu_3)\lambda_4=\frac{5}{24}\\
\frac{1}{2}(\alpha_1\beta_1^2\lambda_2+\alpha_2(\gamma_1+\gamma_2)^2\lambda_3+\alpha_3(\mu_1+\mu_2+\mu_3)^2\lambda_4)=\frac{1}{8}\\
\alpha_1\gamma_2(\gamma_1+\gamma_2)\lambda_3+(\alpha_1\mu_2+\alpha_2\mu_3)(\mu_1+\mu_2+\mu_3)\lambda_4=\frac{1}{8}\\
\frac{1}{2}(\beta_1^2(\gamma_2\lambda_3+\mu_2\lambda_4)+(\gamma_1+\gamma_2)^2\mu_3\lambda_4)+(\beta_1\gamma_2(\gamma_1+\gamma_2)\lambda_3+(\beta_1\mu_2+(\gamma_1+\gamma_2)\mu_3)(\mu_1+\mu_2+\mu_3)\lambda_4=\frac{1}{6}\\
\frac{1}{2}(\alpha_1^2\gamma_2\lambda_3+(\alpha_1^2\mu_2+\alpha_2^2\mu_3)\lambda_4)=\frac{1}{24}\\
\frac{1}{6}(\beta_1^3\lambda_2+(\gamma_1+\gamma_2)^3\lambda_3+(\mu_1+\mu_2+\mu_3)^3\lambda_4)=\frac{1}{24}\\
\alpha_1\gamma_2\mu_3\lambda_4=\frac{1}{24}\\
\beta_1\gamma_2\mu_3\lambda_4=\frac{1}{24}
\end{cases}$$

最后得出式中 13 个待定常数 $\lambda_1,\lambda_2,\lambda_3,\lambda_4,\alpha_1,\alpha_2,\alpha_3,\beta_1,\gamma_1,\gamma_2,\mu_1,\mu_2,\mu_3$ 需满足下列 11 个方程的方程组：

$$
\begin{cases}
\lambda_1+\lambda_2+\lambda_3+\lambda_4=1\\
\alpha_1=\beta_1\\
\alpha_2=\gamma_1+\gamma_2\\
\alpha_3=\mu_1+\mu_2+\mu_3\\
\alpha_1\lambda_2+\alpha_2\lambda_3+\alpha_3\lambda_4=\dfrac{1}{2}\\
\alpha_1{}^2\lambda_2+\alpha_2{}^2\lambda_3+\alpha_3{}^2\lambda_4=\dfrac{1}{3}\\
\alpha_1{}^3\lambda_2+\alpha_2{}^3\lambda_3+\alpha_3{}^3\lambda_4=\dfrac{1}{4}\\
\alpha_1\gamma_2\lambda_3+(\alpha_1\mu_2+\alpha_2\mu_3)\lambda_4=\dfrac{1}{6}\\
\alpha_1\alpha_2\gamma_2\lambda_3+\alpha_3(\alpha_1\mu_2+\alpha_2\mu_3)\lambda_4=\dfrac{1}{8}\\
\alpha_1{}^2\gamma_2\lambda_3+(\alpha_1{}^2\mu_2+\alpha_2{}^2\mu_3)\lambda_4=\dfrac{1}{12}\\
\alpha_1\gamma_2\mu_3\lambda_4=\dfrac{1}{24}
\end{cases}
$$

我们可以找到其中一组简单的解，就是取

$$
\lambda_1=\lambda_4=\frac{1}{6},\quad \lambda_2=\lambda_3=\frac{1}{3},\quad \alpha_1=\alpha_2=\frac{1}{2},\quad \alpha_3=1,\quad \beta_1=\frac{1}{2},
$$

$$
\gamma_1=0,\quad \gamma_2=\frac{1}{2},\quad \mu_1=\mu_2=0,\quad \mu_3=1
$$

从而得到最常用的四阶龙格-库塔公式：

$$
\begin{cases}
y_{i+1}=y_i+\dfrac{1}{6}(k_1+2k_2+2k_3+k_4)\\
k_1=hf(x_i,y_i)\\
k_2=hf\left(x_i+\dfrac{1}{2}h,\ y_i+\dfrac{1}{2}k_1\right)\\
k_3=hf\left(x_i+\dfrac{1}{2}h,\ y_i+\dfrac{1}{2}k_2\right)\\
k_4=hf\left(x_i+h,\ y_i+k_3\right)
\end{cases}
$$

# 附录 C　解线性方程组的迭代法

本附录介绍求解线性方程组 $\boldsymbol{Ax}=\boldsymbol{b}$ 的 3 种迭代方法. 设 $n$ 阶系数矩阵 $A$ 为对称正定的稀疏矩阵.

**1. 雅克比（Jacobi）迭代法**

设有 $n$ 阶方程组

$$\begin{cases} a_{11}x_1 + a_{12}x_2 + \cdots + a_{1n}x_n = b_1 \\ a_{21}x_1 + a_{22}x_2 + \cdots + a_{2n}x_n = b_2 \\ \qquad\vdots \\ a_{n1}x_1 + a_{n2}x_2 + \cdots + a_{nn}x_n = b_n \end{cases}$$

若系数矩阵非奇异，且 $a_{ii} \neq 0$，$i = 1, 2, \cdots, n$，将原方程组改写成

$$\begin{cases} x_1 = \dfrac{1}{a_{11}}(b_1 - a_{12}x_2 - a_{13}x_3 - \cdots - a_{1n}x_n) \\ x_2 = \dfrac{1}{a_{22}}(b_2 - a_{21}x_1 - a_{23}x_3 - \cdots - a_{2n}x_n) \\ \quad\vdots \\ x_n = \dfrac{1}{a_{nn}}(b_n - a_{n1}x_1 - a_{n2}x_2 - \cdots - a_{n,n-1}x_{n-1}) \end{cases}$$

写成迭代格式：

$$\begin{cases} x_1^{(k+1)} = \dfrac{1}{a_{11}}\left(b_1 - a_{12}x_2^{(k)} - a_{13}x_3^{(k)} - \cdots - a_{1n}x_n^{(k)}\right) \\ x_2^{(k+1)} = \dfrac{1}{a_{22}}\left(b_2 - a_{21}x_1^{(k)} - a_{23}x_3^{(k)} - \cdots - a_{2n}x_n^{(k)}\right) \\ \quad\vdots \\ x_n^{(k+1)} = \dfrac{1}{a_{nn}}\left(b_n - a_{n1}x_1^{(k)} - a_{n2}x_2^{(k)} - \cdots - a_{n,n-1}x_{n-1}^{(k)}\right) \end{cases} \tag{C-1}$$

上式也可以简单地写为

$$x_i^{(k+1)} = \frac{1}{a_{ii}}\left(b_i - \sum_{\substack{j=1 \\ j\neq i}}^{n} a_{ij}x_j^{(k)}\right), \quad i = 1, 2, \cdots, n \tag{C-2}$$

给定一组初值 $X^{(0)} = (x_1^{(0)}, x_2^{(0)}, \cdots, x_n^{(0)})^{\mathrm{T}}$ 后，经反复迭代可得到一向量序列 $X^{(k)} = (x_1^{(k)}, \cdots, x_n^{(k)})^{\mathrm{T}}$，如果 $X^{(k)}$收敛于 $X^* = (x_1^*, x_2^*, \cdots, x_n^*)^{\mathrm{T}}$，则 $x_i^*$，$i = 1, 2, \cdots, n$ 就是原方程组的解. 这一方法称为 Jacobi 迭代法或简单迭代法，式（C-1）或式（C-2）称为 Jacobi 迭代格式.

**2. 高斯-赛得尔（Gauss-Seidel）迭代法**

显然，如果迭代收敛，$x_i^{(k+1)}$ 应该比 $x_i^{(k)}$ 更接近于原方程的解 $x_i^*$，$i = 1, 2, \cdots, n$，因此在迭代过程中

及时地以 $x_i^{(k+1)}$ 代替 $x_i^{(k)}$ , $i=1,2,\cdots,n-1$，可望收到更好的效果. 这样式（C-1）可写成：

$$\begin{cases} x_1^{(k+1)} = \dfrac{1}{a_{11}}\left(b_1 - a_{12}x_2^{(k)} - a_{13}x_3^{(k)} - \cdots a_{1n}x_n^{(k)}\right) \\ x_2^{(k+1)} = \dfrac{1}{a_{22}}\left(b_2 - a_{21}x_1^{(k+1)} - a_{23}x_3^{(k)} - \cdots a_{2n}x_n^{(k)}\right) \\ \vdots \\ x_n^{(k+1)} = \dfrac{1}{a_{nn}}\left(b_n - a_{n1}x_1^{(k+1)} - a_{n2}x_2^{(k+1)} - \cdots a_{n,n-1}x_{n-1}^{(k+1)}\right) \end{cases} \tag{C-3}$$

它又可以简写成

$$x_i^{(k+1)} = \frac{1}{a_{ii}}\left(b_i - \sum_{j=1}^{i-1} a_{ij}x_j^{(k+1)} - \sum_{j=i+1}^{n} a_{ij}x_j^{(k)}\right), \quad i=1,2,\cdots,n \tag{C-4}$$

上式称为 Gauss-Seidel 迭代格式.

**3．超松弛（SOR）迭代法**

使用迭代法的困难是计算量难以估计，有些方程组的迭代格式虽然收敛，但收敛速度慢而使计算量变得很大. 松驰法是一种线性加速方法. 这种方法将前一步的结果 $x_i^{(k)}$ 与高斯-赛得尔方法的迭代值 $\tilde{x}_i^{(k+1)}$ 适当进行线性组合，构成一个收敛速度较快的近似解序列. 改进后的迭代方案是：

先迭代 $$\tilde{x}_i^{(k+1)} = \frac{1}{a_{ii}}\left(b_i - \sum_{j=1}^{i-1} a_{ij}x_j^{(k+1)} - \sum_{j=i+1}^{n} a_{ij}x_j^{(k)}\right)$$

后组合加速 $$x_i^{(k+1)} = (1-\omega)x_i^{(k)} + \omega\tilde{x}_i^{k+1}, \; i=1,2,\cdots,n$$

也就是

$$x_i^{(k+1)} = (1-\omega)x_i^{(k)} + \frac{\omega}{a_{ii}}\left(b_i - \sum_{j=1}^{i-1} a_{ij}x_j^{(k+1)} - \sum_{j=i+1}^{n} a_{ij}x_j^{(k)}\right) \tag{C-5}$$

这种加速法就是松驰法. 其中系数 $\omega$ 称为松驰因子. 可以证明，要保证迭代格式（C-5）收敛必须要求 $0<\omega<2$ . 当 $\omega\ =1$ 时，即为高斯-赛得尔迭代法，为使收敛速度加快，通常取 $\omega>1$ ，即为超松驰法. 松驰因子的选取对迭代格式（C-5）的收敛速度影响极大. 实际计算时，可以根据系数矩阵的性质，结合经验通过反复计算来确定松驰因子 $\omega$ .

关于上述迭代法的误差控制，可设 $\varepsilon$ 为允许的绝对误差限，检验 $\max\limits_{1\leqslant i\leqslant n}\left|x_i^{(k+1)} - x_i^{(k)}\right| < \varepsilon$ 是否成立，以决定计算是否终止.